龙滩

LONGTAN
JINSHUIKOU GAOBIANPO ZHILI
GUANJIAN JISHU

# 进水口高边坡治理关键技术

赵红敏　夏宏良　编著

中国水利水电出版社
www.waterpub.com.cn
·北京·

## 内 容 提 要

本书为中南勘测设计研究院组织编制的"龙滩水电站"系列著作之一，共 9 章，包括：绪论，边坡工程地质条件分析，边坡渗流及其控制措施研究，倾倒蠕变岩体边坡稳定性研究，进水口反倾向层状岩质高边坡稳定性研究，坝坡相互作用研究，高边坡治理措施研究，进水口高边坡治理效果评价研究，边坡安全监测技术及监测成果分析。

本书是对龙滩水电站工程进水口高边坡处理设计及其关键技术问题研究成果的总结，可供从事水利水电工程高边坡处理研究、设计和施工的相关技术人员借鉴，也可供高等院校水利、土木工程相关专业师生参考。

**图书在版编目（ＣＩＰ）数据**

龙滩进水口高边坡治理关键技术 / 赵红敏，夏宏良编著. -- 北京 ： 中国水利水电出版社，2016.10
ISBN 978-7-5170-4814-5

Ⅰ．①龙… Ⅱ．①赵… ②夏… Ⅲ．①水力发电站－边坡－道路工程 Ⅳ．①TV74

中国版本图书馆CIP数据核字(2016)第243857号

| | | |
|---|---|---|
| 书　　名 | **龙滩进水口高边坡治理关键技术**<br>LONGTAN JINSHUIKOU GAOBIANPO ZHILI GUANJIAN JISHU | |
| 作　　者 | 赵红敏　夏宏良　编著 | |
| 出版发行 | 中国水利水电出版社<br>（北京市海淀区玉渊潭南路 1 号 D 座　　100038）<br>网址：www. waterpub. com. cn<br>E-mail：sales@waterpub. com. cn<br>电话：(010) 68367658（营销中心） | |
| 经　　售 | 北京科水图书销售中心（零售）<br>电话：(010) 88383994、63202643、68545874<br>全国各地新华书店和相关出版物销售网点 | |
| 排　　版 | 中国水利水电出版社微机排版中心 | |
| 印　　刷 | 北京嘉恒彩色印刷有限责任公司 | |
| 规　　格 | 184mm×260mm　16 开本　18.75 印张　445 千字 | |
| 版　　次 | 2016 年 10 月第 1 版　2016 年 10 月第 1 次印刷 | |
| 印　　数 | 0001—1500 册 | |
| 定　　价 | **80.00 元** | |

# 序

在布依族文化中，红水河是一条流淌着太阳"鲜血"的河流，珠江源石碑文上的《珠江源记》这样记载："红水千嶂，夹岸崇深，飞泻黔浔，直下西江"，恢弘气势，可见一斑。红水河是珠江水系西江上游的一段干流，从上游南盘江的天生桥至下游黔江的大藤峡，全长 1050km，年平均水量 1300 亿 m³，落差 760m，水力资源十分丰富。广西境内红水河干流，可供开发的水力资源达 1100 万 kW，被誉为广西能源资源的"富矿"。

龙滩水电站位于红水河上游，是红水河梯级开发的龙头和骨干工程，不仅本身装机容量大，而且水库调节性能好，发电、防洪、航运、水产养殖和水资源优化配置作用等综合利用效益显著。电站分两期开发，初期正常蓄水位 375.00m 时，安装 7 台机组，总装机容量 490 万 kW，多年平均年发电量 156.7 亿 kW·h；远景正常蓄水位 400.00m 时，再增加 2 台机组，总装机容量达到 630 万 kW，多年平均年发电量 187.1 亿 kW·h。龙滩水库连同天生桥水库可对全流域梯级进行补偿，使红水河干流及其下游水力资源得以充分利用。

龙滩水电站是一座特大型工程，建设条件复杂，技术难度极高，前期论证工作历时半个世纪。红水河规划始于 20 世纪 50 年代中期，自 70 年代末开始，中南勘测设计研究院（以下简称"中南院"）就全面主持龙滩水电站设计研究工作。经过长期艰苦的规划设计和广泛深入的研究论证，直到 1992 年才确定坝址、坝型和枢纽布置方案。龙滩碾压混凝土重力坝的规模和坝高超过 20 世纪末国际上已建或设计中的任何一座同类型大坝；全部 9 台机组地下厂房引水发电系统的规模和布置集中度也超过当时国际最高水平；左岸坝肩及进水口蠕变岩体边坡地质条件极其复杂、前所未见，治理难度大。中南院对此所进行的勘察试验、计算分析、设计研究工作量之浩瀚、成果之丰富也是世所罕见，可以与任何特大型工程媲美。不仅有国内许多一流机构、专家参与其中贡献才智，而且还有发达国家的咨询公司和著名专家学者提供咨询，龙滩水电站设计创新性地解决了一系列工程关键技术难题，并通过国家有关部门的严格审批和获得国内外专家的充分肯定。

进入 21 世纪，龙滩水电站工程即开始施工筹建和准备工作；2001 年 7 月 1 日，主体工程开工；2003 年 11 月 6 日，工程截流；2006 年 9 月 30 日，下闸蓄水；2007 年 7 月 1 日，第一台机组发电；2008 年 12 月，一期工程 7 台机组全部投产。龙滩工程建设克服了高温多雨复杂环境条件，采用现代装备技术和建设管理模式，实现了均衡高强度连续快速施工，一期工程提前一年完工，工程质量优良。

目前远景 400.00m 方案已列入建设计划，正在开展前期论证工作。龙滩水电站 400.00m 方案，水库调节库容达 205 亿 m³，比 375.00m 方案增加调节库容 93.8 亿 m³，增加防洪库容 20 亿 m³。经龙滩水库调节，可使下游珠江三角洲地区的防洪标准达到 100 年一遇；思贤滘水文站最小旬平均流量从 1220m³/s 增加到 2420m³/s，十分有利于红水河中下游和珠江三角洲地区的防洪、航运、供水和水环境等水资源的综合利用，更好地满足当前及未来经济发展的需求。

历时 40 余载，中南院三代工程技术人员坚持不懈、攻坚克难，终于战胜险山恶水，绘就宏伟规划，筑高坝大库，成就梯级开发。借助改革开放东风，中南院在引进先进技术，消化吸收再创新的基础上，进一步发展了碾压混凝土高坝快速筑坝技术、大型地下洞室群设计施工技术、复杂地质条件高边坡稳定治理技术、高参数大型发电机组集成设计及稳定运行控制技术，龙滩水电站关键技术研究和工程实践的一系列创新成果，为国内外大型水电工程建设树立了新的标杆，成为引领世界水电技术发展的典范。依托龙滩水电站工程建设所开展的"200m 级高碾压混凝土重力坝关键技术"获国家科学技术进步二等奖，龙滩大坝工程被国际大坝委员会（ICOLD）评价为"碾压混凝土筑坝里程碑工程"，龙滩水电站工程获得国际咨询工程师联合会（FIDIC）"百年重大土木工程项目优秀奖"。龙滩水电站自首台机组发电至 2016 年 6 月，建筑物和机电设备运行情况良好，累计发电 1100 亿 kW·h，水库发挥年调节性能，为下游梯级电站增加发电量 200 亿 kW·h，为 2008 年年初抗冰救灾和珠江三角洲地区枯季调水补淡压咸发挥了重要作用，经济、社会和环境效益十分显著。

为总结龙滩水电站建设技术创新和相关研究成果，丰富水电工程建设知识宝库，中南院组织项目负责人、专业负责人及技术骨干近百人编写了龙滩水电站系列著作，分别为《龙滩碾压混凝土重力坝关键技术》《龙滩进水口高边坡治理关键技术》《龙滩地下洞室群设计施工关键技术》《龙滩机电及金属结构设计与研究》和《龙滩施工组织设计及其研究》5 本。龙滩水电站系列著作既包含现代水电工程设计的基础理论和方案比较论证的内容，又具有科学发展历史条件下，工程设计应有的新思路、新方法和新技术。系列著作各册自成体系，结构合理，层次清晰，资料数据翔实，内容丰富，充分体现了龙滩工程建设中的重要研究成果和工程实践效果，具有重要的参考借鉴价值和珍贵的史料收藏价值。

龙滩工程的成功建设饱含着中南院三代龙滩建设者的聪明智慧和辛勤汗水，也凝聚了那些真诚提供帮助的国内外咨询机构和专家、学者的才智和心血。我深信，中南院龙滩建设者精心编纂出版龙滩水电站系列著作，既是对为龙滩工程设计建设默默奉献、尽心竭力的领导、专家和工程技术人员表达致敬，也是为进一步创新设计理念和方法、促进我国水电建设事业可持续发展的年轻一代工程师提供滋养，谨此奉献给他们。

是为序。

中国工程院院士：

2016 年 6 月 22 日

# 前　言

　　在水电工程开发建设中，出现了大量工程边坡稳定问题。由于工程规模的不断增大，所处地质环境越来越复杂，工程边坡的高度越来越大，稳定性问题日益突出。边坡失稳经常导致人们生命和财产的严重损失，这要求专家学者及工程建设者对工程边坡稳定问题开展深入研究，以建设既经济又安全的水电工程。

　　在边坡工程中，反倾向层状结构岩质边坡是工程中经常碰到的一种典型边坡，弯曲倾倒变形是反倾向层状结构岩质边坡失稳破坏的主要形式。岩质边坡弯曲倾倒变形破坏现象早为人们发现，随着人类工程活动广度和深度的不断拓展，与这类变形机制相关的边坡工程地质问题在 20 世纪 60 年代末逐渐为土木工程界关注，不少研究者对边坡弯曲倾倒变形破坏机理、稳定性评价方法作了探讨。90 年代后，国内学者结合金川露天矿，以及碧口、五强溪、天生桥等水电站建设中出现的反倾向层状结构岩质边坡倾倒变形破坏问题，开展了物理模型和数值模型研究，但多局限于单个边坡案例。反倾向层状结构岩质边坡在自然力作用下，极易产生弯曲倾倒变形，俗称"点头哈腰"，当边坡高度较大、建筑物对变形量要求较高时，边坡岩体变形对建筑物的影响逐渐被工程界认识和重视。

　　2001 年 7 月开工建设的龙滩水电站，坝址左岸发育沿河展布约 750.0m、自然边坡高 500.0m 左右的倾倒蠕变岩体，坝线和枢纽布置方案选择始终无法避开蠕变体，蠕变岩体边坡稳定性和对龙滩水电站枢纽布置的影响备受水电界专家、学者关注。

　　龙滩水电站坝高 216.5m、发电装机总容量 5400MW，采用碾压混凝土坝坝型和左岸全地下式厂房布置方案。500m 级的左岸倾倒蠕变岩体边坡和进水口反倾向层状结构岩质治理是该工程建设的关键技术之一。

　　龙滩水电站左岸地下厂房进水口布置区，紧靠已发生弯曲倾倒变形的自然边坡，其倾倒变形的垂直深度约 30.0～76.0m，体积约 1160 万 $m^3$。进水口开挖后，形成长约 400.0m、最大组合坡高近 500m 的反倾向层状结构岩质高边坡；同时，进水口坝段紧靠坡脚，大坝的稳定依赖于边坡岩体，甚至可以认为边坡岩体已成为大坝结构的组成部分，岩体变形程度直接影响进水口结构物的正常运行，因此，边坡具有使用要求高和运行工况不同于一般边坡工程的特殊性。

针对龙滩水电站进水口边坡工程治理关键技术，自 20 世纪 80 年代初以来，中南勘测设计研究院在国家相关部门的支持下，组织开展了历时 30 余年的理论与工程应用研究。主要研究内容包括：倾倒蠕变岩体成因、变形机理、稳定评价方法，反倾向层状结构岩质边坡变形机理、稳定评价方法，边坡渗流及渗控措施，坝体混凝土与边坡岩体相互作用，边坡设计标准及治理措施，安全监测技术及监测成果分析等。经 10 多个单位数百名科技人员联合攻关，解决了边坡稳定评价和治理的关键技术问题，提出了针对性的技术方案，为工程建设提供了坚实的技术支撑。这些研究成果主要包括：

（1）提出了倾倒松动带、弯曲折断带、过渡带 3 个适合于一般倾倒蠕变岩体的剖面分带方法。揭示了反倾向层状岩体发生倾倒变形的边坡与岩层走向临界夹角为 40°，提出了反倾向层状结构岩体倾倒变形难易程度的评判指标。

（2）对于大规模人工开挖反倾向层状结构岩质高边坡的稳定性评价，形成了集施工开挖仿真、物理模型试验、刚体极限平衡分析、有限元分析、离散元分析、监测分析于一体的综合评价方法。

（3）提出了以控制反倾向层状结构岩质高边坡岩层倾倒变形、限制层间软弱结构面错动、开裂为原则，采用了优选坡型、排水先行、先锚后挖、稳固坡脚、优先加固优势变形突破口等综合治理措施，成功治理了坡高 500m 级的反倾向层状结构岩质高边坡。

（4）提出了以排水为主、压脚为辅的蠕变岩体边坡工程的治理方案。采用开挖弃渣压脚增加边坡稳定性的措施，既缩短了弃渣的运距，节省了弃渣场占地，又大量减少了水泥、钢材使用量，降低了运输油耗，保护了环境，体现了边坡治理的环保设计和低碳设计新理念。

（5）通过研究临界坡角与可靠度的关系，开创性地提出了反倾向层状结构岩质高边坡开挖坡比设计方法，突破了以往依靠工程经验确定开挖坡比的设计方法，使边坡开挖设计更适应反倾向层状结构岩质高边坡的结构特点和节理发育规律。

（6）提出了在反倾向层状结构岩体高边坡稳定岩体内设置通过排水孔幕连通的多层排水洞的成套综合排水设计技术。在开挖边坡开口线外设置多个进出口，实现了边坡治理排水先行的目标。

（7）揭示了坝体、边坡岩体、引水洞相互作用机理，长期和短期变形效应，评价了坝、坡、洞相互作用情况下边坡的稳定性和大坝的安全性。

（8）应用加固需求度（DRD）、边坡安全熵（SSE）评价边坡治理效果，丰富和发展了边坡治理评价方法。

为总结龙滩水电站进水口高边坡治理经验，推广应用相关研究成果，特将所取得的主要研究成果编著成书，希望能促进高边坡稳定分析和治理措施研究的深入，并对工程实践具有指导意义。

本书引用了大量的设计、研究成果和文献资料，在此，向参与研究工作的单位、专家、学者表示衷心的感谢！

限于作者的水平和经验，本书难免有不妥之处，敬请同行专家和读者批评指正。

**编　者**

2016 年 6 月

# 目　　录

# 第 1 章

# 绪　　论

## 1.1　龙滩水电站及其进水口高边坡

### 1.1.1　龙滩水电站枢纽布置简介

龙滩水电站位于广西天峨县境内的红水河上，分两期建设。前期，正常蓄水位 375.00m，最大坝高 192.0m，装机容量 4200MW（7×600MW）；后期，正常蓄水至 400.00m，最大坝高 216.5m，总装机容量 6300MW（9×600MW）。为缩短建设工期，加快建设速度，枢纽布置方案经多种比较，最终决定采用：碾压混凝土重力坝坝型、左岸全地下厂房、河床布置泄水建筑物和右岸布置通航建筑物的枢纽布置方案。枢纽布置见图 1-1，进水口坝段典型断面见图 1-2。

自上世纪 80 年代初以来，针对困扰龙滩水电站枢纽布置方案选择的倾倒蠕变岩体边坡和进水口高边坡，从最初的坝线选择，到"5＋4"（即坝后布置 5 台发电机组，左岸地下布置 4 台发电机组）、"4＋5"，以及到最终选定的"0＋9"（仅左岸地下布置 9 台发电机组）枢纽布置方案，始终无法避开高边坡问题。该问题的核心是，如何保持左岸倾倒蠕变岩体边坡和进水口反倾向层状结构开挖高边坡在工程施工期和运行期的稳定。

### 1.1.2　龙滩水电站进水口高边坡

左岸地下厂房进水口布置区，紧靠已经发生弯曲倾倒变形的自然边坡，其倾倒变形的垂直深度约 30～76m，体积约 1160 万 m³（其中与进水口布置区相邻的 A 区 316 万 m³）。进水口开挖后，形成长约 400m、最大组合坡高达 420.0m、坡面面积达 18 万 m² 的反倾向层状结构岩质高边坡。

受地形和枢纽建筑物布置限制，开挖边坡表面呈不规则状；进水口坡脚为相对软弱的泥板岩层（$T_2b^{18}$），且有 9 条引水隧洞平行穿过，掏空率达 45%。边坡、大坝、引水隧洞及其他结构物相互并存，构成复杂的相互作用关系。

同时，进水口坝段紧靠坡脚，大坝的稳定依赖于边坡岩体，甚至可以认为边坡岩体已成为大坝结构的组成部分，岩体变形程度直接影响进水口结构物的正常运行。因此，边坡具有使用要求高和运行工况不同于一般边坡工程的特殊性。边坡开挖后是否还会发生弯曲倾倒变形、稳定性如何，工程建设期边坡加固支护方案及施工安全，以及工程运行期岩体变形对进水口结构和安全运行的影响，关系着工程建设的成败。

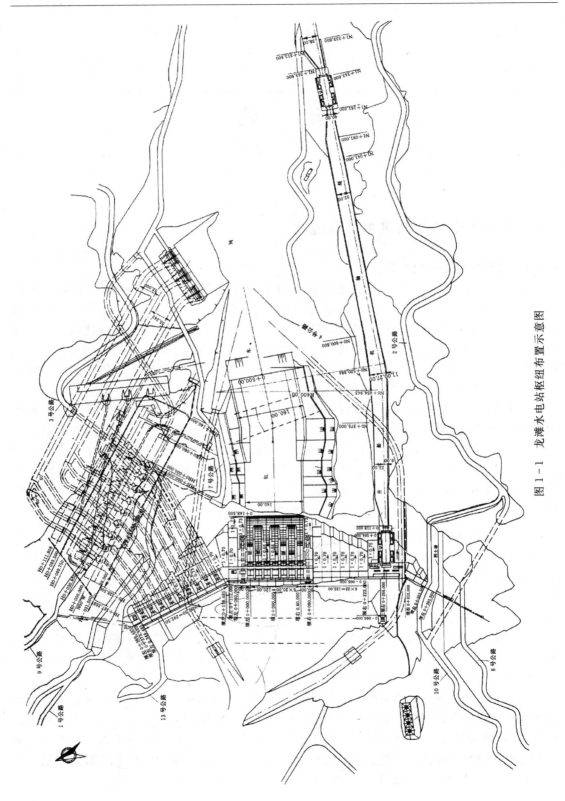

图 1—1　龙滩水电站枢纽布置示意图

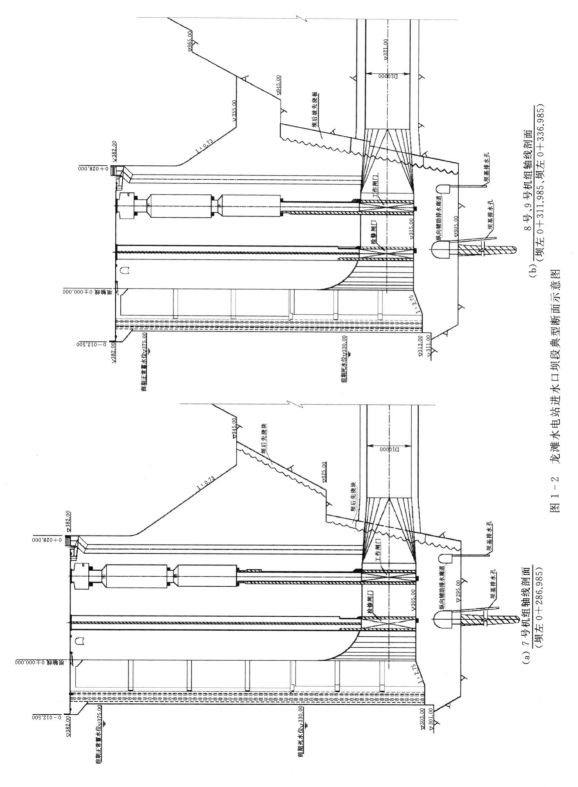

图 1-2 龙滩水电站进水口坝段典型断面示意图

(a) 7 号机组轴线剖面
（坝左 0+286.985）

(b) 8 号、9 号机组轴线剖面
（坝左 0+311.985、坝左 0+336.985）

保持足够的稳定性，控制适宜的变形，确定合理的开挖体形和选择针对性的加固支护措施，是普遍关注的重大技术问题。这一极具典型的反倾向层状结构岩质高边坡，属于当代岩石力学工程研究的重要前沿课题，主要面临着三方面的挑战：①如此规模的不良地质现象前无案例，形成机理认识更是不清；②其边界及其物性参数难以确定；③稳定性评价如何开展无经验可寻。为此，中南勘测设计研究院开展了大量的研究工作，并经历了3个阶段：

（1）从尽量避开蠕变体，到逐步认识、理解蠕变体；从进水口布置调整，到开挖坡型、轮廓优化；从国家"八五"科技攻关到设计深化；从体形复杂的三面坡，到轮廓简单明了的两面坡；从令人担忧、关注的百米直立坡，到仅有 20.0m 高的直立坡，进行了大量的科学试验研究和计算论证，设计工作取得了突破性进展。

（2）从时间上按设计顺序可划分为初步设计、全地下厂房布置方案设计、招标设计和优化设计及施工图设计等阶段。

（3）加强监测。资料表明，左岸边坡变形应力状态处于稳定收敛受控状态。

## 1.2　研究现状、内容和取得的成果

### 1.2.1　相关研究现状

边坡工程研究随着工程建设的发展而逐步深化。稳定分析评价方面，边坡工程研究从"地质"经验判断方法开始，经历"结构—荷载"分析模式阶段，到现在逐渐形成一个相对独立但又和其他学科存在千丝万缕联系的属于岩土工程领域的学科，其分析评价主要涵盖了工程地质、结构和力学的成分，并涉及水文、气象、测量、材料等诸多学科。

边坡分析评价从最初的纯经验判断开始，到逐步借助一定的定量分析手段作为重要的辅助参考，依据定性分析与定量计算成果作出评价。对于含有断续节理裂隙的岩质类边坡，由于节理裂隙的存在，往往成为控制性的失稳要素，其分布规律的随机性、不连续性及由此带来的岩体各向异性、不均匀性，使预测和分析判断往往存在局限性和片面性。目前，对于复杂的岩质类边坡和不均匀土质类边坡，尚未形成系统的分析理论和与之相配套的计算方法。

边坡稳定性定量分析方法主要有极限平衡法、数值分析法和数理统计法三类。极限平衡法因其物理力学概念清晰、操作简便而为工程界普遍接受采用，是传统而经典的定量分析方法。目前，国内规程规范主要推荐基于刚体极限平衡理论的传递系数分析方法，并制定了相应的滑动稳定安全系数标准，因此，对复杂岩土边坡需作一定程度的概化与简化模拟，依靠参数综合取值等方式使之形成相对接近的强度等效或变形等效计算模型进行求解，由此必然带来等效模拟程度的差异和偏差。

基于极限平衡理论的各种计算模型，对于覆盖层和土体等相对均质材料边坡的圆弧型、折线型算法已被工程界普遍使用，但对岩质边坡而言，因其变形失稳机理、抗剪参数取值和地下水假定等条件不同而存在争议。目前，各工程采用的计算方法与模型有简单直线破裂迹线法、折线法、圆弧法、阶梯法等，且二维和三维块体均有应用，基于平面刚体极限平衡法（瑞典法、Bishop 法、Morgenstern - Price 法、Spencer 法、Janbu 法、Stab

法、Sarma 法和 EMU 法等）及其等效方法编制的计算分析程序在各行业、各工程中均有不同程度的应用。

应用有限元等数值方法进行分析，不仅能对其稳定性作出定量评价，而且能考虑构成边坡物质的不连续性和非均质性。目前，应用较广的是二维分析方法，采用位移法求解；三维方法也有应用，但基于边坡工程边界条件的复杂性，尚不十分成熟，仍处于不断发展、改进和完善阶段。

由于影响边坡稳定的各种因素具有可变性和随机性，数理统计概率方法应运而生，但概率及可靠度分析需要大量的试验数据来确定定量的分布，资金和时间投入相对较多。

随着边坡研究分析工作的不断发展与推进，分析计算方法日趋多样，如楔形体机动位移法、自适应有限单元法、离散单元法、不连续变形分析法、刚体弹簧元法、块体单元法、快速拉格郎日差分法、界面元法、数值流形分析法、人工智能方法等均在不同工程中开始研究与应用。

对于工程界而言，众多分析法的发展趋势一方面逐渐走向完善、精细和复杂化，另一方面缺乏配套的规范与指导性评判依据。因此，目前大部分边坡工程仍然基于极限平衡法，并仅针对滑动破坏机制进行分析计算，而对于倾倒、崩塌、蠕滑变形破坏机制，仍缺乏成熟的分析计算与评价方法。

Muiler（1968）关于岩块转动或倾倒是 Vajont 北麓滑坡重要因素的论文，是国外有关岩质边坡倾倒破坏研究的早期文献之一。Hofmann 在 Muiler 指导下进行了一系列倾斜台面模型试验。1976 年 Goodman 和 Bray 将岩质边坡倾倒破坏划分为弯曲倾倒（Flexural Toppling）、块体倾倒（Block Toppling）、块体—弯曲倾倒（Block Flexural Toppling）三种基本类型，讨论了应用极限平衡理论分析倾倒破坏的数学模型，发表了应用基底摩擦模拟实验研究倾倒变形破坏的试验成果。80 年代初期，Brown 等人引入有限元数学分析法研究边坡弯曲倾倒变形问题。80 年代后期，离散数元法被用于分析块体倾倒变形破坏的边坡（Ishidaetal 1987）。1994 年 Stewart 使用离心模型试验研究柔性边坡倾倒，并介绍了地下工程开挖对边坡倾倒变形的影响。

安全控制指标方面，国内外对于边坡稳定性分析评价的安全定量指标研究基本上仅针对滑动破坏机制，并仅限于力学强度判据，倾倒崩塌与蠕滑变形破坏机制尚处在以工程地质定性和半定量（如 CSMR 分类系统）评价与预测阶段，进行定量分析时，仍采取与失稳模式不匹配的滑动破坏机制稳定分析成果作为评价的辅助和参考。就滑动稳定而言，其安全控制指标尚未建立完整体系，与这一指标相关的因素众多，如变形失稳机制、临坡建筑物与构筑物的规模和安全等级、国家的经济发展水平等。时至今日，边坡工程仍未建立完整的安全控制指标体系，安全控制指标以及变形失稳机制和分析边界条件的配套问题尚待进一步研究、发展和完善。

边坡工程安全控制定量指标与边坡规模及其重要性密切相关，由于涉及的因素和边界条件复杂多样，目前仅在基于滑动破坏的控制指标方面取得经验性进展，且尚不完善；基于其他失稳模式与破坏机制的控制性指标方面尚处于探索阶段。对于大规模的巨型高陡边坡，要达到与中小工程同样的控制性指标要求，在工程处理措施的代价上存在巨大差别，有必要进行系统规划和分类对待。

信息化动态治理方面，随着边坡工程规模的增大，涉及的地质环境日趋复杂。一方面，鉴于边坡工程的复杂性和地质勘察的局限性，随着工程建设的进展，有必要对实际地质条件作进一步地质分析核实；另一方面，边坡工程的环境必然随着工程建设的进展而发生变化，因此，进行地质跟踪研究，并依据监测评价体系进行信息化动态分析，进而优化调整工程措施以及建立预警机制，显得越来越重要。这方面国内外均起步较晚，仅在监测手段和分析评价方面取得了一些进展，尚未建立从现场跟踪反馈、适时监测评价到信息化动态治理的完整体系。

就监测手段而言，变形监测的多点位移计、测斜孔、引张线等常规仪器设施的量程和精度逐渐提高，外观项目在表面测桩基础上发展了一机多天线 GPS 技术，已实现机器人量测。测力、测缝、渗流与地下水位等监测技术的发展主要体现在量程与精度的改进方面，但进程缓慢。目前，国内外的监测项目均体现出数据采集向电测、自动化方向发展的趋势。

综上所述，边坡工程的稳定性评价从最初的纯粹"地质"经验判断方法开始，逐渐向定性评价和定量分析相结合的方向发展。定性评价中的工程地质类比法与图解法等，均具有局限性，只能作为宏观把握和参考。定量分析方法的发展趋势是：一方面计算手段逐渐走向精细化和复杂化，另一方面缺乏基于变形失稳机制的针对性分析和与之配套的规范及评判标准。目前，大部分边坡工程仍然基于极限平衡经典解进行分析，大型、重要、复杂边坡尽管采用了一些新的数值分析方法，但其成果仅作为参考。定量分析的边坡失稳临滑判据，工程界仍以力学强度判据为主，学术上已开始进行有关以变形速率、位移量与变形极限指标方面的判据研究，但均不够成熟。

总之，国内外对于复杂高边坡工程还处在探索阶段，在分析理论、计算方法以及与之相配套的安全控制标准等方面尚未形成较为统一的认识，缺乏可操作性，工程措施往往存在针对性问题和适应性问题。

国内关于岩质边坡弯曲倾倒变形破坏问题的研究，是紧密结合工程边坡建设实践进行的，在理论上应用数学模型等研究方法与手段上，大体与国外研究保持同步发展的水平。上世纪 70—80 年代初，金川露天矿边坡和碧口水电站弯曲倾倒变形破坏机制、稳定性与治理措施的研究，利用基底摩擦模拟试验研究再现了边坡弯曲倾倒破坏的过程，应用极限平衡理论和有限元数学分析法对边坡进行了稳定性分析。80 年代后，五强溪、锦屏等水电站工程的反倾向层状结构岩质边坡弯曲倾倒变形机理和稳定性研究，应用物理模型（包括倾斜台地质力学模型、光弹模拟模型、基底摩擦试验和离心机模拟模型试验）和多种数学分析方法（包括块体极限平衡、组合悬臂梁理论、有限元、离散元分析）相互验证综合评价其稳定性。五强溪水电站在已发生弯曲倾倒变形破坏的自然边坡区，建成了高达 150 余 m 的船闸工程边坡；克孜尔水库右坝肩弯曲倾倒变形岩体加固处理的成功；天生桥水电站采用应力锚杆等边坡综合加固措施，有效地控制了边坡岩体倾倒变形的发生和发展。以上这些研究成果和边坡建设的成功经验，说明国内在反倾向层状结构岩质边坡方面的研究以及边坡工程建设实践经验，已接近和达到目前的世界先进水平，但仍有待进一步总结提高。

## 1.2.2　主要研究内容

针对龙滩水电站工程建设亟待解决而在国内外又尚无成熟理论和实践经验的复杂高边

坡工程，结合电站设计研究和建设历程，围绕工程需要解决的问题，联合高等院校和科研院所进行了大量的研究和实践工作，其研究主要内容为：

（1）采用多种方法对边坡进行勘察研究，结合施工过程中开挖揭露的地质资料和现场监测成果，进行了大量的边坡地质条件分析工作，研究了边坡岩体结构特征，提出了龙滩层状岩体结构边坡的可能破坏类型，定性、定量地分析了龙滩蠕变岩体的变形机理和变形方式。通过对龙滩水电站左岸倾倒蠕变岩体大量的勘探研究，探索出了适用于一般倾倒蠕变岩体的剖面分带方法，提出了进水口反倾向层状岩体高边坡变形破坏机制。针对岩体性质和层状结构特点，进行了大量岩体力学特性与力学参数试验研究。

（2）通过分析龙滩工程左岸倾倒蠕变岩体（B区）边坡的破坏模式，利用抗滑稳定分析方法、倾倒破坏极限平衡方法以及数值分析方法对倾倒蠕变岩体（B区）边坡稳定性进行了综合评价研究。

（3）针对反倾向层状结构岩质高边坡的特点，在分析进水口边坡变形破坏模式基础上，采用物理模型试验、刚体极限平衡分析、连续介质方法——有限元分析、非连续介质方法——离散元分析、开挖施工仿真分析等多种方法分析边坡，不同研究方法各有侧重，又相互验证，有机结合，形成了一整套针对反倾向层状结构岩质高边坡的综合分析方法。

（4）大坝和边坡变形存在强烈的相互作用。为研究坝坡之间的相互作用，采用坝坡统一建模的方法对坝坡在相互影响下的应力和位移进行平面和三维分析。同时，为了评价边坡岩体的流变变形对大坝的影响，从流变模型的辨识出发，结合工程室内流变试验和现场流变变形结果，提出了适合于龙滩高坡流变变形分析的模型。以此为基础，编制边坡长期变形的黏弹性有限元分析程序，并对典型坝坡相互作用剖面进行了流变以及流变对坝体应力变形的影响研究，提出针对性工程措施。根据施工期、运行期长期原型监测资料，对进水口大坝和边坡岩体的相互作用进行分析，对大坝、边坡运行状态进行评价。

（5）采用两个模型对左岸倾倒蠕变岩体和进水口高边坡作渗流场的模拟和渗控措施的分析研究，两个模型反演成果与天然渗流场拟合较好，反映出的左岸边坡的渗流特征和渗流规律一致，与工程地质条件和水文地质条件相符，反演成果可作为渗控分析的基础。渗控分析表明，左岸边坡排水系统、坝肩帷幕和排水系统能将倾倒蠕变岩体和进水口高边坡的地下自由水面控制在较低状态下，且有足够的措施能迅速排除降雨入渗，渗控措施有效、可靠。根据渗控分析成果，研究提前形成边坡排水系统的工程措施。根据施工期、运行期边坡地下水位、渗漏量的监测成果以及大坝扬压力、渗压监测成果，评价边坡排水系统。

（6）论证了龙滩工程边坡稳定性设计的稳定性安全系数取值标准，然后针对倾倒蠕变岩体和进水口反倾向层状结构岩体高边坡的结构特点，详细研究了以排水为主、结合压脚和锚杆锚索支护措施的适合于龙滩边坡工程的各种治理措施。论证了边坡施工合理控制程序和单级坡支护程序（超前锚杆或钢筋桩、系统锚杆、预应力锚索），采用数值模拟技术研究先锚后挖施工程序中先施工锚杆、钢筋桩的作用，通过仿真反馈分析，研究提出边坡动态设计程序。

（7）综合应用极限平衡分析、二维和三维数值模拟计算、加固需求度和边坡安全熵等方法对边坡各种治理措施的加固效果进行了综合评价，同时论证了边坡治理措施的必要性和边坡加固的安全性。

（8）通过研究龙滩工程左岸边坡安全监测技术（包括监测系统的布置、监测方法和手段、监测信息可视化系统开发），对倾倒蠕变岩体边坡施工期和水库蓄水后的监测资料进行了较详细地分析，并在此基础上对边坡稳定性进行了评价。

### 1.2.3 主要研究成果

目前，龙滩水电站进水口高边坡已运行近10余年，经过了多个雨季和洪水的考验，监测成果亦表明边坡处于稳定状态。龙滩水电站在边坡研究和实践过程中，积累了丰富的经验，为工程提前1年发电奠定了基础，并取得了显著的经济和社会效益，主要成果如下：

（1）采用多种方法对边坡进行勘察研究，结合施工过程中揭露的地质资料和现场监测成果，进行了大量的边坡地质条件分析工作，研究了边坡岩体结构特征，提出了龙滩层状岩体结构边坡的可能破坏类型，定性、定量地分析了龙滩蠕变岩体的变形机理和变形方式。通过对龙滩水电站左岸倾倒蠕变岩体大量的勘探研究，探索出了适用于一般倾倒蠕变岩体的剖面分带方法，提出了进水口反倾向层状岩体高边坡变形破坏机制。针对岩体性质和层状结构特点，进行了大量岩体力学特性与力学参数试验研究。

明确了倾倒蠕变岩体的空间分布与规模。倾倒蠕变岩体顺河展布长约750m，发育高程230.0～640.0m，垂直发育深度30.0～76.0m，总体积1160万 $m^3$。平面上划分为A区和B区。A区边坡主要由板纳组地层构成，岩体蠕变后，岩层倾角由表及里逐步过渡至正常倾角，岩体中一般不存在连续的贯穿性弯曲折断面，体积约316万 $m^3$。B区边坡坡脚由抗风化能力相对较弱的罗楼组地层构成，岩体蠕变程度较A区严重，体积约847万 $m^3$，蠕变岩体与正常岩体基本上呈突变接触，已形成贯穿性、连续性较好，粗糙不平、锯齿状的顺坡向折断错滑面和折断面。

结合蠕变岩体地质构造特点，提出了左岸倾倒蠕变岩体的变形机制。左岸倾倒蠕变岩体边坡，由于岩层软硬相间，层间错动发育，存在顺坡向的结构面；坡脚罗楼组地层岩石相对软弱，泥化夹层发育；加之 $F_{63}$、$F_{69}$、$F_{147}$、$F_{144}$ 断层和冲沟切割，进一步破坏了层状岩体的连续性。因此，这种薄板状多层结构的反倾向边坡岩体，地质时期内在风化、地下水活动以及自重等综合营力长期作用下，向岸坡方向缓慢弯曲、折断、倾倒，以致局部崩塌和滑坡。倾倒蠕变岩体是在上述特定地质条件下，岩体综合变形的结果。

探索出适用于一般倾倒蠕变岩体的剖面分带方法。在倾倒蠕变岩体破坏机理和倾倒变形方式研究的基础上，根据蠕变岩体内岩层的弯曲角、蠕变特征、风化程度、结构面特征、岩体完整程度（波速）和稳定性等因素，率先提出了倾倒蠕变岩体的剖面分带，即划分为倾倒松动带、弯曲折断带、过渡带等三个带。该方法适合于一般倾倒蠕变岩体的剖面分带。

通过三维数值研究，结合不同边坡走向与岩层走向夹角对边坡变形特征的影响，提出反倾向层状岩体发生倾倒变形的边坡与岩层走向临界夹角为40°，并给出了反倾向层状结构岩体倾倒变形难易程度的评判指标。

（2）通过分析龙滩工程左岸倾倒蠕变岩体（B区）边坡的破坏模式，利用抗滑稳定分析方法、倾倒破坏极限平衡方法以及数值分析方法对倾倒蠕变岩体（B区）边坡稳定性进行了综合评价研究。

龙滩水电站工程倾倒蠕变岩体边坡变形破坏形式复杂，包括继续弯曲倾倒蠕变、沿既定面产生蠕滑，甚至发生滑动破坏。B区边坡存在明显的分区分带特征，其潜在的变形破坏模式也存在多样性，除岩体倾倒蠕变，还可能出现多种组合滑动。而边坡滑动破坏模式主要表现为坡脚失稳后产生的连锁滑坡。因此，保证边坡整体稳定的关键是控制坡脚的稳定。

龙滩水电站工程左岸倾倒蠕变岩体边坡治理研究设计中，在传统边坡稳定分析方法的基础上，应用多种方法对蠕变岩体稳定性进行了计算，并对计算成果进行了综合分析研究。抗滑稳定分析方法、倾倒破坏极限平衡方法以及数值分析方法研究成果具有较好的一致性。各种分析方法成果相互印证，说明采用基于不同理论的综合分析方法研究蠕变岩体的稳定性具有一定先进性。

自然状态下，蠕变岩体边坡整体是稳定的；水库蓄水后，蠕变岩体边坡稳定性偏低，但经过排水、压脚等措施处理后，其稳定性可满足要求。

（3）针对反倾向层状结构岩质高边坡的特点，在分析进水口边坡变形破坏模式基础上，采用物理模型试验、刚体极限平衡分析、连续介质方法——有限元分析、非连续介质方法——离散元分析、开挖施工仿真分析等多种方法分析边坡，不同研究方法各有侧重，又相互验证，有机结合，形成了一整套针对反倾向层状结构岩质高边坡的综合分析方法。

采用二维和三维离心机模型试验，揭示了反倾向层状结构岩质高边坡的变形破坏机理，验证了相应的计算数学模型，提出了有效的支护加固措施。试验成果表明在只计自重的条件下，龙滩左岸进水口边坡整体处于稳定状态，但高程382.0m以下层间错动发育的陡坡段稳定性稍差，须进行重点加固处理。

极限平衡分析成果表明进水口边坡开挖后基本稳定，但为满足工程长期稳定性和变形要求，必须进行适当的加固支护。

有限元与离散元研究成果揭示了进水口反倾向层状结构边坡破坏型式主要为开挖过程中开挖边坡浅部岩体的松动变形和长期倾倒变形。锚索支护对边坡水平变形量影响明显，水平位移可以减少10%左右。研究同时表明对于反倾向层状结构岩体边坡，加固时应重点控制软弱结构面上、下盘岩体剪切错动，特别是控制、避免反倾向节理的开裂、连通。

结合施工进度和施工期间获取的边坡加固结构应力和变形信息，采用开挖、加固仿真分析方法，实时分析了边坡开挖支护过程中的应力和变形分布特点，研究了边坡支护的合理时机。

（4）大坝和边坡岩体变形的相互作用研究。为研究坝、坡之间的相互作用，采用坝坡统一建模的方法对坝坡在相互影响下的应力和位移进行二维和三维分析。同时，为了评价边坡岩体的流变变形对大坝的影响，从流变模程型的辨识出发，结合工程室内流变试验和现场流变变形结果，提出了适合于龙滩高边坡岩体流变变形分析的模型。以此为基础，编制边坡岩体长期变形的黏弹性有限元分析程序，并对典型坝坡相互作用剖面进行了流变以及流变对坝体应力变形的影响研究，提出了针对性工程措施。

坝坡相互作用下，边坡上的位移有增有减，从其增减规律来看，大坝的修建对边坡的变形有利也有弊。从边坡的变形及应力分布的整体上看，大坝的修建对边坡的稳定是有益的，它也有效地减少了岩体边坡的塑性区，从而使边坡在运行过程中更加安全。尽管如此，大坝对边坡的有利影响程度是有限的。从大坝的安全运行角度出发，不建议将大坝作为增加边坡稳定性的主要措施，可以将其作为一种安全储备来考虑。

水库蓄水将引起边坡岩体的塑性区发生较大的调整。蓄水过程中，引水洞的洞口周围部分区域、坝头坡的部分区域和坝基岩体的部分区域新出现的剪切和张拉塑性区范围则有较大程度的减小；水库蓄水至 400.00m 高程后，上述部位塑性区减小到仅有零星分布。因此水库蓄水对边坡稳定是有利的。在水库蓄水至 330.00m、375.00m、400.00m 的各个阶段，边坡岩体均没有产生塑性破坏，边坡是稳定的。

基于室内流变试验与现场试验资料的流变模型辨识成果表明，龙滩高边坡工程岩体的流变特性采用一阶次的三参量流变模型是合适的。

考虑流变特性后的分析成果表明龙滩边坡断层带流变特性明显大于其他部位，且对岩体整体流变变形有明显影响，使流变位移增大。边坡无锚固时的流变稳定时间为 3～4 年，有锚固时的流变稳定时间为 2～3 年。边坡在有锚固情况下流变位移量降低幅度在 70% 以上，坝基流变位移量降低幅度在 60% 以上，锚固措施可以有效限制流变位移的增大。考虑边坡岩体流变变形影响情况下，坝体水平应力增大使最大主应力增大，坝与边坡岩体接触面出现主拉应力；坝基面正应力普遍增大。

采取锚固、灌浆等增强岩体结构整体性、提高岩体力学参数的措施，重点加固开挖面最大流变位置；开挖基面外侧亦要重点加固，断层带及软岩部分尤其要加强。施工时应尽量做到逐步开挖，逐步加固的施工程序。

由于进水口结构和进水口坝体与边坡岩体相互作用结构体系复杂，在坝体混凝土浇筑、水库蓄水、边坡岩体变形等荷载作用下，存在着坝体拉、压应力的转化和局部应力集中现象。考虑进水口坝体孔、洞多，应力应变条件复杂，除加强边坡加固支护、尽量减少岩体变形外，坝体与岩体接触处坝体内应布置网状钢筋，并在接触面处设置的高强锚杆相结合，尽量使接触面受力均匀，改善局部应力条件。

（5）采用了两个模型对左岸倾倒蠕变岩体和进水口高边坡渗流场的模拟和渗控措施的分析研究，两个模型反演成果与天然渗流场拟合较好，反映出的左岸边坡的渗流特征和渗流规律一致，与工程地质条件和水文地质条件相符，反演成果可作为渗控分析的基础。渗控分析表明，左岸边坡排水系统、坝肩帷幕和排水系统能将倾倒蠕变岩体和进水口高边坡的地下自由水面控制在较低状态下，且有足够的措施能迅速排除降雨入渗，渗控措施有效、可靠。地下水位长观孔监测资料也证实了这一研究结论。

水文地质参数反演成果反映了该地区岩体的渗透非均质各向异性的特征，岩体垂直方向透水性明显大于水平方向的透水性。反演成果与坝区左岸的岩体构造、结构面发育状况等地质条件基本一致。

天然条件下，洪、枯期地下水位变幅较大，最大可达 50.0m，水力坡降 0.5～0.6，因此无论地下水是动水压力还是静水压力，对边坡稳定性的影响都较大。天然状态下，河水位的变化仅对靠近水面的岸坡地下水影响较大。水库蓄水后，使得岸坡地下水位升高，增大了岸坡静水压力。此外由于库水位的变化导致边坡地下水位变化而形成的动水渗透压力，是影响边坡稳定性的主要因素，因此必须对边坡进行必要的防排水处理。

天然条件下边坡地下水主要受山体地下水控制，有较大的水头和水力梯度。水库蓄水后，边坡岩体受山体地下水和库水的共同渗透作用。高程 520.00m、480.00m、460.00m

三层排水廊道位于边坡地下自由水面以上，主要起降低降雨引起的暂态地下水水位的作用。一期蓄水运行后，渗控措施效果明显，边坡和坝基地下水位都控制在较低状况下。高程 310.00m 以上水力梯度最大值 0.582，最小值 0.347，均值 0.440。所有排水洞可起到降低地下水位的作用，帷幕和排水孔对库水的防排效果明显。

当施工期边坡排水系统形成时，边坡地下水位虽然较低，但与其他方案相比，此时边坡水力梯度极值和均值均达到了最大值，应注意渗透压力对边坡稳定性的影响。总体而言，设计初拟布置的排渗系统能够满足左岸蠕变体地下水控制要求。

（6）针对倾倒蠕变岩体边坡特点，提出以排水为主、压脚为辅的蠕变岩体边坡工程的治理方案，采用开挖弃渣压脚增加边坡稳定性的措施，既缩短了弃渣的运距、节省弃渣场占地，体现了边坡治理的环保设计新理念

针对倾倒蠕变岩体 B 区边坡特点，采用刚体极限平衡法进行整体稳定性、局部稳定性和分区稳定性的计算，采用有限元、动、静力离散元分析变形、破坏特征。提出了针对影响边坡稳定性的主要影响因素—地下水和关键部位坡脚 $B_1$ 区，采用以排水为主、压脚为辅的工程治理方案。工程实践表明采用的治理措施是成功的。采用开挖弃渣压脚增加边坡稳定性的措施，既缩短了弃渣的运距、减少弃渣场占地，又确保了工程安全，体现了环保设计的理念。这一思路和方法为今后滑坡治理提供了新的理念。

倾倒蠕变岩体 A 区主要存在顺坡向的 $F_{98}$、$F_{98-1}$ 断层，上盘岩体构成潜在滑动体。针对倾倒蠕变岩体 A 区不同于 B 区边坡的地质结构特点，选择对潜在滑动体全部清除的全开挖卸载方案。工程实践证明该处理措施是成功的，它不仅解除了高程 382.00m 以上潜在 120 万 $m^3$ 滑动体的威胁，而且对高程 382.00m 以下蠕变岩体开挖边坡及导流洞边坡和进水口开挖边坡起到明显的卸载作用。

（7）提出了以控制反倾向层状结构岩质高边坡岩层倾倒变形、限制层间软弱结构面错动、开裂的岩质高边坡治理原则，采用了优选坡型、排水先行、先锚后挖、稳固坡脚、优先加固优势变形突破口等综合治理措施，成功地治理了坡高达 500m 级的反倾向层状结构岩质高边坡。

从分析边坡岩体内优势节理发育规律着手，研究临界坡角与可靠度关系，进而分析研究不同风化程度的岩层在拟定可靠度条件下的开挖稳定坡角，确定总体的基本开挖坡型。该基本坡型主要特点是有效地降低了节理楔体在边坡上的出露频度，减少了危险楔体的数量，大幅度地降低了边坡楔体失稳的几率，达到了以较小的开挖工程量，取得较高的边坡整体稳定性，减少坡面不稳定楔体的加固处理工程量目的。工程实践表明：这一方法，开创性地解决了反倾向层状结构岩质高边坡开挖坡比问题，突破了以往依靠工程经验确定开挖坡比的设计方法，使得开挖设计更紧密的结合了反倾向层状结构岩质高边坡的结构特点和节理发育规律。

通过数值仿真分析，对层状反倾向岩体结构边坡实施超前锚杆和锚筋桩，控制边坡在开挖过程中的变形，有效地避免或减小了爆破开挖的影响，避免坡面沿层间结构面开裂，确保坡面岩体传力的连续性。采用自带注浆管锚杆锚固注浆工艺，有效地保证了锚杆注浆饱满程度，充分发挥了锚杆的锚固作用。

在充分研究进水口反倾向层状结构岩质高边坡的渗透规律和地下排水系统排水作用基

础上，提出了在反倾向层状结构岩体高边坡稳定岩体内设置通过排水孔幕连通的多层排水洞的成套综合排水设计技术。排水洞通过设置多个进出口，实现从开挖开口线以外提前实施排水，达到施工期充当补充勘探，以及后期安全监测并作为锚固措施的内锚固洞的多功能作用。上下层排水洞之间设置了穿过多层岩层和软弱结构面系排水幕孔，以排除了反倾向层状结构岩质高边坡内顺层层面间、顺层结构面的渗水，有效降低地下水位。这一成功的成套的反倾向层状结构岩质高边坡渗控经验，可为类似工程借鉴。

通过仿真分析，针对层状反倾向岩体结构边坡的变形特点，确定了先锚后挖的边坡施工控制程序和单级坡支护程序（超前锚杆或钢筋桩、系统锚杆、预应力锚索），并根据实际施工进度情况，采用动态设计理念及时调整边坡加固措施和施工顺序。

综合应用极限平衡分析、二维和三维数值模拟计算、加固需求度和边坡安全熵等方法对边坡加固效果进行了评价。各种分析方法表明，边坡采用排水、压脚和锚固等措施后可以明显提高边坡安全系数，边坡加固后稳定安全系数可满足设计要求；三维离散元分析结果表明，边坡加固后可使边坡水平方向的变形减少 $5\%\sim10\%$，且在 $420.0\sim440.0m$ 实际监测变形量值较大的部位，可使最大变形减少值达到 $40\%$ 左右，说明采用现有锚索加固等措施，可有效地控制边坡变形；

采用加固需求度 DRD 评价方法，对左岸边坡的加固效果进行了评价。该方法以工程地质力学综合集成方法论（EGMS）为指导思想，将边坡变形影响因素、变形监测资料以及专家经验等方面的信息进行综合集成分析。

运用安全熵边坡稳定性综合评价方法对左岸边坡整体稳定性和边坡加固效果进行了综合分析，结果表明，工程区边坡的整体稳定性较好。

（8）通过研究龙滩工程左岸边坡安全监测技术（包括监测系统的布置、监测方法和手段、监测信息可视化系统开发），对倾倒蠕变岩体边坡施工期和水库蓄水后的监测资料进行了较详细的分析，并在此基础上对边坡稳定性进行了评价。

龙滩水电站工程左岸进水口边坡区安全监测系统的建立，有效地监控了边坡的变形稳定状态及其环境因素的影响效应，对于保障边坡施工安全、优化边坡工程设计起到了重要作用。

安全监测系统的建立和运行，及时捕获了边坡工程的动态信息。通过监测资料的收集整理，准确地掌握了边坡岩体的变形稳定状态和发展趋势；了解了影响边坡变形稳定的主要因素及其效应；明确了支护结构的受力状态和作用。监测成果的应用，进一步完善和优化了边坡工程设计，及时调整了施工措施，确保了边坡工程安全。

通过边坡施工期、水库蓄水期和工程运行初期监测资料的积累，分析了不同环境条件下的边坡岩体性态变化，评价了边坡岩体加固治理效果，预测了边坡的长期稳定性。

（9）结合了反倾向层状岩质边坡的岩体结构特征、变形破坏模式、工程布置与边坡分区特点的龙滩工程左岸进水口边坡安全监测系统，按照"重点突出，兼顾全面，统一规划，分期实施"的总原则进行设计，采用了当今国内外先进的监控手段，对边坡工程实施了全方位、全过程监测。安全监测系统的建立，为保证龙滩工程进水口边坡顺利施工和安全、提升该边坡工程的治理设计水平，发挥了极其重要的作用。

这些研究成果，经过了工程实践检验，不仅解决了龙滩水电站进水口高边坡稳定和治理问题，而且在高边坡稳定分析，坝、坡、引水洞相互作用，开挖设计方法、加固、排水等方面取得了一些创新性成果。主要创新点如下：

在对倾倒蠕变岩体破坏机理和倾倒变形方式研究的基础上，根据蠕变岩体内岩层弯曲角、蠕变特征、风化程度、岩体完整程度和稳定性等，提出了倾倒松动带、弯曲折断带、过渡带 3 个适合于一般倾倒蠕变岩体的剖面分带方法。

利用三维数值分析方法，研究了不同边坡走向与岩层走向夹角对边坡变形特征的影响，提出了反倾向层状岩体发生倾倒变形的边坡与岩层走向临界夹角为 40°，并给出了反倾向层状结构岩体倾倒变形难易程度的评判指标。

在分析进水口边坡变形破坏模式基础上，对于大规模人工开挖反倾向层状结构岩质高边坡的稳定性评价，形成了集施工开挖仿真、物理模型试验、刚体极限平衡分析、有限元分析、离散元分析、监测分析于一体的综合评价方法。

针对龙滩水电站进水口反倾向层状结构岩质高边坡的特点，提出了以控制反倾向层状结构岩质高边坡岩层倾倒变形、限制层间软弱结构面错动、开裂为原则，采用了优选坡型、排水先行、先锚后挖、稳固坡脚、优先加固优势变形突破口等综合治理措施，成功地治理了坡高达 500m 级的反倾向层状结构岩质高边坡。

针对倾倒蠕变岩体边坡特点，提出以排水为主、压脚为辅的蠕变岩体边坡工程的治理方案。采用开挖弃渣压脚增加边坡稳定性的措施，既缩短了弃渣的运距、节省了弃渣场占地，大量减少水泥、钢材使用量，降低运输油耗，保护了环境，体现了边坡治理的环保设计和低碳设计新理念。

通过研究临界坡角与可靠度关系，开创性地提出了反倾向层状结构岩质高边坡开挖坡比设计方法，突破了以往依靠工程经验确定开挖坡比的设计方法，使边坡开挖设计更适应反倾向层状结构岩质高边坡的结构特点和节理发育规律。

在充分研究进水口反倾向层状结构岩质高边坡的渗透规律和地下排水系统排水作用基础上，提出了在反倾向层状结构岩体高边坡稳定岩体内设置通过排水孔幕连通的多层排水洞的成套综合排水设计技术。在开挖边坡开口线外设置了多个进出口，实现了边坡治理排水先行的目标。

结合龙滩水电站高边坡反倾层状结构特点，研究了坝坡洞相互作用情况下的长期和短期变形效应，评价了坝坡相互洞作用情况下边坡的稳定性和大坝的安全性。结合室内流变试验成果与现场量测洞长期变形监测资料成果对泥板岩的流变变形模型进行了深入辨识研究，提出了适合于龙滩反倾向层状结构高边坡岩体流变分析的泥板岩流变基本模型；首次对大坝和高边坡进行统一建模和数值分析，研究了左岸坝肩高边坡和大坝结构相互用情况下的应力位移分布规律和长期变形规律；根据预测的长期流变变形成果，利用有限元分析方法对大坝进行了长期安全性评价。

研究开发了自带注浆管压力注浆的锚杆锚固注浆工艺，有效地保证了锚杆注浆饱满程度，充分发挥了锚杆的锚固作用。研究了高陡建基面固结灌浆方法、工艺，提出了高陡建基面固结灌浆新方法，有效地保证了大坝与边坡岩体的整体性。

# 第 2 章

# 边坡工程地质条件分析

龙滩水电站工程左岸进水口及导流洞进口开挖边坡，组合坡高达 420.0m，其规模之大，地质条件之复杂，在世界水电建设史上都属罕见，其稳定性涉及龙滩水电站枢纽方案是否成立、枢纽建筑物是否安全等重大问题。

## 2.1　边坡基本地质条件

### 2.1.1　区域地质背景

龙滩水电站工程库坝区跨越上扬子台褶带和右江褶皱带桂西坳陷（坝址位于桂西坳陷北东端），处于扬子准地台与华南褶皱系两大一级构造单元接触过渡带，是一多旋回构造区。

出露最老地层为中上寒武统，早期加里东运动使其隆起，缺失奥陶、志留系。加里东运动晚期，复沦为广阔的浅海，接受泥盆系至三叠系沉积。三叠系地层广泛分布，约占本区总面积的 60%～70%；泥盆系至二叠系，呈星岛状分布在一些背斜部位。华力西期地壳呈现明显的振荡性质。二叠纪末，在相对沉降与隆起区过渡带，地壳活动性大，海底火山喷发频繁，伴有少量基性、超基性岩浆岩侵入。三叠纪末，印支运动使全区上升为陆地。

燕山运动继续隆起，褶皱断裂，沿深断裂伴有少量岩浆岩侵入，局部地区形成小型断陷盆地，沉积了第三系红层，从而奠定了本区大地构造轮廓。喜山运动使第三系红层轻微摺曲、倾斜，并伴有小的断裂发生。第四系地层不发育，近期以大面积间歇性抬升为主，差异性运动不显著。

坝址位于新构造运动较弱的桂西北隆起区。区域及近场坝址区内断裂走向以 NE—NNE、NW—NWW 向为主，区内 26 条主要断裂带第四纪以来活动不明显，特别是晚更新世以来除右江断裂带外，已无活动的迹象。库坝工程区位于雪峰-武夷山地震带和右江地震带交会区，西侧毗邻地震活动较强烈的青藏地震区鲜水河-滇东地震带。地震对坝址的影响主要来自以上三个地震带。近场及坝址区，未发现晚更新世以来活动断裂，构造稳定性较好；有地震记录以来，坝区 8.0km 范围内无中强地震记录，微—小震稀少，属弱震环境。坝址地震主要来自望谟 M6.5 级潜在震源区和天峨-巴马 M5.5 级潜在震源区，以及外围地震的影响。

龙滩水电站工程场地地震安全性评价，前后做了三次。首次于 1986 年委托广东省地震局进行研究，1987 年 6 月龙滩水电站坝型比较讨论会上，地质专家组曾指出：龙滩水电站坝区构造稳定性，宏观比同属Ⅶ度区的小浪底、二滩、瀑布沟等水电站要好，但大坝设防地震加速度峰值却比上述工程高，建议再作分析。为此，于 2006 年再次委托国家地震局地质研究所对龙滩水电站工程场地地震动参数进行复核，国家地震局对复核报告的审查意见为：复核报告结论合理，综合前期工作成果和复核报告结论，龙滩水电站抗震设计所采用的 100 年超越概率 2%，基岩水平加速度峰值 0.2$g$ 是合适的。第三次是在 2008 年"5.12"汶川大地震发生后，再次委托国家地震局地质研究所进行补充评价，并用概率地震性危险性评价方法，增加 100 年 1% 超越概率场地基岩水平加速度峰值，或与核电工程 SL-2 高值的确定相类似，考虑坝址周边地震地质条件可能出现的最大可信地震，由构造法并经校核得出坝址未来可能的基岩水平加速度峰值。国家地震局地质研究所《广西红水河龙滩水电站工程场地地震动参数复核报告》及《广西龙滩水电站工程场地地震安全性补充评价工作报告》提出的工程场地不同超越概率基岩水平向加速度峰值见表 2-1。

表 2-1　　　　龙滩水电站坝址不同超越概率基岩水平向加速度峰值表　　　　单位：gal

| 超越概率 | 50 年 10% | 50 年 5% | 50 年 2% | 100 年 2% | 100 年 1% |
|---|---|---|---|---|---|
| 基岩水平向加速度峰值 | 63.3 | 89.5 | 127.6 | 161.1 | 199.1 |
| | 构造法（最大可信地震）：未校正前为 124gal，校正后为 222gal | | | | |

## 2.1.2 边坡地质概况

左岸蠕变岩体、进水口及其上部开挖边坡区地形整齐，山体宽厚，山顶高程 600m 左右，岸坡坡度 32°～42°，残坡积层厚 0.5～2.0m，局部厚 8.0～25.0m。出露地层为罗楼组 $T_1l^{1～9}$ 层和板纳组 $T_2b^{1～38}$ 层，岩性主要为砂岩、粉砂岩、层凝灰岩、泥板岩及其互层和少量灰岩夹泥质板岩，其中砂岩、粉砂岩占 68.6%，泥板岩占 29.6%，灰岩占 1.8%。砂岩强度较高，微风化—新鲜岩石单轴饱和抗压强度 100～130MPa，泥板岩平均值为 60MPa，小值平均值 45MPa；但部分泥板岩中劈理发育，当压应力方向与劈理面呈 20°～30°夹角（与层面近于平行）时，其强度仅 13.4～23.4MPa。蠕变岩体坡脚为相对软弱的罗楼组 $T_1l^{1～9}$ 层泥板岩、层凝灰岩；$T_2b^{18}$ 层中泥板岩厚度大，占 70% 以上，位于开挖边坡陡坡段下部或坡脚，该层劈理发育，岩石强度相对较低，处于坡脚应力集中部位，$T_2b^{14～17}$、$T_2b^{23}$、$T_2b^{24}$ 层为厚层砂岩，其中 $T_2b^{23}$、$T_2b^{24}$ 层位于边坡中部，对边坡稳定有利。高程 301.0m 以下导流洞边坡段主要地层为罗楼组 $T_1l^{3～9}$ 层泥板岩与灰岩互层夹少量粉砂岩，以及板纳组 $T_2b^1～T_2b^{14～15}$ 层层凝灰岩、砂岩、泥板岩和少量灰岩等。其中砂岩、粉砂岩占 40.3%，泥板岩占 32.0%，灰岩占 18.3%。罗楼组和板纳组 $T_2b^{2～4}$ 层岩石强度较低，抗风化能力差。

左岸边坡区位于近 SN 向八奈背斜东翼和龙滩向斜西翼。岩层为单斜构造，正常岩层产状 N5°～20°W，NE∠55°～65°，倾倒蠕变岩体区岩层产状变化较大，为 N5°～25°W，NE∠6°～50°。

左岸边坡开挖揭露断层共计 163 条。延伸长度大于 40.0m 的主要断层 78 条，其中陡倾角断层 74 条；延伸长度小于 40.0m 的裂隙性断层 84 条，其中陡倾角裂隙性断层 71 条。中—缓倾角裂隙性小断层 18 条。

包括层间错动在内，依断层走向统计，边坡断层主要可分为 4 组：

Ⅰ组：为层间错动，正常岩体内产状 N5°～20°W，NE∠55°～65°，规模较大者有 F2、

$F_{65}$、$F_{35}$、$F_8$、$F_{22}$等9条，其他绝大多数层间错动破碎带宽度仅数毫米，或小于10.0cm，多为光面。在强风化岩体内，层间错动带有泥化现象；在新鲜基岩内，除少数规模较大层间错动仍有夹泥外，绝大多数明显好转，仅表现为劈理化压碎剪切面或光面。构成进水口开挖边坡的$T_2b^{18\sim41}$层的弱风化及其以下岩体中，层间错动为50条，平均发育密度约为7.8m/条，其中$T_2b^{18\sim25}$层平均发育密度约为8.7m/条。构成进水口反倾向层状结构岩质开挖坡陡坡段的$T_2b^{19\sim22}$层微风化至新鲜的岩体，层间错动5条，密度约为6.7m/条。构成左岸导流洞进口开挖边坡的$T_1l^9\sim T_2b^{14\sim15}$层的弱风化及其以下岩体中，层间错动为37条，平均发育密度约为5.8m/条。

Ⅱ组：产状N45°～70°E，NW或SE∠60°～88°，共计19条，其中$F_{63}$、$F_{69}$断层是左岸边坡规模最大的压扭性断层，且在两断层两侧与其走向近于一致的裂隙性小断层相当发育。

Ⅲ组：产状N70°～90°W，NE或SW∠60°～88°，共计14条，如规模较大的张扭性断层$F_1$、$F_4$和发育在蠕变岩体中的$F_{144}$、$F_{147}$（对岩体的蠕变程度有非常大的影响）等。$F_1$、$F_4$两断层是由1组断续延伸、雁行排列、走向N70°～90°W或N70°～90°E的裂隙性小断层组成；在两断层之间（如在导流洞进口及其边坡段）发育有2组走向分别为N20°～30°E和N50°～70°E的裂隙性陡倾角断层。

Ⅳ组：产状N65°～80°E，NW或SE∠60°～85°，共计16条，如$F_{26}$、$F_{56}$等。

另外，边坡开挖揭露顺坡向的中—缓倾角断层，共计18条。其中，$F_{138}$为断续延伸的裂隙性断层，在开挖过程中也未见明显的断层痕迹，但在开挖揭露的坡面上，特别是在蠕变岩体边坡中发育有1～2组产状为N10°～50°W、SW∠26°～47°和N20°～30°E、NW∠30°～45°的较长的中—缓倾角节理或裂隙性小断层，它们控制蠕变岩体发育程度或为其底界面。

据统计，边坡区节理裂隙发育程度和性状受断裂控制明显，如蠕变岩体分布区，与$F_{63}$及$F_{69}$平行的、产状为N56°E、SE∠84°的节理裂隙发育；且在该区有一组中缓倾角节理较发育，其产状为N10°～50°W、SW∠26°～47°和N20°～30°E、NW∠30°～45°，特别是在蠕变岩体区$F_{63}$与$F_{69}$断层之间和其临近的岩体中极为发育，节理面往往为蠕变岩体底界面或控制蠕变岩体的倾倒蠕变程度。而正常岩体分布区此组节理极少。

左岸开挖边坡坡面上岩体风化主要表现为面状风化和沿$F_{63}$、$F_{69}$断层、$F_{147}$、$F_{144}$断层等的带状、楔状风化。如进水口上部高程560.0m以上开挖边坡中，沿$F_{147}$和$F_{144}$断层交汇带形成了宽达7.0m的全风化带；高程520.0m以上，沿$F_{69}$断层则形成了宽达4.0～16.0m的全风化带；坝前边坡和导流洞上游侧坡的正常岩体中，沿$F_4$断层形成了宽3.0～7.0m、长约130m的强风化带。

全—强风化岩体主要分布在$F_{63}$断层北盘的进水口开挖边坡和导流洞进口上游侧坡中，岩体均为蠕变岩体；其他开挖边坡段以正常岩体为主，全、强风化以上岩土体极薄，一般小于5.0m。

边坡水文地质条件较简单，主要为砂岩、泥板岩互层岩体构成不均匀的裂隙含水层，受断层等结构面切割，各层间有密切的水力联系。地下水受大气降水补给，一般呈无压状态，向红水河顺层排泄为主。地下水位埋深因地而异，枯水期岸坡地带低于地表20.0～

60.0m，近山顶一带埋深 80.0～100.0m，洪、枯期地下水位变幅达 10.0～20.0m，最大可达 50.0m。断层是岩体中水渗漏的主要通道，由于断层多呈压扭性，破碎带透水性较弱，两侧影响带内节理发育，透水性较强，地下水活动强烈。罗楼组和板纳组 $T_2b^{2～4}$、$T_2b^{30}$ 层等灰岩夹层集中的层位内，在微风化带以上，地下水位附近常有顺层发育的小型溶蚀洞穴，其渗透性较强；施工期揭露，层面（层错）、蠕变岩体折断带、节理裂隙带是岩体渗流的主要通道。

进水口高边坡区受地形剥蚀影响，最大主应力为 6～9MPa，$\sigma_1$ 主应力方向为 N20°～50°E（水压致裂法），以水平应力为主，侧压力系数 1.3～1.6，对开挖边坡稳定性有不利影响。

## 2.2 倾倒蠕变岩体地质条件

### 2.2.1 基本地质条件

倾倒蠕变岩体分布于坝址上游左岸，该区天然岸坡坡度 15°～44°，下缓上陡，岩层走向与河谷岸坡近于平行，倾向山里，正常倾角 60°。蠕变岩体中上部边坡，是由薄至巨厚层砂岩、粉砂岩，薄至中厚层泥板岩组成的三叠系中统板纳组 1～41 层（$T_2b^{1～41}$），下部边坡则是三叠系下统罗楼组（$T_1l^{1～9}$），由薄至中厚层泥板岩夹薄至厚层不纯灰岩及少量粉砂岩组成（岩性组合见表 2-2、表 2-3）。

表 2-2 罗楼组 $T_1l^{1～9}$ 层岩性组合

| 地层代号 | 厚度/m | 砂岩 | | 粉砂岩 | | 泥板岩 | | 硅、泥质灰岩 | |
|---|---|---|---|---|---|---|---|---|---|
| | | 厚度/m | 百分比/% | 厚度/m | 百分比/% | 厚度/m | 百分比/% | 厚度/m | 百分比/% |
| $T_1l^{1～2}$ | 125.10 | | | 9.69 | 7.8 | 108.64 | 86.8 | 6.77 | 5.4 |
| $T_1l^{3～8}$ | 116.05 | | | 12.17 | 10.5 | 51.52 | 44.4 | 52.36 | 45.1 |
| $T_1l^9$ | 18.04 | 0.49 | 2.7 | 4.51 | 25.0 | 10.64 | 59.0 | 2.40 | 13.3 |
| $T_1l$ | 259.19 | 0.49 | 0.2 | 26.37 | 10.2 | 170.80 | 65.9 | 61.53 | 23.7 |

表 2-3 板纳组 $T_2b^{1～41}$ 层岩性组合

| 地层代号 | 厚度/m | 砂岩 | | 粉砂岩 | | 泥板岩 | | 硅、泥质灰岩 | |
|---|---|---|---|---|---|---|---|---|---|
| | | 厚度/m | 百分比/% | 厚度/m | 百分比/% | 厚度/m | 百分比/% | 厚度/m | 百分比/% |
| $T_2b^1$ | 19.22 | 19.07 | 99.2 | | | 0.15 | 0.8 | | |
| $T_2b^{2～6}$ | 60.24 | 14.26 | 23.7 | 22.58 | 37.5 | 18.87 | 31.3 | 4.53 | 7.5 |
| $T_2b^{7～13}$ | 60.53 | 19.34 | 32.0 | 21.67 | 35.8 | 18.67 | 30.8 | 0.85 | 1.4 |
| $T_2b^{14～17}$ | 98.11 | 82.12 | 83.7 | 2.53 | 2.6 | 12.74 | 13.0 | 0.72 | 0.7 |
| $T_2b^{18}$ | 49.75 | | | 9.65 | 19.4 | 37.36 | 75.1 | 2.74 | 5.5 |
| $T_2b^{19～22}$ | 33.35 | 8.08 | 24.2 | 13.52 | 40.5 | 11.26 | 33.8 | 0.49 | 1.5 |
| $T_2b^{23～41}$ | 306.02 | 66.19 | 21.6 | 160.03 | 52.3 | 76.42 | 25.0 | 3.38 | 1.1 |

倾倒蠕变岩体顺河展布长约 750.0m，发育高程 230.00～640.00m，铅直发育深度 30.0～76.0m，总体积 1160 万 $m^3$。大致以 3 号冲沟和 $F_{69}$ 为界，依其变形程度，平面上划分为 A 区（包括 $A_1$、$A_2$、$A_3$ 小区）和 B 区（包括 $B_1$、$B_2$、$B_3$ 小区）。

A 区边坡主要由板纳组地层构成，岩体蠕变后，岩层倾角由表及里逐步过渡至正常倾角，岩体中一般不存在连续的贯穿性弯曲折断面，体积约 316 万 m³。A₁ 区有 F₉₈ 顺坡向断层切割，体积 176 万 m³，其中上盘岩体已构成潜在滑体，其体积为 80 万～90 万 m³，在施工开挖中，已将潜在滑体基本清除。A₂ 区以发育 20.0～30.0m 厚坡崩积体为特征。A₃ 区位于蠕变岩体与正常岩体接触边缘过渡带，岩体蠕变轻微。

B 区边坡坡脚由抗风化能力相对较弱的罗楼组地层组成，岩体蠕变程度较 A 区严重，体积约 847 万 m³，蠕变岩体与正常岩体基本上呈突变接触，已形成贯穿性、连续性较好、粗糙不平、锯齿状的顺坡向折断错滑面和折断面。B₁ 区为表层滑坡体，分布高程 245.0～375.0m，体积 52 万 m³。B₂ 区以存在连续的倾倒折断错滑面为其主要特征，岩体整体上有明显的顺坡向错位，错动距离约 0.4～2.0m，分布高程 245.0～415.0m。B₃ 区以倾倒、刚性折断及挠曲变形为其主要特征，蠕变岩体与正常岩体虽已形成了贯穿性较好的折断面，但倾倒折断面为刚性接触，分布高程 390.0～650.0m。

进水口边坡开挖过程中，蠕变岩体 A 区大部分变形体已被挖除，而 B 区仅挖除 460.0～480.0m 以上靠下游侧部分变形岩体。B 区的非开挖区分布于左岸边坡上游，紧靠进水口开挖边坡，沿河展布长约 380.0m。左岸边坡及蠕变体分区见图 2-1。

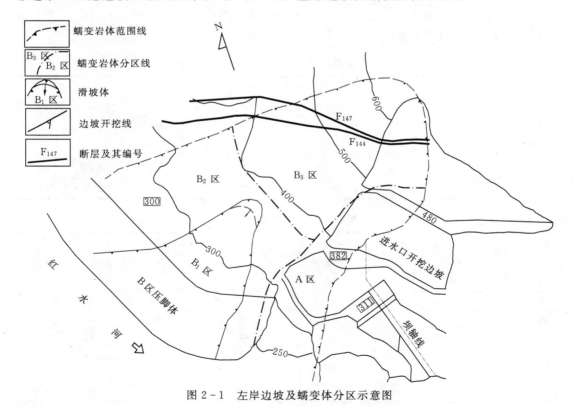

图 2-1　左岸边坡及蠕变体分区示意图

## 2.2.2　边坡岩体结构

边坡岩体结构是控制边坡岩体稳定性、可利用性的重要因素。不同成因、不同类型、不同规模、不同性状、不同物质组成的岩体结构特征对岩体可利用性及边坡稳定性评价都有很重要的因素。根据钻孔资料、地震波速、岩体完整性、边坡与岩层不同走向关系以及不同结构面组合对龙滩左岸边坡蠕变岩体结构类型进行了划分。边坡的主要岩体结构类型为：散体结构岩体、碎裂结构岩体和层状反向结构岩体。

（1）散体结构岩体。散体结构岩体主要分布于蠕变岩体上部全、强风化倾倒松动带内，岩体由于倾倒变位，重力折断、张裂架空、旋转错位呈散体状，节理裂隙充填次生泥，地震波波速 $V_P$ 仅 $500\sim1500m/s$。滑坡及坡崩积体多属散体结构岩体。

（2）碎裂结构岩体。碎裂结构岩体主要分布于蠕变体边坡中、下部强、弱风化岩体内，节理裂隙发育，充填次生泥，砂岩中有张裂、架空和重力错位，泥板岩中可见重力挤压现象。地震波波速 $1500\sim2500m/s$，岩体完整性差。

（3）层状反向结构岩体。在左岸蠕变体边坡区，边坡强风化层以上岩体由于破碎，破坏了层面的连续性，所以层状反向结构岩体主要分布于边坡深部弱、微风化岩体内。该部位岩层变形无明显的张裂面，为轻微、连续的挠曲变形，地震波波速接近于正常岩体。岩体走向近于平行边坡走向，倾向相反，构成了典型的层状反向结构岩体。

## 2.2.3 边坡水文地质条件

左岸蠕变体边坡 B 区岩层主要为砂岩、泥板岩互层体，构成不均匀的裂隙潜水含水层，受断层切割，各层间有密切的水力联系。风化卸荷作用加剧了介质非均质各向异性程度和复杂性。地下水接受大气降水补给，一般呈无压状态，向红水河顺层排泄为主。

边坡中断层、节理裂隙是地下水的主要运移通道。由于断层多为压扭性，因而断层破碎带内透水性较弱，断层两侧节理发育，地下水活动强烈。此外，蠕变体边坡中顺节理的岩体透水性受岩体风化、卸荷作用的影响较大。在强、弱风化带内岩体卸荷松弛，节理张开，连通性好，因此边坡岩体透水性强；微风化或新鲜基岩内节理多闭合干净，结合紧密，或为方解石、石英脉充填，透水性差。

为了更清楚、准确地认识左岸边坡的水文地质特征，对左岸边坡的水文地质结构进行了划分，水文地质结构特征见表 2-4。

表 2-4 水文地质结构特征表

| 分类 | 第一类 | 第二类 | 第三类 | 第四类 |
| --- | --- | --- | --- | --- |
| 结构体类型 | 散体状结构 | 孔隙-裂隙网络结构 | 裂隙网络结构 | 脉状结构 |
| 主要分布部位 | 全风化带 | 强、弱风化带 | 微、新岩体 | 透水断层 |
| 介质类型 | 孔隙（裂隙）介质 | 裂隙（孔隙）介质 | 裂隙介质 | 裂隙介质 |
| 渗透方向性 | 非均质各向异性 | 非均质各向异性 | 非均质各向异性 | 非均质各向异性 |
| 透水性大小 | 严重—中等透水 | 中等透水 | 微透水 | 中等透水 |
| 富水性 | 差 | 好 | 差 | 中等 |
| 承压性 | 非饱和带 | 潜水 | 潜水 | 局部承压 |
| 渗流特性 | 垂直入渗 | 主要沿斜坡方向运动，少数向深部运动 | 向排泄基准面作斜向运动 | 沿走向或倾向方向运动 |

第一类（散体状结构）：主要由全风化带呈散体状的岩体构成，分布于地表浅层。由于罗楼组与板纳组抗风化能力不同，因而散体结构分布于地表的厚度也随岩性的不同而变化，一般情况下罗楼组的风化深度大于板纳组的，对降雨入渗起分流、滞后作用。

第二类（孔隙-裂隙网络结构）：主要由强风化带和弱风化带孔隙-裂隙岩体构成。在强、弱风化带内，岩体卸荷松弛，节理张开，连通性好。地下水位大多在该带作季节性变动。相对于微风化、新鲜岩体而言，富水性好，是地下水径流最活跃的部位。

第三类（裂隙网络结构）：位于微风化、新鲜岩体中，基岩内节理面多闭合，结合紧密，或为方解石、石英脉充填。地下水运动受裂隙网络及其渗透性控制，一般渗透性较差。

第四类（脉状结构）：指部分断层破碎带及其影响带中的脉状含水体，对地下水起"输水囊道"作用，是构成渗流场的主干网络。

### 2.2.4　边坡失稳机理

#### 2.2.4.1　边坡变形破坏的一般特征

龙滩水电站左岸边坡地层走向与边坡走向接近平行，倾向与边坡倾向相反，正常岩层倾角60°左右，为典型的反倾向层状结构岩质边坡。一般而言，岩层倾角大于30°的反倾向层状结构岩质边坡，在不存在贯穿性顺坡向软弱结构面及其组合构成潜在滑移楔体条件下，弯曲倾倒变形是边坡变形破坏的主要形式，岩性及其边坡岩体结构差异，控制弯曲倾倒变形破坏的类型。龙滩左岸蠕变体由软硬相间互层状结构构成的岩质边坡，岩体变形表现为弯曲（倾倒）或倾倒（弯曲）-拉裂-折断-滑移（崩坍）等复合型破坏。

A区边坡主要由板纳组地层构成，岩层倾倒蠕变后，倾角由表及里逐步过渡至正常倾角，岩体中一般不存在连续的贯穿性弯曲折断面，弯曲倾倒变形岩体的破坏程度由地表向坡里深处逐渐减弱，蠕变岩体与正常岩体接触边缘过渡带岩体蠕变轻微。A区上部有$F_{98}$顺坡向断层切割，其中上盘岩体已构成潜在滑体，下部则以发育20.0～30.0m深厚坡崩积体为其特征。

B区边坡坡脚由抗风化能力相对较弱的罗楼组地层组成，岩体蠕变程度较A区严重。在$F_{147}$断层南侧蠕变岩体与正常岩体呈突变接触，已形成贯穿性和连续性较好、粗糙不平、锯齿状的顺坡向折断错滑面和折断面，折断面与折断错滑面倾角21°～40°。高程245.0～375.0m表层分布有浅层滑坡体，已产生滑坡变形；高程245.0～415.0m，以连续的倾倒折断错滑面为其主要特征，其折断错滑面宽0.2～1.3m，充填碎块石夹泥或岩屑夹泥，充填物的颗粒构成有随高程升高而变粗的趋势，沿折断错滑面有明显的顺坡向错位，错动距离约0.4～2.5m，见图2-2；高程390.0～650.0m，以倾倒、刚性折断及挠曲变形为其主要特征，其倾倒折断面与$B_2$

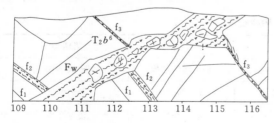

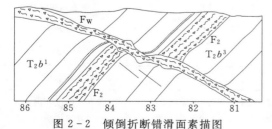

图2-2　倾倒折断错滑面素描图

区折断错滑面有明显差异，折断面及其破碎带内岩体有明显架空现象，虽少量夹泥，但相互间多呈刚性接触，上、下岩层不连续，重力错位4~20cm，并有地下水大量渗出。

#### 2.2.4.2 影响边坡倾倒变形的主要因素

（1）岩性、岩体结构及其空间组合形式对弯曲倾倒变形具有控制作用。弯曲倾倒变形一般只发生在反倾向层状（似层状）结构、层状碎裂结构的岩质边坡中，层面或层间软弱夹层发育的反倾向层状结构岩体，尤其是软弱的薄层状岩体更易于发生弯曲倾倒变形。左岸蠕变岩体边坡由软硬相间的互层状结构泥岩、砂岩构成，岩体层面、层间错动等软弱夹层发育，坡脚由泥板岩含量高、抗风化能力相对较弱的罗楼组地层组成。研究表明，即使是软材料，如果没有被切割成层状结构，也只能产生顺坡向的均匀流变，而不能产生弯曲变形，只有软硬相间的层状结构岩体，在重力作用下可能产生规则的向有变形空间的方向弯曲、倾倒。这种岩性、岩体结构及其空间组合形式为边坡倾倒变形提供物质基础条件。

（2）弯曲倾倒变形的发生与发展，与岩层倾角和边坡几何形态有密切的关系。左岸边坡地层走向与边坡走向接近平行，倾向与边坡倾向相反，岩层倾角60°左右，极易于发生弯曲倾倒变形。

（3）构造断裂使岩体的整体性破坏，削弱层状岩体的抗弯曲能力。蠕变体边坡区层间错动、泥化夹层密集发育，存在顺坡向的结构面，加之 $F_{63}$、$F_{69}$、$F_{144}$、$F_{147}$断层和冲沟切割，进一步破坏了层状岩体的连续性，使岩层层面之间的凝聚力大为降低，降低了岩层的抗弯刚度。

（4）河流下切，边坡临空，加上坡脚罗楼组地层泥化夹层集中，未胶结的软弱破碎带岩体变形模量低，为岩层弯曲、倾倒提供了变形空间。

（5）风化作用是反倾向层状结构岩质边坡发生弯曲倾倒变形的重要因素。风化导致岩层离层化和节理化（见图2-3），使边坡岩体抗弯曲刚度降低，抗弯曲倾倒变形能力差，相对增加了单层的弯矩，层间强度削弱，易于产生变形，进而为弯曲倾倒提供变形空间。

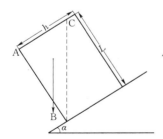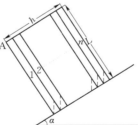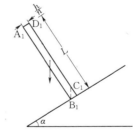

（a）岩梁薄层化之前　　　（b）岩梁薄层化之后　　　（c）薄层化后单层岩梁提供的弯矩

图2-3 岩梁厚度变化与弯矩变化关系图

（6）地下水活动入渗，有助于岩体风化，降低岩体及其软弱结构面的强度，形成坡体内动、静水压力，有利于弯曲倾倒变形的发生和发展。

（7）时间因素亦是反倾向层状结构岩质边坡弯曲倾倒破坏的影响因素，主要表现为：岩石（体）本身的流变特性，岩石（体）本身的强度受其他因素影响时间的逐渐降低，弯曲倾倒变形破坏区随时间发展。

（8）地应力和外荷载，恶化了边坡体的应力状态，促使岩体发生弯曲变形，地应力释放，促使坡面回弹，坡体岩层松弛，诱发弯曲倾倒变形。

### 2.2.4.3　边坡变形破坏机理

自然边坡是在漫长的成坡地质历史过程中缓慢形成的。因此反倾向层状结构岩质自然边坡，在具备发生弯曲倾倒变形的物质基础时，其变形的发生与发展，亦是在漫长的成坡地史过程中逐步累积的结果。

（1）风化成因，其变形范围一般多局限于弱风化带以内。

（2）坡脚侵蚀下切作用，一般河流侵蚀下切成坡是一个相当缓慢的过程，由此引起边坡的应力重新调整也不是一个剧烈的过程，这类弯曲倾倒变形现象多局限于边坡下部、河流强烈侵蚀下切处。

（3）风化和坡脚侵蚀下切联合作用类型，是自然边坡岩体弯曲倾倒变形破坏最常见的类型。

## 2.2.5　倾倒蠕变岩体变形方式

边坡岩体的蠕变方式和蠕变程度是与一定的地质条件和蠕变发展阶段相联系的，因地质条件及蠕变发育阶段的不同，岩体的蠕变特征、稳定条件均有明显差异。为此，研究蠕变变形方式、特征及其蠕变变形程度，对蠕变岩体进行平面分区和剖面分带，是评价蠕变岩体稳定性的基础。

左岸倾倒蠕变岩体的变形方式主要有如下几种：

（1）岩层挠曲变形。岩层无明显的拉张破裂迹象，表现为连续的轻微挠曲变形，变形岩体与正常岩体无明显差别，仅能从岩层倾角的变化判断是否已发生了蠕变。受挠曲变形的影响，岩层的弯曲角（岩层弯曲蠕变后，层面的切线与正常岩体层面的夹角）小于5°。

（2）岩层张裂、架空和张裂错位。挠曲变形超过一定量值时，岩层被折断，在脆性岩层中形成架空结构或张裂错位，见图2-4。

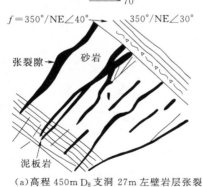
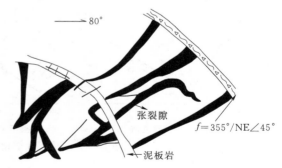

（a）高程450m $D_8$ 支洞27m左壁岩层张裂　　　（b）高程300m $D_{28}$ 支洞26～29m左壁砂岩张裂、架空

图2-4　架空结构或张裂错位示意图

（3）连续折断错位。当边坡下部具备较大变形空间，强持力层折断或受到动荷载作用时，会导致前述分散的张裂错位进一步发展，宏观上形成比较连续的折断面，产生向下位移，构成锯齿状潜在滑动面。

（4）阶梯状正断型错位，见图 2-5。沿具有一定规模的顺坡向张裂隙或顺坡向断裂结构面，两盘岩体相对错动，形成阶梯状错位。

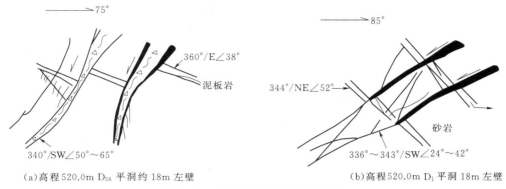

（a）高程 520.0m D$_{56}$ 平洞约 18m 左壁　　　　　（b）高程 520.0m D$_1$ 平洞 18m 左壁

图 2-5　阶梯状正断型错位示意图

（5）逆冲错位。岩层不断变形过程中，在边坡上部蠕变体内沿张裂面产生逆冲型错动，层间错动破碎带则被楔入张裂隙中，见图 2-6。

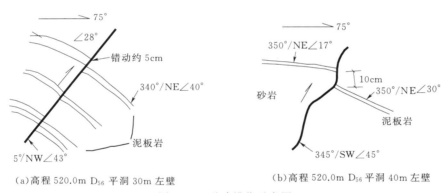

（a）高程 520.0m D$_{56}$ 平洞 30m 左壁　　　　　（b）高程 520.0m D$_{56}$ 平洞 40m 左壁

图 2-6　逆冲错位示意图

（6）倾倒变形。在塑性较大的泥板岩中，特别是泥板岩厚度大且较集中的地层内，那种在砂岩中常见的张裂错位现象相对少见，变形主要表现为逐步弯曲直至倾倒的变形过程，最大弯折倾倒角达 40°～55°。

（7）岩块旋转倾倒与崩坍。在岩层弯折张裂和倾倒过程中，岩块沿张裂面向坡旋转倾倒，或当边坡下部失去支撑时，岩块即可能逐渐崩坍，形成崩坍堆积体。

（8）蠕滑与滑坡。当边坡中存在着规模较大的顺坡向软弱结构面，特别是顺坡向断层时，软弱结构面上盘的岩体变形过程就是孕育滑坡的过程，在条件成熟时形成滑坡。

综上所述，龙滩水电站左岸倾倒蠕变岩体边坡，由于岩层软硬相间，层间错动发育，存在顺坡向的结构面；坡脚罗楼组地层岩石相对软弱，泥化夹层发育；加之 F$_{63}$、F$_{69}$、F$_{147}$、F$_{144}$ 断层和冲沟切割，进一步破坏了层状岩体的连续性。因此，这种薄板状多层结构的反倾向边坡岩体，在地质时期内遭受长期风化、地下水活动，在自重等综合营力作用下，向岸坡方向缓慢弯曲、折断、倾倒，以致局部崩塌和滑坡。倾倒蠕变岩体是在上述特定地质条件下，岩体综合变形的结果。

### 2.2.6　倾倒蠕变岩体剖面分带

　　倾倒蠕变体剖面分带，是沿剖面不同深度蠕变岩体质量的综合反映，它不仅客观反映了层状反倾向结构岩体倾倒变形后的岩体结构特征、变性特征，而且为边坡稳定性分析和综合治理措施提供了可靠的地质依据。倾倒蠕变体剖面分带的目的是为了进行边坡稳定性分析，其依据是边坡岩体倾倒蠕变程度、岩体完整性程度。由于岩体倾倒蠕变程度、岩体结构特征和变性特征能充分反映边坡岩体地质结构特征，因而倾倒蠕变体剖面分带能有效地应用于边坡稳定性分析。

　　国内外关于倾倒蠕变体剖面分带的方法很多，但至今没有一套较系统、完善，且普遍适用于一般倾倒蠕变岩体的剖面分带方法。龙滩水电站左岸倾倒蠕变岩体通过大量的勘探研究，探索出适用于一般倾倒蠕变岩体的剖面分带方法，即：在倾倒蠕变岩体破坏机理和倾倒变形方式研究的基础上，根据蠕变岩体内岩层的弯曲角、蠕变特征、风化程度、结构面特征、岩体完整程度和稳定性等因素，率先提出了倾倒蠕变岩体的剖面分带，即划分为倾倒松动带、弯曲折断带、过渡带等三个带，该划分方法适合于一般倾倒蠕变岩体的剖面分带。表2-5为倾倒蠕变岩体剖面分带主要特征要素。

表2-5　　　　　　　　倾倒蠕变岩体剖面分带主要特征要素一览表

| 剖面分带 | 弯曲折断角 | 蠕变特征 | 风化程度 | 结构面特征 | 地震波波速/(m/s) | 岩体结构 | 备 注 |
|---|---|---|---|---|---|---|---|
| 倾倒松动带（Ⅰ带） | >10° | 岩层以倾倒变位为主，重力折断、张裂架空、旋转错位明显 | 全、强风化 | 节理裂隙张开、充填次生泥 | <1000～1500 | 碎裂、散体结构 | 弯曲折断角：变位后的岩层层面切线与正常岩层层面的夹角 |
| 弯曲折断带（Ⅱ带） | >5°～10° | 有轻微的张裂、架空和重力错位，软岩中见重力挤压现象 | 强风化 | 节理裂隙部分张开、充填次生泥 | <2000～2500 | 碎裂、镶嵌结构 | |
| 过渡带（Ⅲ带） | <5°～10° | 岩体轻微连续的挠曲变形 | 弱—微风化 | 节理裂隙闭合、不夹泥或少夹泥 | 接近正常岩体 | 层状结构 | |

　　按照上述分类方法，龙滩水电站左岸倾倒蠕变岩体剖面分带分述如下：

　　倾倒松动带（Ⅰ带）：岩层弯曲折断角，在泥板岩中为20°～60°，砂岩中大于10°。岩层以倾倒变位为主，重力折断、张裂架空、旋转错位明显。岩体破碎呈散体状，全、强风化，节理裂隙充填次生泥。地震波波速 $V_P$ 仅 $500～1500m/s$。水平发育厚度23.0～76.0m，滑坡及坡崩积体多发生于该带。

　　弯曲折断带（Ⅱ带）：泥板岩中弯曲折断角10°～20°，砂岩中5°～10°。岩体主要呈强风化状，节理裂隙发育，充填次生泥。砂岩中仍有张裂、架空和重力错位，泥板岩中可见重力挤压现象。地震波波速1500～2500m/s。水平发育厚度6.0～53.0m。

　　过渡带（Ⅲ带）：岩层弯曲折断角5°～10°，无明显的张裂面，为轻微连续的挠曲变形。岩体呈弱—微风化状，地震波波速接近正常岩体，主要分布 $A_2～A_3$ 区。

　　蠕变岩体勘探揭露深度见表2-6。

| 表 2-6 | | 蠕变岩体勘探揭露深度表 | | | |
|---|---|---|---|---|---|
| 勘探或排水洞编号 | 地面高程/m | 倾倒蠕变岩体发育深度/m | | | |
| | | 残坡积层 | Ⅰ带 | Ⅱ带 | Ⅲ带 |
| PSD8-2 | 520 | 20（强风化） | | | 无 |
| PSD7-2 | 480 | 39（强风化） | | | 无 |
| PSD5-2 | 426 | | | | |
| $D_{56}$（PSD8-3） | 521.99 | 0 | 68 | 0 | 81 |
| PSD7-3） | 480 | 16.5（岩层倾角38） | | 82 | 无 |
| $D_{50}$（PSD5-3） | 413.47 | 6 | 40 | 118 | 0 |
| $D_8$ | 450.59 | 6.5 | 60 | 113 | 119 |
| $D_{45}$ | 402.72 | 9.5 | 74 | 80 | 89 |
| $D_{42}$ | 358.80 | 7 | 23 | 50 | 59 |
| $D_{22}$ | 361.88 | 23 | ＞53 | | |
| $D_7$ | 351.57 | 9 | 0 | 0 | 18 |
| $D_{49}$ | 317.21 | 13 | 115 | 130 | 0 |
| $D_{46}$ | 301.64 | 24 | 35 | 38 | 43 |
| $D_{29}$ | 302.08 | 2 | 42 | 94 | 0 |
| $D_{28}$ | 300.33 | 21 | 34 | 42 | 47 |
| $D_{43}$ | 293.43 | 0 | 0 | 10 | 28 |
| $D_{37}$ | 304.33 | | 18 | 36 | |
| $D_4$ | 302.04 | 5 | 0 | 0 | 28 |
| $D_{62}$ | 262.20 | 6 | 54 | 62 | 0 |
| $D_{34}$ | 254.41 | 28 | 32 | 46 | 64 |
| $D_{55}$ | 263.03 | 10 | 28 | 35 | 0 |
| $D_{57}$ | 531.55 | 10 | 76 | 85 | |
| $D_1$ | 250.19 | 4 | 0 | 18 | 31 |

## 2.2.7 失稳模式及稳定性分析

边坡变形破坏是一个动态随机的过程。通过对蠕变体边坡变形监测及工程地质条件（包括工程地质岩组、岩体结构类型、边坡结构类型、优势面结构产状、水文地质条件、岩体风化特征和工程因素）的分析，蠕变体边坡主要有如下破坏模式：

（1）弧形滑动。弧形滑动破坏模式一般出现在散体结构岩体和碎裂结构岩体中。其表现形式主要是由多组结构面切割，但控制其破坏的优势结构面不发育，且是由许多可分离块体组成的碎裂结构岩体，块体尺寸远小于边坡尺寸，滑动面的形状呈弧形。对于蠕变体边坡，弧形滑动体主要位于坡脚高程 375.0m 以下浅表层范围内。如果边坡中上部折断面和折断错滑面能够连成统一滑面，在长期地下水作用下岩体连接面抗剪强度降低，可能会引起蠕变体边坡弧形滑动。弧形滑动破坏模式见图 2-7。

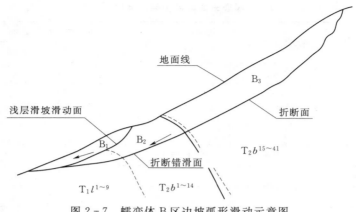

图2-7　蠕变体B区边坡弧形滑动示意图

（2）滑动—块状倾倒变形。蠕变体边坡滑动—块状倾倒变形破坏模式主要发生在边坡中上部（415.0m高程以上），边坡表层岩体质量较差，岩体破碎，而且有折断面和折断错滑面等顺坡向结构面控制，发生大规模倾倒变形的可能性不大，仅局部开挖坡段可能发生滑动—块状倾倒变形。

龙滩水电站左岸蠕变体变形观测自1984年4月开始，每年2次，至1996年底共观测26次。从整理资料看，蠕变体除局部（主要位于地表）变形值较大外，其余观测点的变形值均较小，说明左岸蠕变体边坡自然状态下是稳定的，变形值较大的观测点只是边坡表层局部已发生变形，但变形缓慢。

通过对左岸蠕变体边坡地质资料进行分析，边坡稳定性初步判断结果见表2-7。

表2-7　　　　　　　　　　　　蠕变体边坡稳定性初步判断结果

| 稳定条件 | 左岸蠕变体B区边坡 |
| --- | --- |
| 边坡地貌 | 边坡河床高程219.0m，坡顶高程635.0m，形成400多m的层状反倾自然边坡。480.0m以下，边坡坡角为28°～37°；480.0m以上，边坡坡角为45°～50°。由于公路开挖切脚，对边坡的稳定性扰动以至稳定性产生了一定影响 |
| 岩性 | 300.0m高程以上主要是三叠系板纳组砂岩和泥板岩互层体岩层，300.0m高程以下主要是三叠系罗楼组灰岩与泥板岩 |
| 风化卸荷特征 | 风化卸荷作用强烈，边坡表层存在全风化层、强风化层、弱风化层等，其深度分别为5.0～15.0m、20.0～35.0m、15.0～65.0m等。卸荷特征总体为：板纳组地层较罗楼组地层风化程度较弱，但是总体卸荷特征明显，尤其是泥板岩地层 |
| 岩体结构 | 宏观上边坡表层岩体成碎裂状，深部岩体主要是层状反倾结构，边坡变形控制结构面主要是折断面和折断错滑面 |
| 水文地质 | 裂隙水，地下水位埋深在50.0～80.0m范围，地下水位的变化与大气降雨有关，地下水位波动范围主要在折断面和折断错滑面 |
| 变形破坏迹象 | 蠕变体B区415.0m高程以下，折断错滑面错距较大，达0.4～2.5m，表层受施工开挖影响，有滑动失稳迹象 |
| 边坡整体稳定性初步判定 | 从影响边坡稳定性的工程地质条件，如风化卸荷特征、岩体结构、岩体质量、水文地质条件等入手，认为自然工况下边坡整体是稳定的，但水库蓄水，边坡安全裕度不大，特别是浅表层倾倒松动带（Ⅰ带），边坡局部范围可能发生塌滑，有必要对蠕变体边坡进行综合治理 |

## 2.3 进水口反倾向层状结构岩质高边坡地质条件

龙滩水电站进水口开挖边坡，长约 400m，高达 420.0m，是轮廓形态复杂、岩体构造复杂的反倾向层状结构岩质高边坡。在该边坡内开挖的巨型地下厂房，有 9 条直径达 10.0m、密集排列的引水洞位于岩性相对软弱的坡脚岩体部位，坡脚岩体掏空率达 50%，使得龙滩水电站左岸工程边坡的长期稳定与安全评价成为整个水电站工程的关键技术难题。

### 2.3.1 基本地质条件

左岸进水口开挖边坡区原始地形整齐，山体宽厚，山顶高程 650.0m 左右，岸坡坡度 $30°\sim45°$，为典型的层状结构反倾向边坡。受工程布置等限制，边坡开挖后坡型复杂，坡度变化大，开挖单级坡坡比从 1:1.5 到垂直坡，以反倾向或斜交反倾向边坡为主，有高程 480m 宽平台和 406.5m、382.0m 坝顶宽平台；高程 $635.0\sim220.0$m 综合坡度约 $31°\sim35°$，其中高程 480.0m 以上综合坡度约 $33°\sim39°$，坝后陡坡综合坡度约 $53°\sim66°$。

高程 382.0m 以上开挖边坡中，主要为板纳组 $T_2b^{14\sim39}$ 层或 $T_2b^{18\sim39}$ 层砂岩夹泥板岩体（砂岩约占 68.6%，泥板岩约占 29.6%）；高程 382.0m 以下主要为 $T_2b^{1\sim18}$ 层砂岩、泥板岩互层结构岩体（其中含有层凝灰岩）；相对软弱、抗风化能力差的 $T_2b^{2\sim4}$ 层位于坡脚；高程 382.0m 以下坝后坡主要为 $T_2b^{18\sim23}$ 层砂岩、泥板岩岩体，且 9 条引水洞穿过该区域，坡脚岩体采空率为 50%，洞口区主要是岩性较软的板纳组 $T_2b^{18}$ 层泥板岩，边坡的稳定性受到很大的威胁。该区边坡与岩层走向关系复杂，存在不同的夹角关系。

$T_2b^{18}$ 层泥板岩在左坝头高程 382.0m 以上受 $F_{63}$ 断层的影响，岩层揉皱强烈，但在坝后陡坡下部或坡脚，岩体完整性较好。

边坡开挖揭露断层共计 160 条，其中延伸长度大于 100.0m 的有 24 条，规模较大的断层有 $F_{63}$、$F_{69}$、$F_1$、$F_4$ 等 4 条，$F_1$、$F_4$ 为张扭性断层，在坡面上呈雁行断续延伸。断层根据其产状大致可分为 3 组：

Ⅰ组：为层间错动，走向 $N5°\sim25°W$，倾向 NE，正常岩体内倾角约 $60°$，规模较大者有 $F_2$、$F_{65}$、$F_{35}$、$F_8$、$F_{22}$ 等，大多层间错动破碎带宽度仅数毫米，或小于 10cm，多为光面，构成开挖边坡的 $T_2b^{18\sim41}$ 层的弱风化及其以下岩体中，层间错动为 55 条，平均发育密度约为 7.0m/条。构成进水口反倾向层状结构岩质开挖坡陡坡段的 $T_2b^{19\sim22}$ 层微风化至新鲜的岩体，层间错动 5 条，6.5m/条。

Ⅱ组：产状 $N45°\sim70°E$，NW 或 $SE\angle60°\sim88°$，如 $F_{63}$、$F_{69}$ 断层是坝区规模最大的压扭性断层之一，且在两断层两侧与其走向近于一致的裂隙性小断层相当发育。

Ⅲ组：产状 $N70°\sim90°W$，NE 或 $SW\angle60°\sim88°$，如坝区规模较大张扭性断层 $F_1$、$F_4$ 和发育在蠕变岩体中的 $F_{144}$、$F_{147}$（对控制蠕变岩体的边界和岩体的蠕变程度有非常大的影响）。$F_1$、$F_4$ 两断层由一组断续延伸、雁行排列、走向 $N70°\sim90°W$ 或 $N70°\sim90°E$ 的裂隙性断层组成；在两断层之间发育有 2 组（走向 $N20°\sim30°E$ 和 $N50°\sim70°E$）裂隙性陡倾角断层；如在导流洞进口及其边坡段。

另外，边坡开挖揭露的顺坡向中—缓倾角断层 $F_{138}$ 为断续延伸的节理性断层，但在开挖坡面上，特别是在蠕变岩体边坡中发育有 1～2 组产状为 N10°～50°W，SW∠26°～47° 和 N20°～30°E，NW∠30°～45° 的较长的中～缓倾角节理或裂隙性小断层，它们控制蠕变岩体发育程度或为其底界面。根据开挖边坡区的节理统计，有一组产状 N10°～50°W，SW∠26°～47° 和 N20°～30°E，NW∠30°～45° 的中缓倾角节理较发育，特别是在蠕变岩体区 $F_{63}$ 与 $F_{69}$ 断层之间和其临近的岩体中极为发育，且为蠕变岩体底界面或控制其倾倒蠕变程度。

正常岩体中节理主要可分为 4 组：

第 1 组：产状 N12°W，SW∠22°，占 22%；一般长 2～8m，最长的 16m；少部分产状 N30°E，NW∠35°（主要发育于高程 382.0m 以上边坡中）。

第 2 组：产状 N12°E，NW∠54°，占 9.7%。

第 3 组：产状 N66°E，NW∠62°，占 6%。

第 4 组：产状 N65°E，NW∠36°，占 3.8%。

蠕变岩体中，节理产状分布较分散，不集中。

进水口开挖边坡坡面上岩体风化主要表现为面状风化和沿 $F_{63}$、$F_{69}$ 断层和 $F_{147}$、$F_{144}$ 的带状风化，全—强风化岩体主要分布在 $F_{63}$ 断层北盘的进水口开挖边坡和导流洞上游侧坡中；其他开挖边坡段全强风化以上岩土体厚度一般小于 5.0m；但在导流洞洞脸边坡高程 250.0m 以下，因受走向 NWW、NEE、NNE 三组陡倾角裂隙性断层的影响，该区强风化及其以上岩体厚度较大。

进水口边坡中残留的蠕变岩体主要分布在靠蠕变体 B 区侧，从岩体结构、岩体完整性特性以及岩层弯折程度来看，该区蠕变岩体主要以倾倒松动 I 带为主，部分为弯曲折断 II 带，局部地段存在过渡 III 带。蠕变岩体大部分与正常岩体呈突变接触，已形成贯穿性、连续性较好、粗糙不平、锯齿状的顺坡向折断面和折断错滑面。

残留在进水口开挖边坡区的蠕变岩体有如下特点：$F_{63}$～$F_{69}$ 北盘的倾倒蠕变岩体变形程度较预测的严重，蠕变岩体弯曲折断带（II 带）或倾倒松动带（I 带，全风化土体）与正常岩体基本上呈突变接触。如 $F_{144}$、$F_{147}$ 断层北盘蠕变岩体 I 带与正常岩体呈突变接触，无 II 带、III 带；高程 520.0m 以上 $F_{63}$ 北盘（上游盘）II 带（强风化岩体、弯曲折断带）与弱风化正常岩体呈突变接触；高程 520.0m 以下，$F_{63}$～$F_{69}$ 北盘基本上为蠕变岩体 II 带或 I 带与正常岩体或轻微蠕变岩体呈突变接触（在高程 425.0～480.0m 受 $F_{63-1}$ 及其次级或派生构造影响，断层 $F_{63}$（$F_{63-1}$）南盘局部存在少量过渡带岩体），即 $F_{63}$～$F_{69}$ 断层南盘（下游盘）岩层倾倒蠕变不明显。

### 2.3.2 边坡岩体结构特征

进水口边坡位于蠕变体下游侧，是坝址所在处边坡，边坡形状呈 Z 字形，从该区上游侧到下游侧，由于开挖方位的不同，该区边坡的走向变化较大，岩层走向 N10°～15°W，边坡与岩层走向夹角较大。边坡梯级开挖，20.0m 一个台阶，其中进水口顶部边坡（高程 382.0m 以上）坡角为 45°，而进水口边坡（高程 311.0～382.0m）坡角较大，基本接近 90°，位于坡脚的导流洞边坡坡角又有所变缓，约为 45°左右。根据进水口边坡与岩层走向夹角关系，该区总的岩体结构为层状反向斜交结构岩体。

进水口边坡中蠕变岩体主要分布在上游靠蠕变体侧，见图2-8。

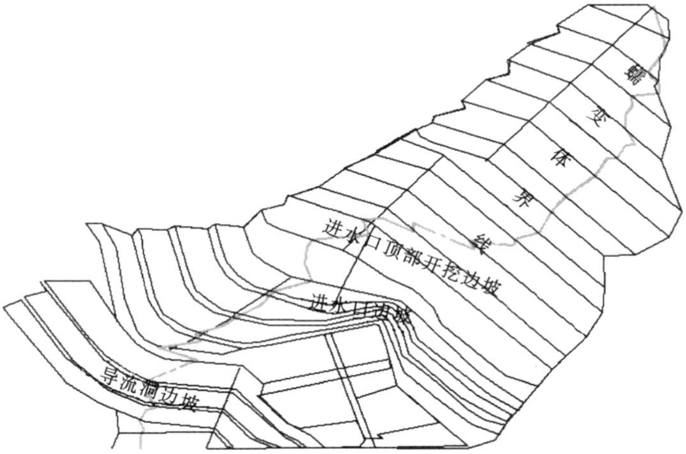

图2-8　进水口边坡蠕变体分布范围示意图

由于边坡的开挖深度不同，存在边坡表层岩体的风化程度不同，岩体的完整性差异较大。残留在进水口上游侧的蠕变体边坡，由于表层岩体主要是全、强风化岩体，岩体风化剧烈，岩体完整性差，岩体结构主要为碎裂结构；而位于工程边坡正面坡和下游侧的正常岩体边坡，坡面主要是弱风化岩体，岩体的完整性较好，除局部存在不稳定块体外，边坡整体完整性较好，因而该处边坡岩体结构主要以层状岩体为主，局部为块状结构岩体。

不同边坡部位岩体结构分述如下：

（1）进水口高程382.0m以上边坡。其总的岩体结构为层状斜向结构岩体。由于边坡的开挖深度不同，存在边坡表层岩体的风化程度不同，岩体的完整性差异较大。靠蠕变体区边坡部位的工程边坡，由于表层岩体主要是全、强风化岩体，岩体风化剧烈，完整性差，主要以碎裂结构形式存在；而位于工程边坡正面坡和下游侧的边坡表层主要是弱风化岩体，岩体的完整性较好，除局部存在不稳定岩体外，边坡岩体整体完整性较好，因而该处边坡岩体结构表现为层状反向结构为主，局部块状岩体。

（2）进水口高程382.0m以下进水口边坡。其岩体结构类型为碎裂结构岩体、层状反向结构岩体、层状斜向结构岩体以及块状结构岩体。

1）碎裂结构岩体。碎裂结构岩体主要分布于坝前坡，表层强风化岩体上，其深度范围主要在表层20.0m范围以内。据钻孔资料证实：坝前坡20.0m范围以内主要以强风化粉砂岩、断层破碎带以及泥化层为主，边坡岩体节理裂隙发育，岩体破碎，成块状，岩芯取样率低，岩体质量差。

2）层状反向结构岩体。进水口边坡总体岩体结构主要以层状反向结构岩体为主，但是由于边坡走向与岩层走向夹角不同，所以对该类型边坡的岩体类型进行了细化，分为层状反向和层状斜向结构岩体。根据三维数值模拟并参考国家"八五"科技攻关项目定义，认为当边坡与岩层走向夹角小于20°时，边坡易发生倾倒，岩体结构主要以层状反向结构为主。

3）层状斜向结构岩体。进水口边坡区层状斜向结构岩体主要位于坝头坡、坝前坡、

3～6 号坝段后坡和 1～2 号坝段后坡。其中，坝头坡由于边坡与岩层走向夹角较大，边坡变形时不再以倾倒变形为主。

4）块状结构岩体。左岸边坡大约有定位、半定位以及随机块体共 33 处，其中定位、半定位 13 处，随机块体 20 处。这些不稳定块体主要分布在进水口坝后坡以及大坝下游侧。

(3) 导流洞进水口边坡。其岩体结构类型主要有碎裂结构岩体、层状反向结构岩体、层状斜向结构岩体、散体结构岩体以及块状结构岩体。

1）碎裂结构岩体。破碎结构岩体主要分布在导流洞上游侧坡表层高程 230.0～245.0m 左右，该处边坡表层主要由崩塌堆积体组成，钻孔岩芯以碎块状为主，各块体之间黏结力差，块体转动较大。

2）层状反向结构岩体。层状反向结构岩体指边坡走向与岩层走向近乎平行，而倾向相反的岩质边坡。导流洞洞脸坡为典型的层状反向结构岩体。

3）层状斜向结构岩体。层状斜向结构岩体指边坡走向与岩层走向夹角较大，而倾向相反的岩体结构。导流洞上、下游侧边坡属层状斜向结构岩体边坡，该类型边坡不发生明显的倾倒特征。

4）散体结构岩体。散体结构岩体是指结构松散、连接力差且岩块转动较大的岩体。在进口明渠自然坡坡角，由于倾倒变形破坏强烈，已经形成了厚达 25.0m 的崩塌堆积层，这些岩体变形转动较大，结构松散，属散体结构岩体。

5）块状结构岩体。块状结构岩体广泛分布于导流洞边坡部位。由于边坡构造复杂，断裂错综交错，以及层间错动较多，在断层与断层以及断层与层面之间形成了较多的切割块体。

### 2.3.3 边坡水文地质条件

进水口边坡岩层主要为砂岩、泥板岩互层体，构成不均匀的裂隙潜水含水层，受断层切割，各层间有密切的水力联系。地下水接受大气降水补给，一般呈无压状态，向红水河顺层排泄为主。地下水位埋深因地而异，枯水期地下水位埋深较大，近山顶一带埋深达 80.0～100.0m，洪、枯期地下水位变幅达 10.0～20.0m，最大可达 50.0m。

边坡中断层、节理裂隙是地下水的主要运移通道。由于断层多为压扭性，因而断层破碎带内透水性较弱，断层两侧节理发育，地下水活动强烈。在强、弱风化带内，岩体卸荷松弛，节理张开，连通性好，因此边坡岩体透水性强；微风化或新鲜基岩内节理多闭合干净，结合紧密，或为方解石、石英脉充填，透水性差。

### 2.3.4 可能失稳模式分析及稳定性判断

#### 2.3.4.1 进水口高程 382.0m 以上边坡

1. 边坡变形机制与破坏模式分析

进水口高程 382.0m 以上边坡由于与岩层走向存在不同的夹角关系，以及蠕变体岩体的分布等特征，见图 2-9，表现出多样的变形机制。

总体来说，该区的变形机制是：卸荷—回弹变形机制；弯曲—拉裂变形机制；牵引—滑移变形机制。各种变形机制分述如下：

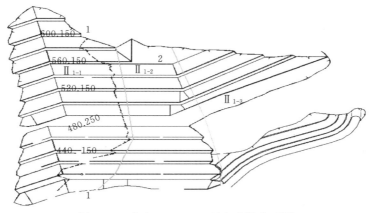

图 2-9 进水口 382.0m 以上边坡分区图

（1）卸荷—回弹变形机制。该变形机制是水电站工程边坡区普遍的变形特征，由于边坡的开挖卸荷，边坡原有的应力状态发生调整，岩体发生回弹变形。

卸荷—回弹变形机制在高程 382.0m 以上边坡区表现尤为突出。在该区高程 580.0m 以上，由于开挖卸荷，2001 年 11 月出现了裂缝，且变形随着边坡的开挖持续增大。据分析，裂缝的产生主要是由于边坡开挖卸荷、岩体应力调整以及支护强度偏弱，引起表层岩体回弹，使得蠕变岩体和接触处产生不均匀变形所致。

（2）弯曲—拉裂变形机制。该变形机制是反倾层状岩质边坡中常见的变形特征，尤其是在薄层状反倾岩质边坡中。薄层状反倾岩质边坡的变形主要是在重力的作用下发生的，其变形常呈"点头哈腰"的特征。一般情况下其变形过程如下：岩层弯曲—拉裂—折断—形成统一滑面。

进水口边坡正面坡是典型的弯曲—拉裂变形机制。由于左岸边坡岩层较薄，且是典型的反倾边坡，边坡与岩层走向交角在正面坡较小，具备发生弯曲—拉裂变形机制的特点。

（3）牵引—滑移变形机制。该变形机制是进水口边坡区蠕变体分布部位的特有变形机制。由于该区上游侧紧邻蠕变体区边坡，且表层还残留有蠕变体岩体，在上游侧蠕变体区边坡沿折断面滑动时，牵引工程边坡区部分蠕变岩体沿折断面滑动。因而称为牵引—滑移变形机制。

综合考虑工程边坡变形监测资料、地质条件、边坡变形机制以及边坡与岩层走向夹角关系等，认为高程 382.0m 以上工程边坡破坏模式主要是弧形滑动和倾倒破坏。

（4）弧形滑动。该破坏模式主要发生在该区残留蠕变岩体中。由于该处边坡岩体完整性差，散体结构为主，边坡变形主要集中在蠕变体底线附近，其变形是沿蠕变体折断面的弧形滑动。

（5）倾倒变形。倾倒变形是反倾层状岩质边坡的主要破坏模式。但是，倾倒破坏模式的发生除了要具备一般的反倾条件外，边坡与岩层走向之间的夹角也是一个决定是否发生反倾的重要条件。

为分析边坡与岩层走向之间的夹角对倾倒变形的影响，以左岸边坡进水口区实际地质条件为模型,选择边坡与岩层走向夹角分别为 0°、5°、10°、15°、20°、30°、40°、50°等 8 种情况,应用 3DEC 计算程序进行三维数值模拟分析,计算模型见图 2-10。选择各个模型对应同一位置岩层上的变形条块,对其 $y$ 方向随 $x$ 变化时的值进行分析,见图 2-11、图 2-12。

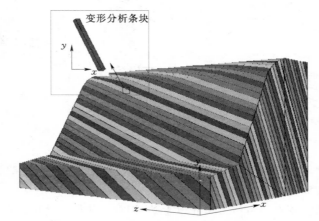

图 2-10 边坡与岩层走向夹角 20°时的模型图

图 2-11 不同走向夹角对应 $y$ 方向变形曲线图

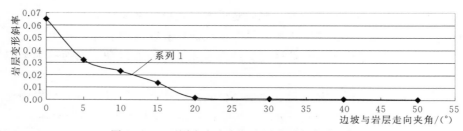

图 2-12 不同走向夹角与岩层变形斜率关系图

从图 2-11、图 2-12 可知,当边坡与岩层走向夹角变化较大时,边坡 $y$ 方向的位移出现了明显的变化,15°~20°以前是一个明显变形分界点,20°之后,边坡沿 $y$ 方向的变形相对已经很弱,变形已经基本不以倾倒为主,且夹角在 5°左右也是一个倾倒变形难易的分界点。因此,倾倒破坏模式发生的条件和边坡岩层走向夹角一般具备如下关系,见表 2-8。

| 表 2 - 8 | 倾倒变形与边坡和岩层走向夹角 | | | |
|---|---|---|---|---|
| 边坡岩层走向夹角/(°) | 0~5 | 5~20 | 20~40 | >40 |
| 边坡变形特征 | 极易发生倾倒变形 | 易发生倾倒变形 | 难发生倾倒变形 | 不发生倾倒变形 |

高程 382.0m 以上边坡与岩层走向夹角都较大,倾倒变形难以发生。同时没有较大的影响边坡变形的结构面或不良地质特征,所以边坡的变形主要还是以轻微倾倒变形为主。

2. 边坡稳定性判断

进水口高程 382.0m 以上边坡弧形滑动破坏模式主要存在该区残留蠕变岩体中,属由倾倒蠕变体折断面底线控制的弧形滑动变形。

通过对该区边坡进行强度参数变化的定性分析、监测分析以及数值模拟分析可知,在目前以及工程年限内边坡在没有大的构造运动的影响下,稳定性较好,可以保证。

倾倒破坏模式主要在高程 382.0m 以上正面坡部位。该区岩体主要以弱—微风化岩体为主,边坡没有顺坡向大的断层、节理及裂隙存在,坡面岩体完整,整体稳定性好。由于边坡与岩层走向夹角在 30°以内,所以该区边坡的破坏模式为倾倒破坏,但通过数值模拟分析、监测分析、解析分析以及结合地质特征分析,在目前边坡岩性新鲜、结构完整的条件下,边坡所处的环境条件不易使边坡在工程年限内发生较大深度的风化,边坡不会形成倾倒折断滑动基面。所以总体来看,高程 382.0m 以上正面坡稳定性好,在工程年限内没有大的影响工程不稳定性的问题。

3. 边坡稳定性综合评价

根据高程 382.0m 以上边坡与岩层走向夹角关系,该区总的岩体结构为层状斜交反向结构。由于边坡的开挖深度不同,存在边坡表层岩体的风化程度不同,岩体的完整性差异较大。靠近蠕变体区边坡部位的工程边坡,由于表层岩体主要是全、强风化岩体,岩体风化剧烈,岩体完整性差,主要以碎裂结构形式存在;而位于进水口边坡的正面坡和下游侧的边坡坡面主要是弱风化岩体,除局部存在不稳定岩体外,边坡岩体总体完整性较好。

高程 382.0~425.0m 边坡,受 $T_2b^{18}$ 泥板岩强度影响,蠕变岩体与正常岩体呈突变接触,形成贯穿性、连续性较好、粗糙不平、锯齿状的顺坡向折断面。同时,高程 580.0m 以上边坡出现裂缝,变形主要是发生在蠕变岩体与正常岩体的交界处。这说明高程 382.0m 以上边坡的变形主要集中在蠕变体折断面上。

### 2.3.4.2 进水口高程 382.0m 以下边坡

根据边坡岩体结构、边坡与岩层走向夹角关系以及边坡变形机制和破坏模式,高程 382.0m 以下进水口边坡可分为坝头坡、坝前坡、7~9 号坝后坡、3~6 号坝后坡以及 1~2 号坝后坡。分区见图 2-13。

1. 边坡变形破坏模式分析

根据进水口边坡区多点位移计监测变形特征、岩体结构特征、边坡与岩层产状关系特征等,进水口边坡区的破坏模式如下:

(1)弧形滑动。弧形滑动破坏模式主要分布在坝前坡。坝前坡表层岩体主要以强风化为主,岩体质量低、完整性差,变形在表层表现出波动较大、规律不明显的特征。同时,在坝前坡存在蠕变体倾倒折断面,折断面以上岩体变形明显,而以下岩体没有较大变形趋

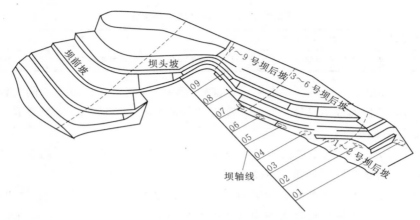

图 2-13 高程 382.0m 以下进水口边坡分区
01～09—进水口编号；-----—边坡分区线

势。所以结合这两点认为，坝前坡岩体的变形主要以弧形滑动为主。

（2）倾倒变形。进水口边坡区由于边坡开挖方向在不同部位各异，所以虽然是层状反倾岩质边坡，但是，由于边坡与岩层走向夹角的不同，其破坏模式各异。倾倒破坏模式主要分布在 7～9 号坝后坡以及 3～6 号坝后坡部分部位，其中 3～6 号坝后坡由于边坡与岩层走向夹角较大，只发生微弱倾倒变形。

（3）块体滑动。块体滑动破坏模式主要分布在 1～2 号坝后坡及坝址下游侧。边坡不稳定块体在进水口边坡上主要分为定位、半定位以及随机 3 种块体。其中，在 1～2 号坝后坡存在体积较大的两处不稳定定位块体，如 $F_{56}$ 与 $F_{138}$，$F_7$ 与 $F_{26}$、$F_{138}$ 组成的不稳定块体等。在 3～6 号坝后存在 $F_4$ 等断层切割的不稳定块体。

通过地质、监测变形、数值模拟分析，认为该区有如下几种变形破坏模式：弧形滑动、块体变形以及倾倒变形。其中，弧形滑动破坏模式是根据边坡存在倾倒蠕变体折断面决定的，主要分布在坝前坡。该区边坡表层岩体以强风化为主，岩体结构主要是碎裂结构。块体滑动由通过坝后坡的断层、节理组成，进水口边坡区由各种尺度的结构面切割而形成的不稳定块体共分为 3 类：定位、半定位以及随机块体。定位块体主要是由断层切割而形成的块体；半定位块体由断层和节理切割而形成；随机块体主要是由节理交割而形成的不稳定块体。倾倒变形体则主要发生在 9 条引水洞部位，其原因：①该部位边坡走向与岩层走向夹角较小；②9 条引水洞的开挖，洞脸坡脚 50% 采空，使进水口坡脚部位岩体应力出现集中，形成"似软基座效应"，进而发生倾倒或轻微倾倒变形。

鉴于进水口边坡区边坡形态复杂，破坏模式多样，不同部位的边坡变形对整个工程的安全影响各异，因而稳定性评价既要考虑边坡的破坏模式，又要考虑边坡蓄水前后、加固效果以及安全性定义的分析。

2. 边坡稳定性判断

（1）弧形滑动破坏。根据边坡结构、岩体风化特征以及边坡变形特征分析，弧形滑动破坏模式主要分布于坝前坡。该区边坡表层岩体以强风化为主，岩体结构主要是碎裂结构，岩层倾角大致在 $40°\sim50°$ 之间，已经发生了倾倒。倾倒蠕变体底线高程 365.0m 以上埋深较大，以下较浅；该区构造复杂，断裂分布较多，边坡结构破裂，整体性差。所以从地质条件来看，坝前坡区由于边坡结构、岩体结构有利于边坡的变形，所以该区地质特征不利于边坡的稳定性。

（2）块体滑动破坏。进水口边坡区由各种尺度的结构面切割而形成的不稳定块体共分为3类：定位、半定位以及随机块体。定位块体主要是由断层切割而形成的块体；半定位块体由断层和节理切割而形成；随机块体主要是由节理交割而形成的不稳定块体。进水口边坡区共发现定位和半定位块体13处，随机块体20处。其中1号进水口坝后坡由 $F_{138}$ 和 $F_{56}$ 组成，以及2号进水口坝后坡由 $F_{138}$、$F_7$ 及 $F_{26}$ 组成的两处块体体积较大，稳定性差。

（3）倾倒破坏。进水口边坡区以倾倒破坏模式变形的范围主要是9条引水洞部位，在该部位发生倾倒的原因为：一方面边坡走向与岩层走向夹角较小，坡脚主要分布岩性相对软弱、劈理发育的 $T_2b^{18}$ 层泥板岩；另一方面，9条引水洞的开挖，洞脸坡脚大面积采空，使得进水口坡角部位岩体应力出现集中，形成"似软基座效应"，进而发生倾倒或轻微倾倒变形。据分析，进水口区影响边坡倾倒变形的主要因素为：岩体结构（层状反向和层状斜向结构）、施工、岩性特征（主要是坡角开挖，坡角刚度减弱）、边坡坡度以及支护情况等。随着时间的推移，施工对变形的影响慢慢会消失，而边坡结构特征、开挖引起的塑性变形特征以及支护效果将一直是变形的主导因素。

3. 稳定性综合评价

进水口边坡区的安全稳定性是整个边坡工程安全运行的关键，也是电站正常运行的核心因素，因而对该区的稳定性、安全性分析就显得极为重要。以上分析结果表明：弧形滑动位于坝前坡，由于存在蠕变体倾倒折断面，蓄水后折断面强度参数降低可能会加剧边坡的变形，对边坡稳定性不利；块体滑动位于1号、2号坝后坡，$F_{138}$、$F_{56}$ 和 $F_{138}$、$F_7$、$F_{26}$ 组成的块体是两个潜在的不稳定体，经不同工况下的极限平衡分析，其结果一般都大于1.15，块体变形体的稳定性是有保证的；进水口9条引水洞倾倒变形部位，是左岸边坡稳定性分析的关键部位，由地质特征可知，该区边坡岩性新鲜，岩体结构完整，除1~2号进水口坝后坡有不稳定块体外，边坡稳定性好，工程年限内进水口边坡的变形是可以接受的。

**2.3.4.3 导流洞进水口边坡**

根据边坡岩体结构、边坡与岩层走向夹角关系，以及边坡变形机制和破坏模式，将导流洞边坡分为导流洞上游区、洞脸坡区以及下游区，见图2-14。

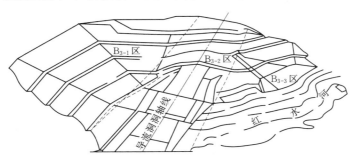

图2-14 导流洞边坡分区示意图

**1. 破坏模式分析**

根据边坡断裂组合特征、边坡与岩层走向关系等分析，该区破坏模式为弧形滑动、块体滑动以及倾倒变形破坏模式。

(1) 弧形滑动。弧形滑动破坏模式主要分布在导流洞上游侧，其变形主要沿着折断错滑面界面移动。

(2) 倾倒变形。倾倒变形破坏模式主要分布在洞脸坡位置。该区岩层走向为 N10°～15°W，边坡走向是 N16°W，边坡与岩层走向夹角为 1°～6°，边坡最易发生倾倒变形。

(3) 块状滑动变形。由于断层、节理裂隙发育，且错综交错，形成较多的不稳定块体，如 $F_4$ 与层间错动及节理面组合形成的不稳定块体等。

由于洞脸坡分布区域窄、边坡坡角及高度小，岩性新鲜，倾倒变形对边坡变形影响不大。而导流洞上游侧的弧形滑动，由于沿着折断错滑面有着继续的变形，所以导流洞边坡主要破坏模式是弧形滑动和块体滑动，其对边坡的稳定性起着较大的影响。

**2. 边坡稳定性判断**

(1) 弧形滑动。导流洞上游侧坡表层岩体以弱风化为主，局部为强风化体，边坡断层节理发育，层间夹泥现象普遍，岩体完整性差，岩体结构主要是碎裂结构以及层状斜向结构，在蠕变体底线以上，岩层倾角主要在 25°～30°之间，而蠕变体底线以下，岩层倾角在 60°～70°之间，说明边坡表层岩体由于历史上岩体风化、卸荷等原因已经发生了明显的倾倒变形。但是从目前的边坡岩体结构、岩体完整性、边坡与岩层走向关系以及变形特征可知，倾倒变形趋势已经很微弱，而主要以沿折断错滑面的弧形滑动变形为主。

(2) 倾倒变形分析。倾倒变形的范围主要出现在洞脸坡。该范围最大坡高 87.0m，边坡与岩层走向平行，倾向相反，为反向坡。首先，从岩层倾角变化范围可知，由于边坡坡脚缓，坡高小，边坡的倾倒变形轻微。其次，洞脸坡区有断层 $F_4$、$F_{76}$ 及 $F_{93}$ 等通过，且在坡体内有 NNW 或 NNE 顺坡向、倾向坡外的中缓倾角小断层发育，它们与边坡岩体相交，组成不稳定块体，是影响边坡稳定的主要原因。

**3. 边坡稳定性综合评价**

该区边坡由于地质条件复杂，构造断裂发育，形成了众多存在安全隐患的块体。另外，导流洞上游侧由于存在倾倒蠕变体底线，因而也影响边坡的稳定。综合分析认为，以蠕变体底线控制的变形边坡安全系数高，塑性区不明显，边坡稳定性较好，只有在蓄水期地震及无支护状态下，边坡稳定差。导流洞正面坡的倾倒变形趋势微弱，不影响其稳定性，边坡加固能有力控制边坡的继续变形。总之，边坡难发生弧形滑动，且倾倒变形趋势微弱，对边坡的稳定性影响不是很明显。

# 2.4 岩石物理力学特征

## 2.4.1 岩石物理力学性质指标室内试验

为了对左岸进水口开挖边坡稳定性进行正确评价，对该区边坡岩体和软弱结构面进行了大量室内、室外试验，左岸边坡岩石（体）不同岩性、风化程度的岩石室内常规物理力学性质指标试验成果见表 2-9。试验表明，弱风化及微风化—新鲜岩石均属于坚硬岩石。

强风化岩石的物理性质有明显改变。

表 2-9                         岩石物理力学性质指标室内试验成果表

| 岩石名称 | | 风化程度 | 容重/(g/cm³) | 比重 | 孔隙率/% | 饱和吸水率/% | 平均单轴抗压强度/MPa | | 软化系数 | 弹性模量/GPa | | 泊松比 | 抗拉强度/MPa | 抗折强度/MPa | 水压致裂强度/MPa |
|---|---|---|---|---|---|---|---|---|---|---|---|---|---|---|---|
| | | | | | | | 干燥 | 饱和 | | 静弹 | 动弹 | | | | |
| 板纳组 | 砂岩 | 强 | 2.67 | 2.72 | 2.11 | 0.73 | 128 | 78 | 0.61 | 55.9 | | | | | |
| | | 弱 | 2.68 | 2.72 | 1.38 | 0.50 | 168 | 119 | 0.71 | 67.4 | | | | | |
| | | 微—新 | 2.73 | 2.74 | 0.35 | 0.17 | 183.0 | 155 | 0.85 | 77.8 | 81.2 | 0.25 | 3.6 | 39.1 | 25.2 |
| | 层凝灰岩 | 微—新 | 2.69 | 2.70 | 0.37 | 0.11 | 178.7 | 135.1 | 0.76 | 83.9 | | 0.24 | 5.4 | | 20.7 |
| | 泥板岩 | 强 | 2.68 | 2.77 | 3.69 | 1.24 | 43.0 | 18.0 | 0.45 | 41.7 | | | | | |
| | | 弱 | 2.73 | 2.77 | 1.47 | 0.51 | 43.5～45.8 | 23.4～40.5 | 0.54～0.88 | 55.3 | | | | | |
| | | 微—新 | 2.75 | 2.77 | 0.73 | 0.26 | 83.8～142 | 60.2～85.4 | 0.54～0.72 | 81.6 | 76.2 | 0.27 | 2.6 | 34.3 | 3.3 |
| | 砂岩与泥板岩互层 | 微—新 | 2.74 | 2.76 | 0.73 | 0.25 | 138.1 | 102.6 | 0.74 | 82.2 | | 0.25 | 2.4～3.8 | | |
| 罗楼组 | 泥板岩 | 微—新 | 2.71 | 2.75 | 1.55 | 0.55 | 101 | 72 | 0.71 | 58.4 | | 0.21 | 5.7 | | |
| | 灰岩 | 微—新 | 2.69 | 2.71 | 0.86 | 0.32 | 164.2 | 114.5 | 0.70 | 65.5 | | 0.24 | 6.4 | | |

## 2.4.2 泥板岩强度试验

泥板岩劈理发育,为各类岩石中强度相对较弱的岩石,主要集中于 $T_1l^9$、$T_2b^{2\sim4}$、$T_2b^{18}$ 层,且 $T_2b^{18}$ 层位于进水口边坡坡脚。为论证其强度,进行了不同试验条件下的室内单轴、三轴强度和现场三轴强度试验,成果见表 2-10～表 2-13。

表 2-10                       泥板岩单轴抗压强度试验成果表

| 岩石名称 | 风化程度 | 试验条件 | 饱和抗压强度/MPa | | | | |
|---|---|---|---|---|---|---|
| | | | 试样数 | 平均值 | 小值平均值 | 均方差 | 偏差系数/% |
| 板纳组 $T_2b^{18}$ 泥板岩 | 强 | σ平行劈理面 | 12 | 18.48 | 16.34 | 4.74 | 25.6 |
| | 弱 | σ平行层面 | 24 | 23.38 | 15.96 | 12.26 | 52.4 |
| | | σ平行劈理面 | 24 | 40.51 | 19.31 | 20.87 | 51.5 |
| | 微 | σ平行层面 | 8 | 15.7 | | | |
| | | σ平行劈理面 | 104 | 60.2 | 44.9 | 21.8 | 36 |
| | 新鲜 | σ平行劈理面 | 180 | 85.4 | 59.6 | 30.5 | 36 |
| 罗楼组 泥板岩 | 微 | σ平行层面 | 23 | 51.4 | 34.12 | 19.7 | 38.4 |
| | | σ平行劈理面 | 30 | 72.11 | 48.90 | 27.87 | 38.6 |

**表 2-11** T₂b¹⁸层泥板岩干湿循环单轴抗压强度试验成果表

| 风化程度 | 饱和抗压强度/MPa | | | | 强度衰减率/% | | |
|---|---|---|---|---|---|---|---|
| | 循环次数 | | | | | | |
| | 0 | 7 | 28 | 90 | 7 | 28 | 90 |
| 微 | 61.7 | 48.6 | 45.0 | 48.6 | 21.3 | 27.0 | 21.3 |
| 新鲜 | 114.7 | 89.4 | 88.4 | 88.1 | 21.9 | 22.7 | 23.5 |

**表 2-12** 泥板岩三轴强度试验成果表

| 试验条件 | | | 层位 | 风化程度 | 试件数 | 平均强度/MPa | |
|---|---|---|---|---|---|---|---|
| | | | | | | 强度方程 | 摩尔包络线方程 |
| 室内试验 | $\sigma_1$ 平行层面 | $\sigma_1 > \sigma_2 = \sigma_3$ | 饱和状态 | T₂b¹⁸ | 弱—微 | 46 | $\sigma_1 = 7.72\sigma_3 + 40.3$ | $\tau = 1.04\sigma + 9.5$ |
| | $\sigma_1$ 平行劈理面 | | | | | 11 | $\sigma_1 = 8.66\sigma_3 + 38$ | $\tau = 1.11\sigma + 8$ |
| | $\sigma_1$ 平行层面 | | | | | 21 | $\sigma_1 = 6.8\sigma_3 + 14.4$ | $\tau = 1.15\sigma + 1.47$ |
| | $\sigma_1$ 平行层面 | $\sigma_1 > \sigma_2 > \sigma_3$ $\sigma_2/\sigma_3 = 5$ | | | | 24 | $\sigma_1 = 5.5\sigma_3 + 17.3$ | $\tau = 0.97\sigma + 1.67$ |
| | | | | | | 13 | $\sigma_1 = 19.9\sigma_3 + 45.6$ | $\tau = 2.18\sigma + 3.93$ |
| | $\sigma_1$ 平行劈理面 | | | | 微—新鲜 | 45 | $\sigma_1 = 14.6\sigma_3 + 88.3$ | $\tau = 2.48\sigma + 5.89$ |
| | | | | | | 13 | $\sigma_1 = 9.5\sigma_3 + 68.7$ | $\tau = 1.48\sigma + 10.8$ |
| | $\sigma_1$ 平行层面 | $\sigma_1 > \sigma_2 = \sigma_3$ | T₁l | | | 24 | $\sigma_1 = 9.57\sigma_3 + 64.4$ | $\tau = 1.3\sigma + 10.5$ |
| | $\sigma_1$ 平行劈理面 | | | | | 32 | $\sigma_1 = 5.78\sigma_3 + 90.9$ | $\tau = 0.93\sigma + 19.0$ |
| 现场试验 | $\sigma_1$ 铅直地面，与劈理面交角10°。$\sigma_1 > \sigma_2 = \sigma_3$ | S₁ 试点 | 屈服强度 | T₂b¹⁸ | 微 | 1 | $\sigma_1 = 5.5\sigma_3 + 8.67$ | $\tau = 0.96\sigma + 1.84$ |
| | | S₂ 试点 | 屈服强度 | | | | $\sigma_1 = 8.9\sigma_3 + 11.15$ | $\tau = 1.32\sigma + 1.86$ |
| | | | 摩擦强度 | | | 1 | $\sigma_1 = 8.4\sigma_3 + 10.74$ | $\tau = 1.27\sigma + 1.84$ |

**表 2-13** 泥板岩高压渗流条件下三轴强度试验成果表

| 渗透压力/MPa | | 0 | 0.98 | 1.96 | 2.94 | 3.92 |
|---|---|---|---|---|---|---|
| 强度/MPa | 最大值 | 148 | 120.5 | 120.5 | 125.5 | 123 |
| | 最小值 | 100.5 | 73 | 73 | 65.3 | 42.9 |
| | 平均值 | 110.5 | 103.3 | 97.9 | 99.1 | 72.9 |
| | 平均强度衰减率/% | 0 | 6.5 | 11.4 | 10.3 | 34 |

　　试验表明，微风化至新鲜的泥板岩单轴饱和抗压强度平均值为 60.2MPa，小值平均值 44.9MPa。强度稳定性亦较好，干湿循环试验条件下，7 次循环后，强度降低约 22%，以后至 90 次循环，强度基本保持稳定；高压渗流状态下，强度约降低 6.5%～11.4%。三轴强度试验，围压每增加 0.1MPa，抗压强度提高 0.55～0.9MPa。但当压应力方向与劈理面呈 20°～25°夹角（与层面近于平行）时，微风化泥板岩单轴饱和抗压强度仅 13.4～23.4MPa，三轴强度亦明显降低，沿劈理面复合部位构成的剪切滑移破裂面倾角约 75°～79°。

　　弱风化泥板岩单轴饱和极限抗压强度仅相当于微风化泥板岩强度的 43%～67%，且均一性差，离散系数高达 51.5%。

### 2.4.3 岩石抗剪（断）强度试验

岩石、软弱结构面抗剪（断）强度室内和现场试验成果见表 2-14～表 2-16。

表 2-14　　　　　　岩石、软弱结构面抗剪（断）强度室内试验成果表

| 类别 | 岩性 | 风化程度 | 试验条件 | 抗剪断强度 | | 抗剪强度 | |
|------|------|---------|---------|-----------|-----------|---------|---------|
| | | | | 组数 | 强度/MPa | 组数 | 强度/MPa |
| 岩石 | 砂岩 | 微—新鲜 | 顺河流流向剪切 | 4 | $\tau=1.28\sigma+4.12$ | | |
| | | | | 2 | $\tau=1.89\sigma+6.38$ | | |
| | 泥板岩 | | | 1 | $\tau=1.33\sigma+3.14$ | 1 | $\tau^*=0.89\sigma+1.57$ |
| | | | 垂直岩层走向剪切 | 2 | $\tau=1.21\sigma+6.72$ | | |
| 软弱结构面 | 砂岩闭合节理 | | | | | 4 | $\tau=0.73\sigma+0.24$ |
| | 泥板岩闭合节理 | | | | | 4 | $\tau=0.59\sigma+0.22$ |

注　1. 试件面积 400～600cm$^2$，最大正应力 4.9MPa。
　　2. 试件为饱和状态。
＊　残余强度。

试验表明，坝址区微风化和新鲜岩石均有较高的抗剪（断）强度，砂岩抗剪（断）强度最好，泥板岩和罗楼组岩石抗剪（断）强度相近。软弱结构面的抗剪（断）强度主要取决于充填物的性状和结构面的平整度。一般情况下，弱风化及其以上岩体中的断层、风化泥化夹层和夹泥节理面内，粉、黏粒含量高，岩屑碎块相对较少，抗剪强度低；微风化和新鲜岩石内的断层，充填密实性好，岩屑碎块含量较高，粉、黏粒含量减少，抗剪强度亦略高。坝基下主要切层断层充填的断层泥中，含有少量蒙脱石等亲水矿物，断层强度取值时应适当考虑此因素。

岩石刚性接触的软弱结构面均呈脆性破坏特征，破坏时变形量一般不超过 1～2mm，屈服强度为峰值强度的 80% 左右；有泥质充填的软弱结构面及其充填物，具塑性破坏特征，无明显峰值强度，变形量超过 1～2mm 以后才进入屈服状态。一般情况下，屈服强度仅为峰值强度的 40%～50%。

### 2.4.4 岩石（体）变形试验

#### 2.4.4.1 现场千斤顶岩石变形模量试验

现场千斤顶岩石变形模量试验成果见表 2-17。试验成果比较分散，微风化岩体变形模量变幅为 2.2～38.6GPa；罗楼组岩层与板纳组泥板岩变形模量值相近，两者均低于板纳组砂岩；平行层面方向的变形模量值大于垂直层面方向值，实测罗楼组正交差异性系数约 0.7。试验过程中发现，垂直层面加压时，承载板下岩体变形曲线呈"灯泡状"，平行层面加压时则呈"楔状"，说明层状结构岩体中层面传剪能力差，影响应力传递和扩散。

表 2 - 15 倾倒蠕变岩体 B 区滑坡面和错滑面充填物室内抗剪强度试验成果表

| 充填物 | 勘探平洞名称 | 天然含水量/% | 干容重/(g/cm³) | 液限/% | 塑限/% | 塑性指数 | >5mm | 5~2mm | 2~0.05mm | 0.05~0.005mm | <0.005mm | 试件状态 | 试验方法 | 组数 | 强度/kPa |
|---|---|---|---|---|---|---|---|---|---|---|---|---|---|---|---|
| 滑坡面充填物 | D55 | 8.55 | 1.81 | 26.7 | 18.5 | 8.2 | 4.5 | 3.5 | 44 | 27 | 21 | 原状样试件面积大于50cm² | 饱和固结快剪 | 1 | τ=0.637σ+17 |
| | D55 | 8.55 | 1.81 | 26.7 | 18.5 | 8.2 | 4.5 | 3.5 | 44 | 27 | 21 | 筛除直径大于2mm岩屑后的重塑样 | 三轴固结不排水剪 | 1 | τ=0.43σ+23 (τ=0.61σ+14) |
| | D62 | 4.67 | 1.96 | 31.1 | 19.8 | 11.3 | 48 | 12.5 | 8.5 | 16.5 | 14.5 | 筛除直径大于2mm岩屑后的重塑样 | 三轴固结不排水剪 | 1 | τ=0.47σ+50 (τ=0.63σ+25) |
| | | 16.58 | 1.69 | 36.4 | 23.1 | 13.3 | 73.2 | 8 | 7 | 6.5 | 5.3 | 筛除直径大于5mm岩屑后的重塑样 | 饱和快剪 | 1 | τ=0.29σ+35 (τ=0.57σ+15) |
| | D49 | 11.7 | 1.96 | 28.5 | 19.0 | 9.5 | 48.7 | 14.3 | 22 | 7.3 | 7.7 | | 饱和快剪 | 2 | τ=0.58σ+35 |
| | D29 | 11.9 | 2.03 | 24.8 | 15.8 | 9.0 | 23.9 | 13.4 | 33.7 | 10.4 | 18.6 | | 饱和固结快剪 | 1 | τ=0.53σ+40 |
| 折断错滑面充填物 | D49 | | 1.87 | | | | | | | | | | 饱和固结快剪 | 1 | τ=0.49σ+5 |
| | D29 | | 1.74 | | | | | | | | | | | 1 | τ=0.47σ+17 |
| | D49 | | 1.87 | | | | | | | | | | | 1 | τ=0.53σ+17 |
| | D29 | | 1.74 | | | | | | | | | | | 1 | τ=0.51σ+23 |
| | D49 | 12.61~15.69 | 1.87 | 30.05 | 18.8 | 11.25 | 67~74 | 16~23 | 6~8 | 2~4 | 1~3 | 原状样 试件面积400cm², σ=0.24~1.2MPa 大于50mm颗粒占19%~41% 充填物 | 多点法 | 1 | τ=0.35σ+140 |
| | | | | | | | | | | | | 充填物浸水10d后 | 单点法 | 3 | τ=0.34σ+220 |
| | | | | | | | | | | | | 充填物/岩 | 多点法 | 1 | τ=0.31σ+90 |
| | | | | | | | | | | | | 充填物 | 单点法 | 3 | τ=0.33σ+200 |
| | | | | | | | | | | | | 充填物/基岩 | 多点法 | 1 | τ=0.39σ+90 |
| | | | | | | | | | | | | 充填物 | 单点法 | 4 | τ=0.42σ+130 |
| 错滑面充填物 | D29 | 9.5~14.88 | 1.74 | 24.2 | 15.4 | 8.8 | 45~70 | 19~28 | 7~16 | 1~4 | 3~6 | 原状样 试件面积400cm², σ=0.24~1.2MPa 大于50mm颗粒占15%~24% 充填物 | 多点法 | 1 | τ=0.40σ+130 |
| | | | | | | | | | | | | 充填物/基岩 | 单点法 | 3 | τ=0.39σ+280 |
| | | | | | | | | | | | | 充填物浸水10d后 | 多点法 | 1 | τ=0.31σ+60 |
| | | | | | | | | | | | | 充填物/基岩 | 单点法 | 4 | τ=0.38σ+130 |
| | | | | | | | | | | | | 充填物/基岩 | 多点法 | 1 | τ=0.35σ+80 |
| | | | | | | | | | | | | 充填物浸水10d后 | 单点法 | 4 | τ=0.34σ+150 |
| | | | | | | | | | | | | 充填物/基岩 | 多点法 | 1 | τ=0.34σ+60 |
| | | | | | | | | | | | | 基岩浸水10d后 | 单点法 | 4 | τ=0.32σ+140 |

注 1. 三轴固结不排水剪抗剪强度为总强度,( ) 内为有效强度;

2. $D_n$ 为第 $n$ 号排水洞。

**表2-16　岩石、软弱结构面抗剪（断）强度现场试验成果表**

| 类别 | 岩性 | 风化程度 | 试验条件 | 抗剪断强度 组数 | 抗剪断强度 强度/MPa | 第一次抗剪强度 组数 | 第一次抗剪强度 强度/MPa | 抗剪强度 组数 | 抗剪强度 强度/MPa |
|---|---|---|---|---|---|---|---|---|---|
| 岩石 | 砂岩 | | 顺河流流向剪切 | 1 | $\tau=1.7\sigma+2.74$ | 1 | $\tau=1.62\sigma+1.86$ | 3 | $\tau=1.48\sigma+1.92$ |
| | 泥板岩（$T_2b^{18}$） | | 垂直劈理走向剪切 | 1 | $\tau=1.29\sigma+3.58$ | 1 | $\tau=1.24\sigma+3.16$ | 4 | $\tau=0.99\sigma+2.15$ |
| | | | 平行劈理走向剪切 | 1 | $\tau=1.16\sigma+1.93$ | 1 | $\tau=1.01\sigma+1.87$ | 3 | $\tau=1.01\sigma+1.62$ |
| | 罗楼组（$T_1l^8$） | 微—新鲜 | 顺河流流向剪切 | 1 | $\tau=1.21\sigma+1.05$ | 1 | $\tau=1.07\sigma+1.07$ | 5 | $\tau=0.9\sigma+1.13$ |
| | 泥板岩闭合节理 | | | 1 | $\tau=0.84\sigma+0.32$ | 1 | $\tau=0.66\sigma+0.07$ | | |
| | 砂岩闭合节理 | | | | | | | 1 | $\tau=0.6\sigma+0.42$ |
| | 砂岩方英脉节理 | | | 1 | $\tau=0.75\sigma+0.67$ | 1 | $\tau=0.74\sigma+0.58$ | 3 | $\tau=0.7\sigma+0.56$ |
| | 泥板岩闭合节理 | | 节理面占70%，泥板岩占30% | | | | | 1 | $\tau=0.76\sigma+0.69$ |
| | 砂岩夹泥节理 | 弱 | | | | | | 4 | $\tau=0.22\sigma+0.24$ |
| 软弱结构面 | 层面 | | 层面有波痕，起伏差3~5cm | 1 | $\tau=0.22\sigma+0.26$ | | | 4 | $\tau=0.8\sigma+0.64$ |
| | | | 平整层面 | 1 | $\tau=1.05\sigma+0.64$ | | | 5 | $\tau=0.44\sigma+0.19$ |
| | 层间错动 | | 夹泥，破碎带宽度<5cm | 1 | $\tau=0.5\sigma+0.1$ | | | 9 | $\tau=0.4\sigma+0.36$ |
| | | 微—新鲜 | 不夹泥、擦痕光面 | 2 | $\tau=0.5\sigma+0.19$ | | | 4 | $\tau=0.45\sigma+0.26$ |
| | $F_{99}$断层 | | | 1 | $\tau=0.77\sigma_n+1.47$ | | | 1 | $\tau=0.45\sigma+0.10$ |
| | 劈理与层面组合 | | 现场三轴试验成果（校正） | 1 | $\tau=1.2\sigma_n+1.67$ | | | 1 | $\tau=1.14\sigma_n+1.65$ |

表 2-17　　　　　　　　　　　　现场千斤顶岩石变形模量试验成果表

| 风化程度 | 完整性 | 荷载方向 | 板纳组泥板岩 | | 板纳组砂岩、层凝灰岩 | | 罗楼组 | |
|---|---|---|---|---|---|---|---|---|
| | | | 试点数 | $E_0$/GPa | 试点数 | $E_0$/GPa | 试点数 | $E_0$/GPa |
| 微风化 | 完整 | 垂直层面 | | | 3 | 31.2 | 4 | 20.3 |
| | | 铅直 | 2 | 18.8 | 3 | 38.6 | | |
| | | 平行层面 | 2 | 26.8 | | | 2 | 27.7 |
| | 一般 | 垂直层面 | | | | | | |
| | | 铅直 | 5 | 11.1 | 3 | 15.7 | 3 | 14.8 |
| | | 平行层面 | | | 1 | 15.5 | 2 | 11.4 |
| | 差 | 垂直层面 | 1 | 3.0 | | | | |
| | | 铅直 | 3 | 3.5 | 5 | 5.2 | 1 | 2.2 |
| | | 平行层面 | 1 | 4.4 | | | | |
| 弱风化 | | 铅直 | 1 | 1.6 | 1 | 8.2 | | |
| 强风化 | 一般 | 铅直 | 2 | 0.35~1.04 | 2 | 1.88~3.34 | | |
| 全风化 | | 铅直 | | | 2 | 0.03~0.16 | | |

注　$E_0$ 为岩石变形模量，为平均值。

### 2.4.4.2 岩体弹性波测试

利用勘探平洞比较系统地进行了声波和地震波测试，测试成果反映了岩体的宏观特征。

不同风化岩体弹性波波速成果见表 2-18。强、弱风化岩体内波速 $V_P$ 变幅大，均一性差，弱风化岩体内声波 $V_P \geqslant 4500$m/s 和地震波 $V_P \geqslant 4000$m/s 者仅占 68%~70%；断层破碎带内弹性波能量损失极快，声波测距大于 1.0m 时往往无法穿透。

表 2-18　　　　　　　　　不同风化程度岩体弹性波波速成果表

| 风化程度 | 声波 $V_P$ （m/s） | | 偏差系数/% | 声波衰减率/% | 声波 $V_P$/地震波 $V_P$ |
|---|---|---|---|---|---|
| | 变幅 | 均值 | | | |
| 新鲜基岩 | 4500~6200 | 5500 | 4~5 | 0 | |
| 微风化 | 4100~5900 | 5200 | 5~7 | 5~9 | 1.01~1.02 |
| 弱风化 | 3200~5800 | 4700 | 7~10 | 7~25 | 1.15 |
| 强风化 | 2500~4400 | 3700 | 19 | 30~45 | 1.15~1.23 |
| 断层带 | 1270~4000 | 2500~3000 | | 55~76 | |

泥板岩为主的岩体风化后，$V_P$ 衰减幅度高于砂岩，见表 2-19。

表 2-19　　　　　　　　　　不同岩性岩体波速衰减率比较表

| 岩性 | 新鲜 | | 微风化 | | 弱风化 | |
|---|---|---|---|---|---|---|
| | $V_P$/(m/s) | 衰减率/% | $V_P$/(m/s) | 衰减率/% | $V_P$/(m/s) | 衰减率/% |
| 砂岩 | 5500 | 0 | 5500~5300 | 0~4 | 4500~4000 | 18~28 |
| 泥板岩 | 5400 | 0 | 4200~4800 | 12~22 | 3800~3500 | 30~35 |

说明泥板岩抗风化能力较差，风化后质量下降幅度较大。

### 2.4.5 边坡流变分析

龙滩水电站进水口高边坡工程岩体具有明显的流变效应，鉴于进水口边坡与大坝部分采用刚性接触，坡脚泥板岩相对集中，岩体的流变效应直接影响建筑物的长期稳定，深入研究工程岩体的流变效应对进水口边坡是十分必要的。

对于龙滩水电站工程，"八五"攻关期间进行过一些岩石的流变试验研究，攻关课题"反倾向层状结构岩石流变试验研究"重点研究了砂岩、泥板岩两类岩石分别在受弯和受压应力状态下的流变变形规律。试验结果表明，砂岩的变形随时间的变化将趋于一个稳定值，其流变服从广义的 Kelvin 模型，经历较长的黏弹性变形后进入黏塑性阶段趋于稳定，且呈明显的各向异性，流变参数平行层理方向的大于垂直层理方向的。受弯试验得出泥板岩服从 Burgers 流变模型，经历较短的黏弹性变形后进入黏塑性阶段趋于稳定。另外砂岩的流变参数随应力水平的变化趋势不如泥板岩明显；受压试验得出泥板岩的流变规律与应力水平有关，应力较小时，流变服从广义的 Kelvin 模型，应力较大时，流变服从 Burgers 模型，整体上流变参数平行层理方向的大于垂直层理方向的。

1988—1989 年开挖模型洞进行了变形观测。观测的位移—时间曲线表明，在量测的初始阶段位移较大，随着观测时间的加长，位移趋于稳定。岩体的流变包括岩块与结构面的流变，软弱结构面的流变一般占主要部分。岩体流变参数的确定有试验法、工程类比法、变形反分析法。试验法直接，但局限性大；工程类比法经验性较强，取决于工程的可比性；变形反分析法综合考虑岩体结构效应，主要取决于计算模型的确定。重要工程往往采用多种方法研究岩体的流变参数，综合分析确定。

采用上述理论计算模型、地质模型和参数值进行了边坡流变计算，计算了两个地质剖面无锚固和有锚固两种情况下自开挖后分别为 3 个月、6 个月、9 个月、1 年、2 年、3 年、5 年、10 年、15 年和 30 年、50 年的边坡位移情况。整理分析，得出如下结论：

(1) 开挖边坡面存在一分界线。分界线高程如下：无锚固时为高程 470.0～490.0 m 左右；有锚固时为高程 480.0～500.0m 左右。分界线以下向偏离边坡方向移动，分界线以上向靠近边坡方向移动；边坡水平位移随时间的增长而增大。

(2) 开挖边坡面上同一时间最大流变位置如下：无锚固时为高程 340.0～400.0m 左右；有锚固时为高程 320.0～370.0m 左右。

(3) 流变稳定所要的时间为：无锚固时为 3～4 年；有锚固时为 2～3 年。

(4) 同一开挖边坡在无锚固和有锚固情况下位移相差较大，锚固效果较好。

(5) 断层带对位移流变有一定的影响，使结果增大。

### 2.4.6 岩石（体）力学参数选择

左岸蠕变体、进水口边坡建议采用的岩石（体）力学参数值，见表 2-20～表 2-24。

表 2-20 岩石抗压、抗拉强度推荐值表

| 类 别 | | 饱和抗压强度/MPa | 抗拉强度/MPa |
|---|---|---|---|
| 新鲜完整岩石（体） | 砂 岩 | 100～130 | 1.2～2 |
| | 泥板岩 | 60～80 | 0.5～1 |
| | 罗楼组 | 60～80 | 0.5～1 |

续表

| 类　　别 | | 饱和抗压强度/MPa | 抗拉强度/MPa |
|---|---|---|---|
| 微风化岩石（体） | 砂　岩 | 130～150 | 0.8～1.5 |
| | 泥板岩 | 40～60 | 0.5～0.8 |
| | 罗楼组 | 60 | 0.5～0.8 |
| 弱风化岩石（体） | | 相当于上述指标的 70%～80% 选用 | |
| 强风化岩石（体） | | 10～30 | <0.1 |
| 断层及层间错动破碎带 | | 0.5～1.5 | |
| 断层破碎带 | | 5～10 | |

表 2-21　　　　　　　　　变 形 模 量 推 荐 值 表

| 类　　别 | | 正交差异性系数 | 岩体完整性系数 $k_v$ | 泊松比 $\mu$ | 变形模量 $E_0$/GPa | | |
|---|---|---|---|---|---|---|---|
| | | | | | 垂直层面 | 平行层面 | 斜交层面 |
| 微风化—新鲜完整岩体 | 砂　岩 | 0.8 | >0.6 | 0.25 | 20 | 25 | 22 |
| | 泥板岩 | 0.7 | | 0.27 | 15 | 20 | 16 |
| | 互层（砂岩70%，泥板岩30%） | 0.75 | | 0.26 | 18 | 24 | 21 |
| 微风化完整性中等岩体 | 砂　岩 | 0.75 | 0.45～0.6 | 0.27 | 15 | 20 | 16 |
| | 泥板岩 | 0.65 | | | 10 | 15 | 11 |
| | 互层（砂岩70%，泥板岩30%） | 0.7 | | | 13 | 18 | 15 |
| 弱风化完整性中等岩体 | 砂　岩 | 0.75 | 0.35～0.5 | 0.28 | 6 | 8 | 7 |
| | 泥板岩 | 0.65 | | | 4 | 6 | 5 |
| | 互层（砂岩70%，泥板岩30%） | 0.7 | | | 5 | 7 | 6 |
| 强风化岩体 | 砂　岩 | | | 0.34 | 1.5～2.0 | | |
| | 泥板岩 | | | | 0.4～1.0 | | |
| 全风化岩体 | 砂　岩 | | | 0.34 | 0.03～0.16 | | |
| | 泥板岩 | | | | 0.03～0.16 | | |
| 断层带 | 断层影响带 | | | 0.3 | 3.0 | | |
| | 断层破碎带 | | | | 0.5 | | |
| | 层间错动带 | | | | 1.0 | | |
| | $F_{60}$、$F_{63}$、$F_{30}$、$F_{89}$ 断层破碎带 | | | 0.34 | 0.05～0.5 | | |

**表 2－22** 抗剪（断）强度推荐值表

| 类 别 | | | 风化程度 | 抗剪断强度/MPa | 抗剪强度/MPa |
|---|---|---|---|---|---|
| 完整岩体 | 砂 岩 | | 强 | $\tau=0.75\sigma+0.49$ | $\tau=0.6\sigma+0.29$ |
| | | | 弱 | $T=1.2\sigma+1.48$ | $\tau=0.9\sigma+0.70$ |
| | | | 微—新 | $T=1.4\sigma+2$ | $\tau=1.3\sigma+1.48$ |
| | 板纳组泥板岩 | | 强 | $\tau=0.55\sigma+0.29$ | $\tau=0.5\sigma+0.2$ |
| | | | 弱 | $T=0.8\sigma+0.69$ | $\tau=0.7\sigma+0.49$ |
| | | | 微—新 | $T=1.1\sigma+1.48$ | $\tau=1.0\sigma+0.98$ |
| | 罗楼组 | | 强 | $T=0.5\sigma+0.2$ | $\tau=0.45\sigma+0.15$ |
| | | | 弱 | $T=0.8\sigma+0.69$ | $\tau=0.7\sigma+0.49$ |
| | | | 微—新 | $T=1.1\sigma+1.18$ | $\tau=0.9\sigma+0.78$ |
| | 砂岩（70%）＋泥板岩（30%）互层 | | 强 | $\tau=0.65\sigma+0.39$ | $\tau=0.55\sigma+0.25$ |
| | | | 弱 | $T=1.0\sigma+1.18$ | $\tau=0.8\sigma+0.69$ |
| | | | 微—新 | $T=1.25\sigma+1.6$ | $\tau=1.15\sigma+1.28$ |
| 软弱结构面 | 节 理 | 方英脉充填 | | $\tau=0.75\sigma+0.49$ | $\tau=0.6\sigma+0.2$ |
| | | 闭合无充填 | | $\tau=0.65\sigma+0.2$ | $\tau=0.6\sigma+0.2$ |
| | | 夹 泥 | | | $\tau=0.25\sigma+0.03$ |
| | 层 面 | 光 面 | 微—新 | $\tau=0.45\sigma+0.1$ | $\tau=0.4\sigma+0.08$ |
| | | 平 整 面 | | $\tau=0.65\sigma+0.2$ | $\tau=0.6\sigma+0.2$ |
| | | 波 痕 面 | | $\tau=0.8\sigma+0.59$ | $\tau=0.7\sigma+0.29$ |
| | 一般断层、层间错动 | | 微风化岩体内 | $\tau=0.4\sigma+0.08$ | $\tau=0.36\sigma+0.05$ |
| | 主要断层：$F_{60}$、$F_{63}$、$F_{30}$、$F_{89}$ 等 | | | $\tau=0.35\sigma+0.05$ | $\tau=0.3\sigma+0.03$ |
| | 断层、层间错动 | | 弱风化及以上岩体内 | | $\tau=0.25\sigma+0.03$ |
| | 节理复合结构面 | 陡倾角节理面 | 强 | $\tau=0.4\sigma+0.12$ | $\tau=0.36\sigma+0.09$ |
| | | | 弱 | $\tau=0.55\sigma+0.34$ | $\tau=0.45\sigma+0.2$ |
| | | | 微—新 | $\tau=0.8\sigma+0.85$ | $\tau=0.7\sigma+0.58$ |
| | | 缓倾角节理面 | 强 | $\tau=0.45\sigma+0.2$ | $\tau=0.4\sigma+0.15$ |
| | | | 弱 | $\tau=0.7\sigma+0.69$ | $\tau=0.6\sigma+0.39$ |
| | | | 微—新 | $T=1.0\sigma+1.3$ | $\tau=0.85\sigma+0.83$ |
| | 泥板岩内层面与劈理面组合 | | 微 | $T=1.0\sigma+1.0$ | $\tau=0.85\sigma+0.5$ |

**表 2－23** B 区非开挖区结构面力学参数建议值

| 名 称 | | $f$ | $c$/MPa |
|---|---|---|---|
| $B_1$ 区滑面 | | 0.35 | 0.04 |
| $B_2$ 区折断错滑面 | $T_1l$ | 0.4 | 0.04 |
| | $T_2b^{1\sim14}$ | 0.45 | 0.05 |
| $B_3$ 区折断面 | $T_2b^{15\sim39}$ | 0.65 | 0.20 |
| 层间泥化夹层及层间错动 | | 0.25 | 0.03 |
| 倾倒松动及弯曲折断带 | | 0.5 | 170 |

表 2 - 24 进水口边坡蠕变岩体折断（错滑）面力学参数建议值

| 名　称 | | $f$ | $c$/MPa |
|---|---|---|---|
| $F_{138}$（由中、缓倾角裂隙与节理复合而成） | | 0.35 | 0.04 |
| 折断（错滑）面 | 高程 382.0～425.0m（错滑面） | 0.4 | 0.04 |
| | 强风化岩体中 | 0.45 | 0.05 |
| | 弱风化岩体中 | 0.65 | 0.20 |

## 2.5　研究小结

（1）通过大量的平洞、钻孔、物探勘探，查明其分布范围及其边界条件、物质结构。经地质观测、统计、分析，查明了倾倒蠕变岩体成因，发现了倾倒蠕变岩体纵向分带特征，正确地评价和预测了蠕变岩体边坡稳定性。

1）倾倒蠕变岩体的成因是：软硬相间及层间错动发育的、下软上硬的反倾向层状结构岩体，平面上受断裂 $F_{63}$、$F_{69}$、$F_{147}$ 控制，剖面上受顺坡向的结构面影响，遭受长期风化，在自重等综合地质应力作用下，向岸坡方向长期缓慢发生弯曲、折断、倾倒变形。

2）根据变形特征和岩层破碎程度，在剖面上大致可分为 3 个带：

Ⅰ带为倾倒松动带，岩层弯曲折断角：在泥板岩中为 20°～60°，砂岩中大于 10°。岩层以倾倒变位为主，重力折断、张裂架空、旋转错位明显。岩体破碎呈散体状，主要为全—强风化黏土和碎石，地震波波速 $V_P$ 仅 500～1500m/s，水平发育深度 23.0～76.0m。滑坡及坡崩积体多发生于该带。

Ⅱ带为弯曲折断带，泥板岩中弯曲折断角 10°～20°，砂岩中 5°～10°。岩体主要呈强风化状，节理裂隙发育，充填次生泥。砂岩中仍有张裂、架空和重力错位，泥板岩中可见重力挤压现象。地震波波速 1500～2500m/s。水平发育深度 6.0～53.0m。进水口边坡及排水洞开挖揭露，除Ⅰ带表层主要为黏土夹石外，其余地段Ⅰ带、Ⅱ带分带并不明显。

Ⅲ带为过渡带，岩层弯曲角 5°～10°，无明显的张裂面，为轻微连续的挠曲变形。岩体呈弱—微风化状，地震波波速接近正常岩体。

但在施工期开挖揭露，整个蠕变岩体 B 区（$F_{69}$～$F_{63}$ 断层上游盘）Ⅱ带、Ⅲ带分带并不明显，即基本上Ⅱ带与正常岩体呈突变接触。

3）采用相似材料和相似结构，开展了对层状结构岩体倾倒弯曲折断破坏规律的模拟试验（岩体蠕变模拟离心机试验和基底摩擦试验）；进行了岩层弯曲变形和断折试验，边坡光弹模拟试验；进行了静力、动力非线性有限元、离散元计算、组合梁理论计算、极限平衡等多种数值模型分析计算。

通过上述勘察、试验与计算，并结合长达 16 年蠕变岩体边坡的变形监测成果，揭示了倾倒蠕变岩体边坡的变形机理、规律和发展趋势，正确评价和预测了蠕变岩体边坡稳定性，提出了合理的处理措施建议，对全地下厂房布置方案的左岸进水口布置以及左岸高边坡处理起了决定性的作用，其成果及结论经工程实践检验是正确的。

（2）对左岸进水口开挖高边坡（指进水口段）进行了重点勘察研究：对构成进水口高

边坡的 $T_2b^{18}$ 泥板岩进行了详细勘探，在查明边坡基本地质条件下，进行了开挖与变形关系等监测和正反演数值模型分析、洞内钻孔和孔内电视录像、声波测试、孔内弹模测试，获得了 $T_2b^{18}$ 泥板岩岩体力学特性指标和变形规律；开展了泥板岩流变试验研究，获取了 $T_2b^{18}$ 泥板岩岩体长期变形特征。通过上述研究，使在泥板岩中开挖高陡边坡、并在高陡边坡坡脚布置岩墙厚度仅 1 倍洞径的引水洞成为现实（坡脚因引水洞开挖掏空率达 45%），为进水口大坝、边坡、引水洞相互依存的复杂应力应变体系、相互关系及长期稳定性评价和工程的支护处理提供了依据，为加快龙滩工程建设、缩短发电工期，确保进水口边坡及其坝前蠕变岩体稳定，以及工程的顺利建设和安全运行打下了坚实的基础。同时，也为在泥板岩高陡边坡中开挖大洞径、大采空率的洞室积累了宝贵经验。根据详细勘探成果，考虑到坝后进水口 8 号、9 号机组边坡中倾角 60°多的节理发育，将单级坡比由 1∶0.2 改为 1∶0.5，保证了该边坡施工期的安全。

# 第 3 章

# 边坡渗流及其控制措施研究

## 3.1 岩体渗透参数反演

岩体透水性大小主要取决于岩体中裂隙透水性的大小及裂隙结构面的空间分布。渗透系数张量的表达式可以反映出其大小和方向与裂隙结构面的空间位置、张开度、密度、延伸长度以及连通性等有密切的关系。为了能正确反映出龙滩水电站岩体透水性的大小和方向，在对岩体渗流起控制作用的裂隙结构面的几何参数作现场统计分析的基础上，采用结构面控制反演法，对坝基及左岸岩体的渗透张量进行反演，得到了岩体的渗透系数张量、结构面当量渗透系数、结构面渗透系数等水文地质参数。

### 3.1.1 结构面控制反演法原理

根据研究渗流区域内若干已知坐标位置的地下水位观测孔水头观测值与计算值之误差，用最小二乘法建立目标函数如下：

$$E(K_j^i) = \sum_{k=1}^{M} \omega_k \sqrt{(H_k^c - H_k^o)^2} \qquad (3-1)$$

式中：$K_j^i$ 为待求的系数，上标 $i$ 表示根据岩体透水性划分的第 $i$ 个子区，$i = Ⅰ、Ⅱ、\cdots、NK$，$NK$ 为分区总数，下标 $j$ 表示第 $i$ 个子区中第 $j$ 个系数，$j = 1、2、\cdots、MK$，$MK$ 为某子区参数的总数；$\omega_k$ 为第 $k$ 个水头观测点的权函数，且有 $\sum_{k=1}^{M} \omega_k = 1.0$；$M$ 为区域内观测点的总数；$H_k^c$ 为区域内第 $k$ 个观测点的计算水位值；$H_k^o$ 为区域内第 $k$ 个观测点的观测水位值。

显然，反演的目的是欲求一组反映客观裂隙岩体渗流规律的参数 $K_j^i$ $(i = Ⅰ、Ⅱ、\cdots、NK；j = 1、2、\cdots、MK)$，使目标函数 $E$ 趋于零。

考虑到实际野外工作中，结构面产状要素是用结构面的走向、倾向和倾角表达的，对于三维渗流问题，若选定 $x$、$y$ 和 $z$ 三坐标轴分别为正东、正北和垂直方向，则用直角坐标系表示的渗透张量表达式可以改写为

$$K = \sum_{j=1}^{M} k_{ej} \begin{bmatrix} 1 - \cos\beta_j \, \sin^2\gamma_j & -\sin\beta_j \, \sin^2\gamma_j \cos\beta_j & -\cos\beta_j \sin\gamma_j \cos\gamma_j \\ -\sin\beta_j \, \cos\beta_j \, \sin^2\gamma_j & 1 - \sin^2\beta_j \, \sin^2\gamma_j & -\sin\beta_j \sin\gamma_j \cos\gamma_j \\ -\cos\beta_j \sin\gamma_j \cos\gamma_j & -\sin\beta_j \sin\gamma_j \cos\gamma_j & 1 - \cos^2\gamma_j \end{bmatrix} \qquad (3-2)$$

式中：$\beta_j$、$\gamma_j$ 分别为岩体第 $j$ 组裂隙结构面的倾向和倾角；$k_{ej}$ 为第 $j$ 组裂隙的概化的渗透系

数；$M$ 为岩体中控制地下水渗流的结构面组数。

由构造地质学知道，某一地区岩体裂隙结构面的发育、分布是有规律的，成组发育。因此可以采用统计学的方法，首先统计出研究区域岩体结构面的发育、分布规律，即求得裂隙结构面的分布函数及空间几何参数的统计值。这样张量表达式中的矩阵就能唯一确定，未知的仅仅是矩阵的系数 $k_{ej}$。如果能反算出每组裂隙的渗透系数（是个标量）$k_{ej}$，那么通过张量表达式就能方便地唯一确定出渗透张量了。

研究区域的 $NK$ 个子区中，任一子区 $i$ 的任一组裂隙 $j$ 的渗透系数可以表示为 $k_{ej}^i$，且存在

$$k_{ej}^i > 0 (i = Ⅰ、Ⅱ、\cdots、NK ; j = 1、2、\cdots、MK) \tag{3-3}$$

结合相应的正问题数学模型就可以构成反演分析求解的优化模型。由于目标函数 $E$ 与自变量 $k_{ej}^i$ 之间无法用显式表达式描述，因此采用优化的方法求解反问题较为方便。优化方法的每一步都可以采用类似于正问题的求解，最初根据一组试探解 $k_{ej}^i$ 用三维有限元法求得区域内水头的近似分布，然后用最新求得的参数代入，不断调参数，使计算水头与观测水头逐步逼近，即 $E→0$。

具体计算中，提出了先反求出不同区岩体各组结构面的当量渗透系数 $k_{ej}(j=1,2,\cdots,n)$，然后据渗透系数张量的表达式求出岩体的渗透系数张量相对大小值，最后依据流场内某个断面的已知流量换算成岩体渗透系数张量的绝对大小值。这样处理具有两个独特的优点：

（1）岩体中对渗流起控制作用的结构面组数 $n$ 一般都在 3～4 组，这样反求参数时在同一区（带）内可以减少未知量的个数（渗透系数张量具有 6 个独立分量）。

（2）岩体中对渗流起控制作用的各组结构面产状可以通过野外量测获得，这样渗透系数张量表达式的矩阵内各元素就唯一确定了，因而能充分利用实际地质模型资料客观地描述为物理模型和数学模型，提高计算成果的正确性和可靠性。

### 3.1.2　计算中几个问题的处理

#### 1. 观测孔地下水位确定

如果在含水的岩体中钻一观测孔，那么观测孔所揭穿的含水岩体厚度内都能有水渗出。因此，观测孔内观测到的地下水位并不是某个点的真实地下水位，而是观测孔中钻孔所揭穿的含水岩体断面上各点水头的平均值，即

$$H_{观} = \frac{1}{L} \int_0^L H \mathrm{d}L \tag{3-4}$$

式中：$L$ 为观测孔所揭穿的含水岩体厚度；$H$ 为观测孔中不同深度（位置）的水位。

三维岩体地下水数值计算出的物理量是渗流场空间任意一点的水位 $H$，为了使计算水位与观测水位之间具有可对比性，必须对观测孔的观测水位与计算水位之间作数值处理。具体处理方法以下列典型单元体为例说明，见图 3-1。

用有限元法计算时，首先根据观测孔的

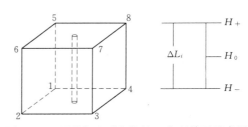

图 3-1　观测孔地下水位处理典型单元示意图

总体坐标，产生该观测孔在典型单元上的局部坐标。求得观测孔的局部坐标后，再根据插值公式，计算垂直方向上钻孔某一点的水位。这样典型单元体中钻孔各点水位的累计值可以近似表示为

$$\int_0^{\Delta i} H \mathrm{d}L = \frac{H^+ + H^0}{2} \cdot \frac{\Delta L_i}{2} + \frac{H^- + H^0}{2} \cdot \frac{\Delta L_i}{2} \tag{3-5}$$

整个观测孔中的计算水位

$$H_{计} = \frac{1}{L} \left( \int_0^{\Delta L_1} H \mathrm{d}L + \int_0^{\Delta L_2} H \mathrm{d}L + \cdots + \int_0^{\Delta L_i} H \mathrm{d}L + \cdots \int_0^{\Delta L_n} H \mathrm{d}L \right) \tag{3-6}$$

式中：$\Delta L_i$ 为观测孔揭穿第 $i$ 个单元的垂直长度；$n$ 为观测孔揭穿的单元总数。

$$L = \Delta L_1 + \Delta L_2 + \cdots + \Delta L_i + \cdots + \Delta L_n \tag{3-7}$$

显然，有

$$H_{计} \approx H_{观} \tag{3-8}$$

**2. 权函数 $\omega$ 确定**

基于数学模型计算求得的某点的水位（或某条线上的平均水位）往往与观测孔对应位置的观测水位之间存在一定的误差。产生误差的原因是多方面的，包括数值计算本身误差、模型简化误差、观测孔成孔带来误差、观测误差等。理论上讲，如果建立的描述地下水运动的数学模型与实际地下水运动状况完全一致，观测地下水位又没有受到任何干扰、完全正确，除去数值计算本身的误差外，同一点计算水位和观测水位应相等。但是由于地质体本身的复杂性，渗水结构面发育的随机性，虽然从整体上看地下水运动基本符合所建立的数学模型，但具体到某个钻孔、某个局部点来说，实际地下水位并不一定满足建立的数学模型，这样计算水位和观测水位之间就存在一种固有的误差，这种误差通过改进计算方法、调整模型都是无法消除的。因此，为了从宏观上和流场整体上能正确模拟实际地下水运动介质透水性的空间分布，消除由于个别点的误差而影响整个计算结果的精度，将每个观测孔水位和计算水位之差乘上权函数，使计算在整体上满足控制精度的要求。

设研究区域内有 $n$ 个观测孔，第 $i$ 个观测孔的观测水位为 $H_i^o$，相应的计算水位为 $H_i^c$，定义权函数

$$\omega_i = \frac{|H_i^o - H_i^c|}{\sum\limits_{i=1}^n \sqrt{(H_i^o - H_i^c)^2}} \tag{3-9}$$

将 $n$ 个权函数由大到小按顺序排列，而水位误差则按由小到大的顺序排列，将重新编号的权函数和水位误差带入目标函数式（3-1）中，可求解得到目标函数值。因为这种权函数 $\omega_k (k=1, 2, \cdots, n)$ 的大小值及其排列是随着参数反演过程和水位误差 $\sqrt{(H_k^o - H_k^c)^2}$ 动态自行调整的，所以每个观测孔水位和计算水位之差乘上该权函数，能自动有效地消除由于个别点的误差而引起整个计算结果精度的偏差，使计算在整体上达到控制精度的要求。

### 3.1.3 岩体渗透参数反演

参数反演研究范围，从上游 1 号冲沟至 9 号冲沟及其延长线包络的左岸山体，南至河床中心线，深度至高程为 50.0m 的底板。河床部位取河水位作为第一类边界条件；根据钻孔实测水位，山里一侧边界也作为第一类边界条件；其余边界均作为零流量边界（第二

类边界）条件处理。

龙滩水电站坝址区岩体渗透性主要受结构面控制。坝址区左岸分布 4 组断层，其透水性大小各不相同；裂隙节理透水性相对较弱。反演时主要考虑了对地下水渗透起控制作用的 4 组断层结构面，此外还考虑了 1 组缓倾角节理的作用，其统计平均值见表 3-1。

表 3-1　　　　　　　龙滩水电站坝址区主要结构面产状统计平均值

| 分　　组 | | 倾　向/(°) | 倾　角/(°) |
|---|---|---|---|
| 断　层 | 1 | 75 | 60 |
| | 2 | 315 | 70 |
| | 3 | 10 | 80 |
| | 4 | 340 或 160 | 80 |
| 节　理 | 5 | 235 | 23 |

根据坝址区左岸岩体的风化特征、结构面发育分布状况，将研究区域划分为强风化带（Ⅰ）、弱风化带（Ⅱ）、微风化带（Ⅲ）、新鲜岩体（Ⅳ）4 个不同的渗透区，断层 $F_1$、$F_4$、$F_{63}$ 均作为一个单独的渗透区计算。因此，研究区总共划分了 7 个不同的渗透分区。

选取河床中心线与坝轴线的交点作为原点，取 $x$ 轴指向正东、$y$ 轴指向正北、$z$ 轴垂直指向上的坐标系作为计算坐标系。根据地形、构造及其渗透性分区，将研究区划分了 156 个超单元，剖分成 4960 个节点和 4257 个单元，见图 3-2。

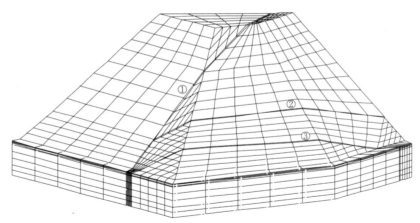

图 3-2　参数反演分析剖分图
①—断层 $F_{63}$；②—断层 $F_1$；③—断层 $F_4$

选择地下水位相对稳定的枯水期（1980 年 2 月 25 日）的统计测钻孔水位作为观测值，共有 5 组控水结构面，每组结构面假定一个初始的当量渗透系数 $k_e$，加上断层 $F_1$、$F_4$ 和 $F_{63}$ 共 28 个初始参数进行反演（$F_1$、$F_4$ 断层认为两者的渗透系数相同）。反演计算采用了河海大学的 3D-Seepage 软件。

### 3.1.4　计算成果

根据建立的参数反演模型，采用有限元进行计算，经过数百次的调试演算，得到对应于 1980 年 2 月 25 日钻孔观测水位的计算值，见表 3-2。对应水文地质参数优化解的目标函数值 $E$ 为 0.51，各钻孔计算水位值以及与之对应的权函数值、实测值、计算值与实测值的误差都列于表 3-2 中。

表 3-2　　　　　　　　　　　钻孔观测水位与计算水位拟合参数

| 序号 | 孔号 | 坐标 | | 计算水位/m | 观测水位/m | 误差值/m | 权函数值 |
| | | $x$ | $y$ | $H_c$ | $H_o$ | $DH = H_o - H_c$ | $\omega k$ |
|---|---|---|---|---|---|---|---|
| 1 | 42 | 304.0 | 190.0 | 257.86 | 257.61 | −0.25 | 0.173 |
| 2 | 50 | 314.0 | 262.0 | 320.05 | 319.97 | −0.08 | 0.376 |
| 3 | 59 | 380.0 | 284.0 | 359.06 | 361.14 | 2.08 | 0.018 |
| 4 | 60 | 316.0 | 284.0 | 342.30 | 343.97 | 1.67 | 0.046 |
| 5 | 61 | 380.0 | 242.0 | 318.86 | 334.84 | 5.98 | 0.005 |
| 6 | 62 | 500.0 | 230.0 | 340.89 | 339.82 | −1.07 | 0.063 |
| 7 | 66 | 282.0 | 168.0 | 276.13 | 276.86 | 0.73 | 0.105 |
| 8 | 114 | 348.0 | 14.0 | 217.81 | 218.81 | 1.00 | 0.067 |
| 9 | 115 | 366.0 | 58.0 | 221.61 | 221.89 | 0.28 | 0.131 |
| 10 | 116 | 390.0 | 120.0 | 241.50 | 238.75 | −2.75 | 0.016 |

从钻孔观测水位与计算水位拟合误差表可以看出，大部分钻孔计算精度较高，仅有个别点拟合较差。其中误差最大的是 61 号钻孔，计算值比观测值低将近 6.0m。从观测记录结果可知，在对 61 号钻孔水位进行观测时，发现有水流从一条缓倾角裂隙流入钻孔内，其观测水位较高是由于该钻孔刚好处于一透水性较好的缓倾角裂隙位置而造成的，这也正是裂隙岩体介质强烈非均值各向异性的表现。计算值与观测值有一定的误差是可以接受的。

表 3-3～表 3-5 分别列出了各渗透性分区中每组结构面的当量渗透系数及各分区的渗透张量主值、主方向和平均渗透系数。当量渗透系数反映了岩体每组结构面渗透性的大小，从表 3-3 的计算结果可以看出，每组结构面的当量渗透系数从强风化到新鲜岩体迅速减弱，而且随着结构面发育规模的减小而减小。随着风化、卸荷作用的减弱，同一组结构面的透水性变化也较大，如第 1 组结构面当量渗透系数值从 0.2m/d 减小至 0.003m/d。在同一个分区中，不同组的结构面其当量渗透系数差别较大。其中第一组的结构面当量渗透系数最大，其次是第二组；虽然第三组结构面较第四组结构面发育，但第四组结构面当量渗透系数大于第三组，主要是因为这一组裂隙具有压扭或张扭性特征，破碎带透水性较大，这与平洞开挖时有涌水或滴水现象相一致。此外，由于第三组结构面中的 $F_1$、$F_4$ 断层的渗透性单独作了参数反演，因而表中第三组结构面的当量渗透系数不包括 $F_1$、$F_4$ 断层的贡献。缓倾角结构面的当量渗透系数值远小于其他结构面的当量渗透系数。

表 3-3　　　　　　　　　　　岩体各区当量渗透系数值　　　　　　　　　　单位：m/d

| 岩体分区 | 1 | 2 | 3 | 4 | 5 | $F_{63}$ | $F_1$、$F_4$ |
|---|---|---|---|---|---|---|---|
| Ⅰ | 0.20 | 0.15 | 0.03 | 0.10 | 0.04 | 1.30 | 0.85 |
| Ⅱ | 0.03 | 0.015 | 0.008 | 0.01 | 0.008 | 0.18 | 0.29 |
| Ⅲ | 0.01 | 0.008 | 0.004 | 0.006 | 0.001 | 0.10 | 0.12 |
| Ⅳ | 0.003 | 0.002 | 0.001 | 0.001 | 0.001 | 0.02 | 0.05 |

表 3 - 4 岩体主渗透系数及主方向

| 岩体分区 | | I | | | II | | | III | | | IV | | |
|---|---|---|---|---|---|---|---|---|---|---|---|---|---|
| 主渗透系数 /(m/d) | | $k_1$ | $k_2$ | $k_3$ | $k_1$ | $k_2$ | $k_3$ | $k_1$ | $k_2$ | $k_3$ | $k_1$ | $k_2$ | $k_3$ |
| | | 0.285 | 0.294 | 0.461 | 0.044 | 0.036 | 0.062 | 0.014 | 0.017 | 0.027 | 0.0047 | 0.0044 | 0.0069 |
| 主方向 | $\cos\alpha_1$ | 0.586 | −0.801 | −0.122 | 0.904 | −0.426 | 0.045 | 0.958 | −0.061 | 0.282 | 0.880 | −0.470 | 0.070 |
| | $\cos\alpha_2$ | 0.736 | 0.463 | 0.494 | 0.340 | 0.778 | 0.529 | −0.036 | 0.945 | 0.326 | 0.362 | 0.759 | 0.542 |
| | $\cos\alpha_3$ | −0.339 | −0.379 | 0.861 | −0.260 | −0.463 | 0.848 | −0.286 | −0.322 | 0.902 | −0.308 | −0.451 | 0.838 |
| 均值/(m/d) | | 0.338 | | | 0.0461 | | | 0.0187 | | | 0.00523 | | |

表 3 - 5 岩体主渗透系数及方向角

| 岩体分区 | | I | | | II | | | III | | | IV | | |
|---|---|---|---|---|---|---|---|---|---|---|---|---|---|
| 主渗透系数 /(m/d) | | $k_1$ | $k_2$ | $k_3$ | $k_1$ | $k_2$ | $k_3$ | $k_1$ | $k_2$ | $k_3$ | $k_1$ | $k_2$ | $k_3$ |
| | | 0.285 | 0.294 | 0.461 | 0.044 | 0.036 | 0.062 | 0.014 | 0.017 | 0.027 | 0.0047 | 0.0044 | 0.0069 |
| 主方向 /(°) | $\alpha_1$ | 54 | 143 | 97 | 25 | 115 | 87 | 17 | 93 | 74 | 28 | 118 | 86 |
| | $\alpha_2$ | 43 | 62 | 60 | 70 | 39 | 58 | 111 | 19 | 71 | 69 | 41 | 57 |
| | $\alpha_3$ | 110 | 112 | 31 | 105 | 117 | 32 | 107 | 109 | 26 | 108 | 117 | 33 |

各分区岩体渗透张量为

$$K_{\mathrm{I}} = \begin{bmatrix} 0.3101 & 0.0257 & -0.0480 \\ 0.0257 & 0.3123 & -0.0554 \\ -0.0480 & -0.0554 & 0.4176 \end{bmatrix}, K_{\mathrm{II}} = \begin{bmatrix} 0.0443 & 0.0006 & -0.0054 \\ 0.0006 & 0.0430 & -0.0104 \\ -0.0054 & -0.0104 & 0.0547 \end{bmatrix},$$

$$K_{\mathrm{III}} = \begin{bmatrix} 0.01507 & 0.0011 & -0.0033 \\ 0.0011 & 0.0183 & -0.0026 \\ -0.0033 & -0.0026 & 0.0246 \end{bmatrix}, K_{\mathrm{IV}} = \begin{bmatrix} 0.0049 & 0.0002 & -0.0006 \\ 0.0002 & 0.0050 & -0.0010 \\ -0.0006 & -0.0010 & 0.0061 \end{bmatrix}。$$

从渗透张量、张量主值及平均值计算结果可以看出，各渗透性分区的参数量值变化趋势与左岸研究区的地质构造、水文地质特征基本一致。总体上，岩体的渗透性参数随着岩体埋深的增大而逐渐减小，平均渗透系数从强风化带的 0.338m/d 减小到新鲜岩体的 0.00523m/d。在每一个分区中，主渗透系数最大值 $k_3$ 与最小值（$k_1$、$k_2$）相差约一倍，而另外两个主值 $k_1$ 和 $k_2$ 之间则相差不大。从表 3 - 5 中主渗透系数方向角的量值可以看出，主渗透系数最大值方向与 z 轴夹角在 30° 左右，与 x 轴夹角均在 90° 左右，与 y 轴夹角均在 60° 左右。对比第一组结构面的产状可以发现，主渗透系数最大值方向与第一组结构面的走向以及倾角基本一致，表明最大主渗透系数方向与最发育的一组结构面产状关系密切，与实际情况相符。另外两个主渗透系数量值基本相等。总体上研究区岩体垂直方向透水性大于水平方向的透水性。

总体上讲，龙滩水电站坝区左岸水文地质参数反演成果反映出了该地区岩体的渗透性特征。坝区左岸岩体渗透性存在明显的各向异性，主渗透系数最大值 $k_3$ 与最小值（$k_1$、$k_2$）相差较大，而另外两个主值 $k_1$ 和 $k_2$ 之间则相差不大，岩体垂直方向透水性明显大于水平方向的透水性。由分析可知，反演成果与坝区左岸的岩体构造、结构面发育状况等地质条件基本一致。

### 3.1.5 对比分析

为了验证反演参数的合理性，根据压水试验资料，采用巴布什金公式将压水试验 $\omega$ 值换算成渗透系数，与计算结果进行对比。

巴布什金公式：

当试验段远离抗水层时

$$k = 0.527\omega\lg\frac{0.66l}{r} \qquad (3-10a)$$

当试验段接近抗水层时

$$k = 0.527\omega\lg\frac{1.32l}{r} \qquad (3-10b)$$

式中：$r$ 为钻孔半径，一般 $0.055\sim0.065$m；$l$ 为试段长度，一般 $5\sim10$m；$\omega$ 为单位吸水量，L/(min·m·m)。

通过对不同渗透性分区中钻孔压水试验资料的统计计算（强风化段统计 6 段，弱风化段统计 45 段，微风化段统计 130 段，新鲜岩体统计 219 段），试验换算渗透系数 $K$ 值与反演平均渗透系数作对比，见表 3-6。

表 3-6 参数反演值与试验换算值对比 单位：m/d

| 岩体分区 | I | II | III | IV |
| --- | --- | --- | --- | --- |
| 反演值 | 0.338 | 0.0461 | 0.0187 | 0.00523 |
| 试验换算值 | 0.118 | 0.056 | 0.023 | 0.00805 |
| 设计建议值 | — | 0.0432 | 0.0152 | 0.00864 |

从表 3-6 对比分析可知，参数反演值与采用压水试验 $\omega$ 值换算的渗透系数值在量级上一致。虽然钻孔压水试验反映的是钻孔周围小尺度范围内的岩体渗透性大小，但是通过对许多钻孔的压水试验段 $\omega$ 值进行统计平均换算而得到的渗透系数 $k$ 值，基本上能反映大范围内岩体的渗透性，而通过数值反演得到的渗透系数值也恰好反映的是大尺度范围岩体渗透性特征，二者在量级上保持一致说明反演分析结果是合理的。

根据平行结构面岩体当量渗透系数 $k_e$ 与结构面渗透系数 $k_f$ 之间的关系式：

$$k_e = k_f\frac{e}{l} \qquad (3-11)$$

式中：$e$ 为结构面开度；$l$ 为结构面平均间距。

可以计算出岩体当量渗透系数或结构面渗透系数。$F_{63}$ 断层属于第二组结构面，由第二组当量渗透系数值可以估算出该组结构面的渗透系数。第二组结构面的断层带宽度（破碎带宽度＋影响带宽度）平均值取 2.0m，平均间距取 40m/条，带入式（3-11）计算可以得到从 I 区到 IV 区的结构面渗透系数分别为 3.0m/d、0.3m/d、0.16m/d 和 0.04m/d。对比断层 $F_{63}$ 的反演值（对应分别为 1.30 m/d、0.18 m/d、0.10 m/d、0.02 m/d），两者在同一个量级范围内，进一步说明反演成果整体上的合理性。从反演的断层破碎带渗透系数量值上看，断层破碎带主要起导水作用。

为了验证反演模型的正确性，选择 1980 年 1—9 月共 14 个时段的钻孔长观水位与计算水位进行拟合。采用反演求得的渗透张量值计算各时段的地下水位。用时间 $t$ 作为横坐标，水头 $H$ 作为纵坐标，将同一观测孔的观测水位 $H_o$ 与计算水位 $H_c$ 绘于图中，得到拟合曲线图 3 - 3。

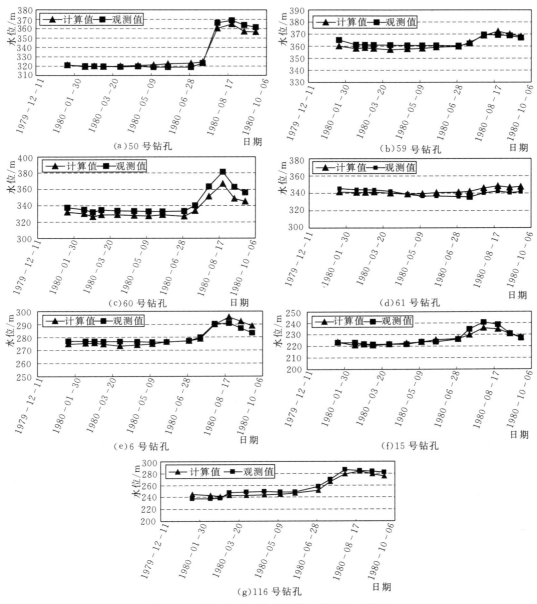

图 3 - 3　钻孔长观水位与计算水位拟合曲线图

从拟合曲线图中可以看出，各钻孔的计算水位与观测水位总体趋势上拟合较好，进一步说明了反演模型能较好地反映研究区的实际情况，反演得到的水文地质参数值是合理的。61 号钻孔的观测值普遍比计算值大 5.0～6.0m 左右，这可能与观测时看到的地下水从一条缓倾角裂隙流进钻孔有关。

### 3.1.6 降雨入渗补给系数的估算分析

根据坝址区左岸钻孔长观资料和天峨站的降雨量资料可以估计研究区的降雨入渗补给系数。取 1980 年 7 月 8 日与 15 日的钻孔观测水位变幅作为地下水位变幅；考虑到降雨入渗的滞后性，取 7 月 8—15 日的降雨总量作为计算值。假定研究区内岩体裂隙率为 0.5%，给水度近似等于裂隙率，则给水度可以取 0.005。采用式（3-12）可计算研究区的降雨入渗系数。

$$\alpha = \frac{P_r}{P} \frac{\mu \cdot \Delta h}{P} \tag{3-12}$$

式中：$\alpha$ 为降雨入渗补给系数；$P_r$ 为降雨入渗量；$P$ 为降雨量；$\mu$ 为给水度；$\Delta h$ 为地下水变幅。

7 月 8—15 日的降雨量为 137.7mm，根据左岸钻孔 50 号、59 号、61 号、66 号、115 号、116 号的地下水位变幅，可以分别计算出对应的降雨入渗补给系数为 0.13、0.08、0.25、0.07、0.31、0.45。取 6 个钻孔计算平均值可得降雨入渗补给系数为 0.22。

## 3.2 天然渗流场三维模拟研究

### 3.2.1 计算条件

计算模型包括坝基及帷幕灌浆区、引水洞、导流洞、地下厂房系统、右岸坝肩边坡、倾倒蠕变岩体和进水口边坡，并尽可能向外延伸。计算范围自坝轴线向上游延伸约 500m，向下游延伸约 800m，横向覆盖范围约 1600m。

在计算模型中，模拟地形、岩层产状（通过宏观各向异性反映）、岩体风化分区、主要断层、主要节理裂隙分布等地质特性的影响。在天然渗流场模拟分析时，地层划分为强透水层、弱透水层、微新岩体、新鲜岩体 4 大层，左岸边坡区考虑的断层包括 F$_{63}$ 和 F$_{69}$。

工程地质与水文地质的整体模型，在分区各向同性渗透系数基础上，拟合出各向异性渗透系数。水文地质总体上是垂向导水能力较强，水平与垂直河流方向次之，顺河流方向最弱。此外，还模拟主要天然沟槽出渗情况，作为相应渗流边界考虑。

计算模型采用平面控制和立面控制的双重控制原则，实施重点部位人工控制、边缘区域自动剖分的半自动三维网格生成方法，对计算分析区域进行三维有限元网格划分，生成后的三维有限元计算分析模型见图 3-4。共划分节点 29904 个；单元 28030 个。

天然渗流场模拟分析的边界条件主要依据长观孔地下水位，鉴于长观孔地下水位在不同时段的观测结果均有差距，近似采用 $H = H_小 + 0.8 \times (H_大 - H_小)$ 来确定采用值。

由于长观孔数量不足以满足大

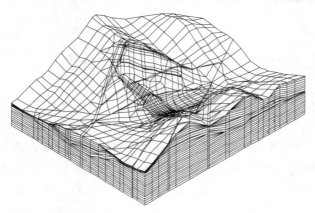

图 3-4 天然渗流场三维有限分析模型示意图

区域插值精度要求，结合地下水位等值线图，采用地下水埋深外插值方法，获得较大区域上的地下水分布。

在图 3-5 的基础上，采用常规插值方法，插求截取边界节点上的地下水位，并作为反演拟合的截取边界初拟值，根据调试情况进行调整。

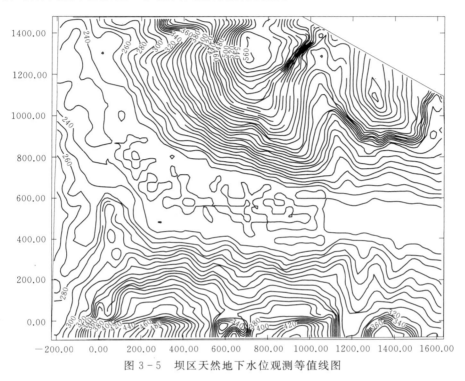

图 3-5　坝区天然地下水位观测等值线图

由于分析区域内的河水位差距不会太大，按等值考虑。河水位的变幅，仅影响河水位高程附近的地下水位，对于整个大区域来说，影响甚微，故河水位考虑为 220.0m。

在计算分析中，考虑以下边界条件：

（1）已知水头边界，即截取边界和河水位边界。而在截取边界上，根据三维模拟渗流场与"观测场"的拟合结果进行调整。

（2）不透水边界，即截取的基底边界，高程 0.0。此外，根据地下水位的宏观流动方向，与河道近正交的上、下游截取边界，拟考虑为不透水边界。

（3）可能出渗边界。河道水位以上的临空面，均视作可能出渗边界，由近似迭代确定。

（4）自由面边界，也即浸润面，在不考虑降雨入渗时，属于不透水边界。研究中，考虑降雨入渗，按有效降雨补给量计。直接补给到浸润面上。经反复调试，对于龙滩坝区，有效降雨补给量取 1.5mm/d。

### 3.2.2　计算成果

（1）三维模拟渗流场。经过反复试算调整，获得总体上与天然地下水位观测结果较为相近的模拟分析渗流场结果，见图 3-6。

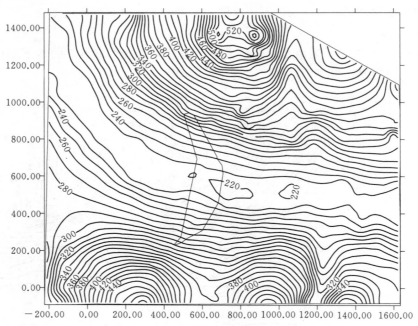

图 3-6　三维模拟地下水位等值线图

（2）典型剖面渗流。左岸典型剖面渗流见图 3-7。

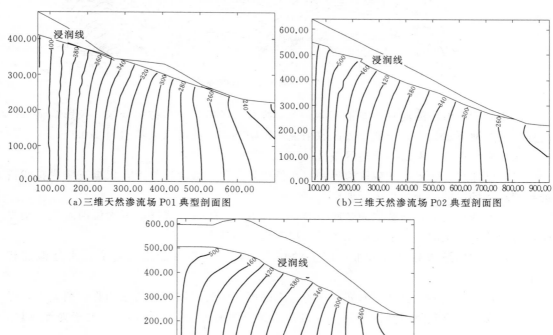

（a）三维天然渗流场 P01 典型剖面图　　　（b）三维天然渗流场 P02 典型剖面图

（c）三维天然渗流场 P03 典型剖面图

图 3-7　左岸典型剖面渗流场图

（3）渗流参数拟合研究。模拟地层及断层渗流参数拟合成果见表 3-7。

表 3-7　　　　　　　　　　　模拟地层与断层渗流参数拟合成果

| 材料编号 | $k_X/(\text{cm}/\text{d})$ 顺河流方向 | $k_Y/(\text{cm}/\text{d})$ 垂直河流方向 | $k_Z/(\text{cm}/\text{d})$ 铅直方向 | 初始渗透参数 $k$ /(cm/d) | 地层及断层说明 |
|---|---|---|---|---|---|
| 1 | 0.435 | 0.523 | 0.627 | 0.864 | 新鲜岩体（河岸） |
| 2 | 1.560 | 1.870 | 2.240 | 1.728～4.32 | 微新岩体（河岸） |
| 3 | 3.840 | 4.610 | 5.530 | 12.96～4.32 | 弱透水层（河岸） |
| 4 | 9.830 | 11.80 | 14.16 | 432.0～8.64 | 中强透水层（河岸） |
| 5 | 0.478 | 0.565 | 0.670 | 0.864 | 新鲜岩体（河床） |
| 6 | 1.670 | 2.040 | 2.460 | 1.728～4.32 | 微新岩体（河床） |
| 7 | 4.050 | 5.060 | 5.960 | 12.96～4.32 | 弱透水层（河床） |
| 8 | 10.81 | 12.90 | 15.50 | 432.0～8.64 | 中强透水层（河床） |
| 9 | 2.000 | 2.000 | 2.000 | 2.0 | $F_{63}-1$ 深部 |
| 10 | 10.00 | 10.00 | 10.00 | 10.0 | $F_{63}-2$ 中部 |
| 11 | 18.00 | 18.00 | 18.00 | 18.0 | $F_{63}-3$ 浅部 |
| 12 | 130.0 | 130.0 | 130.0 | 130.0 | $F_{63}-4$ 表部 |
| 13 | 2.000 | 2.000 | 2.000 | 2.0 | $F_{69}-1$ 深部 |
| 14 | 10.00 | 10.00 | 10.00 | 10.0 | $F_{69}-2$ 中部 |
| 15 | 18.00 | 18.00 | 18.00 | 18.0 | $F_{69}-3$ 浅部 |
| 16 | 130.0 | 130.0 | 130.0 | 130.0 | $F_{69}-4$ 表部 |

（4）断层水力梯度和平洞渗流量分析。$F_{63}$ 和 $F_{69}$ 断层的水力梯度均值为 0.215 和 0.268，最大值为 0.46 和 1.15。经计算分析拟合，得到观测平洞的渗流量为：$Q=397.0\text{m}^3/\text{d}$。

### 3.2.3　成果分析

从地下水的宏观流动趋势看，两者比较一致。为比较三维计算模拟渗流场与"观测场"的数量差距，进行了统计分析。统计的方法是，将"观测场"和计算模拟浸润面水头分布插值到有限元平面控制网格节点上，共获得 1376 个水头值，再进行相关性统计分析，统计结果为：

（1）差值小于 10m 的节点总数：$NJ(10)=698$，占总样本的百分比：$P_{10}=50.7\%$。

（2）差值小于 15m 的节点总数：$NJ(15)=859$，占总样本的百分比：$P_{15}=62.4\%$。

（3）差值小于 20m 的节点总数：$NJ(20)=997$，占总样本的百分比：$P_{20}=72.5\%$。

（4）差值小于 25m 的节点总数：$NJ(25)=1070$，占总样本的百分比：$P_{25}=77.8\%$。

（5）差值小于 30m 的节点总数：$NJ(30)=1134$，占总样本的百分比：$P_{30}=82.4\%$。

（6）计算模拟值高于"观测值"的节点总数：$NJZ=698$。

（7）计算模拟值低于"观测值"的节点总数：$NJF=678$。

（8）相关系数：$\alpha=\dfrac{1}{N}\sum\dfrac{H_j-220.0}{H_g-220.0}=1.043$。其中，$H_j$ 为节点的计算模拟水头值；

$H_g$ 为节点的观测水头值；$N$ 为节点总数（1376 个）。

从上述统计结果分析，三维有限元模拟的天然渗流场，能较全面反映天然渗流场的实际状态，模拟结果可作为渗流控制措施分析、研究的依据。

与前期探洞观测成果相比，（$D_{23}$ 平洞揭露的 $F_{60}$ 断层带，集中观测渗流量为 42L/min，过河平洞内小断层带渗流总量为 168 L/min，靠河边的 J2 竖井，全井涌水量 373.1L/min），观测平洞的计算渗流量与实际情况也是相近的。由于观测渗流量是平洞、竖井形成后的中前期结果，而计算渗流量是属于稳定渗流场相应情况下的结果，结合类似工程问题的计算分析经验，稳定渗流量约为开挖形成后中前期的 50%～60% 甚至更小些。因此，龙滩水电站工程天然渗流场观测平洞渗流量的拟合分析成果符合类似渗流场的总体规律性。

## 3.3　渗控措施研究

边坡地下水是影响边坡稳定性的最重要因素之一，了解、掌握施工和运行期地下水在边坡内的运动规律，不仅有利于实施准确、合理的边坡加固和防排水方案，还有利于提高边坡稳定性分析成果的准确性和可靠性。龙滩水电站左岸倾倒蠕变岩体与进水口高边坡采用 3D‑Seepage 和 SPGCR‑3 等三维数值模拟软件进行了边坡渗流及渗控措施分析研究。

渗流控制分析的理论研究，主要是对带有复杂防渗和排水系统的复杂渗流场求解方法进行研究。对于实际工程，由于采取了帷幕、封堵、排水孔和排水廊道等工程措施，导致地下渗流场变得极其复杂。在这种带有复杂渗控系统的渗流域内所形成的渗流场，将具有以下最显著的特点：①地下水渗流场具有强烈的三维流动特点；②地下水渗流具有形态复杂的零压力自由面，它既是求解问题中必不可少的一个边界，同时又是一个未知的要求解的边界；③排水孔附近渗流场变化往往较为急剧，精细模拟分析密集排水孔作用下的渗流场，其分析计算工作量较大。

鉴于上述特点，这种复杂渗控条件下具有复杂形态自由面的渗流场问题求解变得极其困难，关键在于解决两大问题：①具有自由面渗流场的模拟求解方法；②渗流控制分析中密集排水孔模拟及快速求解问题。渗控措施研究中，采用排水子结构法、解析法与有限元相结合的方法，将排水孔的作用效应，以排水孔的空间位置、走向及其边界性质的有关几何参量加以描述，使得对排水孔作用的模拟尽可能符合实际情况，从而解决密集排水孔模拟及快速求解问题。

防渗和排水是龙滩左岸高边坡首选工程措施，为正确评价渗控措施作用和渗控效果，进行了两个三维模型的计算对比研究。

### 3.3.1　3D‑Seepage 计算成果

#### 3.3.1.1　计算条件

1. 计算模型

计算范围从上游 3 号冲沟至 9 号冲沟及其延长线包络的左岸山体，南至河床中心线（坝 D0+00），深度至高程 50.0m。计算模拟的渗控措施有：左岸坝基帷幕和排水，边坡体内排水洞和排水孔幕，地下厂房洞室。

防渗帷幕按正常蓄水位 400.0m 设计，左岸坝肩在 308.0m、382.0m、406.5m 高程布置了3层灌浆平洞，上游帷幕伸入山体至水库最高正常蓄水位与地下水位线的交点，且左岸截断$F_{63}$、$F_{69}$断层并局部加大了灌浆深度。坝基排水主要考虑帷幕内侧布置的排水孔，坝肩排水是指三层灌浆平洞帷幕后的排水孔。

进水口边坡布置8层纵向排水洞，自上而下高程分别为520.0m、480.0m、460.0m、425.0m、382.0m、345.0m、305.0m、260.0m，编号自上而下依次为PSD8～PSD1。其中520.0m、480.0m、425.0m高程排水洞（PSD8、PSD7、PSD5）延伸至倾倒蠕变岩体上游未开挖区内。垂直纵向排水洞方向每隔一定距离设置横向排水洞，出露于开挖边坡或自然边坡。根据研究区岩体渗透性分区以及水库运行期帷幕等情况，将研究区按渗透性分为5个区，即强风化带、弱风化带、微风化带、新鲜岩体、帷幕；考虑地形、水工建筑物的布置以及边坡的开挖、排水洞的布置等，将研究区共划分了198个超单元，由于不同工程部位要求的计算精度不一样，对超单元进行了不等密度剖分，共剖分节点5189个，4214个单元，见图3-8。坐标系的设定同渗流反演分析。

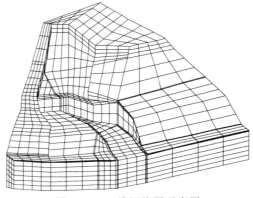

图3-8 三维网格图示意图

2．计算工况（方案）

为了解施工期和运行期左岸边坡地下水运动规律，分别对施工期和运行期的地下水渗流场作了计算。考虑到水库运行期帷幕由于化学、物理作用而失效以及排水孔淤堵失效，并对比分析坝基、坝肩帷幕、排水以及边坡排水等防排水措施的效用，对运行期排水孔、帷幕失效等情况作了模拟计算，具体分15个工况/方案。

方案1：施工期边坡开挖完成。考虑进水口高程300.00m以上边坡开挖完成，左岸导流洞及地下厂房高程245.00m以上洞室已形成，洞室不作为地下水边界处理。

方案2：施工期边坡排水系统已形成，左岸高程245.00m以上边坡、导流洞及地下厂房洞室已形成，洞室不作为地下水边界处理。考虑进水口边坡区排水系统形成，根据工况1计算结果设置位于地下水自由面以下的排水洞，这些排水洞均正常工作。

方案3：为了进一步了解水库蓄水后边坡地下水的渗流场情况，并与正常工况下作对比分析，假设边坡无排水，坝基、坝肩也无任何排水设施，上游库水位375.0m，下游正常尾水位225.0m。

方案4：上游库水位375.0m，下游正常尾水位225.5m，边坡无排水，坝基无排水，坝基帷幕正常工作。

方案5：上游库水位375.0m，下游正常尾水位225.5m，边坡无排水，坝基帷幕和排水正常工作。

方案6：上游库水位375.0m，下游正常尾水位225.5m，坝基帷幕和排水正常工作，边坡排水洞正常工作，厂房洞室均不作为边界条件处理。

方案7：上游库水位375.0m，下游正常尾水位225.5m，坝基帷幕正常工作，边坡排水洞正常工作，坝基、坝肩均无排水设施。

方案8：上游库水位375.0m，下游正常尾水位225.5m，坝基和边坡排水洞正常工作，帷幕完全失效。

方案9：上游库水位375.0m，下游设计洪水位255.37m，坝基帷幕和排水正常工作，边坡排水洞正常工作。

方案10：上游库水位400.0m，下游设计洪水位255.37m，坝基帷幕和排水正常工作，边坡排水洞正常工作。

方案11：不考虑山体内地下水的叠加，仅考虑水库蓄水时库水的渗流场情况，上游库水位375.0m，下游正常尾水位225.5m，坝基帷幕和排水正常工作，边坡排水洞正常工作。

方案12：施工期边坡开挖完成，考虑进水口高程300.0m以上边坡开挖完成，左岸导游洞及地下厂房高程245.0m以上洞室已形成，厂房洞室作为地下水边界条件处理，即洞壁作为地下水溢出面计算。

方案13：上游库水位375.0m，下游正常尾水位225.5m，坝基帷幕和排水正常工作，边坡排水洞正常工作。厂房洞室作为地下水边界条件处理，即洞壁作为地下水溢出面计算。

方案14：考虑施工期厂房洞室作为地下水边界条件的处理情况，其他同方案1。

方案15：对应于方案6，但将地下水厂房洞室作为地下水边界条件处理。

### 3.3.1.2 成果分析

方案1考虑了施工期边坡开挖已完成的情况。在天然情况下，地下水主要受山体地下水控制，从山体排向河流。高程425.0m、460.0m、480.0m、520.0m排水洞均位于自由面以上，高程382.0m排水洞位于自由面以下，该处地下水水头可达到397.0m。因此，在对边坡进行开挖施工时，设置高程在382.0m以下的所有排水洞都可起到降低地下水位的作用。表3-8给出了高程310.0m以上方案1～方案8，以及方案11、方案12边坡地下水自由面的水力梯度。对于方案1，边坡中地下水最大水力梯度0.513，最小值0.158，平均为0.333。

**表3-8 高程310.0m以上方案1～方案8及方案11、方案12边坡地下水自由面水力梯度**

| 方案编号 | 水力梯度 | | | | |
|---|---|---|---|---|---|
| | 最大值 | 位置高程/m | 最小值 | 位置高程/m | 平均值 |
| 1 | 0.513 | 460～500 | 0.158 | 350～380 | 0.333 |
| 2 | 0.615 | 310～340 | 0.366 | 340～380 | 0.457 |
| 3 | 0.450 | 460～520 | 0.044 | 380～400 | 0.290 |
| 4 | 0.450 | 460～520 | 0.044 | 380～400 | 0.292 |
| 5 | 0.487 | 460～520 | 0.110 | 370～380 | 0.328 |
| 6 | 0.582 | 310～340 | 0.347 | 350～380 | 0.440 |
| 7 | 0.568 | 320～340 | 0.296 | 340～380 | 0.431 |
| 8 | 0.582 | 310～340 | 0.346 | 350～380 | 0.440 |
| 11 | 0.576 | 310～340 | 0.315 | 360～380 | 0.436 |
| 12 | 0.600 | 310～350 | 0.307 | 350～380 | 0.436 |

方案 2 考虑施工期边坡排水系统已形成的情况。由于边坡排水系统的作用，地下水自由面整体有所下降（相对于方案 1），由于排水孔的作用，水力梯度极值和均值均有所增大，最大值为 0.615。

方案 3 为水库蓄水后边坡无任何防排水措施的极端情况。蓄水后边坡地下水位抬高，高程 425.0m 排水洞处的地下水位为 433.0m，高程 382.0m 排水洞处的地下水位达到 407.5m，高程 460.0m、480.0m、520.0m 三处的排水洞位于自由面以上。因此，水库蓄水后设置高程 425.0m 处及其以下的排水洞即可充分起到降低边坡地下水的作用，同时，也验证了不同高程设置排水洞的必要性。

方案 4 计算了水库蓄水后仅有帷幕的情况。帷幕对改变边坡大范围渗流场并无多大影响，仅在坝基及坝肩附近局部范围内降低了地下水位。

方案 5 计算边坡排水失效而其他渗控措施正常的情况。坝基排水有效降低了坝基及边坡的地下水位。

方案 6 模拟运行期实际工况，即坝体和边坡所有渗控措施均正常工作。此时边坡和坝基地下水位均降低到了较佳的效果。

方案 7 为上游库水位 375.0m，下游设计洪水位 225.5m，帷幕和边坡排水洞正常工作，坝基坝肩排水失效非常工作情况。边坡排水洞已完全起到了降低边坡地下水的作用，边坡排水还对降低坝基部位的水头作用效果明显。

方案 8 模拟坝基和坝肩帷幕完全失效的情况。仅对坝基及坝肩附近局部范围渗流场有较大影响，对于边坡大范围的渗流场影响较小，水力梯度变化也不大。

方案 11 为上游库水位 375.0m、下游设计洪水位 255.37m 的情况，所有渗控措施均正常工作。坝基下游及附近边坡地下水位略有升高，高程 290.0m 以上边坡地下水位与方案 6 相比变化不大。

方案 12 为上游库水位 400.0m、下游设计洪水位 255.37m 的情况，所有渗控措施均正常工作。由于边坡及坝基排水的作用，帷幕上游边坡地下水位有所升高，下游边坡自由面地下水位变化并不大。

方案 13 计算了不考虑山体内地下水叠加，仅考虑库水通过岩体渗流时的渗流场情况。帷幕和排水孔对库水的防排效果明显。

方案 14 考虑施工期厂房洞室作为地下水边界条件处理的情况（其他同方案 1）。当洞壁作为地下水溢出面时，厂房部位地下水相比要降低近 100m。

方案 15 对应于方案 6，但将地下厂房洞室作为地下水边界条件处理。当洞壁作为地下水溢出面时，厂房部位地下水相比要降低近 100m。

通过以上分析可知，天然条件下，边坡地下水主要受山体地下水控制，有较大的水头和水力梯度。水库蓄水后，边坡岩体受山体地下水和库水渗透共同作用，高程 520.0m、480.0m、460.0m 三层排水廊道始终位于边坡地下水自由面以上。一期蓄水正常运行后（方案 6），边坡和坝基地下水位都降低到了最佳效果。此时高程 310.0m 以上水力梯度最大值为 0.582，最小值为 0.437，均值为 0.440。

### 3.3.2　SPGCR-3 计算成果

#### 3.3.2.1　计算条件

计算模型包括坝基及其灌浆范围、引水洞、导流洞、地下厂房系统（主厂房、主变洞、调压井、尾水洞）、两岸坝肩边坡及蠕变体 B 区边坡。模拟的渗控措施与 3.3.1 节一致。

综合考虑渗控措施和主要建筑物后，建立如图 3-9 所示的三维有限元网格模型。整体模型的节点总数 32080，单元总数 33685。

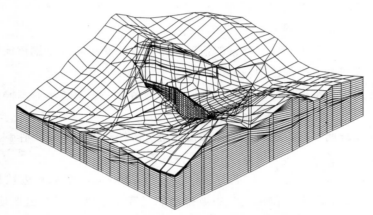

图 3-9　龙滩坝区渗控计算分析三维有限元网格模型示意图

渗流控制计算分析地层、断层、防渗体及坝体渗流参数与 3.3.1 节相同。

#### 3.3.2.2　计算成果

整体三维渗流场水头等值线见图 3-10，左岸蠕变体及进水口区域典型剖面渗流场见图 3-11。

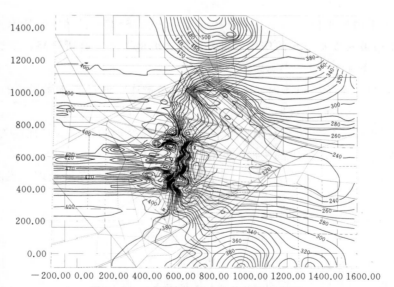

图 3-10　三维渗流场水头等值线示意图

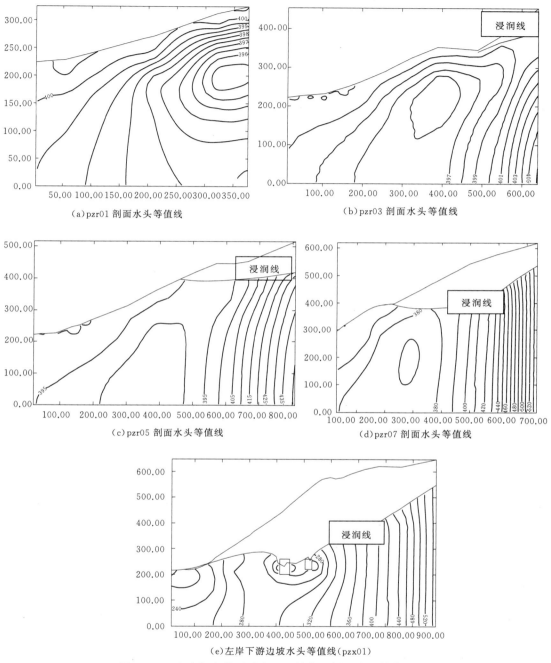

（a）pzr01 剖面水头等值线

（b）pzr03 剖面水头等值线

（c）pzr05 剖面水头等值线

（d）pzr07 剖面水头等值线

（e）左岸下游边坡水头等值线（pzx01）

图 3-11　左岸蠕变体及进水口区域典型剖面水头等值线图

为全面了解渗控效果，将各部位的渗流量汇总于表 3-9 中。

### 3.3.2.3　成果分析

pzr01～pzr04 剖面，大部分淹没于库水以下，因此大部分处于饱和状态。对于 pzr03～pzr07 等 5 个剖面，在高程大于 400m 的区域范围，排水系统有着显著的作用，边坡地下水埋

表3-9　　　　　　　　　　　　　龙滩岸坡平洞排水渗流量

| 平洞编号 | 高程/m | 渗流量/(m³/d) |
|---|---|---|
| PSD1 | 262.0 | 455 |
| PSD2 | 306.0 | 507 |
| PSD3 | 345.0 | 156 |
| PSD4 | 382.0 | 85 |
| PSD5 | 420.0 | 6.4 |
| PSD6 | 462.0 | 0.0 |
| PSD7 | 480.0 | 0.0 |
| PSD8 | 521.0 | 0.0 |

深控制得较低，渗控效果明显。

从 pzx01 典型剖面水头等值线图可以看出，进水口边坡偏下游侧，受发电系统地下洞室群的影响，地下水位线较低。蓄水后，当达到稳定渗流时，左岸岸坡地下水位均具有较大的埋深，总体上和天然渗流形态相差不大，防渗和排水措施布置满足控制地下水位要求。

$F_{63}$ 和 $F_{69}$ 断层的水力梯度均值为 0.235 和 0.275，最大值为 0.85 和 1.39。与天然水头等值线拟合成果相比略有增大，但没有实质性变化。根据水文地质资料，断层的允许比降为 1.7～3.4，不仅平均水力梯度满足要求，而且局部水力梯度也满足要求。

由于上游库区水位是部分蠕变体区域地下水排泄控制边界，已基本决定帷幕线上游排水系统的高程布置。在边坡排水系统作用下，pzr04～pzr07 剖面渗流浸润线基本控制的相对较低，地下水有较大的埋深，对蠕变体的稳定有利。设计拟定的排渗系统能够满足左岸蠕变体地下水控制要求。

计算分析的排渗流量表明，PSD5～PSD8 等 4 条洞室，在渗流场趋于稳定时，洞室排渗流量很小，地下水位线逐渐转变至天然地下水位以下。

## 3.4　排水措施排水效果分析

龙滩水电站左岸进水口高边坡排水系统，主要包括：分层布置的排水洞、连接上下层排水洞的排水幕孔、洞内放射状排水孔，以及排水洞底的排水沟。排水洞在边坡开口线外设置了多个出口，有利于在边坡开挖前实施，实现了排水先行的设计目的。洞内排水口、排水沟在排水洞形成后，陆续实施。

为检验排水措施的排水效果，在边坡典型断面上布置了地下水位长观孔，用于监测施工期、运行期地下水位变化；在排水洞分区出口处布置量水堰，用于监测排水洞内排水量变化。

### 3.4.1　地下水位长观孔分析

按蠕变体 B 区、进水口高程 382.0m 以上和高程 382.0m 以下 3 个部位分析。

### 3.4.1.1　蠕变体 B 区

蠕变体 B 区非开挖区地下水位长观孔共设 4 个，编号分别为 OH2-1、OH2-2、OH2-3、

$OH_2-4$，孔口高程分别为 324.0m、389.0m、476.0m、573.0m，其中 $OH_2-1$ 位于正常高水位 375.0m 以下。长观孔水位、降雨量过程曲线图分别见图 3-12 和图 3-13。

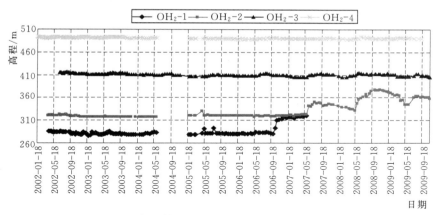

图 3-12 蠕变体 B 区非开挖区长观孔水位过程曲线

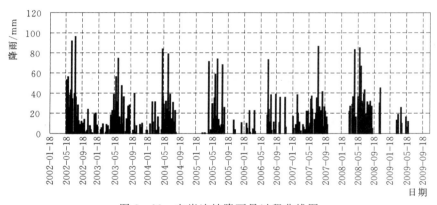

图 3-13 左岸边坡降雨量过程曲线图

$OH_2-1$ 水库下闸蓄水（2006 年 9 月 30 日）前的 2006 年 9 月 18 日地下水位埋深 43.9m，至 2006 年 10 月 30 日，地下水位埋深 14.77m，水位抬高 29.13m，水位埋深最浅 4.3m（2007 年 5 月 31 日），水位最大抬高 39.6m，水位壅高明显。这主要是由于测孔位于坝前，距河床仅 260m 左右，且孔口高程位于库水面以下，库水渗入、灌入测孔所致。

$OH_2-2$ 水库下闸蓄水前的 2006 年 9 月 18 日地下水位埋深 72.4m，至 2007 年 5 月 31 日，地下水位埋深最浅 68.72m，水位最大抬高仅 3.68m；至 2007 年 6 月 15 日水位埋深 50.24m，水位埋深由 2006 年 5 月 31 日的 68.91m 抬高至 50.24m，水位抬高 18.67m，水位上升速率 1.24m/d。至 2009 年 3 月 4 日，水位埋深最浅 14.6m（2008 年 11 月 15 日），较蓄水前最大抬高 57.8m，水位壅高明显。这主要是由于测孔位于坝前，距河床仅 400m 左右，且孔口高程仅 389.0m，库水渗入测孔所致。

$OH_2-3$、$OH_2-4$ 水库下闸蓄水前的 2006 年 9 月 18 日地下水位埋深分别为 65.36m、83.8m，至 2009 年 3 月 4 日，水位埋深最浅分别为 62.1m（2009 年 1 月 3 日）和 81.85m

（2006年10月3日），较蓄水前最大抬高仅分别为3.26m和1.95m，水位雍高不明显。这主要是由于两测孔距河床较远，距离河床分别为540.0m、670.0m，且孔口高程分布较高，分别为476.0m、576.0m，地下水位最低高程分别高于400.0m、480.0m，均高于蓄水位，蓄水对地下水位影响不大所致。

### 3.4.1.2 进水口高程382.0m以上边坡

进水口高程382.0m以上边坡地下水位长观孔目前有观测数据的共8孔，编号分别为$OH_1-1\sim OH_1-5$，孔口高程分别为595.4m、540.3m、480.3m、407.9m、382.5m，以及$OH_1$、$OH_2$、$OH_3$，孔口高程分别为407.6m、407.5m、382.8m。

$OH_1-1$、$OH_1-2$、$OH_1-3$测孔水位波幅小，最大波幅小于10.41m。在水库下闸蓄水（2006年9月30日）前的2006年9月18日地下水位埋深分别为54.86m、53.31m、51.5m，至2009年3月4日，水位埋深最浅分别为52.83m（2007年9月29日）、50.4m（2007年9月29日）和48.9m（2008年11月15日），水位较蓄水前最大抬高仅分别为2.03m、2.91m和2.6m，水位雍高不明显。这主要是因为测孔距河床较远，分别为640m、570m、495m，且孔口高程分布较高，分别为595.4m、540.3m、480.3m，地下水位最低高程分别高于420m、480m、570m，均大大高于蓄水位，蓄水对地下水位影响不大。$OH_1-1$、$OH_1-2$、$OH_1-3$孔水位过程曲线见图3-14。

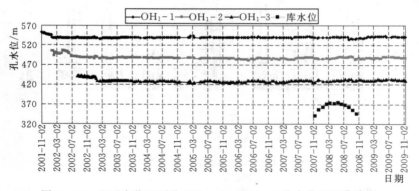

图3-14 地下水位观测孔$OH_1-1\sim OH_1-3$孔水位过程曲线图

高程407.0m左右的$OH_1-4$和$OH_1$水位孔位于帷幕后的断层$F_{63}$、$F_{69}$之间（主要靠近$F_{63}$），蓄水前水位波动较大，$OH_1-4$最大变幅达54.60m，$OH_1$最大变幅达61.9m。主要受施工用水影响，地表水补给、降雨也有影响。蓄水后水位波动仍较大，$OH_1-4$最大变幅达43.5m，$OH_1$最大变幅达30.12m。水位波幅较大说明岩体的透水性较好。$OH_1-4$和$OH_1$在水库下闸蓄水（2006年9月30日）前的2006年9月18日地下水位埋深分别为28.98m、48.4m，至2009年3月4日，水位埋深最浅分别为30.84m（2007年7月14日）、49.1m（2007年9月29日），水位较蓄水前分别下降1.86m、0.7m。库水位由约341.0m（2007年11月）抬升到374.4m（2008年5月），水位上升33.3m时，$OH_1-4$和$OH_1$地下水位也分别由350.49m和347.64m抬高到380.01m和352.00m，水位分别上升29.52m和4.36m，水位孔尤其是$OH_1-4$孔水位抬升明显。因此，该区对$F_{63}$、$F_{69}$等断层尤其是$F_{63}$的灌浆效果可能不是很好。2008年6月库水位开始下降时，$OH_1-4$和$OH_1$水位并没有跟着下降,反而分别上升至 391.34m 和 359.86m,说明降雨也有影响,降雨补给地下水。$OH_1-4$、$OH_1$ 孔水位过程曲线见图 3-15。

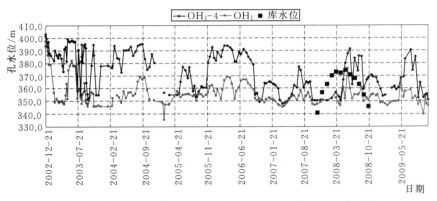

图 3-15 地下水位观测孔 $OH_1-4$、$OH_1$ 孔水位过程曲线图

高程 382.25m 的 $OH_1-5$、407.50m 的 $OH_2$、382.80m 的 $OH_3$ 测孔位于帷幕后的 $F_{63}$ 断层的南侧。$OH_1-5$ 测孔前期水位波动较大,水库蓄水前水位最大波幅 41.8m,水库蓄水后水位最大波幅 19.62m。$OH_2$ 测孔安装后水位一直比较平稳,波动幅度很小,水位最大波幅 9.7m;$OH_3$ 测孔前期水位波动呈下降趋势,汛期呈上升趋势,汛后呈下降趋势,与汛期关系比较明显,水库蓄水后水位一直比较平稳,最大波幅 5.54m。地下水位波幅较小,说明岩体的透水率较小,也说明该区与库水的水力联系较小,帷幕灌浆效果相对较好。

$OH_1-5$、$OH_2$、$OH_3$ 测孔在水库下闸蓄水(2006 年 9 月 30 日)前的 2006 年 9 月 18 日地下水位埋深分别为 46.8m、31.63m、59.2m,至 2009 年 3 月 4 日,水位埋深最浅分别为 44.83m(2006 年 10 月 3 日)、29.8m(2007 年 7 月 29 日)和 60.1m(2006 年 10 月 3 日),水位较蓄水前最大抬高仅分别为 1.97m、1.83m 和 0.9m,水位基本没有雍高。库水位由约 341.0m(2007 年 11 月)抬升到 374.4m(2008 年 5 月),水位上升 33.3m 时,$OH_1-5$、$OH_2$、$OH_3$ 地下水位分别由 329.04m、374.63m 和 317.16m 变化为 328.98m、374.57m 和 319.98m,水位变化不大,说明该区与库水的水力联系较小,帷幕灌浆效果相对较好。$OH_1-5$、$OH_2$、$OH_3$ 孔水位过程曲线见图 3-16。

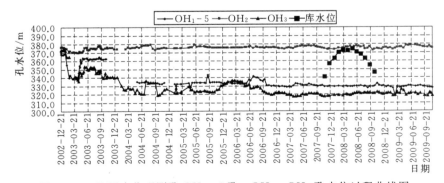

图 3-16 地下水位观测孔 $OH_1-5$ 孔、$OH_2 \sim OH_3$ 孔水位过程曲线图

### 3.4.1.3 进水口高程382.0m以下边坡

进水口高程382.0m以下边坡（坝后坡）地下水位长观孔目前有观测数据的共4孔，编号分别为OH5、OH9-1、OH9-2、OH12-1，孔口高程分别为365m、382.5m、345m、325m。OH5位于6~7号机引水洞进水口之间坝后坡上，OH9-1、OH9-2位于3~5号机引水洞进水口之间的9—9断面上，OH12-1位于1号机进水口坝段坝后坡的12—12断面上。

OH5测孔前期水位呈波动下降趋势，至2003年9月下降趋缓，可能与施工用水补给地下水有关。2003年9月至水库蓄水，地下水位最大波幅16.93m。水库蓄水后，地下水位最大波幅25.34m。水位在水库下闸蓄水（2006年9月30日）前的2006年9月18日为47.1m，至2009年11月12日，水位埋深最浅为28.6m（2009年7月22日），水位较蓄水前最大抬高18.5m。水位波幅较大说明岩体的透水率相对较大，该孔附近发育$F_{109}$、$F_1$、$F_{1017}$等陡倾角断层，岩体透水率较大可能与断层发育有关。地下水位较蓄水前抬高，可能与测孔附近发育陡倾角断层、断层的灌浆效果不理想有关。孔水位随降雨量趋势而变化，说明降雨也有影响，降雨补给地下水。

OH9-1、OH9-2测孔水库蓄水前地下水位最大波幅分别为18.12m和15.82m。水库蓄水后，地下水位最大波幅分别为15.00m和13.80m。水位在水库下闸蓄水（2006年9月30日）前的2006年9月18日地下水位埋深分别为34.02m和63.2m，至2009年11月12日，水位埋深最浅分别为24.50m（2009年7月22日）和52.5m（2008年10月15日），水位较蓄水前最大抬高分别为9.52m和10.70m。蓄水后OH9-1、OH9-2测孔地下水位波幅仍然较大，说明该处岩体透水率仍然相对较大，OH9-1基本位于断层陡倾角断层$F_{1017}$上，OH9-2基本位于陡倾角断层$F_1$上，岩体透水率较大可能与断层发育有关。测孔水位抬高可能与测孔附近发育陡倾角断层，断层的灌浆效果不很理想有关。孔水位随降雨量趋势而变化，说明降雨也有影响，降雨补给地下水。

OH12-1测孔前期水位呈波动下降趋势，至2005年8月水位波动减小，可能与施工用水补给地下水有关。2005年8月至水库蓄水，地下水位最大波幅5.1m。水库蓄水后，地下水位最大波幅6.85m。可能与OH12-1测孔位于陡倾角断层$F_{56}$上，该处岩体透水率相对较大有关。水位在水库下闸蓄水（2006年9月30日）前的2006年9月18日地下水位埋深为29.98m，至2009年11月12日，水位埋深最浅为32.85m（2007年10月28日），水位较蓄水前最大抬高2.87m，抬高不是很明显。

库水位由约341m（2007年11月）抬升到370.3m（2008年2月），水位上升29.3m时，OH5、OH9-1、OH9-2、OH12-1地下水位分别由311.06m、345.20m、281.36m和292.68m变化为312.9m、344.3m、278.75m和295.4m，水位变化不大。因此，该区与库水的水力联系较小，可能与该处距坝较远有关。

OH5、OH9-1、OH9-2、OH12-1孔水位过程曲线见图3-17。

### 3.4.2 量水堰

监测采用三角形量水堰，测量情况见表3-10。从中可以看出排水洞内的渗透水受季节影响明显，且与排水洞的排水孔布置有关，一些部位的量水堰从安装到目前均处于无水状态。

表 3-10　主排水洞渗流量统计表

| 排水洞号 | | 测点编号 | 排 水 洞 渗 流 量/(L/s) | | | | | | | | | | |
|---|---|---|---|---|---|---|---|---|---|---|---|---|---|
| | | | 2004-08-16 | 2004-09-04 | 2004-09-19 | 2004-10-05 | 2004-10-19 | 2004-11-03 | 2004-11-19 | 2004-12-05 | 2004-12-19 | 2005-01-18 | 2005-08-31 |
| 第5层排水洞 | 主洞 PSD5-1 | WEPSD5-1 | 0.253 | 0.2456 | 0.2303 | 0.2157 | 0.2085 | 0.1815 | 0.1881 | 0.1815 | 0.1395 | 0.13 | 0.11232 |
| | PSD5-1 | WEPSD5-1-1 | 0.6143 | 0.6143 | 0.5877 | 0.5747 | 0.5492 | 0.5243 | 0.5121 | 0.5366 | 0.5243 | 0.5002 | 0.12 |
| | PSD5-3 | WEPSD5-3-1 | 1.5249 | 1.5017 | 1.5249 | 1.5133 | 1.4436 | 1.3892 | 1.3892 | 1.3673 | 1.3673 | 1.3030 | 0.02 |
| 第4层排水洞 | 主洞 | WEPSD4-1 | 0.3037 | 0.3126 | 0.3037 | 0.2863 | 0.2779 | 0.2534 | 0.2614 | 0.2696 | — | — | 0.11232 |
| | | WEPSD4-2 | 0.4209 | 0.4317 | 0.4209 | 0.3894 | 0.3793 | 0.3594 | 0.3402 | 0.3497 | 0.3402 | 0.3402 | 0.01400 |
| | | WEPSD4-3 | 0.3998 | 0.4209 | 0.3894 | 0.3793 | 0.3693 | 0.3402 | — | — | — | — | 0.00801 |
| | | WEPSD4-4 | 0.4652 | 0.4317 | 0.4103 | 0.3693 | 0.3402 | 0.3308 | — | — | — | — | 0.00390 |
| | | WEPSD4-5 | 0.3594 | 0.3693 | 0.3497 | 0.3308 | 0.3126 | 0.3037 | — | — | — | — | 0.00247 |
| | | WEPSD4-6 | 0.3308 | 0.3216 | 0.3216 | 0.2949 | 0.2863 | 0.2534 | 0.2696 | 0.2614 | — | 0.2534 | 0.06086 |
| | PSD4-1 | WEPSD4-1-1 | 0.4652 | 0.454 | 0.465 | 0.465 | 0.443 | 0.400 | 0.389 | 0.400 | 0.379 | 0.359 | 0.78 |
| | PSD4-2 | WEPSD4-2-1 | 0.2085 | 0.202 | 0.209 | 0.202 | 0.181 | 0.169 | 0.163 | — | — | 0.02 | 0.02 |
| | PSD4-3 | WEPSD4-3-1 | 0.4209 | 0.421 | 0.410 | 0.389 | 0.359 | 0.340 | 0.313 | 0.322 | 0.304 | 0.286 | 0.01 |
| 第7层排水洞 | PSD7-3 | WEPSD7-3-1 | 0.6143 | 0.6143 | 0.6009 | 0.5877 | 0.5618 | 0.5492 | 0.5243 | 0.5391 | 0.5121 | 0.4767 | 0.07 |

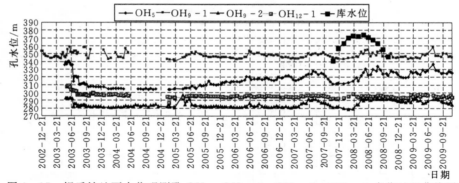

图 3-17　坝后坡地下水位观测孔 $OH_5$、$OH_9-1$、$OH_9-2$、$OH_{12}-1$ 水位过程曲线图

（1）高程为 520.0m 的第 8 层排水洞。PSD8-1～PSD8-4 在 2005 年 8 月前处在无水状态，从 2005 年 9 月起渗流量达 0.15 L/s，之后在 0.05 L/s 以下变化，见图 3-18。

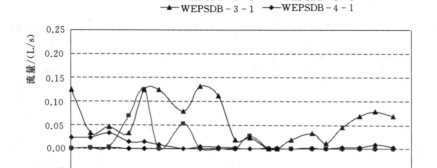

图 3-18　高程 520.0m 的第 8 层排水洞量水堰流量过程线

（2）高程为 480.0m 的第 7 层排水洞。主排水洞 PSD7-1 及支洞在 2004 年 8 月前受汛期影响明显，渗流量较大（0.64L/s），2004 年 9 月渗流量小（0.05L/s），之后在 0.05L/s 以下变化，见图 3-19。

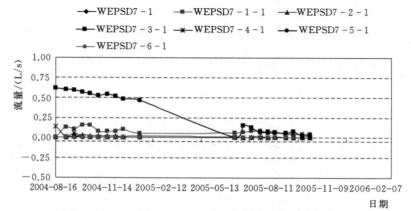

图 3-19　高程 480.0m 的第 7 层排水洞量水堰流量过程线

（3）高程为 420.0m 的第 5 层排水洞。PSD5-1 在 2004 年 8—10 月汛期渗流量较大，枯水季节渗流量小或直到处于无水状态；PSD5-3 渗流量最大，最大渗流量达 1.524L/s，该排水洞相对而言渗流通道较多。第 5 层排水洞量水堰流量过程线见图 3-20。

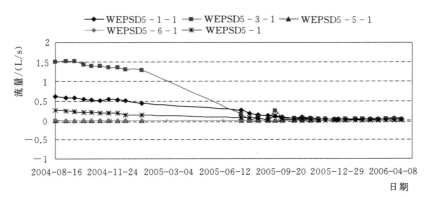

图 3-20　高程 420.0m 的第 5 层排水洞量水堰流量过程线

（4）高程为 382.0m 的第 4 层排水洞。除 PSD4-2 从安装至 2005 年 1 月 18 日，渗流量在 0.34～0.42L/s 范围内变化，受汛期影响较小外，其余排水洞在汛期（如 2004 年 8—10 月）渗流量较大，PSD4-4 在 2004 年 8 月渗流量最大，达 0.465L/s，渗流量变化趋势见图 3-21、图 3-22。

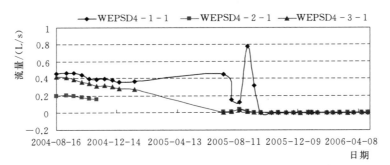

图 3-21　高程 382.0m 的第 4 层排水洞量水堰流量过程线（一）

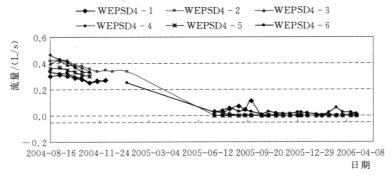

图 3-22　高程 382.0m 的第 4 层排水洞量水堰流量过程线（二）

### 3.4.3　综合分析

从工程实际运行的监测资料、勘探阶段及施工期间揭露的水文地质条件对比，有以下认识：

（1）实测地下水位低于勘探阶段预测的地下水位。正常运行期间，蠕变岩体 B 区，除临近正常高水位部位地下水位高于预测外，其上部位地下水位均低于预测值，并且地下水位线均低于蠕变岩体折断错滑面、折断面。这表明排水系统发挥了较好的排水效果。

（2）水库蓄水后，坝后坡地下水位抬高幅度不大，高程 382.0m 以上排水洞在施工期间渗漏量波动呈减小趋势，2005 年后，逐渐减少并趋于 0，与前述渗流计算成果基本吻合。

（3）坝后坡地下水位与库水位变化关系不大，表明坝体防渗和防渗帷幕起到了较好的防渗效果。

## 3.5　研究小结

通过两个模型对左岸倾倒蠕变岩体和进水口高边坡渗流场的模拟及渗控措施的分析研究，得出以下认识。

（1）水文地质参数反演成果反映了该地区岩体的渗透非均质各向异性特征，岩体垂直方向透水性明显大于水平方向透水性。反演成果与坝区左岸的岩体构造、结构面发育状况等地质条件基本一致。

（2）天然条件下，洪、枯期地下水位变幅较大，最大可达 50.0m，水力坡降 0.5～0.6，因此无论地下水是动水压力还是静水压力，对边坡稳定性的影响都较大。天然状态下，河水位的变化仅对靠近水面的岸坡地下水影响较大。水库蓄水后，使得岸坡地下水位升高，增大了岸坡静水压力。此外，由于库水位的变化导致边坡地下水位变化而形成的动水渗透压力，是影响边坡稳定性的主要因素，因此必须对边坡进行必要的防排水处理。

（3）天然条件下，边坡地下水主要受山体地下水控制，有较大的水头和水力梯度。水库蓄水后，边坡岩体受山体地下水和库水的共同渗透作用。高程 520.0m、480.0m、460.0m 三层排水廊道位于边坡地下水自由面以上，主要起降低降雨引起的地下水水位上升的作用。一期蓄水运行后，渗控措施效果明显，边坡和坝基地下水位都控制在较低状况下。高程 310.0m 以上水力梯度最大值 0.582，最小值 0.347，均值 0.440。所有排水洞可起到降低地下水位的作用，帷幕和排水孔对库水的防排效果明显，与运行期地下水位长观孔和排水洞渗漏量监测成果基本吻合。

（4）当施工期边坡排水系统形成时，边坡地下水位虽然较低，但与其他方案相比，此时边坡水力梯度极值和均值均达到了最大值，应注意渗透压力对边坡稳定性的影响。总体而言，设计初拟布置的排渗系统能够满足左岸蠕变体地下水控制要求。总之，两个模型反演成果与天然渗流场拟合较好，反映出的左岸边坡渗流特征和渗流规律一致，与工程地质条件和水文地质条件相符，反演成果可作为渗控分析的基础。渗控分析表明，左岸边坡排水系统、坝肩帷幕和排水系统能将倾倒蠕变岩体和进水口高边坡的地下水自由面控制在较低状态下，且有足够的措施能迅速排除降雨入渗，降低降雨引起的地下水水位上升，渗控措施有效、安全、可靠。

（5）运行期实际监测资料表明，多层排水洞、排水幕孔、洞内放射状排水孔相结合的地下排水系统，能有效降低边坡地下水位；结合地形地质条件，排水洞在开口线以外设置多个出口，有利于地下排水系统提前形成，达到排水先行的设计意图。这一方面有利于排除施工期地下水，提高施工期边坡稳定性，对保证施工安全起到重要作用，另一方面排水洞还可作为施工期补充勘探，为施工期动态设计、加固措施调整提供可靠依据。

# 第 4 章

# 倾倒蠕变岩体边坡稳定性研究

　　龙滩水电站左岸倾倒蠕变岩体边坡，根据蠕变岩体倾倒变形程度，以 $F_{147}$ 断层为界，分为 A、B 两个区。其中，靠上游侧的 B 区已形成连续、贯穿性较好的倾倒折断面和折断错滑面，下游侧的 A 区存在由顺坡向发育的 $F_{98}$ 断层切割构成的潜在滑体（$A_1$ 区）。由于 A 区对潜在滑体（$A_1$ 区）的开挖，以及导流洞进水口、左岸地下厂房进水口开挖已连成一片，因此，蠕变岩体 A 区边坡稳定性分析与进水口边坡稳定分析需要一起考虑。本章只介绍蠕变岩体 B 区边坡稳定性分析情况，A 区的稳定性分析详见第 5 章。

## 4.1　变形破坏模式与稳定性分析方法

### 4.1.1　变形破坏模式分析

　　工程勘测成果表明，龙滩工程左岸倾倒蠕变岩体（B 区）$F_{147}$ 断层南侧已形成连续、贯穿性较好的倾倒折断面和折断错滑面，除坡脚 $B_1$ 区为一浅层滑坡外，B 区（$B_2$、$B_3$ 区）未形成整体滑坡，其变形机制仍以弯曲折断、倾倒变形为主。边坡坡脚为现代河流冲（洪）积物覆盖完好，边坡监测未发现异常变位，说明 B 区边坡现状是稳定的。由于蠕变岩体中存在潜在滑坡体、倾倒折断错滑面、折断面，在施工期、蓄水过程、运行期，随着边坡所处环境和稳定条件的恶化，倾倒蠕变岩体边坡将因为库水位上升和骤降、地下水位涌高和排水不畅、岩体软化、溶蚀加剧，可能出现边坡失稳破坏。

　　岩体弯曲蠕变倾倒后，进一步发展就可能是滑坡，但能否形成滑坡，需视具体情况而定。对于像龙滩坝址左岸边坡所出现的由于风化所造成的重力弯曲蠕变倾倒体，模型试验成果表明，其稳定性主要取决于坡脚的稳定性。B 区边坡坡角为 34°～41°，反倾向岩层正常倾角 60°，岩体弯曲折断后一般情况下是倒覆在下面的岩层上。由于主要是自重所造成的弯曲蠕变破坏，破坏形式是拉断，各倾倒岩层的断折位置很难形成平整的滑坡面，即便形成，也会是凸凹不平的，或呈台阶状，因此，滑面的力学参数较高。通常情况下，如果没有其他外力作用，倾倒体不太可能形成规模较大的整体滑动。但如果坡脚受到破坏，弯曲倾倒蠕变岩体会出现牵引式滑坡。这种牵引式滑坡，起初虽然规模不大，但具有累进性（或称连锁性），最终的结果是相当于大型滑坡。龙滩左岸倾倒蠕变岩体 B 区边坡坡脚为浅层滑坡，且岩体折断错滑面、折断面相互贯通，构成潜在底滑面，在一定条件下可能产生连锁滑坡。

　　基于上述分析，龙滩水电站工程左岸倾倒蠕变岩体 B 区边坡潜在变形破坏形式如下（见图 4-1）。

（1）边坡岩体在重力作用下继续发生倾倒蠕变，或沿折断面或错滑面发生蠕滑。

（2）$B_1$ 区沿原有底滑面失稳。

（3）$B_1$ 区滑出后，$B_2$ 区沿折断错滑面与顺坡向节理、裂隙构成的滑裂面失稳，或 $B_1$、$B_2$ 区沿折断错滑面失稳。

（4）$B_1$、$B_2$ 区滑出后，$B_3$ 区沿折断面失稳。

（5）B 区倾倒折断面、倾倒折断错滑面、$B_1$ 区滑坡面可能相互基本贯通，构成统一的

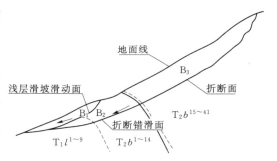

图 4-1 龙滩左岸工程倾倒蠕变岩体
B 区边坡可能滑动模式示意图

潜在滑面，其破坏模式为顺折断面及折断错滑面构成的复合潜在滑面整体滑出。

### 4.1.2 稳定分析方法

边坡稳定性分析主要包括边坡岩土性质分析、可能破坏模式及变形机理分析、荷载作用分析、应力应变与稳定状态计算、稳定性评价。对于不同的边坡，由于地质条件、岩土体性质、工程作用及等级不同，其稳定性分析方法、分析内容以及评价标准不一。边坡稳定性分析方法经过多年的发展，已形成定性分析、定量计算、非确定性分析、监测反馈分析以及物理模型等几类。在工程前期勘察设计中，一般侧重于工程地质定性分析和定量计算；施工阶段和工程运行期，则侧重于监测反馈分析、预测预报和稳定性复核计算。

对于龙滩工程左岸倾倒蠕变岩体边坡，由于岩体结构的特殊性和变形破坏模式的复杂性，此前尚无成熟的稳定性分析方法。在工程勘察设计阶段，设计研究结合国家"八五"攻关，联合国内外许多单位和学者，对其稳定性分析方法进行了探讨，在已有理论方法基础上，选择了多种方法进行研究。

1. 定性分析法

对龙滩水电站工程左岸倾倒蠕变岩体边坡，先后开展了大量的地质勘察工作，基本查明了倾倒蠕变岩体区的地质条件。通过地质分析，判别了边坡的变形破坏模式；结合影响因素分析，对蠕变岩体自然边坡稳定状态与趋势进行了推测。边坡稳定定性分析结果，为边坡工程详细勘察、稳定性计算和治理措施选择提供了依据。

边坡稳定定性分析，主要依据环境地质条件和工程地质条件对边坡的稳定状态进行研究，对边坡可能失稳模式进行判断。定性分析的主要依据是：地层岩性特点、地质构造背景、河谷边坡和地貌发育史、岩体结构特征、水文地质条件以及工程影响等。定性分析，一方面是对边坡的发育历史进行分析，并从已有的变形破坏迹象推测它的未来发展；另一方面是对影响边坡稳定的诸多因素进行分析，在大量调查研究的基础上，采用类比的方法推测边坡的发展趋势。

边坡岩层的倾倒蠕变是漫长地质历史的产物，它与边坡的形成和发展紧密相连。根据龙滩蠕变体的变形特征，可大致将其分为三个发展阶段：①岩层蠕变初期，表现为岩层的挠曲变形，各层之间结合松弛，其变形产物是现今所见的蠕变体过渡带；②挠曲变形的继续发展超过了岩层所能承受的变形量时，则进入了蠕变的第二阶段——弯曲折断阶段，此时岩层产生张裂、折断或原有的节理裂隙特别是顺坡向节理裂隙被进一步拉张，产生架空

和重力错位等现象，特定的条件下可形成宏观上连续的折断面；③大规模的张裂或折断面的形成则标志着倾倒变形阶段的开始，由于该阶段有沿顺坡向断层产生整体倾倒变形和沿单梁折断面产生岩块的旋转、倾倒变形两种变形形式，因此，其变形产物也有两种，即滑坡和坡崩积体。当它们被逐步剥蚀搬运走时，边坡又产生下一轮的蠕变。由此可见，研究这类反倾层状蠕变岩体边坡的稳定性，首先应研究其中有无连续性好的顺坡向地质弱面，只有当它沿这类顺坡向的弱面产生倾倒蠕变时才可能产生较大规模的失稳。

另外，倾倒蠕变岩体边坡变形具有反复性，当变形达到一定程度后，由于边坡相对软弱的岩层（或夹层）在岩体自重力作用下逐渐压密，边坡岩体趋于暂时的稳定状态；同时，短暂的稳定又是蠕变变形的开始。

### 2. 定量分析法

倾倒蠕变岩体边坡的稳定计算还没有针对性的方法。考虑到龙滩工程左岸倾倒蠕变岩体边坡的变形破坏模式、荷载条件、边界特点，结合已有理论计算方法的适用性，研究中选用了多种方法进行稳定性定量分析。这些方法大致分为两类：一类是极限平衡分析方法；另一类是应力应变分析方法。

极限平衡分析法是工程上最常用的方法。它假定边坡岩体不产生变形，可以传递应力，因此，该方法只研究滑动面上的受力大小，而不研究滑体和滑床内部的应力状态。极限平衡分析法计算简单，其结果（安全系数）表达直接。在龙滩工程左岸倾倒蠕变岩体边坡稳定分析中，主要采用了抗滑稳定极限平衡分析和倾倒破坏极限平衡分析，并进行了二维和三维块体极限平衡分析。具体方法的选择，要考虑对边坡岩体结构和破坏模式的适应性。

应力应变分析法，即直接计算边坡岩体内部的应力应变值，从而分析变形破坏机制，确定滑动形式。按理论体系分，应力应变分析法可分为等效连续介质力学方法和不连续介质力学方法。前者主要包括有限单元法、有限差分法和边界元法等；后者包括离散单元法、不连续变形法、块体单元法等。应力应变分析法，可以考虑复杂的边界条件、边坡内部岩体的力学性质、结构轮廓、实际施工过程和荷载工况，因此在大型复杂边坡设计中常被采用。在龙滩左岸倾倒蠕变岩体稳定分析中，采用了有限单元法和离散元方法进行计算。有限单元法以弹塑性力学为基础，将连续的求解域离散成有限个单元的组合体，把一个无限自由度的问题转化成有限个求解域内的单元自由度问题，以岩体介质的屈服准则作为岩体的判据。离散单元法是一种处理不连续体的数值模型，这种模型对于模拟节理岩体或松散体在静态与动态下的变形过程具有优势。它的特点是假定岩体由节理裂隙切割成相互接触的刚体单元组成。单元的力学行为按牛顿第二定律计算。由于它允许单元之间相对运动，因而对求解大变形问题显示出优越性。在龙滩左岸倾倒蠕变岩体稳定分析中，开展了静力、动力离散元计算，这也是国内较早将离散单元法应用于边坡稳定分析。

## 4.2　稳定计算与分析

### 4.2.1　抗滑稳定极限平衡分析

#### 4.2.1.1　二维极限平衡分析

针对倾倒蠕变岩体（B区）边坡稳定现状和蓄水过程稳定状态，进行了二维刚体极限平衡分析。二维极限平衡分析选取 B—B、C—C 两个剖面进行计算，见图 4-2、图 4-3。结合可能的失稳模式，分别计算边坡整体抗滑稳定和局部抗滑稳定。计算方法为 SARMA 法。SARMA 法在块体划分时，可以根据组成边坡岩体结构的几何形状任意划分，并考虑块体侧向摩擦力，因此对倾倒蠕变岩体边坡有一定的适应性。

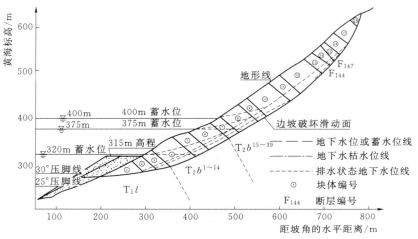

图 4-2 二维极限平衡分析 B—B 计算剖面图

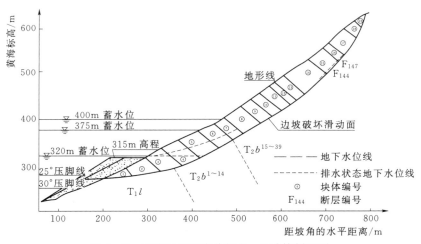

图 4-3 二维极限平衡分析 C—C 计算剖面图

计算选用的物理力学参数见表 4-1。表中，除折断面外，其余抗剪强度参数值均为室内试验饱和不排水状态下的试验值小值或小值平均值，远小于补充试验浸水状态下的试验值小值。因此，在稳定分析中蓄水后不再考虑结构面强度的软化。计算参数选取高、中、低三组值的目的在于：便于对比分析边坡在依存环境恶化条件下的稳定性。实际按低值指标分析时，$B_1$ 区边坡在某些工况下已经处于失稳状态，而 $B_1$ 区现状稳定，说明计算采用的低值强度指标低于实际强度值。设计参数为表 4-1 中的中值强度指标。

**表4-1**　　　　　　　　　　**结构面及岩体物理力学参数表**

| 结构面力学参数 | | | | | | |
|---|---|---|---|---|---|---|
| 分区 | | 低　值 | | 中　值 | | 高　值 | |
| | | $\varphi/(°)$ | $c/MPa$ | $\varphi/(°)$ | $c/MPa$ | $\varphi/(°)$ | $c/MPa$ |
| $B_1$区滑面 | | 16.7 | 0.03 | 19.29 | 0.04 | 32 | 0.05 |
| $B_2$区错滑面 | $T_1l$ | 19.29 | 0.03 | 21.8 | 0.04 | — | — |
| | $T_2b^{1\sim14}$ | 21.8 | 0.04 | 24.3 | 0.05 | — | — |
| $B_3$区折断面 | $T_2b^{15\sim39}$ | 30.96 | 0.20 | 33 | 0.2 | 36.9 | 0.20 |
| 层间泥化夹层及层间错动 | | $\varphi=14.04°$　　　　$c=0.03MPa$ | | | | | |

| 不同状态岩体容重/$(kN/m^3)$ | | | | |
|---|---|---|---|---|
| 残坡积层 | 全风化岩体 | 强风化岩体 | 弱风化岩体 | 微—新鲜岩体 |
| 21.0 | 23.0 | 25.5 | 26.5 | 26.8 |

　　计算考虑的荷载作用有：岩土体自重；水作用（包括地下水、库水）；地震作用，采用拟静力法计算，设计地震烈度为7度，设计基岩峰值加速度取$0.1g$，校核基岩峰值加速度取$0.2g$；坡脚压脚体的作用。

　　计算工况包括：

　　（1）基本组合：①自重＋水作用；②自重＋水作用＋压脚体作用。

　　（2）特殊组合：自重＋水作用＋地震边坡自然状态＋压脚体作用。

　　整体稳定性计算成果见表4-2，整体稳定安全系数随库水位变化关系见图4-4，局部稳定（分区）性计算成果见表4-3，B—B剖面各块体侧边应力计算值见表4-4。

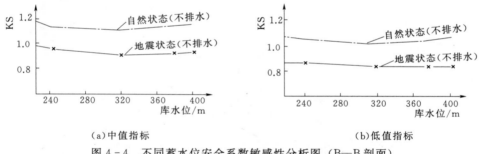

　　（a）中值指标　　　　　　　　　　　　　　　　　（b）低值指标

图4-4　不同蓄水位安全系数敏感性分析图（B—B剖面）

　　从上述计算结果分析，可获得如下几点认识：

　　（1）倾倒蠕变岩体B区在边坡自然状态下整体是稳定的。

　　（2）库水位由240.0m上升至320.0m过程中，边坡稳定性逐步降低；水位从320.0m上升至375.0m（或400.0m）过程中，边坡稳定性逐步改善；蓄水位320.0m左右时，边坡稳定安全系数最小，$K=1.11\sim1.258$。

　　（3）考虑地震时，边坡整体稳定安全系数小于或接近于1，处于临界稳定状态。

　　（4）分布在高程440.0～470.0m范围内的$T_2b^{15\sim17}$厚层砂岩承担了上部岩层向下的倾倒力，其侧边压力最大达$1189kN/m^2$；而高程400.0～440.0m范围内岩层侧边出现压应力低谷，其值为$435\sim926kN/m^2$。表明：由于厚层砂岩（$T_2b^{15\sim17}$）对上部岩体有阻挡作用，上部边坡卸载开挖对下部边坡的稳定改善度将不明显。

表4-2　　　　　　　　　　　　B区边坡整体稳定性计算成果表

| 分区名称及计算条件 | | 基本组合（自重＋地下水）蓄水位/m | | | | | | | 特殊组合（自重＋地下水＋地震） | | | | | | | 备注 |
|---|---|---|---|---|---|---|---|---|---|---|---|---|---|---|---|---|
| | | 219.5 | 240 | 320 | 375 | 400 | 320排水 | 375排水 | 219.5 | 240 | 320 | 375 | 400 | 320排水 | 375排水 | |
| 自然状态 B—B剖面 | 中值 | 1.173 | 1.141 | 1.110 | 1.144 | 1.157 | 1.182 | 1.194 | 0.957 | 0.950 | 0.914 | 0.927 | 0.931 | 0.972 | 0.966 | （1）压脚至高程300.0m；（2）排水线按降低底滑面与地下水线差的1/3水头差考虑 |
| | 低值 | 1.078 | 1.048 | 1.022 | 1.055 | 1.067 | 1.090 | 1.102 | 0.870 | 0.874 | 0.840 | 0.853 | 0.857 | 0.894 | 0.890 | |
| C—C剖面 | 中值 | 1.289 | 1.289 | 1.258 | 1.288 | 1.304 | 1.279 | 1.305 | 1.049 | 1.049 | 1.014 | 1.029 | 1.029 | 1.032 | 1.033 | |
| | 低值 | 1.186 | 1.186 | 1.160 | 1.190 | 1.215 | 1.179 | 1.205 | 0.964 | 0.964 | 0.934 | 0.942 | 0.950 | 0.951 | 0.954 | |
| 压脚处理 中值 | 压脚25° | 1.273 | 1.255 | 1.200 | 1.234 | 1.254 | 1.247 | 1.267 | 1.044 | 1.030 | 0.971 | 0.981 | 0.987 | 1.009 | 1.008 | |
| | 压脚30° | 1.316 | 1.303 | 1.220 | 1.255 | 1.276 | 1.276 | 1.288 | 1.078 | 1.067 | 0.984 | 0.995 | 1.002 | 1.025 | 1.021 | |
| 低值 | 压脚25° | 1.173 | 1.156 | 1.106 | 1.139 | 1.158 | 1.150 | 1.171 | 0.981 | 0.947 | 0.895 | 0.907 | 0.915 | 0.930 | 0.933 | |
| | 压脚30° | 1.218 | 1.201 | 1.125 | 1.159 | 1.179 | 1.169 | 1.191 | 0.997 | 0.981 | 0.960 | 0.919 | 0.927 | 0.942 | 0.944 | |
| B—B剖面 | 中值25° | 1.236 | 1.201 | 1.137 | 1.173 | 1.187 | 1.208 | 1.222 | 1.023 | 0.995 | 0.928 | 0.942 | 0.946 | 0.985 | 0.980 | |
| | 中值30° | 1.279 | 1.253 | 1.159 | 1.196 | 1.211 | 1.230 | 1.245 | 1.057 | 1.037 | 0.944 | 0.959 | 0.963 | 0.999 | 0.996 | |
| | 低值25° | 1.138 | 1.105 | 1.048 | 1.082 | 1.095 | 1.114 | 1.129 | 0.941 | 0.915 | 0.855 | 0.868 | 0.872 | 0.906 | 0.904 | |
| | 低值30° | 1.187 | 1.154 | 1.069 | 1.105 | 1.118 | 1.135 | 1.151 | 0.981 | 0.951 | 0.970 | 0.884 | 0.889 | 0.921 | 0.920 | |
| C—C剖面 | 中值25° | 1.314 | 1.314 | 1.268 | 1.300 | 1.327 | 1.290 | 1.317 | 1.068 | 1.068 | 1.019 | 1.024 | 1.031 | 1.036 | 1.039 | |
| | 中值30° | 1.357 | 1.357 | 1.286 | 1.319 | 1.347 | 1.307 | 1.336 | 1.100 | 1.100 | 1.028 | 1.035 | 1.045 | 1.053 | 1.049 | |
| | 低值25° | 1.211 | 1.211 | 1.170 | 1.201 | 1.227 | 1.189 | 1.216 | 0.982 | 0.982 | 0.939 | 0.950 | 0.963 | 0.956 | 0.965 | |
| | 低值30° | 1.252 | 1.252 | 1.187 | 1.219 | 1.246 | 1.206 | 1.235 | 1.014 | 1.014 | 0.949 | 0.957 | 0.968 | 0.965 | 0.970 | |

**表 4 - 3　　　　　　　　　　　　　　　　　　　　分区稳定性计算成果表**

| 分区名称及计算条件 | | 基本组合（自重＋地下水） | | | | | 特殊组合（自重＋地下水＋地震） | | | | | 备注 |
|---|---|---|---|---|---|---|---|---|---|---|---|---|
| | | 中　值 | | | | | 低　值 | | | | | |
| | | 蓄水位/m | | | | | | | | | | |
| | | 枯水位 219.5 | 洪水位 240 | 320 | 375 | 400 | 219.5 | 240 | 320 | 375 | 400 | |
| B₁区滑坡 | 自然状态 | 1.090 | 1.090 | 1.110 | 1.290 | 1.290 | 0.920 | 0.920 | 0.940 | 1.070 | 1.070 | |
| | 25°压脚 | 1.560 | 1.560 | 1.380 | 1.700 | 1.700 | 1.370 | 1.370 | 1.190 | 1.460 | 1.460 | |
| | 30°压脚 | 1.870 | 1.870 | 1.540 | 1.920 | 1.920 | 1.670 | 1.670 | 1.350 | 1.670 | 1.670 | |
| B₁＋B₂ | 自然状态 B—B剖面 | 1.401 | 1.207 | 1.291 | 1.524 | 1.524 | 1.380 | 1.226 | 1.129 | 1.328 | 1.336 | |
| | C—C剖面 | 1.268 | 1.268 | 1.178 | 1.251 | 1.251 | 1.109 | 1.109 | 1.028 | 1.087 | 1.146 | |
| | 30°压脚 B—B剖面 | 1.773 | 1.687 | 1.461 | 1.756 | 1.756 | 1.586 | 1.555 | 1.293 | 1.552 | 1.570 | |
| | C—C剖面 | 1.447 | 1.447 | 1.225 | 1.353 | 1.353 | 1.282 | 1.282 | 1.103 | 1.185 | 1.257 | |
| B₃区 | B—B剖面 | 1.074 | 1.041 | 1.041 | 1.038 | 1.038 | 1.016 | 0.978 | 0.978 | 0.982 | 0.989 | B₁＋B₂失稳后，B₃区稳定性 |
| | C—C剖面 | 1.137 | 1.307 | 1.317 | 1.317 | 1.317 | 1.250 | 1.250 | 1.250 | 1.250 | 1.251 | |

表 4-4　B-B 剖面各块体侧边应力计算值表

单位：kN/m²

| 岩层 | 侧边编号 | 中值参数 | | | | | 低值参数 | | | | |
|---|---|---|---|---|---|---|---|---|---|---|---|
| | | 219.5m | 240m | 320m | 375m | 400m | 219.5m | 240m | 320m | 375m | 400m |
| $T_1l^{1\sim9}$ | 2 | 922 | 1007 | 841 | 763 | 737 | 832 | 913 | 752 | 678 | 654 |
| | 3 | 1002 | 1069 | 892 | 810 | 782 | 902 | 946 | 796 | 718 | 692 |
| | 4 | 1071 | 1147 | 926 | 883 | 851 | 958 | 1029 | 817 | 781 | 751 |
| $T_2b^{1\sim14}$ | 5 | 951 | 1028 | 831 | 867 | 831 | 822 | 893 | 703 | 754 | 720 |
| | 6 | 949 | 1041 | 803 | 960 | 915 | 776 | 861 | 631 | 811 | 769 |
| | 7 | 804 | 908 | 658 | 923 | 926 | 582 | 678 | 435 | 731 | 740 |
| | 8 | 851 | 943 | 745 | 948 | 1005 | 669 | 754 | 564 | 791 | 853 |
| | 9 | 1000 | 1075 | 936 | 1085 | 1141 | 873 | 945 | 812 | 976 | 1037 |
| | 10 | 1033 | 1105 | 994 | 1113 | 1155 | 931 | 1000 | 895 | 1026 | 1071 |
| | 11 | 1094 | 1155 | 1079 | 1160 | 1189 | 1020 | 1080 | 1009 | 1097 | 1128 |
| | 12 | 1019 | 1061 | 1004 | 1065 | 1088 | 960 | 1001 | 947 | 1014 | 1038 |
| | 13 | 888 | 893 | 856 | 896 | 910 | 843 | 848 | 813 | 856 | 872 |
| $T_2b^{15\sim17}$ | 14 | 791 | 783 | 754 | 785 | 796 | 754 | 745 | 717 | 751 | 764 |
| | 15 | 535 | 523 | 496 | 525 | 535 | 500 | 486 | 461 | 492 | 503 |
| $T_2b^{18\sim41}$ | 16 | 573 | 557 | 534 | 558 | 567 | 541 | 524 | 502 | 529 | 509 |
| | 17 | 409 | 397 | 385 | 398 | 403 | 387 | 374 | 362 | 377 | 382 |
| | 18 | 35 | 29 | 24 | 30 | 32 | 20 | 144 | 9 | 145 | 148 |
| 安全系数 | | 1.173 | 1.141 | 1.110 | 1.144 | 1.157 | 1.078 | 1.048 | 1.022 | 1.055 | 1.067 |

（5）从分区稳定计算成果看，自然状况下各区稳定性顺序是：坡脚 $B_1$ 区稳定性最差；B区（$B_1+B_2+B_3$）次之；（$B_1+B_2$）最好。若 $B_1$ 区局部失稳，则边坡整体稳定性将明显降低。因此，保证坡脚 $B_1$ 区的稳定，对提高边坡整体稳定至关重要。

（6）在排水的条件下，边坡稳定安全系数普遍提高 0.06～0.125，整体稳定安全系数 $K$ 达 1.182～1.279；压坡脚处理，对改善自然边坡稳定性效果明显，蓄水后整体稳定安全系数 $K$ 提高 0.02，$B_1$ 区和 $B_2$ 区稳定安全系数提高 0.27～0.47，$K$ 达 1.38～1.56。表明：坡脚反压能有效提高边坡稳定性。

### 4.2.1.2 三维块体极限平衡分析

二维计算表明，$B_1$ 区的稳定对边坡整体影响大，因此，有必要对 $B_1$ 区边坡进行三维分析。

计算采用极限平衡法中的空间多块体等安全系数法，计算对象为 $B_1$ 区滑坡体，计算参数见表 4-1。计算工况包括：自然状态；水库蓄水过程；削坡减载处理；地震作用。

$B_1$ 区稳定安全系数计算成果见表 4-5；若从高程 300.0m 以上削坡减载，不同减载量状态下 $B_1$ 区的稳定安全系数见表 4-6。

**表 4-5**           **$B_1$ 区稳定安全系数表**

| 库水位/m | $K$ | | 备注 |
| --- | --- | --- | --- |
| | 自重＋地下水 | 自重＋地下水＋地震 | |
| 自然状态 | 1.156 | 1.083 | |
| 270.0 | 1.041 | 0.975 | |
| 320.0 | 0.940 | 0.883 | 按设计地震计算 |
| 375.0 | 0.980 | 0.947 | |
| 400.0 | 0.990 | 0.958 | |

**表 4-6**           **减载后 $B_1$ 区稳定安全系数表**

| 库水位/m | 减载量/万 m³ | $K$ | |
| --- | --- | --- | --- |
| | | 自重＋地下水 | 自重＋地下水＋地震 |
| 400.0 | 16 | 1.103 | 1.035 |
| 375.0 | 28 | 1.227 | 1.147 |
| 320.0 | 28 | 1.007 | 0.993 |
| | 48 | — | 1.024 |
| 270.0 | 16 | 1.067 | 0.949 |
| | 24 | — | 1.014 |
| 备注 | 按设计地震计算 | | |

若在高程 300.0～360.0m 之间，对潜在滑动面采用洞挖回填混凝土处理（抗剪塞），使底滑面摩擦系数 $f$ 值由 0.30 提高到 0.45，凝聚力 $c$ 值提高 0.15MPa，则安全系数计算成果见表 4-7。

**表 4 - 7**                     **抗剪塞处理后 B₁ 区稳定安全系数表**

| 库水位/m | $K$ | |
|---|---|---|
| | 自重＋地下水 | 自重＋地下水＋地震 |
| 自然状态 | 1.307 | 1.227 |
| 270 | 1.223 | 1.150 |
| 320 | 1.154 | 1.088 |
| 375 | 1.248 | 1.179 |
| 400 | 1.271 | 1.199 |

计算结果表明：不进行处理时，B₁ 区滑坡体在自然状态下是稳定的；地震条件下，B₁ 区滑坡体处于临界稳定状态；水库蓄水至 320.0m 左右时，边坡稳定安全系数最小，可能失稳；显然，如不进行处理，B₁ 区滑坡体稳定性不能达到工程设计安全系数要求。如采取削坡减载处理，当减载 28 万 m³、库水位在 375.0m 左右时，边坡稳定性满足要求；其他工况下，仍不能达到设计要求。如采用抗剪塞来提高滑面抗剪强度，B₁ 区滑坡体稳定性基本可以满足设计要求。

### 4.2.2　倾倒破坏极限平衡分析

龙滩左岸倾倒蠕变岩体边坡为层状岩层组成的组合式薄层悬臂梁结构，组合梁的主要破坏方式是折断倾倒变形，探索岩层折断时的时空关系及折断后能否形成连续的潜在滑面，是评价层状结构岩体边坡稳定性的关键。为此，根据 Goodman - Bray 倾倒破坏理论，对龙滩水电站蠕变岩体 B 区倾倒折断错滑位置进行初步估算。

Goodman - Bray 理论的基本方法运用了极限平衡原理，研究岩块在阶梯状底面上的倾倒破坏，该方法按其行为模式划分为三个不同的组别：①坡脚区的滑动岩块；②坡顶区的稳定岩块；③中间区的倾倒岩块。

倾倒破坏的判据是：每一岩块最不稳定的转动中心力矩 $\sum M > 0$。Goodman - Bray 按极限平衡理论推导出的简化模型稳定性分析公式如下：

第 $n$ 块为倾倒时

$$P_{n-1} = \frac{P_n(M_n - \Delta x \tan\varphi) + (W_n/2)(Y_n \cdot \sin\alpha - \Delta x \cdot \cos\alpha)}{L_n} \tag{4-1}$$

第 $n$ 块为滑动时

$$P_{n-1} = P_n - \frac{W_n(\tan\varphi \cdot \cos\varphi - \sin\varphi)}{1 - \tan^2\varphi} \tag{4-2}$$

式（4-1）和式（4-2）中符号含义见图 4-5。

该方法假定各倾倒岩块等厚，倾倒岩块底面台阶高差是相等的刚体。极限平衡状态时若属倾倒破坏模式，则层面间存在剪切变形；若属滑移破坏模式，则裂隙面间存在剪切变形。这两个面抗剪指标相等。应该说这些假定与实际情况有较大出入，但作为一种宏观分析判断，仍是可以接受的。

根据上述假定，结合龙滩水电站左岸蠕变岩体 B 区边坡的地形地质条件，岩块厚度按实测罗楼组（T₁l）和板纳组（T₂b）内层间错动平均间距分别取 $\Delta x = 4.0$m，$\Delta x = 5.0$m，

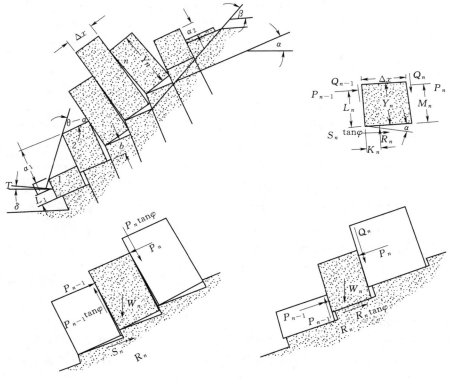

图 4-5　倾倒破坏计算示意图

岩层倾角取 60°（α＝30°），以倾倒折断面、折断错滑面为底界面，各岩块容重取不同风化带容重加权平均值，结构面力学参数 tanϕ 则视折断面、折断错滑面的性状差异按表 4-1 取值，以 B—B、C—C 剖面为代表，各倾倒岩块几何参数用图解法求得。

计算表明：B—B 和 C—C 剖面无论结构面 tanϕ 取中值或低值，两剖面在坡顶均仅有 1～2 个计算岩块处于稳定状态，大致在 $T_2b^{14}$ 层分布区一带，以上边坡岩块属倾倒破坏，以下边坡岩块则均发生滑动破坏。计算结果与实际揭露的倾倒折断面、折断错滑面分布位置基本吻合。

图 4-6 和表 4-8 是 C—C 剖面 tanϕ 取中值时的倾倒破坏极限平衡图和稳定分析简化成果。

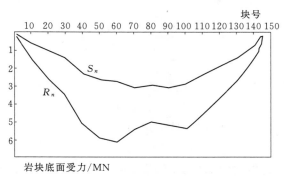

图 4-6　C—C 剖面倾倒破坏极限平衡图

**表 4－8**                     **C—C 剖面倾倒破坏稳定分析简化成果表**

| 岩块号 | 层位及 $f$ 值 | $Y_n$ | $P_n \cdot t$ | $P_n \cdot s$ | $R_n$ | $S_n$ | $S_n/R_n$ | 变形模式 |
|---|---|---|---|---|---|---|---|---|
| 144 | | 1.2 | 0 | — | 637 | 368 | 0.577 | 稳定 |
| 143 | | 1.8 | 0 | −79 | 948 | 540 | 0.577 | |
| 130 | | 5.2 | 2342 | 1798 | 2735 | 1442 | 0.528 | 倾倒 |
| 120 | | 7.0 | 5088 | 4277 | 3673 | 1936 | 0.527 | |
| 110 | $T_2b^{15} \sim T_2b^{39}$ | 8.8 | 8453 | 7470 | 4594 | 2398 | 0.522 | |
| 100 | $f = 0.65$ | 10.0 | 13544 | 12435 | 5379 | 2907 | 0.54 | |
| 90 | | 9.2 | 14547 | 14060 | 5229 | 3106 | 0.594 | |
| 80 | | 9.2 | 13727 | 13139 | 5045 | 2975 | 0.59 | |
| 69 | | 10.4 | 14776 | 14024 | 5533 | 3102 | 0.561 | |
| 68 | | 10.6 | 14924 | 14075 | 5219 | 2349 | 0.45 | 滑动 |
| 60 | $T_2b^1 \sim T_2b^{14}$ | 12.4 | 22242 | 22799 | 6105 | 2748 | 0.45 | |
| 50 | $f = 0.45$ | 12 | 32367 | 33290 | 5908 | 2659 | 0.45 | |
| 40 | | 10.7 | 41024 | 42688 | 5160 | 2322 | 0.45 | |
| 39 | | 13.25 | 41839 | 43576 | 4418 | 1647 | 0.40 | |
| 30 | $T_1l^2 \sim T_1l^9$ | 11.25 | 49513 | 51703 | 3497 | 1400 | 0.40 | |
| 20 | $f = 0.4$ | 8.25 | 55226 | 58764 | 2564 | 1026 | 0.40 | |
| 10 | | 5.25 | 57840 | 63832 | 1499 | 599 | 0.40 | |
| 1 | | 1.0 | 43657 | 65755 | 285 | 114 | 0.40 | |

**注**   $P_n \cdot t$ 表示第 $n$ 块倾倒力；$P_n \cdot s$ 表示第 $n$ 块滑动力。

### 4.2.3 非线性有限元计算

为了解倾倒蠕变岩体边坡在自然状态、蓄水过程和地震条件下的应力分布规律和位移趋势，采用 NOLM83 程序对蠕变体边坡 B—B 剖面进行了平面非线性有限元计算。计算时将层状岩体当作各向同性体，同时用理想塑性的 Mises 模型来模拟主要断层的影响。岩体材料力学参数见表 4－9，计算网格见图 4－7。

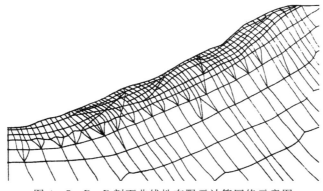

图 4－7   B—B 剖面非线性有限元计算网络示意图

表 4 - 9 有限元计算力学参数表

| 指标 | | 残坡积层 | 倾倒松动带 | 弯曲折断带 | 新鲜岩体 | 断层 |
|------|------|------|------|------|------|------|
| 变形模量/MPa | 平行层面 | 1500 | 2000 | 4500 | 20000 | 750 |
| | 垂直层面 | 675 | 900 | 2025 | 9000 | 338 |
| 泊松比 | 平行层面 | 0.3 | 0.3 | 0.28 | 0.2 | 0.3 |
| | 垂直层面 | 0.38 | 0.34 | 0.31 | 0.25 | 0.34 |
| 剪切模量/MPa | | 400 | 600 | 2000 | 6000 | 100 |

荷载主要是考虑岩体自重应力，地下水位线以下岩体取其饱和容重来考虑地下水的影响；将地震力（考虑水平地震系数 $k_h = 0.2$）转化为水平静荷载施加于岩体中。

1. 应力及屈服区

(1) 主压应力。如图 4-8 靠近坡面附近的最大主压应力方向与坡面同向，其与坡面夹角一般小于 $40°$，而离坡面比较深的岩体主压应力逐渐过渡为与岩层倾向一致；坡面附近主压应力最大值为 0.36MPa；蓄水过程中，主压应力逐渐减小，蓄水位达 400.0m 时，坡面附近主压应力最大值为 0.27MPa；考虑地震后，边坡体内主压应力无明显变化。

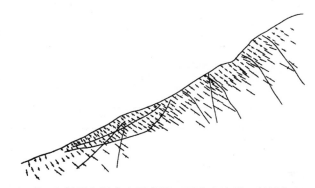

图 4-8  B—B 剖面主压应力示意图（不考虑地震，断层作 Mises 模型）

(2) 剪应力。剪应力随深度的增加而增大。蓄水过程中，剪应力量值逐渐减小。剪应力方向在坡体内为顺坡向，在坡脚处逐渐转变为水平向。$B_1$ 区滑动面和折断错滑面处剪应力方向基本与滑动面倾向一致，自然状态下最大剪应力值为 0.25～0.59MPa，出现在高程 300.0～350.0m 之间。蓄水过程中，剪应力值略有降低。地震情况下，剪应力剧增，约增大 1 倍。

(3) 拉应力区。自然状态下拉应力区分布于边坡表层，且范围较小，量值小于 0.1MPa，蓄水过程中略有减小。考虑地震时，拉应力区范围扩展增加约 25%，量值也增大约 50%。

(4) 屈服区。屈服区集中在 $B_1$ 区滑动面和折断错滑面处，屈服单元约占 60%。考虑地震时，屈服单元增至 80%。

2. 位移

(1) 位移分布。以高程 300.0m 左右为界，以上，位移矢量指向坡内，与重力方向夹角顺坡向逐渐增大；以下，位移矢量方向与重力方向夹角逐渐增大，且指向坡外。$B_1$ 区滑坡体内位移矢量基本与滑动面平行，最大位移量级为 130mm，出现在高程 350.0～360.0m 之间。蓄水过程中位移矢量方向变化不大，量值逐渐减少，蓄水位 400.0m，最大位移量级为 81.4mm，出现在高程 350.0～360.0m 之间。设计地震条件下，位移矢量方向的分界点大致在高程 350.0m 左右，位移分布规律与自然边坡一致。

（2）滑动面上、下盘相对位移趋势。各工况及蓄水过程中，沿 $B_1$ 区滑动面和 $B_2$ 区折断错滑面上盘岩体均相对下盘向坡外发生剪切位移。其相对位移量最大值出现在高程 310.0～340.0m 之间，水库蓄水至 320.0m 时，相对位移量最大，达 7.1mm。表明潜在顺坡向弱面的存在，使得弱面上盘岩体产生向下滑动的趋势。设计地震条件下，相对位移量剧增，量级达 22.4～26.4mm，出现在蓄水位 270.0～320.0m、高程 330.0～360.0m 之间，见图 4-9。

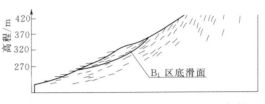

图 4-9　B—B 剖面位移矢量示意图（地震条件）

3. 卸载及折断错滑面抗剪塞处理后的模拟计算

有限元计算模拟了从高程 300.0m 以上削坡减载 28 万 $m^3$ 和用混凝土对潜在滑动面处理后的边坡稳定状态，其主要应力、位移成果简要介绍如下。

（1）削坡卸载。

1）应力。远离减载区应力分布规律与自然状态相比基本一致，但减载区下部（坡脚），第一主应力量值减小量级 0.03～0.1MPa，第二主应力量值普遍增大，增大量级 0.14～0.18MPa；减载区上部，第一主压应力值增大量级 0.05～0.08MPa，第二主应力值减少量级 0.02～0.07MPa。邻近减载区，应力得到较大的释放，主应力减少量级 0.50～0.73MPa。剪应力分布规律基本无变化，数量差值可以不计。屈服区略有减小。

2）位移。减载后在自然状态和蓄水过程中，位移均有不同程度的回弹，表现为：减载区下部位移量减小，减载区邻近位移回弹量级达 12.00mm；蓄水过程中，位移量进一步减小，最大回弹位移量级减至 6mm。

（2）错滑面抗剪塞处理。采用抗剪塞处理潜在滑动面后，应力、位移规律无变化，数值量级的影响很小，可以不计。

4. 成果分析

（1）应力场基本符合层状反倾向边坡的应力分布特点，第一主应力方向大致平行于岩层层面；而拉应力区多集中于边坡表层，量值不大。

（2）从位移矢量方向看，高程 360.0m 以上边坡稳定性较高程 360.0m 以下好，因后者的位移矢量一般指向坡外。这与坡脚发育 $B_1$ 区滑坡体、折断错滑面和边坡中部厚层砂岩（$T_2b^{15\sim17}$）的构造有关。

（3）顺坡向断层、折断错滑面的存在，使得边坡上盘岩体产生向下滑动的趋势，这些顺坡向断层、折断错滑面是控制边坡稳定的优势面。

（4）地震荷载对边坡稳定性影响较大，一方面使滑动面、折断错滑面上、下盘相对位移量剧增，另一方面加大了潜在滑动带的屈服区（屈服区范围约增大 20%）。

（5）采用削坡减载和对折断错滑面进行抗剪塞处理，对提高边坡整体稳定性效果不明显，且削坡减载的卸荷效应恶化了边坡局部的应力状态，还需要一定量的锚固处理来改善减载后的应力状态。

### 4.2.4 离散元法分析

离散元法可以模拟非连续介质在静、动态荷载作用下的反应。它用多边形或多面体的块体组合模拟非连续介质体，其中的块体可以是刚体，也可以是变形体，块体之间的接触面可以发生滑移甚至完全脱开，块体之间可以发生新的接触。龙滩工程左岸倾倒蠕变岩体边坡离散元分析，是国内较早将离散元方法应用到边坡稳定研究的。

计算选取左岸倾倒蠕变岩体 B—B 剖面进行静力、拟静力、动力计算。计算中，岩体稳定性采用两种时程曲线来判别，即从位移和速度时程曲线的趋势来判别。岩体物理力学计算参数见表 4-1。计算中考虑的荷载有自重力、水荷载、地震力。其中，水荷载考虑了自然状态、正常蓄水位 400.0m 情况下的地下水作用。

动力离散元计算考虑了两种不同的地震荷载情况：

(1) 拟静力地震荷载，Ⅶ度、Ⅷ度地震水平加速度峰值分别取 0.1g 和 0.2g，荷载沿边坡高程均匀分布，综合影响系数取为 0.25。

(2) 用美国 EL-CENTRO 1940 年 5 月 18 日实测的地震加速度记录按比例缩放，最大峰值取 0.1g、0.2g，综合影响系数取 1.0。

(3) 按龙滩设计地震反应谱生成人工地震时程，加速度最大峰值取 0.1g、0.2g。

主要成果见表 4-10、表 4-11，系统破坏位移图见图 4-10。

表 4-10 　　　　　　　　　　　B 区边坡稳定安全系数表

| 荷载类型 | | $f$、$c$ 取低值 | | $f$、$c$ 取中值 | | 备　注 |
|---|---|---|---|---|---|---|
| | | $K_1$ | $K_2$ | $K_1$ | $K_2$ | |
| 静力法 | | 1.02 | 1.03 | 1.09 | 1.12 | $K_1$ 表示 $B_1$ 区滑坡体稳定安全系数；$K_2$ 表示 B 区整体稳定安全系数 |
| 拟静力 | 0.1g | 1.01 | 1.02 | 1.07 | 1.08 | |
| | 0.2g | <1.0 | <1.0 | <1.0 | 1.0 | |
| EL-CENTRO 地震 | 0.1g | 1.01 | 1.01 | 1.09 | 1.09 | |
| | 0.2g | 1.00 | 1.00 | 1.09 | 1.09 | |
| 龙滩人工地震 | 0.1g | 1.01 | 1.00 | 1.09 | 1.09 | |
| | 0.2g | 1.01 | 1.01 | 1.09 | 1.09 | |

注　表中 g 为重力加速度。

表 4-11 　　　　　　　　　　　B 区边坡最大动力永久位移表

| 荷载类型 | | $f$、$c$ 取低值 | $f$、$c$ 取中值 |
|---|---|---|---|
| | | 位移/cm | |
| EL-CENTRO 地震 | 0.1g | 7.0 | 4 |
| | 0.2g | 25.0 | 17 |
| 龙滩人工地震 | 0.1g | 7.0 | 4 |
| | 0.2g | 20.0 | 17.5 |

注　表中 g 为重力加速度。

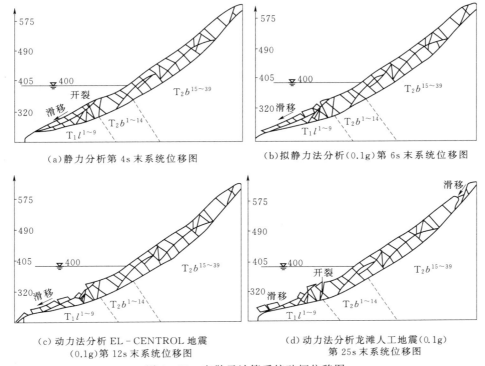

（a）静力分析第 4s 末系统位移图

（b）拟静力法分析（0.1g）第 6s 末系统位移图

（c）动力法分析 EL – CENTROL 地震
（0.1g）第 12s 末系统位移图

（d）动力法分析龙滩人工地震（0.1g）
第 25s 末系统位移图

图 4 – 10 离散元计算系统破坏位移图

通过计算成果分析，可以得到如下认识：

（1）用离散元法对龙滩水电站左岸倾倒蠕变体 B 区进行静力稳定分析的结果表明：边坡在自然状态下以及 400.0m 蓄水位条件下基本上是稳定的。但在岩体强度指标取低值时，安全系数已接近临界状态，$K=1.02\sim1.03$；若岩体强度指标取中值，则 $F$ 值可增大 $7\%\sim8\%$，达到 $1.09\sim1.12$，满足稳定安全要求。

（2）用离散元法对龙滩水电站左岸倾倒蠕变体 B 区进行动力稳定分析的结果表明：在设计地震 0.1g 作用下，用拟静力法、动力法 EL – CENTRO 地震与动力法龙滩人工地震三种荷载均得到了相近的结果，安全系数均较静力条件下略有降低；在岩体强度指标取低值条件下，处于临界稳定状态，$K=1.01\sim1.02$；在岩体强度指标取中值条件下，$K=1.07\sim1.09$，仍能满足稳定要求。

（3）在动力超载地震 0.2g 作用下，无论动力法 EL – CENTRO 地震或龙滩人工地震仍得到相近的结果，即在岩体强度指标取低值时，$K=1.00\sim1.01$；在岩体强度指标取中值时，$K=1.09$。

（4）计算结果表明，对动力法来说，边坡岩体表现具有较强的超载能力，尽管超载条件下动力永久位移值有明显增大，但岩体仍处于临界稳定（低值强度指标）或稳定状态（中值强度指标）；拟静力法则不同，边坡岩体表现出超载能力很弱，在 0.2g 超载地震作用下，无论岩体强度取低值或中值指标，$B_1$ 区均已失稳，而除 $B_1$ 区以外的 B 区主体部分在中值强度指标 $K=1.00$ 下，处于临界稳定状态。鉴于拟静力法不考虑动力荷载的往复作用与频谱特征，不够合理，因此推荐采用动力法的结果。

（5）从表 4-11 最大动力永久位移的结果分析，动力法中两种地震荷载的结果是相接近的。在设计地震 0.1g 条件下，永久位移仅为 4～7cm；在超载地震 0.2g 条件下，永久位移为 17～25cm。这一永久位移主要是岩体在动力荷载作用下岩块之间相对运动积累所产生的，以上数值对 400m 高的边坡来说是允许的，不会导致边坡失稳。

（6）从岩体强度指标对边坡稳定的敏感性分析来看，如岩体强度采用中值指标，则龙滩 B 区无论在设计地震 0.1g 还是超载地震 0.2g 作用下都是稳定的，不必采取特殊的工程措施；如果采用低值指标，则 B 区稳定安全处于临界状态，安全系数偏小，应采用适当的工程措施，以提高安全标准。鉴于龙滩水电站工程左岸倾倒蠕变体 B 区边坡所处位置的重要性，建议对坡脚进行处理。

（7）龙滩水电站工程在国内首次用离散元法分析反倾向岩质高边坡的稳定性，所得结果表明，该方法是有效的。与其他方法，如极限平衡法、弹性或弹塑性有限元法相比，离散元法在求解大变形与分析失稳过程方面有其独特的优点，适用于被断层、层错、节理裂隙明显切割的岩体。

### 4.2.5 边坡变形动态

为分析 B 区边坡的稳定性，前期勘探阶段在探洞 $D_{49}$（高程 317.2m）、$D_{50}$（高程 413.5m）内布置了岩体变形沉降监测点，历史 8 年的监测成果表明变形有以下特点：

（1）位于 $B_1$（Ⅰ号滑坡体）上的 $D_{49}$ 洞口 $DM_1$ 点，一直呈下沉趋势，累计下沉 14.94mm，年平均下沉 1.866mm。

（2）其余各点下沉累计在 0.14～0.38mm，上升在 0.08～0.45mm，呈波动变化，无明显规律。

上述变形特点表明：边坡整体处于稳定状态，但 $B_1$ 区（Ⅰ号滑坡体）呈下沉趋势。

根据现场观察，边坡面上没有出现拉裂、层间错动和明显位移现象，说明现存边坡整体处于稳定状态；其变形是边坡长期倾倒变形的继续，处于倾倒蠕动变形过程中，且 $B_1$ 区变形量大、稳定性差。

### 4.2.6 涌浪估算及分析

考虑 B 区位于进水口坝段和左岸导流洞上游，有必要对一旦失稳后的涌浪高度进行估算，对失稳后的危害程度进行评估。研究中，对 $B_1$ 区滑坡和整体滑坡进行估算。计算方法为"垂直滑坡"和"水平滑坡"涌浪估算方法。

$B_1$ 区失稳后的涌浪计算结果见表 4-12，B 区边坡整体失稳后的涌浪计算结果见表 4-13。

$B_1$ 区和 B 区整体失稳后涌浪计算结果表明：

（1）随库水位上升，滑坡体失稳后最大滑速将逐渐减小，涌浪高度逐渐降低。地震情况下失稳，涌浪高度约增大 1 倍，且最大涌浪高度出现在蓄水位 310.0m 左右。

（2）库水位 320.0m 时，$B_1$ 区失稳后最大滑速约 11m/s，到重力坝前的浪高有 8m 左右；B 区整体失稳最大滑速约 15.0m/s，到重力坝前的浪高约 14.0m 左右（无震）。

一旦边坡在施工期失稳，无疑对施工安全构成威胁。根据前面的计算结果，结合施工进度安排（见表 4－14），对边坡失稳的危害分析如下：

表 4－12    B₁ 区滑坡涌浪高度估算成果表

| 计算方法 | 库水位/m | 滑面力学参数 | | 最大滑速/(m/s) | 滑出点最大涌浪高度/m | 到坝址处最大涌浪高度/m | 备 注 |
|---|---|---|---|---|---|---|---|
| | | $f$ | $c$/MPa | | | | |
| 垂直滑坡 | 270.0 | 0.34 | 0.03 | 11 | 11.2 | 8.4 | （1）滑坡体平均厚度 $\lambda=28$m，滑面平均倾角 $\theta=25°$；（2）滑面强度：$f=0.25$，$c=0.03$MPa，为滑面残余强度，其余为水上、水下加权平均值 |
| | | 0.25 | 0.03 | 16.2 | 16.2 | 9 | |
| | 320.0 | 0.32 | 0.03 | 10.7 | 7.8 | 7.6 | |
| | | 0.25 | 0.03 | 14 | 11.5 | 8.7 | |
| | 375.0 | 0.32 | 0.03 | 4.6 | 3.5 | 3.5 | |
| | | 0.25 | 0.03 | 7.1 | 5.0 | 5.0 | |
| 水平滑坡 | 270.0 | 0.34 | 0.03 | 11 | 34.4 | 22 | |
| | | 0.25 | 0.03 | 16.2 | 50.8 | 32.6 | |
| | 320.0 | 0.32 | 0.03 | 10.7 | 43.5 | 24 | |
| | | 0.25 | 0.03 | 14 | 57.6 | 32 | |
| | 375.0 | 0.32 | 0.03 | 4.6 | 22.5 | 7.3 | |
| | | 0.25 | 0.03 | 7.1 | 34.8 | 11.9 | |

表 4－13    B 区边坡整体滑坡涌浪高度估算成果表

| 计算条件 | | 库水位 | 最大滑速/(m/s) | 到坝址处最大涌浪高/m | 备 注 |
|---|---|---|---|---|---|
| 无震 | $c=0$ | 240.0 | 19.75 | 20.90 | |
| | | 310.0 | 15.34 | 14.24 | |
| | | 320.0 | 14.60 | 13.29 | |
| | | 340.0 | 13.00 | 11.30 | |
| | | 375.0 | 9.57 | 7.36 | |
| | | 400.0 | 6.03 | 3.85 | |
| 有震（设计地震） | $c=0$ | 240.0 | 33.83 | 43.10 | 计算滑面参数为：设计中值参数加权平均值 |
| | | 310.0 | 26.28 | 30.26 | |
| | | 320.0 | 25.01 | 28.24 | |
| | | 340.0 | 22.27 | 24.00 | |
| | | 375.0 | 16.40 | 15.64 | |
| | | 400.0 | 10.33 | 8.19 | |
| | $c\neq0$ | 240.0 | 14.90 | 13.68 | |
| | | 310.0 | 15.17 | 14.02 | |
| | | 320.0 | 14.87 | 13.64 | |
| | | 340.0 | 13.96 | 12.48 | |
| | | 375.0 | 11.16 | 9.12 | |
| | | 400.0 | 7.40 | 5.13 | |

表 4 - 14　　　　　　　　　　施工期上游水位及坝体上升高度表

| 项　　目 | 汛　期　水　位 | | | | |
| --- | --- | --- | --- | --- | --- |
| | 第 5 年 | 第 6 年 | 第 7 年 | 第 8 年 | 第 9 年 |
| 坝体上升高度/m | 230.0 | 280.0（河床）295.0（两岸） | 342.0，366.0（两岸） | 382.0 | — |
| 挡水建筑物 | 围堰 | 围堰 | 坝体 | 坝体 | 坝体 |
| 泄洪途径 | 左右岸导流洞 | 两条导流洞加河床 | 大坝底孔加河床 | 大坝底孔加 1 台机组 | 大坝底孔、表孔 |
| 上游水位/m | 280.0～285.0 | 280.0～285.0 | 315.0～320.0 | 355.0～360.0 | 365.0～370.0 |
| 备注 | 上游围堰顶高程 272.90m | 年底封堵导流洞 | 下闸蓄水 | — | — |

**注**　实际施工进度已调整。

（1）第 5 年、第 6 年，汛期水位为 291.31m，高出围堰顶 18.41m，无疑基坑人员和设备已撤退，若滑体失稳，不致构成严重危害。

（2）第 7 年，汛期水位 305.17m，$B_1$ 区滑体可能失稳，此时坝体已上升至 342.0m 以上，经核算，即使滑体失稳，危害不大。

（3）第 8 年、第 9 年，水位逐步上升，坝体亦随之上升，潜在滑体（特别是 $B_1$ 区）大部分已淹没于水下，其稳定性逐步好转，即使失稳，危害亦不会严重。

（4）由于潜在滑面较平缓（倾角 22°～29°），滑体岩体强烈倾倒，完整性差，当水库逐渐蓄水至高程 320.0m 时，滑体大部分位于水下，滑动过程中滑体可能逐步解体，难于构成整体滑坡，因而也不可能产生高涌浪。但因滑体启动后，控制滑速的因素很多，相互关系复杂，而且无确切的定量计算方法。从估算结果和坝体上升高度、坝上游水位看，无论 $B_1$ 区失稳或整体失稳，虽不至于造成重大危害，但对工程是有一定影响的。

### 4.2.7　稳定性复核计算

工程施工后，在倾倒蠕变岩体边坡中进行了排水洞施工，进一步揭露了倾倒蠕变岩体的分布范围、折断错滑面、折断面和结构面发育特征。根据获得的地质资料，对计算边界进行了修正。采用极限平衡分析 SARMA 法，对倾倒蠕变岩体边坡稳定性进行了复核计算。计算剖面为工程地质Ⅰ—Ⅰ剖面、Ⅱ—Ⅱ剖面，计算复核了边坡的整体稳定性和Ⅱ—Ⅱ剖面高程 470m 以上倾倒变形较严重岩体及表层稳定性。

整体稳定计算成果（见表 4-15）表明：

（1）边坡天然状态下整体稳定性系数 $K$：枯水期为 1.24～1.20，洪水期为 1.2～1.19；压脚后边坡天然状态下整体稳定性系数 $K$：枯水期为 1.30～1.26，洪水期为 1.26～1.24。即压脚后比压脚前稳定性系数提高约 0.05。

（2）压脚后边坡整体稳定性系数 $K$：蓄水位 375.0m 时为 1.22～1.21（从压脚体中剪出为 1.17）；蓄水位 400.0m 时为 1.21～1.24（从压脚体中剪出为 1.18）。即水库蓄水对边坡整体稳定性影响不大，接近压脚后洪水期的稳定状况。

（3）若考虑 0.06g 的地震力（相当于取 50 年超越概率 10% 的基岩加速度），压脚后的边坡整体稳定性系数 $K$：蓄水位 375.0m 时或蓄水位 400.0m 时为 1.03～1.04；若考虑 0.1g 地震力，压脚后的边坡整体稳定性系数 $K$：蓄水位 375.0m 时或蓄水位 400.0m 时为 0.92～0.94，即边坡整体稳定性较差。

表 4-15　　　　　　　　B 区边坡稳定性复核计算成果表（SARMA 法）

| 计算剖面 | 计算条件 | 稳定性安全系数 $K$ | | | | | | | | | | | | 备注 |
|---|---|---|---|---|---|---|---|---|---|---|---|---|---|---|
| | | 正常荷载 | | | | +0.06g 地震力 | | | | +0.1g 地震力 | | | | |
| | | 枯水位 | 洪水位 | 蓄水375.0m | 蓄水400.0m | 枯水位 | 洪水位 | 蓄水375.0m | 蓄水400.0m | 枯水位 | 洪水位 | 蓄水375.0m | 蓄水400.0m | |
| 1—1（C—C）剖面 | 自然 | 1.24 | 1.20 | 1.18 | 1.19 | 1.08 | 1.05 | 1.00 | 1.00 | 1.00 | 0.96 | 0.90 | 0.90 | 沿原滑面剪出 |
| | 压脚 | 1.30 | 1.26 | 1.23 | 1.25 | 1.13 | 1.1 | 1.03 | 1.04 | 1.00 | 1.00 | 0.93 | 0.93 | |
| 2—2（B—B）剖面 | 自然 | 1.21 | 1.19 | 1.16 | 1.16 | 1.07 | 1.05 | 1.01 | 1.00 | 0.99 | 0.97 | 0.92 | 0.91 | |
| | 压脚 | 1.26 | 1.24 | 1.20 | 1.20 | 1.11 | 1.09 | 1.03 | 1.03 | 1.02 | 1.00 | 0.94 | 0.93 | |
| 2—2（从压脚体剪出） | 压脚 | 1.23 | | 1.17 | 1.18 | | | | | 1.0 | | 0.92 | 0.92 | 滑面无水 |
| | | | | 1.15 | 1.17 | | | | | | | | | 水位升 3m |

**注**　顶部近地表处，滑面取 $f=0.45$，$c=0.05$MPa；1—1 剖面因 $B_2$ 区折断滑动面与 $B_3$ 区折断面参数突变，使得滑动面上出现拉应力，计算时取其加权平均值。

高程 470.0m 以上边坡稳定性计算成果（见表 4-16）表明：

表 4-16　　　　　　　左岸倾倒蠕变岩体高程 470.0m 以上稳定计算成果表

| 滑弧分布高程/m | 计算方法 | 稳定系数 $K$ | | | | | 备注 |
|---|---|---|---|---|---|---|---|
| | | 天然状态 | +0.1g 地震力 | +0.06g 地震力 | +1/3 充水 | +1/3 充水 +0.06g 地震力 | |
| 478.0～582.0 | STABLE | 1.06 | 0.90 | 0.96 | | | 全风化土体内滑动，最深 14.0m |
| 470.0～630.0 | | 1.22 | 1.03 | 1.10 | 1.14 | 1.05 | 松动及折断带内滑动，最深 64.0m |
| 470.0～630.0 | SARMA | 1.23 | 1.04 | 1.11 | 1.12 | 1.00 | STABLE 法确定滑弧 |

（1）高程 470.0m 以上的表层土体稳定性差，天然状态下的稳定系数 $K$ 仅 1.06，遭遇不利因素时，边坡即失稳；边坡在 9 号公路开挖时，出现表层大面积失稳，当边坡（高程 480.0～530.0m 已产生塌滑）采用系统长锚杆和少量锚索后，稳定性较好。

（2）高程 470.0m 以上倾倒松动带和弯曲折断带岩（土）体，天然状态下稳定系数约 1.23（比安全稳定标准略小）；考虑 0.1g 地震力，稳定系数约 1.03；若考虑滑体内 1/3 充水，并在 0.06g 地震力作用下，边坡处于极限平衡状态，因此加强边坡的排水是保证边坡稳定的重要手段。

## 4.3 稳定性综合评价

### 4.3.1 施工前分析评价

综合前期研究成果，对龙滩工程左岸倾倒蠕变岩体 B 区边坡稳定性有以下认识：

（1）B 区边坡虽然存在连续性较好的折断错滑面、折断面，但在自然状态下整体是稳定的；目前仍处于倾倒蠕变过程中，且坡脚部位较上部变形量大。

（2）水库蓄水过程中，B 区边坡也是稳定的。库水位由 250.0m 上升至 320.0m 过程中，边坡稳定性随水位上升逐步降低；库水位在高程 320.0～400.0m 变化过程中，边坡稳定性逐步改善，且在蓄水位 320.0m 左右，边坡稳定裕度较小。考虑地震时，蓄水过程中 $B_1$ 区接近于临界稳定状态。

（3）边坡破坏将首先从坡脚部位开始，即 $B_1$ 区或坡脚部位（$B_1+B_2$）失稳后，诱发 $B_3$ 区不同规模的局部失稳，或牵引式的层状岩体折断、连通、滑动。

（4）影响边坡稳定的主要因素是潜在滑体中的地下水和潜在滑面的力学参数（$f$、$c$ 值）。其对稳定安全系数的影响程度是：地下水作用（每 $0.1H$）影响 $0.04～0.06$；潜在滑面摩擦角 $\varphi$（每度）影响 $0.03～0.04$；凝聚力 $c$（每 0.01MPa）影响 $0.04～0.1$。

（5）虽然 $B_1$ 区失稳或 B 区整体失稳对工程不至于造成重大威胁，但考虑边坡稳定影响因素的复杂性和不确定性，应针对影响边坡稳定的主要影响因素和可能破坏形式采取必要防治措施。

### 4.3.2 施工后分析评价

根据前期分析论证和边坡、排水洞开挖揭露的地质条件，结合稳定性复核计算结果，对倾倒蠕变岩体（B 区）边坡的稳定，可得出如下认识和评价：

（1）开挖揭露的蠕变岩体 B 区非开挖区的地质条件与前期预测的基本一致或略好，蠕变岩体规模减少 85 万 $m^3$，边坡中上部 $T_2b^{23}$ 层厚层砂岩以上岩体中蠕变岩体比前期推测的要浅约 15.0m 左右；边坡存在连续性较好的顺坡向折断错滑面或折断面。

（2）边坡通过坡体排水、坡脚压脚等工程处理，有效地降低了地下水对边坡岩土体、折断面、折断错滑面的不利影响，增加了中、下部边坡的稳定性。

（3）计算表明：水库蓄水位 375.0m 或 400.0m 时，对边坡整体稳定安全系数影响不大，稳定安全系数 $K=1.17～1.25$；在遭遇 $0.06g$（相当于 50 年超越概率 10% 的基岩加速度）的地震力时，边坡整体稳定处于临界状态；遭遇 $0.1g$ 的地震力时，边坡整体稳定性较差，但由于折断错滑面以上岩（土）体完整性极差，边坡难以构成整体性的滑动失稳。

（4）目前边坡整体处于稳定状态，但由于公路边坡、进水口边坡、排水洞的开挖及局部塌滑等影响，B 区下游、高程 520.0m 以上较陡边坡区的倾倒松动带及弯曲折断带破碎岩（土）体仍会缓慢变形。

（5）计算显示：水库蓄水位 375.0m 或 400.0m 时对边坡稳定影响不大，但水库蓄水必将对边坡中部岩土体及结构面物理力学性状带来不利影响，进而影响边坡的稳定性，因此建立边坡长期监测系统是必要的。

## 4.4 研究小结

本章主要介绍了龙滩水电站工程左岸倾倒蠕变岩体（B区）边坡的破坏模式、稳定性分析方法以及各种方法计算结果，并在此基础上对倾倒蠕变岩体（B区）边坡稳定性进行了综合评价。

倾倒蠕变岩体边坡变形破坏形式比较复杂，包括继续弯曲倾倒蠕变、沿既定面产生蠕滑，甚至发生滑动破坏。龙滩水电站工程左岸倾倒蠕变岩体B区边坡存在明显的分区分带特征，其潜在的变形破坏模式也存在多样性，除岩体倾倒蠕变，还可能出现多种组合滑动。分析表明，边坡滑动破坏模式是坡脚失稳后产生的连锁滑坡，因此，保证边坡整体稳定的关键是控制坡脚的稳定。

由于倾倒蠕变岩体边坡变形破坏模式的多样性，目前尚无成熟的、具有针对性的稳定性分析方法。龙滩水电站工程左岸倾倒蠕变岩体边坡治理设计研究中，在传统边坡稳定分析方法的基础上，选择了多种方法进行稳定计算，并进行探讨性研究。结果表明，各种方法得到的结果具有较好的对应性，说明分析方法的选择是得当的，具有相当的适宜性。

通过大量的计算分析，总体上认为：自然状态下，边坡整体是稳定的；水库蓄水后，边坡稳定性较差，但经过排水、压脚处理后，可满足稳定要求；鉴于水库蓄水必将对边坡岩土体强度及变形特性带来不利影响，工程运行期应加强监测。

◎ 第 5 章

# 进水口反倾向层状岩质高边坡稳定性研究

岩质高边坡的稳定主要由边坡岩体结构和结构面控制。龙滩水电站左岸进水口布置区自然边坡为典型的反倾向层状结构岩质边坡，其在自然状态下已发生倾倒蠕变，形成连续的折断面和折断错滑面。受地形地质条件的限制，电站进水口布置始终避不开倾倒蠕变岩体。经多方案比较，选定的进水口方案，部分仍涉及蠕变岩体 A 区，进水口开挖后，形成坡高达 420.0m 的反倾向层状结构岩质高边坡。高边坡的稳定和治理是龙滩水电站工程面临的重大技术问题之一。

## 5.1 边坡开挖体型研究

赋存于岩体的地质结构面控制着边坡的稳定和开挖边坡的坡角，研究坡高与坡角的关系是确定开挖边坡的主要任务，边坡的总体坡角主要由临界坡角计算确定。

### 5.1.1 临界坡角与可靠度分析

边坡坡型的确定是在获得全区的裂隙测绘和统计分析资料，在确定裂隙的倾向、走向，裂隙的宽度、间距、裂隙率，裂隙两侧岩壁风化情况、裂隙中的填充情况（充填物质充填程度），以及求得岩体各区域的抗剪强度特性资料后，进行坡高与坡角的研究后进行的。假设某一边坡的坡高为 $H$，岩石容重为 $r$，内摩擦角为 $\varphi$，坡角为 $i$，岩体为纵坐标，$x = \sqrt[2]{(i-\beta)(\beta-\varphi)}$ 为横坐标，可建立起坡高与坡角的函数关系，如图 5-1 所示。

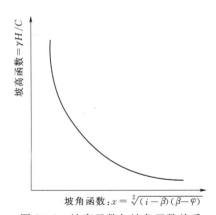

图 5-1 坡高函数与坡角函数关系

若岩体处于极限状态，图 5-1 中的曲线近似一条双曲线，并用最小二乘法回归此双曲线，求得待定常数，则得下式：

$$x = \frac{330}{y} + 16 \qquad (5-1)$$

若将不同组合情况下的 $x$、$y$ 值分别代入式（5-1），就可得到不同组合时维持边坡稳定的最陡坡角，即临界坡角 $i_c$ 值。如在干坡无裂缝的组合情况下，计算公式为

$$i_c = \beta + \frac{\left(\frac{165}{rH}c + 8\right)^2}{\beta - \varphi} \qquad (5-2)$$

计算不同组合时的 $i_c$ 值公式见表 5-1。特殊情况计算公式及修正值详见《龙滩水电站高边坡优化设计及稳定性评价》（中南勘测设计研究院研究报告，2005）。计算该值所取的强度参数和几何参数，如岩体中各楔体交线倾角 $a$、滑动面内摩擦角 $\varphi$、凝聚力 $c$ 等具有较大的不确定性，且按正态分布函数随机取值，而 $i_c$ 值也服从正态分布，相应的边坡可靠度（$P_r$）或其相应的破坏概率（$P_f$）仍由正态分布函数求得。通常认为可靠度 $P_r < 0.5$ 时，边坡的稳定性是比较可靠的，其值可按下式计算：

$$P_r = 1 - \Phi\left(\frac{i - u_{i_c}}{\sigma_{i_c}}\right) \tag{5-3}$$

式中：$\Phi$ 为标准正态分布函数；$i$ 为选定的某一坡角。

**表 5-1** 不同组合的临界坡角计算公式

| 序号 | 组合情况 | 临界坡角计算公式 | 附　注 |
|---|---|---|---|
| A | 干坡无裂缝 | $i_c = \beta + \dfrac{\left(\dfrac{165C}{rH} + 8\right)^2}{\beta - \varphi}$ | $r$ 为岩石容重；$\varphi$ 为内摩擦角；$B$ 为滑动面倾角；$c$ 为凝聚力；$H$ 为坡高 |
| B | 干坡有张裂缝 | $i_c = \beta + \dfrac{\left(\dfrac{165C}{rH\left(1+\dfrac{z_0}{H}\right)} + 8\right)^2}{\beta - \varphi}$ | 符号同上，此外：$z_0$ 为坡顶裂缝深度，$z_0 = \dfrac{2C}{r}\left(\dfrac{1+\sin\varphi}{1-\sin\varphi}\right)$ |
| C | 湿坡无裂缝 | $i_c = \beta + \dfrac{\left(\dfrac{165C}{rH} + 8\right)^2}{\beta - \varphi\left[1 - 0.1\left(\dfrac{H_w}{H}\right)^2\right]}$ | 符号同上，此外：$H_w$ 为边坡地下水高度 |
| D | 湿坡有裂缝但裂缝无水 | $i_c = \beta + \dfrac{\left(\dfrac{165C}{rH\left(1+\dfrac{z_0}{H}\right)} + 8\right)^2}{\beta - \varphi\left[1 - 0.1\left(\dfrac{H_w}{H}\right)^2\right]}$ | 符号同上 |
| E | 湿坡有张裂缝且充水 | $i_c = \beta + \dfrac{\left(\dfrac{165C}{rH\left(1+\dfrac{3z_0}{H}\right)} + 8\right)^2}{\beta - \varphi\left[1 - 0.1\left(\dfrac{H_w}{H}\right)^2\right]}$ | — |
| F | 湿坡有动水压力且有干张裂缝 | $i_c = \beta + \dfrac{\left(\dfrac{165C}{rH\left(1+\dfrac{z_0}{H}\right)} + 8\right)^2}{\beta - \varphi\left[1 - 0.5\left(\dfrac{H_w}{H}\right)^2\right]}$ | — |
| G | 湿坡有动水压力且裂缝充水 | $i_c = \beta + \dfrac{\left(\dfrac{165C}{rH\left(1+\dfrac{3z_0}{H}\right)} + 8\right)^2}{\beta - \varphi\left[1 - 0.5\left(\dfrac{H_w}{H}\right)^2\right]}$ | — |

**注**　$u_{ic}$ 为临界坡角均值；$\sigma_{ic}$ 为临界坡角均方值。

## 5.1.2 临界坡角与极限坡高问题

岩体强度是控制边坡高度的重要因素。岩石（体）风化对边坡稳定有明显的影响。本区主要为砂岩与泥板岩互层，岩石强度较高，即使风化后的岩石，其强度亦能满足相应的工程需要。Tezaghi 和 Hoek 建议，如果不考虑岩体自身的某些力学缺陷，岩石（体）与边坡最大垂直坡高（$H_c$）关系如下：

$$H_c = \frac{R_a}{\gamma_b \cdot \kappa_b} \tag{5-4}$$

式中：$R_a$ 为岩石（体）强度；$\gamma_b$ 为岩石（体）容重；$\kappa_b$ 为大于 10 的系数，一般取 10。

根据岩石力学参数，应用式（5-4）计算，结果列于表 5-2。由此可见，强风化岩体的垂直坡高亦可达 50.0m，因而垂直边坡的选择受岩石（体）强度影响很小。

表 5-2　　　　　　　　　　　　岩石（体）与边坡最大垂直坡高表

| 岩　体 | | 垂直边坡临界高度 $H_c$/m | | | | |
|---|---|---|---|---|---|---|
| | | 新鲜 | 微风化 | 弱风化 | 强风化 | 全风化 |
| 板纳组 | 砂岩 | 513.0 | 513.0 | 370.0 | 118.0 | 26.0 |
| | 泥板岩 | 253.0 | 183.0 | 139.0 | 51.0 | 11.0 |

表 5-2 中 $H_c$ 是理论最大值，实际上岩石（体）结构及岩石力学指标是随机变化的，岩体结构及其结构组合面是控制高边坡的稳定因素。根据该区 5 级结构面随机楔体组合统计，大部分楔体组合交线倾角在 30°～60°之间；根据曲线拟合与数量统计，交线倾角在 47.5°±5°范围内的占 46%，将其作为本区楔体代表性倾角进行临界坡角与极限坡高计算。假设只考虑交线倾角（$\alpha$）、凝聚力（$c$）和滑动面内摩擦角（$\varphi$）的偏差影响，而 $c$、$\varphi$ 值取节理复合结构面与断层面的中值，地下水取全水头，各随机变量的取值及偏差见表 5-3。

表 5-3　　　　　　　　　　　　临界坡角计算参数取值和偏差

| 参数 岩体风化程度 | | 松散—全风化岩体 | 强风化岩体 | 弱风化岩体 | 微—新鲜岩体 |
|---|---|---|---|---|---|
| 交线倾角 $\alpha_i$/(°) | $u_{ai}$ | 47.5° | | | |
| | $\sigma_{ai}$ | 1.5° | | | |
| | $p_{ai}$ | 0.5 | | | |
| 内聚力 $c$/kPa | $u_c$ | 30 | 75 | 185 | 440 |
| | $\sigma_c$ | 10 | 45 | 155 | 390 |
| | $P_c$ | 0.5 | | | |
| 内摩擦角 $\varphi$/(°) | $u_\varphi$ | 14 | 17.92 | 21.42 | 28.34 |
| | $\sigma_\varphi$ | 5 | 3.88 | 7.38 | 8.24 |
| | $p_\varphi$ | 0.5 | | | |
| 坡高～地下水位高度 $(H \sim H_W)$/m；容重 $\gamma$/(kN/m³) | $U_H \sim H_W$ | 随机取值 $H_w = H$ | | | |
| | $P_H \sim H_W$ | 1 | | | |
| | $U_\gamma$ | 21.56 | 25.48 | 26.46 | 26.75 |
| | $P_\gamma$ | 1 | | | |

由表 5-3 所列数据即可求出各类岩石边坡的极限坡高 $H$ 值。这种计算可用 SIOPA 程序在计算机上得出各种组合情况的临界坡角及校正值。同时也可求得边坡角所对应的边坡可靠度（$P_r$）或破坏概率（$P_f$），如取 $P_f = 0.8/0.5$，则得 $i_c - H$ 关系见图 5-2。

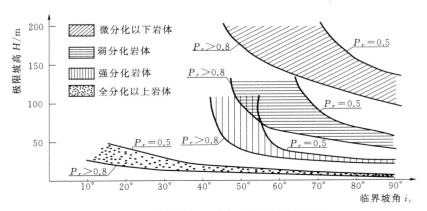

图 5-2　临界坡角 $i_c$ 与极限坡高 $H$ 关系图

### 5.1.3　基本开挖坡型的拟定

根据上述论证，对地质结构分析后，选取典型的人工高边坡开挖剖面，其坡高、坡角与可靠度之间的关系见表 5-4。由此确定边坡的总体倾角，由不同的子坡高、坡角构成阶梯状开挖边坡。这种措施在国内外应用较广，如鲁布革水电站溢洪道坡高 100 多 m 的白云岩及白云质灰岩人工高边坡；五强溪水电站左岸船闸高边坡（最大坡高 165.0m，采用"阶梯状"方式获得成功）。

表 5-4　　　　　　　　　　　　　　典型剖面开挖坡角与可靠度表

| 最大坡高/m | 岩　体 | 坡　角/(°) | | 可靠度 |
|---|---|---|---|---|
| $H_1 = 15.0$ | 强风化带以上岩（土）体 | $a_1$ | 46.9 | 0.5 |
| | | | 40 | 0.734 |
| $H_1 + H_2 = 30.0$ | 强风化及其以上岩体 | $a_2$ | 90 | 0.5 |
| | | | 45 | 0.998 |
| $H_1 + H_2 + H_3 = 70.0$ | 弱风化及其以上岩体 | $a_3$ | 81 | 0.5 |
| | | | 63 | 0.871 |
| $H_1 + H_2 + H_3 + H_4 = 150.0$ $H_1 + H_2 + H_3 + H_4 = 200.0$ | 微风化至新鲜及其以上岩体 | $a_4$ | 85 | 0.5 |
| | | | 76 | 0.648 |
| | | | 70 | 0.5 |
| | | | 76 | 0.41 |
| 备注 | | 设计坡角值 | | |

根据上述研究，拟定的基本坡型为：

（1）微风化—新鲜岩体：垂直坡高 20.0m，设置 5.0m 宽平台，多级综合坡 1∶0.25，坡高 15.0m 时可靠度为 0.53。倾向 80°的边坡应顺层开挖。

（2）弱风化岩体：斜坡坡高 15.0m，设 5.0m 宽平台，多级综合坡 1∶0.5，坡高 70.0m 时，可靠度为 0.63。倾向 80°的边坡应顺层开挖。

（3）强风化岩体：斜坡坡高 10.0m，设 5.0m 宽平台，多级综合坡 1∶1，坡高 30.0m 时，可靠度为 0.92。

（4）松散—全风化岩体：坡高 10.0m，设置 5.0m 宽平台，多级综合坡 1∶1.2～1.5，坡高 15.0m 时可靠度为 0.73～0.88。

该坡型的主要特点，是有效地避免了节理楔体在边坡上的出露频度，减少了危险楔体的数量，大幅度地降低了边坡楔体失稳的几率，做到了以较小的开挖工程量取得边坡整体稳定性的可靠度，从而减少坡面不稳定楔体的加固处理工程量。但当坡高达 200.0m 时，在微风化和新鲜岩体区其可靠度为 0.41，稍偏低，其设计坡角较临界坡角高 4°，出现塑性区。按三维多面坡体的稳定分析成果，总体边坡坡角的变化和敏感性分析认为：边坡稳定性对边坡坡角变化的敏感性比对滑动面产状的敏感性低，主要是块体稳定性差，因此，应从局部加固处理来解决，而不宜降低坡角。

### 5.1.4 开挖体型设计

龙滩水电站进水口边坡开挖体型即根据上述优化体型的研究成果设计。

#### 5.1.4.1 进水口坝段坝基开挖高程和宽度

进水口坝段坝基开挖高程和宽度直接影响进水口高边坡开挖的起坡点和开挖边坡的高度。

根据进水口坝段结构布置要求，5～9 号机组进水口坝段坝基均已位于微新岩体内，其开挖高程由结构需要控制，高程分别为：5～7 号机组坝段 300.0m；8 号、9 号机 310.0m。受山体客观条件限制，考虑坝基岩体已位于微新岩体内，为减少开挖工程量，大坝建基面底宽：7～9 号机组取为 28.5m，5 号、6 号机组最大底宽取为 46.37m，即以满足进水口布置要求为准。这种考虑实际是把坡脚部分微新岩体作为坝体结构的一部分。

1～4 号机组坝段坝基开挖高程和宽度，由大坝稳定和建基面应力条件控制。根据这些坝段相应岩体条件，各坝段建基面最低开挖高程和最大宽度分别为：1 号机组坝段 225.0m 和 97.13m、2 号机组坝段 244.0m 和 80.869m、3 号机组坝段 261.0m 和 67.176m、4 号机组坝段 274.0m 和 57.224m。为降低坝后开挖边坡的高度，在满足大坝稳定和应力的情况下，1～6 号机组坝段建基面设置为倾向上游的斜坡，坡比为 1∶3.6。

#### 5.1.4.2 梯段开挖坡比

根据进水口高边坡区的工程地质条件、岩体及结构面的力学特性、边坡稳定分析的成果及坝区自然边坡与人工边坡的调查结果、体型优化研究成果，并类比其他边坡工程的实践经验，综合分析确定进水口高边坡梯段开挖坡比为：

（1）微风化-新鲜岩体 1∶0～1∶0.25。

（2）弱风化岩体 1∶0.5。

（3）强风化岩体 1∶1。

（4）全风化岩体和蠕变岩体松动带为 1∶1～1∶1.5。

#### 5.1.4.3 边坡梯段高度和马道宽度

根据边坡施工期开挖、支护和运行期维护、检修的需要，并参考其他类似边坡工程经验，确定马道宽度一般为 5.0m；高程 382.0m 和 480.0m 的马道宽度，结合上坝公路和高缆机运行要求，其宽度高程 382.0m 为 16.7～50.0m、高程 480.0m 为 20.0m。梯段坡高一般为 20.0m 和 15.0m，个别马道宽度、梯段坡高根据进水口（坝段）结构布置、施工期、运行期交通要求，对马道宽度、梯段坡高进行了适当调整。

## 5.2 研究条件与方法

### 5.2.1 进水口边坡变形破坏模式分析

#### 5.2.1.1 自然边坡变形分析

为了解蠕变岩体边坡变形规律和掌握其稳定状态，在蠕变岩体 A 区边坡内，沿高程 250.0m、300.0m、400.0m、450.0m、550.0m 布设了 6 条水准路线，在勘探平洞 $D_{34}$、$D_{46}$、$D_{42}$、$D_{45}$、$D_8$（高程分别为 250.0m、300.0m、350.0m、400.0m、450.0m）布置了 5 条平洞水准路线，按国家二等水准测量要求，测定各测点相对工作基点的垂直位移。从 1984 年 5 月进行了首次观测后，每 6 个月观测 1 次，至 1999 年底共观测了 32 次。对历时 16 年的监测成果进行分析，其变形有以下特征：

（1）$F_{69}$、$F_{63}$ 断层与 $F_{98}$ 断层上盘岩体构成的块体，各测点持续呈下沉趋势。在高程 550.0m 和高程 350.0m 之间沉降达 17.17~19.78mm，年沉降量 1.15~1.32mm；而高程 350.0m 以下沉降变形均小于 2mm；变形具有上部大于下部的特征。

（2）蠕变岩体区内，$F_{69}$、$F_{63}$ 断层之外的测点，累计沉降量在 0.07~5.5mm，上升量在 0.1~5.54mm，呈波动变化，无明显规律。

（3）无论地表观测，还是地下平洞内的观测，均表明边坡上部变形较下部变形大，说明反倾向层状结构边坡，在自重力作用下，主要变形形式为推压式。

上述变形特点表明：目前蠕变岩体 A 区边坡整体处于稳定状态，但 $A_1$ 区 $F_{98}$ 断层上盘岩体与 $F_{69}$、$F_{63}$ 断层之间的潜在不稳定体，持续呈下沉趋势。

根据现场观察，边坡面和勘探平洞内没有出现拉裂、层间错动和明显位移现象，说明现存蠕变岩体边坡处于稳定状态；其变形是边坡长期倾倒蠕变的继续，目前仍处于倾倒蠕变过程中，且 $A_1$ 区变形量大，稳定性差。

#### 5.2.1.2 变形破坏模式分析

由于进水口边坡高程 382.0m 以上由 $F_{98}$ 顺坡向断层所构成的稳定性差的潜在滑体全部清除，在开挖边坡区，倾倒变形、沿结构面或结构面组合的岩体滑动是边坡失稳破坏的主要形式。各部位的变形破坏特征为：

（1）残留在开挖边坡上的倾倒蠕变岩体沿折断错滑面滑动。A 区约 109 万 $m^3$、B 区约 52 万 $m^3$ 蠕变岩体不能清除，且存在明显的折断错面，其力学性状较差，在不利条件下，残留蠕变岩体可能失稳。

（2）高程 382.0m 以上进水口坝后坡，坡面有 $T_2b^{23}$ 和 $T_2b^{25}$ 厚层砂岩分布，多为弱风化且完整性相对较好的岩体组成，稳定性相对较好。但高程 382.0m 以下为进水口坝段高陡边坡，该段边坡开挖后，可能使高程 382.0m 以上边坡发生较大变形和局部失稳。

（3）高程 382.0m 以下坝头坡和坝后坡，开挖后边坡不存在贯穿性滑裂面，边坡的整体抗滑稳定性由优势节理组成的复合结构面强度控制，可能出现由断层和节理相互组合构成的局部楔体破坏。另外，该段开挖边坡靠近或紧贴进水口坝段，不允许边坡后期发生过大变形。

（4）左岸导流洞进口明渠开挖边坡区，开挖高度达 85.0～100.0m，大部分坡面为已发生倾倒破坏变形的蠕变岩体，部分边坡由自稳能力很差的崩坡积层构成，坡脚还有风化泥化夹层发育区段存在。受断层切割，岩体完整性受到削弱和破坏，且坡面高程 275.0m 以下，在导流洞运行期间，堰前水位变幅大而频繁，使坡体水文地质条件复杂化。该段边坡开挖后，可能发生较大变形，甚至出现局部崩塌，且可能影响电站进水口及其以上边坡的稳定性。

## 5.2.2　研究方法选择

从龙滩水电站工程初步设计到施工，左岸进水口高边坡的稳定性一直是工程设计研究的重要内容。在工程设计的各阶段，结合边坡具体的变形破坏模式，采用了多种方法进行稳定性分析论证，见表 5-5。针对左岸进水口边坡反倾向层状结构岩体的地质结构特点和变形破坏特征，同时为验证抗倾稳定分析的数学模型，开展了二维与三维离心机模型试验研究，为分析边坡岩体稳定性和研究加固措施提供了依据；采用 SARMA 法分析边坡的整体抗滑稳定性，采用多块体抗倾稳定分析方法分析陡坡段抗倾倒稳定性；为研究边坡在开挖、支护、地应力、地震、水荷载等不同荷载及其组合条件下的响应，应用二维和三维有限元进行边坡的应力变形分析；在连续介质分析方法的基础上，考虑结构面切割，采用二维离散元动、静力分析和三维离散元研究了进水口边坡在自然状态、开挖条件、地震、蓄水运行等状态下的应力、变形破坏特征以及加固效果；为实时分析边坡开挖支护施工过程的变形、稳定性，评价边坡支护效果，优化边坡治理措施，选取了几个典型剖面进行开挖施工仿真分析。以上研究方法各有侧重，又相互验证，形成一整套针对反倾向层状结构岩质高边坡的综合分析方法。

表 5-5　　　　　　　　　　　进水口边坡稳定性研究方法对比表

| 研究方法 | 研究部位 | 重点解决的问题 | 考虑的荷载 | 考虑的影响因素 |
|---|---|---|---|---|
| 二维石膏模型试验 | 进水口 7 号机组剖面 | 揭示倾倒破坏机理，验证数学模型 | 最大离心加速度 110g | 加锚和不加锚 |
| 二维人工石模型试验 | 进水口 7 号机组剖面 | 评价边坡抗倾倒变形稳定性，进一步验证数学模型 | 最大离心加速度 150g | 坡脚有支撑和无支撑，模型比例 1∶150 |
| 三维人工石模型试验 | 进水口 5～9 号机组边坡 180m×135m×170m（长×宽×高） | 评价边坡稳定性 | 最大离心加速度 150g | $F_{119}$、$F_1$ 断层和层间错动 |
| 极限平衡分析 SAR-MA | 7 号机轴线剖面（4 个模型）；垂直引水洞轴线 D—D 剖面（3 个模型）；左岸进水口 1—1 剖面（2 个模型）；坝头坡坝轴线剖面 | 评价边坡抗滑稳定性 | 静水压力、支护荷载 | 预应力锚索按不同的锚固力加固进行比较计算分析；设置了拉裂缝 |
| 多块体抗倾稳定分析 | 7 号机轴线剖面（2 个折线模型，2 个直线模型） | 评价边坡抗倾稳定性 | 坡顶裂缝充水、地震荷载 | 设置了拉裂缝 |
| 二维有限元分析 | 7 号、8 号机轴线剖面；垂直引水洞轴线 D—D 剖面；左岸进水口 1—1 剖面 | 按照平面应变问题分析边坡在各种荷载条件下的变形和应力响应 | 自重应力、构造应力、水荷载、开挖荷载、支护荷载、地震荷载 | 附加网格进行大坝结构耦合分析 |

| 研究方法 | 研究部位 | 重点解决的问题 | 考虑的荷载 | 考虑的影响因素 |
|---|---|---|---|---|
| 三维有限元分析 | 6号机中心线至9号机中心线之间，558m×75m×450m（长×宽×高） | 分析边坡在各种荷载条件下的三维变形和应力响应 | 自重应力、构造应力、水荷载、开挖荷载、支护荷载、地震荷载 | 用节理单元模拟断层和层间错动 |
| 离散元静力分析 | 左岸进水口1—1剖面 | 采用超载安全系数评价边坡静荷载稳定性，岩体变形和应力特征 | 自重力、开挖荷载、水荷载 | 三种河水位情况下的地下水作用 |
| 离散元动力分析 | 左岸进水口1—1剖面 | 评价边坡动荷载稳定性 | 岩体自重力、开挖卸载、库水压力、地下水荷载、地震荷载 | 采用三种拟静力法和实测地震加速度模拟地震动力作用 |
| 三维离散元分析 | 进水口5～9号机组边坡，蠕变体Ⅰ区部分范围、工程边坡区大部分区域，80m×480m×500m（长×宽×高） | 边坡整体支护加固效果分析 | 自重应力、构造应力、水荷载、开挖荷载、支护荷载、地震荷载 | 采用三维离散元进行加锚节理岩体等效力学参数的研究 |
| 开挖仿真分析 | 左岸进水口1—1剖面；左岸进水口2—2剖面；9号机组剖面 | 边坡开挖及支护施工过程分析 | 自重应力、开挖荷载、支护荷载 | 锚杆、锚索支护时机 |

### 5.2.3 模型试验研究

物理模型试验作为边坡稳定性分析的一种重要手段，也是验证数值模拟分析模型的重要途径之一。最早应用于反倾向层状结构岩质边坡倾倒变形研究的物理模型试验是倾斜台面模型试验，随后发展的基底摩擦试验和光弹模型试验，尤其是基底摩擦试验能较好地模拟块体倾倒、块体弯曲倾倒和弯曲倾倒变形现象，被国内外广泛用于反倾向层状结构岩质边坡的稳定性研究。基底摩擦试验与倾斜台面模型试验相比，具有简单易行、直观再现边坡变形失稳全过程的优点，但仍难以模拟复杂的大型二维或三维边坡模型。1994年澳大利亚的 Stewart 介绍使用离心机模型研究边坡倾倒变形的成果，为研究反倾向层状岩质边坡的破坏机理提供了一种新的手段。

为分析反倾向层状结构岩质边坡倾倒变形破坏机理，对龙滩水电站左岸进水口高边坡进行了二维和三维离心机模型试验。离心机模型试验分三个阶段进行。第一阶段采用二维石膏模型进行加锚和不加锚的两组试验，用以揭示倾倒破坏机理，验证数学模型。第二阶段采用人工石二维模型，以进水口7号机组反倾向层状结构岩质开挖边坡为原型，分别进行了坡脚有支撑和无支撑的二维模型试验，分析评价边坡抗倾倒变形稳定性，同时进一步验证数学模型。第三阶段采用人工石三维模型，以进水口5～9号机组引水洞反倾向层状结构岩质开挖边坡为原型，评价边坡的稳定性。

#### 5.2.3.1 石膏模型与材料力学参数

石膏模型采用石膏粉（水膏比0.8）单独立模浇注石膏柱，通过乳胶粘结在底座上，石膏柱间涂凡士林，以模拟层面夹泥。石膏模型材料力学参数见表5—6。

表5-6　　　　　　　　　　　　　　　　石膏强度参数建议值表

| 岩柱表面 | 抗剪强度 | | 抗拉强度 |
|---|---|---|---|
| | $\tan\varphi$ | $c/\text{MPa}$ | $\sigma_t/\text{MPa}$ |
| 底　面 | 0.80 | 0.0 | 0.35 |
| 侧　面 | 0.60 | 0.0 | |

### 5.2.3.2　二维人工石模型与材料力学参数

人工石材料采用水泥、砂、铁粉和水拌和配成，其容重为$2.4\times10^3\text{kg/m}^3$。用黄油模拟夹泥涂在层面上。二维人工石模型根据进水口边坡岩体结构面网络模拟成果，将7号机组进水口边坡按照1:150的比例缩小制作模型。人工石材料强度参数见表5-7。

表5-7　　　　　　　　　　　　　　　人工石材料强度参数建议值表

| 岩柱表面 | | 抗剪强度 | | 节理连通率 | 抗拉强度 |
|---|---|---|---|---|---|
| | | $\varphi/(\degree)$ | $c/\text{MPa}$ | $k$ | $\sigma_t/\text{MPa}$ |
| 底　面 | 砂岩 | — | 0.474 | 0.7 | 1.58 |
| | 粉砂岩 | — | 0.316 | 0.8 | 1.58 |
| 界　面 | | 37 | 0.000 | — | — |

### 5.2.3.3　三维人工石模型

三维人工石模型模拟范围：沿坝轴线方向，自5号机组引水洞中心线向山里延伸135.0m；沿引水洞方向，自坝轴线前0~40.0m开始，至坝轴线下0+140m止，全长180.0m；高程方向自290.0m至460.0m；模型比例1:150，模型尺寸为85cm×120cm×107cm（长×宽×高），包括了5~9号机组引水洞及三个闸门竖井。

三维人工石模型的制作：主要依据进水口边坡实测地质资料和岩体结构面网络模型综合分析形成的边坡岩体地质概化模型进行。三维模型模拟了$F_{119}$、$F_1$断层，依实测经概化后的层间错动。模型中岩块的控制厚度为2~7.06m，并按照结构面网络资料中顺坡向节理切割密度、连通率等指标控制岩块的高度为4.5m，岩块间错台高度为0.6m。采用掺胶与不掺胶的人工石材料分别模拟弱风化和微风化—新鲜岩石，用黄油模拟层间夹泥，按照节理连通率，利用人工锯缝模拟顺坡向复合节理面，选用与开挖断面相似、支护刚度相近的铝合金管模拟引水洞。

三维模型材料力学特性与二维人工石模型材料相同，见表5-7。

### 5.2.4　极限平衡法分析

极限平衡法分析包括整体抗滑稳定分析、局部（定位、半定位、随机块体）稳定分析、多块体倾倒稳定分析。

#### 5.2.4.1　整体抗滑稳定分析

整体抗滑稳定分析采用SARMA法进行计算。

通过对进水口高边坡岩体结构、构造特点以及在高程382.0m处设有宽平台开挖条件等方面的分析研究，认为：进水口高边坡不具备形成从坡顶至坡脚整体滑动的地质条件，在高程382.0m以上将$F_{98}$断层上盘潜在滑动体挖除后，边坡的整体稳定主要受两部分边坡的稳定控制，一是高程382.0m以上较缓边坡，主要由推测的蠕变岩体折断面控制；二是高程 382.0m 以下较陡边坡，主要由缓倾、中倾节理、缓中倾的节理组合以及推测的优势节理面控制。

根据边坡开挖几何体形和工程地质条件，选取具有代表性的 7 号机组轴线剖面、垂直引水洞轴线 D—D 剖面、左岸进水口 1—1 剖面、坝头处坡坝纵轴线剖面进行稳定分析。

计算中考虑了不同岩性和顺层结构面切割。考虑边坡在高程 382.0m 以下为陡坡段，快速开挖卸载后，边坡岩体变形在所难免，因此，在边坡顶部和高程 382.0m 平台处设置了 1 条拉裂缝。拉裂缝的高度：高程 382.0m 以下取 15.0m，高程 382.0m 以上取 15.0～20.0m。施工期考虑降雨入渗等因素，在拉裂缝内施加了静水压力。

计算中未考虑砂浆锚杆的作用，预应力锚索和预应力锚杆按不同的锚固力加固，进行了多方案比较计算分析。

### 5.2.4.2  局部稳定分析

局部稳定分析是针对由各种尺度的结构面切割而形成的定位、半定位、随机块体进行的稳定性分析。

定位块体是指由断层与断层组合，并在开挖坡面上出露的几何可移动块体。

半定位块体是指由断层与节理、裂隙组合，在开挖坡面出露的可移动块体，由设计开挖坡面上出露的断层与所在部位的各种优势节理、裂隙，按最不利组合确定半定位块体。由于半定位块体处于边坡表层，受开挖爆破震动影响较大，因此，稳定计算中不计 $c$ 值作用。

随机块体是指由节理、裂隙与节理、裂隙组合，并在开挖坡面出露的可移动块体。根据节理裂隙统计资料，采用块体理论进行稳定分析。考虑到随机块体埋深浅，受开挖爆破影响严重，因此稳定分析中不计 $c$ 值。

### 5.2.4.3  多块体倾倒稳定分析

抗倾稳定分析采用王思敬院士提出的多块体抗倾稳定分析计算理论和模型。

计算中采用迭代试算法。首先给定初始抗倾稳定安全系数，计算单个块体的倾倒力；当剩余倾倒力为正值时，则向下一块传递；当剩余倾倒力为负值时，则不向下一块传递。直至最后一块倾倒力为正，此时，计算的安全系数为边坡整体抗倾安全系数。

选取 7 号机组轴线剖面边坡进行抗倾稳定计算。计算模型分块时考虑了层面、层间错动面、节理、裂隙切割和进水口边坡二维节理统计模型。为与整体抗滑稳定计算成果对比，在高程 382.0m 平台设置了高度为 15.0m 的拉裂缝。计算中对可能的破裂面均进行了分析。

## 5.2.5  二维有限元分析

二维有限元计算按平面应变问题考虑。

计算剖面为 7 号、8 号机组轴线剖面、垂直引水洞轴线 D—D 剖面和左岸进水口 1—1 剖面。计算域范围的确定以不影响计算精度为原则。

计算过程中，岩体及地质结构面采用弹塑性模型；普通砂浆锚杆采用线弹性模型，模拟成弹性杆件；预应力锚索按节点荷载施加；大坝混凝土结构是在开挖支护完成后，另附加网格进行耦合分析。计算中岩体按不同岩性与不同风化程度分 12 类，考虑了影响较大的 $F_1$、$F_5$、$F_{12}$、$F_{28}$、$F_8$、$F_{32}$ 等 6 条断层和层间错动。长锚杆和预应力锚索按每级 3 根考虑。

各剖面计算工况及荷载组合见表5-8～表5-10。

**表5-8　　　　7号、8号机组轴线剖面有限元计算工况及荷载组合表**

| 工况 | 开挖及支护程序 | 荷载组合 | | | | | | 备注 |
|---|---|---|---|---|---|---|---|---|
| | | 自重力 | 构造应力 | 水荷载 | 开挖荷载 | 支护荷载 | 地震荷载 | |
| 1 | 自然边坡 | △ | △ | △ | — | — | — | 通过应力场模拟，形成边坡稳定的初始应力场 |
| 2 | 边坡开挖至高程382.0m，引水洞开挖形成 | △ | △ | △ | △ | — | — | 引水洞开挖采用弹性模拟量与容重折减法来模拟，折减系数0.7 |
| 3 | 边坡开挖至高程345.0m | △ | △ | △ | — | — | — | — |
| 4 | 边坡开挖至高程345.0m，高程382.0m以上支护形成 | △ | △ | △ | — | △ | — | — |
| 5 | 边坡开挖至高程300.0m | △ | △ | △ | — | — | — | — |
| 6 | 边坡开挖至高程300.0m，高程382.0～300.0m之间锚索支护形成 | △ | △ | △ | — | △ | — | — |
| 7 | 大坝混凝土浇筑形成 | △ | △ | △ | — | △ | — | 按网格与应力耦合计算 |
| 8 | 水库蓄水至375.0m | △ | △ | △ | — | △ | — | — |
| 9 | 在正常蓄水位375.0m以下，边坡与大坝遭受7度地震作用 | △ | △ | △ | — | △ | △ | — |

**表5-9　　　　垂直引水洞轴线 D—D 剖面有限元计算工况及荷载组合表**

| 工况 | 开挖程序 | 荷载组合 | | | | |
|---|---|---|---|---|---|---|
| | | 自重 | 水荷载 | 开挖荷载 | 支护荷载 | 地震 |
| 1 | 自然边坡 | △ | △ | — | — | — |
| 2 | 第一次开挖至高程480.0m | △ | △ | △ | — | — |
| 3 | | △ | △ | — | △ | — |
| 4 | 第二次开挖至高程420.0m | △ | △ | △ | — | — |
| 5 | | △ | △ | — | △ | — |
| 6 | 第三次开挖至高程382.0m | △ | △ | △ | — | — |
| 7 | （7号、8号机洞形成） | △ | △ | — | △ | — |
| 8 | 第四次开挖至高程325.0m | △ | △ | △ | — | — |
| 9 | | △ | △ | — | △ | — |
| 10 | 第五次开挖至高程300.0m | △ | △ | △ | — | — |
| 11 | | △ | △ | — | △ | — |
| 12 | 处理后的永久边坡 | △ | △ | — | △ | △ |

**注**　工况12：水荷载按水库蓄水至高程375.0m计。

表 5 - 10 　　　　　　　左岸进水口 1—1 剖面有限元计算工况及荷载组合表

| 计算工况 | 自重力 | 水荷载 | 开挖荷载 | 地震荷载 |
|---|---|---|---|---|
| 工况 1 | △ | △ | | |
| 工况 2 | △ | △ | | △ |
| 工况 3 | △ | △ | △ | |
| 工况 4 | △ | △ | △ | △ |

**注** 工况 1、工况 2：水荷载考虑了河床常水位和洪水位；工况 3、工况 4：水荷载考虑了水库蓄水至 375.0m。

### 5.2.6 三维有限元分析

　　三维计算域范围：6 号机组中心线至 9 号机组中心线之间 75.0m 宽，高度从高程 96.5m 至坡顶高程 546.5m，沿引水洞轴线方向取 558.0m。

　　三维计算中考虑的荷载除断层和层间错动用节理单元外，其余与二维有限元计算相同。工况及荷载组合见表 5 - 11。

表 5 - 11 　　　　　　　　三维有限元计算工况及荷载组合表

| 工况号 | 开挖及支护程序 | 荷载组合 | | | | | |
|---|---|---|---|---|---|---|---|
| | | 自重应力 | 构造应力 | 水荷载 | 开挖荷载 | 支护荷载 | 地震荷载 |
| 0 | 自然边坡 | △ | △ | △ | — | — | — |
| 1 | 边坡开挖至高程 382.00m；引水洞开挖形成 | △ | △ | △ | △ | — | — |
| 2 | 边坡开挖至高程 345.00m；高程 382.00m 以上锚杆支护 | △ | △ | △ | △ | — | — |
| 3 | 边坡开挖至高程 345.00m，高程 345.00～382.00m 之间加锚索 | △ | △ | △ | — | △ | — |
| 4 | 边坡开挖至高程 300.00m；高程 345.00m 以上支护完毕 | △ | △ | △ | △ | △ | — |
| 5 | 边坡开挖至高程 300.00m；高程 300.00～345.00m 之间加锚索 | △ | △ | △ | — | △ | — |
| 6 | 边坡开挖至高程 300.00m；高程 300.00～345.00m 之间加锚索 | △ | △ | △ | — | △ | — |
| 7 | 边坡开挖支护完毕，大坝混凝土浇筑 | △ | △ | △ | — | △ | — |
| 8 | 坡脚 $T_2b^{18}$ 层固结灌浆 | △ | △ | △ | — | — | — |
| 9 | 水库蓄水至高程 330.00m | △ | △ | △ | — | △ | — |
| | 水库蓄水至高程 375.00m | △ | △ | △ | — | △ | — |
| | 水库蓄水至高程 375.00m | △ | △ | △ | — | △ | — |
| 10 | 水库蓄水至高程 375.00m，受地震作用 | △ | △ | △ | — | △ | △ |

### 5.2.7 二维离散元分析

　　选取左岸进水口 1—1 剖面进行二维离散元分析，计算中假定边坡岩体被节理切割成的非连续块体为刚性块体，块体运动力和加速度的关系遵循牛顿第二定律，岩体破坏准则服从摩尔一库仑准则。

#### 5.2.7.1 离散元静力分析

离散元静力计算中考虑的荷载有：自重力、开挖卸载、水荷载。其中，水荷载考虑了河床常水位 218.0m、施工期蓄水至 320.0m、设计正常蓄水位 400.0m 三种河水位情况下的地下水作用。

单元划分时，顺坡向节理模拟优势产状为 $340°/SW \angle 50°\sim 55°$ 的节理组，节理连通率顺坡向为 50%，横坡向为 100%，并重点模拟了倾倒蠕变岩体及弱风化以上岩体。

#### 5.2.7.2 离散元动力分析

离散元动力计算中考虑的荷载有：岩体自重力、开挖卸载、库水压力和地下水荷载、地震力。为研究不同地震荷载对边坡稳定的影响，计算中考虑了两种不同的地震荷载情况：

（1）拟静力地震荷载：Ⅶ度、Ⅷ度地震水平加速度峰值分别取 0.1g 和 0.2g，荷载沿边坡高程均匀分布，作为最不利情况，综合影响系数取为 1.0。计算中静荷载初始施加，经迭代确认静力平衡后，再施加地震荷载，地震荷载作用时间为 8s。为对比分析，采用三种拟静力法模拟地震动力作用：①拟静力荷载 A：迭代（$t=0.02s$）后进行接触域和接触关系修正，输入地震水平向加速度；②拟静力荷载 B：一次输入水平地震加速度；③拟静力荷载 C：拟静力地震荷载作用时间为 3.8s 后，将水平加速度回零。

（2）用美国 EL‐CENTRO 于 1940 年 5 月 18 日实测的地震加速度记录按比例缩放，最大峰值取 0.1g、0.2g，综合影响系数取 1.0。

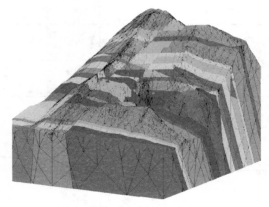

图 5-3 左岸进水口边坡三维
离散元计算模型示意图

#### 5.2.8 三维离散元分析

计算区域包括蠕变体 Ⅰ 区部分范围、工程边坡区大部分区域：宽度为 480.0m，范围从蠕变体 Ⅰ 区至坝址下游侧；长 680.0m 左右，从河谷至坡顶后缘；高 500.0m，从高程 100.0m 至坡顶高程 600.0m。左岸进水口边坡三维离散元计算模型见图 5-3。

计算中主要考虑了对进水口边坡有影响的 $F_1$、$F_{63}$、$F_{69}$ 及 $F_5$ 等 4 条断层，此外还考虑了 5~9 号机组共 5 条引水洞的开挖对进水口边坡的影响。

根据采用三维离散元 3DEC 对加锚节理岩体等效力学参数的研究成果，锚杆加固只控制边坡表层局部范围变形，对边坡整体变形控制甚微，因而在三维计算分析中，只考虑了锚索加固措施，并按照边坡实际加固措施，总共施加 1157 根预应力锚索。

三维离散元计算主要进行了边坡整体加固效果和边坡蓄水后长期稳定性分析，具体计算工况见表 5-12。在进行边坡长期稳定性分析时，首先在边坡开挖加固变形基本平衡后，对计算参数进行 0.7 倍折减，然后进行不同高度蓄水及地震外力等计算分析。

表 5-12 三维离散元计算工况及荷载组合表

| 工况 | 边坡状况 | 荷载组合 | | | | 加固措施 |
|---|---|---|---|---|---|---|
| | | 自重 | 地下水 | 地震 | 地应力 | |
| 1 | 自然边坡 | △ | △ | — | △ | — |
| 2 | 开挖边坡（包括进水口开挖） | △ | △ | — | △ | — |
| 3 | 边坡加固 | △ | △ | — | △ | 全坡支护 |
| 4 | 蓄水位 320.0m | △ | △ | — | △ | 全坡支护 |
| 5 | 蓄水位 320.0m | △ | △ | △ | △ | 地震加速度 0.1g |
| 6 | 蓄水位 375.0m | △ | △ | — | △ | 全坡支护 |
| 7 | 蓄水位 375.0m | △ | △ | △ | △ | 地震加速度 0.1g |
| 8 | 蓄水位 400.0m | △ | △ | — | △ | 全坡支护 |
| 9 | 蓄水位 400.0m | △ | △ | △ | △ | 地震加速度 0.1g |

## 5.2.9 开挖仿真分析

### 5.2.9.1 仿真分析方法

研究采用有限元法对龙滩水电站左岸进水口 1—1 剖面、左岸进水口 2—2 剖面以及 9 号机组剖面进行施工开挖仿真分析。

### 5.2.9.2 仿真分析模型

根据左岸边坡加固设计方案，考虑数值计算的简化，系统锚固区平均按 8.0m 深度，超前锚杆平均 15.0m 长度确定。各计算剖面的计算模型单元和节点统计见表 5-13。

表 5-13 各剖面计算模型单元和节点统计表

| 计算剖面 | 单元数 | 节点数 | 超前锚杆单元数 | 系统锚杆单元数 |
|---|---|---|---|---|
| 进水口 1—1 剖面 | 16197 | 16388 | 426 | 1025 |
| 进水口 2—2 剖面 | 23514 | 23737 | 435 | 1719 |
| 9 号机组剖面 | 5068 | 5148 | 156 | 1190 |

边坡开挖荷载采用"反转应力释放法"，即把沿开挖作用面上的初始地应力反向后转换成等价的"释放荷载"，然后施加于开挖作用面进行有限元分析。

仿真分析中，预应力锚索在计算中以集中力形式施加，并假定预应力在整个过程中没有变化；可能会产生一定的误差，从实测结果来看预应力锚索的锚固力损失较小，最大在 10% 左右，所以对结果影响不大。剖分网格时系统锚杆不受形状限制，在程序中通过含钢率来考虑，可以宏观上把握系统锚杆的应力水平，超前锚杆的单元尺寸与方向应尽可能与实际吻合，可以了解单根锚杆的应力状态。

对于开洞情况，在平面有限元分析时，假定不考虑开洞后岩体三维受力时的拱作用，根据有效承载体面积采用单元厚度折减的办法来等效模拟。

### 5.2.9.3 边坡开挖及支护施工过程概化

根据边坡开挖、支护及施加锚索的实际步骤，各剖面计算过程中开挖支护过程按表 5-14～表 5-16 考虑。

**表 5 - 14　　　　左岸进水口 1—1 剖面开挖、支护及施加锚索进度表**

| 开挖步骤 | 平台高程/m | 锚杆位置（高程）/m | 预应力锚索位置（高程）/m | 开挖时间 | 锚杆时间 | 预应力锚索时间 |
|---|---|---|---|---|---|---|
| 1 | 580.0 | | | 2001 - 06 - 05—<br>2001 - 08 - 15 | | |
| 2 | 560.0 | 580.0 以上 | | 2001 - 08 - 15—<br>2001 - 09 - 20 | 2001 - 08 - 24—<br>2001 - 09 - 11 | |
| 3 | 540.0 | 560.0～580.0 | | 2001 - 09 - 12—<br>2001 - 10 - 20 | | |
| 4 | 520.0 | 540.0～560.0 | | 2001 - 10 - 28—<br>2001 - 11 - 23 | 2001 - 10 - 08—<br>2001 - 11 - 26 | |
| 5 | 500.0 | 520.0～540.0 | | 2001 - 11 - 19—<br>2002 - 01 - 08 | 2001 - 11 - 11—<br>2002 - 01 - 10 | |
| 6 | 480.0 | | 540.0～560.0 | 2001 - 12 - 15—<br>2002 - 01 - 20 | | 2002 - 01 - 20 |
| 7 | 460.0 | 480.0～500.0～<br>520.0 | | 2002 - 01 - 10—<br>2002 - 02 - 28 | 2002 - 01 - 03—<br>2002 - 03 - 28 | |
| 8 | 440.0 | 460.0～480.0 | 500.0、520.0、<br>540.0 | 2002 - 02 - 05—<br>2002 - 04 - 20 | 2002 - 02 - 25—<br>2002 - 04 - 19 | 2002 - 04 - 01 |
| 9 | 425.0 | 440.0～460.0 | 480.0、500.0 | 2002 - 03 - 10—<br>2002 - 05 - 02 | 2002 - 04 - 30 | 2002 - 04 - 30 |
| 10 | 406.5 | 406.5～425.0 | 425.0 | 2002 - 05 - 02—<br>2002 - 05 - 25 | 2002 - 05 - 20—<br>2002 - 06 - 25 | 2002 - 07 - 15 |
| 11 | 382.0 | 382.0～406.5 | 382.0、392.0、<br>401.0 | 2002 - 05 - 10—<br>2002 - 06 - 15 | | |
| 12 | 365.0 | 365.0～382.0 | | 2002 - 05 - 25—<br>2002 - 06 - 20 | 2002 - 06 - 05—<br>2002 - 07 - 20 | 2002 - 09 - 20 |
| 13 | 345.0 | 345.0～365.0 | | 2002 - 06 - 10—<br>2002 - 07 - 15 | 2002 - 07 - 15—<br>2002 - 08 - 31 | 2002 - 10 - 20 |
| 14 | 325.0 | | | 2002 - 06 - 30—<br>2002 - 08 - 10 | 2002 - 08 - 21—<br>2002 - 09 - 30 | |
| 15 | 311.0 | | | 2002 - 07 - 31—<br>2002 - 08 - 31 | 2002 - 08 - 25—<br>2003 - 02 - 10 | |
| 16 | 290.0 | | | 2002 - 09 - 16—<br>2002 - 10 - 20 | | |
| 17 | 270.0 | | | 2002 - 10 - 08— | | |

**注**　由于部分施工步骤缺乏开挖、支护、施加锚索时间等施工记录资料，计算时按锚杆滞后开挖一步、锚索滞后开挖步两步考虑。因此，表中空白处未给出具体时间。

表 5 - 15　　　　　　　左岸进水口 2—2 剖面开挖、支护及施加锚索进度表

| 开挖步骤 | 平台高程/m | 锚杆位置（高程）/m | 预应力锚索位置（高程）/m | 开挖时间 | 锚杆时间 | 预应力锚索时间 |
|---|---|---|---|---|---|---|
| 1 | 560.0 | | | 2001 - 08 - 15—2001 - 09 - 20 | | |
| 2 | 540.0 | 560.0 以上 | | 2001 - 09 - 23—2001 - 10 - 29 | 2001 - 09 - 12—2002 - 10 - 20 | |
| 3 | 520.0 | 540.0～560.0 | | 2001 - 10 - 28—2001 - 11 - 23 | 2001 - 10 - 08—2002 - 11 - 20 | |
| 4 | 500.0 | 520.0～540.0 | | 2001 - 11 - 19—2002 - 01 - 08 | 2001 - 11 - 11—2002 - 01 - 10 | |
| 5 | 480.0 | | 540.0～560.0 | 2001 - 12 - 15—2002 - 01 - 20 | | 2001 - 10 - 23—2002 - 01 - 20 |
| 6 | 460.0 | 480.0～500.0 | | 2002 - 01 - 10—2002 - 02 - 28 | 2002 - 01 - 03—2002 - 02 - 28 | |
| 7 | 440.0 | 460.0～480.0 | 500.0～540.0 | 2002 - 02 - 25—2002 - 04 - 20 | 2002 - 02 - 05—2002 - 04 - 19 | 2002 - 04 - 01 |
| 8 | 425.0 | | 480.0～500.0 | 2002 - 03 - 10—2002 - 05 - 02 | | 2002 - 04 - 30 |
| 9 | 406.5 | 406.5～425.0 | 406.5～480.0 | 2002 - 05 - 02—2002 - 05 - 25 | 2002 - 05 - 15—2002 - 06 - 30 | 2002 - 07 - 15 |
| 10 | 382.0 | 382.0～406.5 | 382.0～406.5 | 2002 - 05 - 10—2002 - 08 - 31 | | 2002 - 10 - 20 |
| 11 | 365.0 | 365.0～382.0 | | | | |
| 12 | 345.0 | 345.0～365.0 | | | | |
| 13 | 325.0 | 325.0～345.0 | 365.0～382.0 | | | |
| 14 | 295.0 | 295.0～325.0 | 325.0～345.0 | | | |
| 15 | 290.0 | 290.0～301.0 | | | | |
| 16 | 275.0 | 275.0～290.0 | 290.0～301.0 | | | |
| 17 | 260.0 | 260.0～275.0 | 275.0～290.0 | | | |
| 18 | 245.0 | 245.0～260.0 | 260.0～275.0 | | | |
| 19 | 210.0 | 210.0～245.0 | 245.0～260.0 | | | |

**注**　11 步后各步开挖、支护、施加锚索时间缺乏施工记录资料，计算时按滞后开挖两步考虑。因此，表中空白处未给出具体时间。

表 5 - 16　　　　　　　9 号机组剖面开挖、支护及施加锚索进度表

| 开挖步骤 | 平台高程/m | 锚杆位置（高程）/m | 预应力锚索位置（高程）/m | 开挖时间 | 锚杆时间 | 预应力锚索时间 |
|---|---|---|---|---|---|---|
| 1 | 520.00 | | | 2001 - 11 - 23 | 2001 - 11 - 20 | |
| 2 | 500.00 | 520.0 以上 | | 2002 - 01 - 08 | 2002 - 01 - 10 | |
| 3 | 480.00 | 500.0～520.0 | | 2002 - 01 - 20 | | |
| 4 | 460.00 | 480.0～500.0 | | 2002 - 02 - 28 | 2002 - 02 - 28 | |
| 5 | 440.00 | 460.0～480.0 | 500.0 以上 | 2002 - 04 - 20 | 2002 - 04 - 19 | 2002 - 04 - 01 |
| 6 | 425.00 | 440.0～460.0 | 480.0～500.0 | 2002 - 05 - 02 | | 2002 - 04 - 30 |
| 7 | 406.50 | 425.0～440.0 | 425.0～480.0 | 2002 - 05 - 25 | 2002 - 06 - 30 | 2002 - 07 - 15 |

| 开挖步骤 | 平台高程/m | 锚杆位置（高程）/m | 预应力锚索位置（高程）/m | 开挖时间 | 锚杆时间 | 预应力锚索时间 |
|---|---|---|---|---|---|---|
| 8 | 382.00 | 406.5～425.0 | 406.5～425.0 | 2002 - 08 - 31 | 2002 - 09 - 30 | 2002 - 10 - 20 |
| 9 | 365.00 | 382.0～406.5 | 382.0～406.5 | | | |
| 10 | 345.00 | 365.0～382.0 | 365.0～382.0 | | | |
| 11 | 325.00 | 345.0～365.0 | 345.0～365.0 | | | |
| 12 | 305.00 | 325.0～345.0 | 325.0～345.0 | | | |
| 13 | 305.00 | 305.0～325.0 | | | | |

对于进水口 2—2 剖面以及 9 号机组剖面，超前锚杆及系统锚杆基本上滞后于开挖一步，高程 425.0m 以上坡段的预应力锚索大体上滞后于开挖三步，且高程 365.0～325.0m 间边坡段还考虑了多种施加预应力锚索的方案。

### 5.2.9.4 仿真分析参数

仿真分析参数首先根据有限元初步计算成果取值，然后根据实测变形、应力等资料不断进行反馈分析和参数调整，最终的计算参数取值见表 5 - 17～表 5 - 22。计算中未考虑流变影响，将流变参数的值取为 1.0，岩体参数按照对应的风化层取值。

**表 5 - 17　　　　　左岸进水口 1—1 剖面各风化层岩体的力学参数表**

| 风化层 | $E$/MPa | $\mu$ | $c$/MPa | $\varphi$/(°) | $\sigma_T$/MPa | $\gamma_s$/(MN/m³) |
|---|---|---|---|---|---|---|
| 残积层 | 100 | 0.34 | 0.10 | 21.60 | 0.000 | 0.0210 |
| 全风化层 | 350 | 0.34 | 0.15 | 24.23 | 0.100 | 0.0255 |
| 强风化层 | 1000 | 0.34 | 0.29 | 30.96 | 0.100 | 0.0255 |
| 弱风化层 1 | 4000 | 0.28 | 0.49 | 34.99 | 0.500 | 0.0265 |
| 弱风化层 2 | 5000 | 0.27 | 0.70 | 41.99 | 0.800 | 0.0265 |
| 微风化层 1 | 8000 | 0.26 | 0.98 | 45.00 | 1.100 | 0.0268 |
| 微风化层 2 | 10000 | 0.25 | 1.23 | 48.00 | 1.300 | 0.0268 |
| 新鲜岩体 | 13000 | 0.25 | 1.48 | 52.43 | 1.500 | 0.0268 |
| 新鲜完整岩体 | 15000 | 0.25 | 2.45 | 56.31 | 1.500 | 0.0268 |

**表 5 - 18　　　　　左岸进水口 1—1 剖面各风化层结构面的力学参数表**

| 风化层 | $E$/MPa | $\mu$ | $c$/MPa | $\varphi$/(°) | 倾角/(°) |
|---|---|---|---|---|---|
| 全风化层 | | | 0.030 | 21.80 | −51.31 |
| 强风化层 | | | 0.080 | 26.60 | −51.31 |
| 弱风化层 1 | | | 0.150 | 30.96 | −60.00 |
| 弱风化层 2 | 与所在风化层的岩体相同 | | 0.150 | 30.96 | −60.00 |
| 微风化层 1 | | | 0.200 | 30.96 | −60.00 |
| 微风化层 2 | | | 0.200 | 30.96 | −60.00 |
| 新鲜岩体 | | | 0.200 | 30.96 | −60.00 |
| 断层及层错 1 | 250 | 0.34 | 0.03 | 15.44 | |
| 断层及层错 2 | 150 | 0.34 | 0.03 | 13.36 | |

表 5-19　　　　　　　　左岸进水口 2—2 剖面各风化层岩体的力学参数表

| 风化层 | $E/\mathrm{MPa}$ | $\mu$ | $c/\mathrm{MPa}$ | $\varphi/(°)$ | $\sigma_T/\mathrm{MPa}$ | $\gamma_s/(\mathrm{MN/m^3})$ |
|---|---|---|---|---|---|---|
| 全风化层 | 450 | 0.35 | 0.20 | 26.60 | 0.100 | 0.0255 |
| 强风化层 | 1200 | 0.34 | 0.29 | 30.96 | 0.100 | 0.0255 |
| 弱风化层 1 | 4000 | 0.28 | 0.49 | 34.99 | 0.500 | 0.0265 |
| 弱风化层 2 | 7000 | 0.27 | 0.70 | 41.99 | 1.000 | 0.0265 |
| 微风化层 1 | 10000 | 0.27 | 0.98 | 45.00 | 1.100 | 0.0268 |
| 微风化层 2 | 12000 | 0.26 | 1.48 | 52.43 | 1.500 | 0.0268 |
| 新鲜岩体 | 14000 | 0.25 | 2.45 | 56.31 | 1.500 | 0.0268 |
| 新鲜完整岩体 | 16000 | 0.25 | 2.45 | 56.31 | 1.500 | 0.0268 |

表 5-20　　　　　　左岸进水口 2—2 剖面各风化层结构面的力学参数表

| 风化层 | $E/\mathrm{MPa}$ | $\mu$ | $c/\mathrm{MPa}$ | $\varphi/(°)$ | 倾角/(°) |
|---|---|---|---|---|---|
| 弱风化层 1 | | | 0.180 | 30.96 | −60.00 |
| 弱风化层 2 | | | 0.180 | 30.96 | −60.00 |
| 微风化层 1 | 与所在风化层的岩体相同 | | 0.200 | 30.96 | −60.00 |
| 微风化层 2 | | | 0.200 | 30.96 | −60.00 |
| 新鲜岩体 | | | 0.200 | 30.96 | −60.00 |
| 断层及层错 1 | 250 | 0.34 | 0.03 | 16.70 | |

表 5-21　　　　　　　　9 号机组剖面各风化层岩体的力学参数表

| 风化层 | $E/\mathrm{MPa}$ | $\mu$ | $c/\mathrm{MPa}$ | $\varphi/(°)$ | $\sigma_T/\mathrm{MPa}$ | $\gamma_s/(\mathrm{MN/m^3})$ |
|---|---|---|---|---|---|---|
| 残积层 | 250 | 0.35 | 0.15 | 24.23 | 0.000 | 0.0210 |
| 全风化层 | 400 | 0.34 | 0.20 | 26.60 | 0.000 | 0.0255 |
| 强风化层 1 | 1000 | 0.34 | 0.20 | 26.60 | 0.100 | 0.0255 |
| 强风化层 2 | 1250 | 0.34 | 0.29 | 30.96 | 0.100 | 0.0255 |
| 弱风化层 1 | 4000 | 0.28 | 0.49 | 34.99 | 0.500 | 0.0265 |
| 弱风化层 2 | 5500 | 0.27 | 0.70 | 41.99 | 0.800 | 0.0265 |
| 微风化层 | 11000 | 0.27 | 0.98 | 45.00 | 0.800 | 0.0268 |
| 新鲜岩体 | 13000 | 0.26 | 1.23 | 48.50 | 1.150 | 0.0268 |
| 新鲜完整岩体 | 15000 | 0.25 | 1.48 | 52.43 | 1.500 | 0.0268 |

表 5-22　　　　　　　9 号机组剖面各风化层结构面的力学参数表

| 风化层 | $E/\mathrm{MPa}$ | $\mu$ | $c/\mathrm{MPa}$ | $\varphi/(°)$ | 倾角/(°) |
|---|---|---|---|---|---|
| 强风化层 1 | | | 0.200 | 28.00 | −60.00 |
| 强风化层 2 | | | 0.200 | 28.00 | −60.00 |
| 弱风化层 1 | | | 0.200 | 30.96 | −60.00 |
| 弱风化层 2 | 与所在风化层的岩体相同 | | 0.200 | 30.96 | −60.00 |
| 微风化层 1 | | | 0.200 | 30.96 | −60.00 |
| 微风化层 2 | | | 0.200 | 30.96 | −60.00 |
| 新鲜岩体 | | | 0.200 | 30.96 | −60.00 |
| 断层及层错 1 | 200 | 0.34 | 0.030 | 14.40 | |
| 缓倾角节理 | 400 | 0.34 | 0.180 | 28.81 | 15.00 |

#### 5.2.9.5 仿真分析计算工况

**1. 左岸进水口 1—1 剖面**

该剖面只考虑了一种工况，即按照边坡开挖支护的设计施工图、施工进度记录资料及人工反馈分析确定的力学参数进行有限元计算。

计算时按照开挖支护加锚措施进行，该剖面共分19步进行计算。步骤0为初始自重工况下的结果，步骤18为开挖完第17步后施加锚杆的工况。

**2. 左岸进水口 2—2 剖面**

该断面考虑了高程 325.0～365.0m 间增减锚索的工况对比计算分析，即不加锚索、按设计要求施加锚索、减少一排锚索等三种情况，具体见表5-23。

表 5-23　　　　　　　　　　左岸进水口 2—2 剖面计算工况表

| 工况编号 | 研 究 内 容 |
|---|---|
| 1 | 高程 325.0～365.0m 间边坡 5 排锚索，325.0～345.0m 间边坡 5 排锚索 |
| 2 | 高程 325.0～365.0m 间边坡 4 排锚索，325.0～345.0m 间边坡 4 排锚索 |
| 3 | 高程 325.0～365.0m 间边坡无锚索 |

计算时按照开挖支护加锚措施进行，左岸进水口 2—2 剖面共计算 21 步，步骤 0 为初始自重工况下的结果，步骤 20 为开挖完第 19 步后仅施加步骤 19 中锚杆的工况。

**3. 9 号机组剖面**

为了弄清在施工过程中可能出现的各种情况下 9 号机组剖面的受力特点、变形机理，据此对边坡稳定性做出安全性评价，更好地为施工过程提供可靠的参考依据，将 9 机组剖面按照 5 种工况来进行仿真分析。由于高程 305.0～365.0m 开挖坡度比较陡，高程 365.0m 处为变坡点，重点考察高程 365.0m 以下部分，为此，高程 305.0～345.0m 坡段（即计算步为步骤 11、步骤 12、步骤 13）在施加锚索情况下再分几种工况（工况 1～工况 5），见表 5-24。

9 号机组剖面共计算 14 步，步骤 0 为初始自重工况下结果，步骤 13 为边坡全部开挖完后仅施加最后一步开挖对应的锚杆。

表 5-24　　　　　　　　　　　9 号机组剖面计算工况表

| 工况编号 | 考 虑 内 容 |
|---|---|
| 1 | 锚索滞后一步，进水洞在步骤 13 形成 0.6t 折减 |
| 2 | 锚索滞后两步，进水洞在步骤 13 形成 0.6t 折减 |
| 3 | 锚索滞后三步，进水洞在步骤 13 形成 0.6t 折减 |
| 4 | 增加一排锚索，且锚索滞后一步，进水洞在步骤 12 形成 0.6t 折减 |
| 5 | 进水洞在步骤 12 形成 0.6t 折减 |

注　表中各工况仅考虑步骤 11、步骤 12、步骤 13 计算步骤，前面 10 步均为施加锚索时间与施工进度记录一致。

## 5.3 主要研究成果与评价

### 5.3.1 离心模型试验成果

通过二维和三维离心机模型试验研究，可以得到以下成果：

（1）加锚和不加锚的 2 个二维石膏模型试验（7 号机组轴线剖面）表明：采用完全相同的边坡坡面和物理条件，倾倒破坏时，离心加速度从不加锚模型的 78g 上升到加锚模型的 110g，说明正确选择锚固位置能有效地抑制倾倒破坏形式的转移，充分发挥锚固的作用。

（2）二维人工石离心模型试验揭示了倾倒变形边坡存在深层破坏现象。坡脚有支撑模型，在 150g 离心加速度下，坡体未发生整体倾倒破坏，但坡脚及多数岩块有沿节理处断裂。坡脚无支撑模型，在 130g 离心加速度下发生整体破坏，破坏面在坡趾处位置较深部位，整体上呈一双折线型台阶状滑动面。采用数学模型计算，传统的单直线滑裂面安全系数远大于 1，采用离心模型试验揭示的双折线滑裂面则接近于 1。这一事实表明，进水口边坡的倾倒破坏，也存在一个临界滑裂面问题。为了提高反倾向层状结构岩质边坡的整体安全度，可以采用加强坡脚岩体的支护措施。

（3）三维模型在 150g 加速度条件下（相当于原型只计自重的应力条件），边坡没有发生整体破坏，整体处于稳定状态。但高程 382.0m 以下层间错动发育的陡坡段稳定性稍差，须进行重点加固处理。

（4）三维模型试验闸门井附近的岩石有受压挤碎现象，坡脚应力集中明显，表明坡脚的稳定对反倾向层状岩质结构边坡至关重要，应特别重视坡脚和引水洞的加固处理，采用合理施工程序和施工措施，减少对岩体的不利影响。

### 5.3.2 刚体极限平衡法成果

#### 5.3.2.1 抗滑稳定计算成果

1. 抗滑稳定计算成果

（1）7 号机组轴线剖面边坡抗滑稳定计算成果见表 5-25。

（2）D—D 剖面计算成果见表 5-26。

（3）蠕变岩体 A—A 剖面计算成果见表 5-27。

（4）坝头坡（坝轴线剖面）计算成果见表 5-28。

表 5-25　　　　　坝后坡（7 号机组轴线剖面）抗滑稳定计算成果表

| 滑面参数 | 工况编号 | 抗滑稳定安全系数 K | | | 加锚固力 T（倾角 15°）/（kN/m） | | | | | |
| | | 模型 1 | 模型 2 | 模型 3 | 模型 1 | | 模型 2 | | 模型 3 | |
| | | | | | T | K | T | K | T | K |
| 加权平均值 | A | 1.323 | 1.277 | 1.240 | 4150 | 1.500 | 7450 | 1.500 | 8800 | 1.502 |
| | B | 1.170 | 1.134 | 1.099 | | 1.326 | | 1.331 | | 1.329 |
| | C | 1.038 | 1.011 | 0.976 | | 1.177 | | 1.185 | | 1.180 |
| | D | 1.220 | 1.190 | 1.136 | 6750 | 1.500 | 10150 | 1.500 | 11700 | 1.500 |
| | E | 1.074 | 1.053 | 1.002 | | 1.320 | | 1.325 | | 1.320 |
| | F | 0.949 | 0.935 | 0.886 | | 1.167 | | 1.175 | | 1.168 |
| | G | 1.169 | 1.144 | 1.080 | 7900 | 1.500 | 11400 | 1.501 | 12500 | 1.502 |
| | H | 1.026 | 1.010 | 0.950 | | 1.317 | | 1.322 | | 1.319 |
| | I | 0.903 | 0.894 | 0.837 | | 1.161 | | 1.170 | | 1.163 |
| | J | 1.005 | 0.974 | 0.908 | 5200 | 1.300 | 7900 | 1.301 | 9500 | 1.300 |

续表

| 滑面参数 | 工况编号 | 抗滑稳定安全系数 K | | | 加锚固力 T（倾角 15°）/(kN/m) | | | | | |
| --- | --- | --- | --- | --- | --- | --- | --- | --- | --- | --- |
| | | 模型 1 | 模型 2 | 模型 3 | 模型 1 | | 模型 2 | | 模型 3 | |
| | | | | | T | K | T | K | T | K |
| φ=29.68°,<br>c=180kPa | A | | | 0.864 | | | | | 23250 | 15.000 |
| | B | | | 0.763 | | | | | | 1.311 |
| | C | | | 0.679 | | | | | | 1.153 |
| | D | | | 0.788 | | | | | 26400 | 1.500 |
| | E | | | 0.695 | | | | | | 1.303 |
| | F | | | 0.619 | | | | | | 1.141 |
| | G | | | 0.754 | | | | | 26850 | 1.500 |
| | H | | | 0.665 | | | | | | 1.300 |
| | I | | | 0.593 | | | | | | 1.136 |
| | J | | | 0.772 | | | | | 24500 | 1.300 |

注　1. 工况：A. 自重；B. 自重+地震（a=0.1g）；C. 自重+地震（a=0.2g）；D. 自重+充水 1/3h；E. 自重+充水 1/3h+地震（a=0.1g）；F. 自重+充水 1/3h+地震（a=0.2g）；G. 自重+充水 1/2h；H. 自重+充水 1/2h+地震（a=0.1g）；I. 自重+充水 1/2h+地震（a=0.2g）；J. 自重+充水 1/1h。

　　2. 锚固力在坡面上均匀布设。

表 5 - 26　　　　　　　坝后坡（D—D 剖面）抗滑稳定计算成果表

| 工况编号 | 抗滑稳定安全系数 K | | | 加锚固力 T（倾角 15°）/(kN/m) | | | | | |
| --- | --- | --- | --- | --- | --- | --- | --- | --- | --- |
| | 模型 1 | 模型 2 | 模型 3 | 模型 1 | | 模型 2 | | 模型 3 | |
| | | | | T | K | T | K | T | K |
| A | 0.944 | 0.907 | 0.897 | | 1.501 | | 1.501 | | 1.500 |
| B | 0.819 | 0.802 | 0.791 | 16200 | 1.294 | 17600 | 1.316 | 17950 | 1.313 |
| C | 0.712 | 0.714 | 0.702 | | 1.124 | | 1.161 | | 1.156 |
| D | 0.864 | 0.835 | 0.825 | | 1.500 | | 1.500 | | 1.500 |
| E | 0.745 | 0.737 | 0.725 | 18450 | 1.286 | 19650 | 1.309 | 19850 | 1.306 |
| F | 0.643 | 0.656 | 0.643 | | 1.110 | | 1.150 | | 1.145 |
| G | 0.829 | 0.795 | 1.080 | | 1.500 | | 1.500 | | 1.501 |
| H | 0.712 | 0.698 | 0.950 | 19350 | 1.281 | 20600 | 1.304 | 20900 | 1.303 |
| I | 0.612 | 0.619 | 0.837 | | 1.102 | | 1.143 | | 1.139 |
| J | 0.742 | 0.779 | 0.774 | 16850 | 1.300 | 17200 | 1.300 | 17400 | 1.301 |

注　1. 工况：A. 自重；B. 自重+地震（a=0.1g）；C. 自重+地震（a=0.2g）；D. 自重+充水 1/3h；E. 自重+充水 1/3h+地震（a=0.1g）；F. 自重+充水 1/3h+地震（a=0.2g）；G. 自重+充水 1/2h；H. 自重+充水 1/2h+地震（a=0.1g）；自重+充水 1/2h+地震（a=0.2g）；J. 自重+充水 1/1h。

　　2. 滑面：模型 1：中下部倾角 50°，上部竖直开裂深度 15m；模型 2：下部倾角 24°，中部滑体厚 20m，上部竖直开裂深度 15m；模型 3：下部倾角 30°，中部滑体厚 20m，上部竖直开裂深度 15m。

　　3. 滑面参数：φ=29.68°，c=180kPa。

　　4. 预应力锚索沿坡面均匀布设。

表 5 - 27　　　　　蠕变体 A - A（5—5 剖面）抗滑稳定计算成果表

| 滑面构成 | 工况编号 | 安全系数 K | | | 达到设计要求需加锚固力 T（锚固力倾角为0°） | | | | | |
|---|---|---|---|---|---|---|---|---|---|---|
| | | 滑面参数1 | 滑面参数2 | 滑面参数3 | 滑面参数1 | | 滑面参数2 | | 滑面参数3 | |
| | | | | | T/(kN/m) | 相应 K | T/(kN/m) | 相应 K | T/(kN/m) | 相应 K |
| 模型 1：以蠕变岩倾倒底线滑面 | A | 1.192 | 1.507 | 1.471 | 16150 | 1.574 | 370 | 1.514 | 1550 | 1.508 |
| | B | 1.010 | 1.274 | 1.248 | | 1.300 | | 1.280 | | 1.277 |
| | C | 0.872 | 1.095 | 1.076 | | 1.100 | | 1.100 | | 1.100 |
| | D | 1.115 | 1.404 | 1.381 | 20000 | 1.597 | 5310 | 1.532 | 6300 | 1.528 |
| | E | 0.945 | 1.186 | 1.170 | | 1.307 | | 1.285 | | 1.284 |
| | F | 0.816 | 1.020 | 1.009 | | 1.100 | | 1.100 | | 1.100 |
| | G | 1.075 | 1.351 | 1.333 | 22200 | 1.610 | 7930 | 1.542 | 8600 | 1.537 |
| | H | 0.911 | 1.141 | 1.130 | | 1.311 | | 1.289 | | 1.286 |
| | I | 0.787 | 0.981 | 0.974 | | 1.100 | | 1.100 | | 1.100 |
| | J | 0.949 | 1.185 | 1.185 | 17330 | 1.300 | 5400 | 1.300 | 5610 | 1.300 |
| 模型 2：以下部 240 复合节理面，上部滑体厚为 20m 组合滑面 | A | 1.075 | 1.366 | 1.322 | 35900 | 1.652 | 12100 | 1.562 | 15100 | 1.561 |
| | B | 0.907 | 1.150 | 1.117 | | 1.329 | | 1.299 | | 1.298 |
| | C | 0.7775 | 0.983 | 0.958 | | 1.100 | | 1.100 | | 1.100 |
| | D | 0.993 | 1.257 | 1.226 | 43000 | 1.698 | 20900 | 1.600 | 23100 | 1.596 |
| | E | 0.836 | 1.056 | 1.034 | | 1.345 | | 1.313 | | 1.311 |
| | F | 0.716 | 0.901 | 0.885 | | 1.100 | | 1.100 | | 1.100 |
| | G | 0.949 | 1.199 | 1.175 | 47150 | 1.725 | 25200 | 1.619 | 27100 | 1.614 |
| | H | 0.799 | 1.006 | 0.990 | | 1.354 | | 1.319 | | 1.317 |
| | I | 0.684 | 0.858 | 0.847 | | 1.100 | | 1.100 | | 1.100 |
| | J | 0.811 | 1.018 | 1.012 | 37750 | 1.300 | 20800 | 1.300 | 21650 | 1.300 |

注　1. 工况：A. 自重；B. 自重＋地震（$a=0.1g$）；C. 自重＋地震（$a=0.2g$）；D. 自重＋充水 1/3h；E. 自重＋充水 1/3h＋地震（$a=0.1g$）；F. 自重＋充水 1/3h＋地震（$a=0.2g$）；G. 自重＋充水 1/2h；H. 自重＋充水 1/2h＋地震（$a=0.1g$）；I. 自重＋充水 1/2h＋地震（$a=0.2g$）；J. 自重＋充水 1h。

2. 滑面参数 1：$\varphi=23.23°$，$c=150\text{kPa}$；滑面参数 2：$\varphi=29.68°$，$c=180\text{kPa}$；滑面参数 3：$\varphi=26.57°$，$c=200\text{kPa}$。

3. 预应力锚索沿坡面均匀布置。

表 5 - 28　　　　　坝头坡（坝轴线剖面）抗滑稳定计算成果表

| 工况编号 | 抗滑稳定安全系数 K | | | | 加锚固力 T（倾角15°）/(kN/m) | | | | | | | |
|---|---|---|---|---|---|---|---|---|---|---|---|---|
| | $\alpha=24°$ | $\alpha=30°$ | $\alpha=50°$ | $\alpha=5°$ | $\alpha=24°$ | | $\alpha=30°$ | | $\alpha=50°$ | | $\alpha=5°$ | |
| | | | | | T | K | T | K | T | K | T | K |
| A | 1.710 | 1.400 | 1.074 | 7.880 | | | | 1.642 | | 1.500 | | |
| B | 1.355 | 1.151 | 0.945 | 3.656 | | | 1820 | 1.327 | 5055 | 1.309 | | |
| C | 1.111 | 0.965 | 0.834 | 2.370 | | | | 1.100 | | 1.149 | | |
| D | 1.272 | 1.079 | 0.887 | 3.340 | | 1.747 | | 1.693 | | 1.500 | | |
| E | 1.033 | 0.897 | 0.776 | 2.182 | 3260 | 1.344 | 5070 | 1.344 | 7560 | 1.299 | | |
| F | 0.860 | 0.757 | 0.680 | 1.601 | | 1.100 | | 1.100 | | 1.133 | | |

续表

| 工况编号 | 抗滑稳定安全系数 K | | | | 加锚固力 T（倾角15°）/(kN/m) | | | | | | | |
|---|---|---|---|---|---|---|---|---|---|---|---|---|
| | $\alpha=24°$ | $\alpha=30°$ | $\alpha=50°$ | $\alpha=5°$ | $\alpha=24°$ | | $\alpha=30°$ | | $\alpha=50°$ | | $\alpha=5°$ | |
| | | | | | T | K | T | K | T | K | T | K |
| G | 0.970 | 0.850 | 0.759 | 1.926 | | 1.771 | | 1.713 | | 1.500 | | |
| H | 0.805 | 0.715 | 0.662 | 1.437 | 6465 | 1.368 | 8060 | 1.351 | 9550 | 1.295 | | |
| I | 0.681 | 0.608 | 0.578 | 1.143 | | 1.100 | | 1.100 | | 1.126 | | |
| J | 0.309 | 0.368 | 0.530* | 0.470 | 18985 | 1.300 | 19530 | 1.300 | 16540 | 1.300 | 15300 | 1.300 |

注 1. 工况：A. 自重；B. 自重＋地震（a=0.1g）；C. 自重＋地震（a=0.2g）；D. 自重＋充水1/3h；E. 自重＋充水1/3h＋地震（a=0.1g）；F. 自重＋充水1/3h＋地震（a=0.2g）；G. 自重＋充水1/2h；H. 自重＋充水1/2h＋地震（a=0.1g）；I. 自重＋充水1/2h＋地震（a=0.2g）；J. 自重＋充水1/1h。

　　2. 滑面参数：$\varphi=26.57°$，$c=200\text{kPa}$。

　　3. 预应力锚索沿坡面均匀布置。

* 保证计算中不出现负应力已施加了锚固力。

　　**2. 施工期大坝与边坡抗滑稳定计算成果**

　　以7号机组轴线剖面的大坝和边坡岩体共同作用形式为典型代表，分析施工期（蓄水前）大坝与边坡岩体共同作用的抗滑稳定，计算成果见表5-29。

表5-29　　　　　　　大坝与边坡共同作用的抗滑稳定安全系数 K 计算成果表

| 工况 | A | B | C | D | E | F | G | H | I | J |
|---|---|---|---|---|---|---|---|---|---|---|
| 坝前无水 | 3.103 | 2.625 | 2.272 | 3.005 | 2.545 | 2.204 | 2.955 | 2.503 | 2.169 | 2.788 |
| 坝前水位330.0m | 3.276 | 2.738 | 2.348 | 3.170 | 2.651 | 2.275 | 3.116 | 2.607 | 2.238 | 2.932 |

注 1. 工况：A. 自重；B. 自重＋地震（a=0.1g）；C. 自重＋地震（a=0.2g）；D. 自重＋充水1/3h；E. 自重＋充水1/3h＋地震（a=0.1g）；F. 自重＋充水1/3h＋地震（a=0.2g）；G. 自重＋充水1/2h；H. 自重＋充水1/2h＋地震（a=0.1g）；I. 自重＋充水1/2h＋地震（a=0.2g）；J. 自重＋充水1/1h。

　　2. 采用模型3，滑面构成：下部倾角30°，中部倾角60°，上部竖直开裂深度13.0m。

　　3. 滑面参数：$\varphi=29.68°$，$c=180\text{kPa}$。

　　**3. 参数敏感性分析。**

　　高程382.0m平台裂缝充水深度的敏感性计算成果见表5-30；潜在滑动面（优势节理面）的抗剪强度对稳定安全系数的敏感计算成果见表5-31和表5-32；岩体容重对稳定安全系数的敏感计算成果见表5-33。

表5-30　　　　　　　　　　　地下水位敏感性分析

| 地下水位 | 0.0h | 0.1h | 0.2h | 0.3h | 0.4h | 0.5h | 0.6h | 0.7h | 0.8h | 0.9h | 1h |
|---|---|---|---|---|---|---|---|---|---|---|---|
| 安全系数 K | 1.121 | 1.095 | 1.070 | 1.046 | 1.024 | 1.003 | 0.983 | 0.961 | 0.937 | 0.913 | 0.892 |

注 1. 计算采用7号机组轴线剖面，采用模型3，滑面下部倾角30°，中部倾角60°，上部竖直开裂深度13.0m。

　　2. 计算选用参数：滑面摩擦角 $\varphi=30.96°$，黏结力 $c=300\text{kPa}$，$\gamma=26.7\text{kN/m}^3$。

表5-31　　　　　　　　　　　滑面黏结力敏感性分析

| $c/\text{kPa}$ | 200 | 250 | 300 | 350 | 400 | 450 | 500 | 550 | 600 |
|---|---|---|---|---|---|---|---|---|---|
| 安全系数 K | 0.845 | 0.942 | 1.040 | 1.138 | 1.237 | 1.337 | 1.436 | 1.536 | 1.636 |

注 1. 计算采用7号机组轴线剖面，采用模型3，滑面下部倾角30°，中部倾角60°，上部竖直开裂深度13.0m。

　　2. 计算选用参数：滑面摩擦角 $\varphi=26.57°$，滑体容重 $\gamma=26.7\text{kN/m}^3$，未考虑地下水。

表 5－32 滑面摩擦角敏感性分析

| $\varphi/(°)$ | 26.57 | 27 | 28 | 29 | 30 | 31 | 32 | 33 | 34 | 35 | 36 | 37 | 38 | 39 |
|---|---|---|---|---|---|---|---|---|---|---|---|---|---|---|
| 安全系数 K | 0.845 | 0.853 | 0.871 | 0.889 | 0.908 | 0.928 | 0.947 | 0.967 | 0.988 | 1.009 | 1.030 | 1.052 | 1.075 | 1.098 |

注 1. 计算采用 7 号机组轴线剖面，采用模型 3，滑面下部倾角 30°，中部倾角 60°，上部竖直开裂深度 13.0m。
  2. 计算选用参数：滑面黏结力 $c=200$kPa，滑体容重 $\gamma=26.7$kN/m³，未考虑地下水。

表 5－33 滑体容重敏感性分析

| $\gamma/(kN/m^3)$ | 24.2 | 24.7 | 25.2 | 25.7 | 26.2 | 26.7 | 27.2 | 27.7 | 28.2 | 28.7 | 29.2 |
|---|---|---|---|---|---|---|---|---|---|---|---|
| 安全系数 K | 0.886 | 0.877 | 0.869 | 0.861 | 0.853 | 0.845 | 0.838 | 0.831 | 0.824 | 0.817 | 0.811 |

注 1. 计算采用 7 号机组轴线剖面的模型 3，滑面下部倾角 30°，中部倾角 60°，上部竖直开裂深度 13.0m。
  2. 计算选用参数：滑面摩擦角 $\varphi=26.57°$，黏结力 $c=200$kPa，未考虑地下水。

**4. 局部稳定分析**

局部稳定分析是针对由各种尺度的结构面切割形成的定位、半定位、随机块体进行的稳定性分析。

（1）定位和半定位块体稳定分析。定位块体是指由断层与断层组合，并在开挖坡面上出露的几何可移动块体。半定位块体是指由断层与节理、裂隙组合，并在开挖坡面出露的可移动块体，由设计开挖坡面上出露的断层与所在部位的各种优势节理、裂隙，按最不利组合确定半定位块体，由于半定位块体处于边坡表层，受开挖爆破震动影响较大，因此，稳定计算中不计 $c$ 值作用。

通过对地质平面图和分高程地质平切面图进行分析，共发现定位和半定位块体 13 处。其中，1 号机组引水洞处，由 $F_{56}$ 和 $F_{138}$，以及 $F_7$、$F_{26}$ 和 $F_{138}$ 组合形成的 2 个块体，块体体积分别为 1.71 万 m³ 和 7.38 万 m³，坡面出露宽度分别达 29.0m 和 65.0m，最大厚度分别为 22.0m 和 35.0m，其稳定计算成果见表 5－34。表 5－35、表－36 给出了达到稳定设计标准所需的锚固力。其余定位和半定位块体的稳定计算成果见表 5－37。

（2）随机块体稳定分析。随机块体是指由节理、裂隙与节理、裂隙组合，并在开挖坡面出露的可移动块体。根据节理裂隙统计资料，采用块体理论进行稳定分析。考虑到随机块体埋深浅，受开挖爆破影响严重，因此稳定分析中不计 $c$ 值。计算结果见表 5－38。

（3）综合分析。稳定分析选取的剖面均为边坡各部位的典型剖面，计算成果代表各部位边坡的稳定性。按部位分析如下：

1）坝头坡：由倾角 50° 的优势节理面与断层 $F_{119}$ 构成的潜在滑动体控制边坡稳定。影响该部位边坡稳定的主要因素是断层 $F_{119}$ 开裂后的裂缝水作用。为保持施工期边坡稳定，每延米边坡需施加 7500～10000kN 的预应力。

2）坝后坡：从 7 号机组轴线剖面、垂直引水洞轴线 D—D 剖面两个典型剖面的计算成果看，当采用建议参数的加权平均值时，开挖后边坡基本能保持稳定，但稳定安全系数并不高，要达到稳定要求，需施加 12500kN/m 锚固力；当采用微风化岩体岩体内反倾向节理面参数时，稳定安全系数显著降低，要达到稳定要求，需施加 27000kN/m 锚固力。综合考虑开挖后由于岩体卸荷松弛、水作用以及其他不确定因素的作用，对坝后坡施加 20000kN/m 的锚固力较为合适。

表5-34
**块体稳定计算成果表**

| 序号 | 结构面组合 结构面名称 | 楔体交线 走向 | 倾向 | 倾角 | 出露部位 | 块体体型参数 最低出露高程/m | 最大宽度/m | 最大厚度/m | 体积/m³ | 滑面参数 c/MPa, φ/(°) | 抗滑稳定安全系数 工况1 | 工况2 | 工况3 | 工况4 | 备注 |
|---|---|---|---|---|---|---|---|---|---|---|---|---|---|---|---|
| 1 | F₁₃₈ 350°/S∠31° F₅₈ 65°/SE∠82° | 240.44 | SW | 29.520 | 1号机组进水口坝后坡 | 295 | 29 | 22 | 17079.8 | φ=14.040 c=0.3 | 1.04 | 0.961 | 0.863 | 0.796 | 主滑面 F₁₃₈ 面积2296.7m²，侧滑面 F₅₆ 面积1274.3m² |
| 2 | F₁₃₈ 350°/S∠31° F₇ 88°/NW∠79° F₂₆ 50°/NW∠80° | 500.0 | SW | 27.490 | 2号机组进水口坝后坡 | 280 | 65 | 35 | 73829.5 | φ=14.040 c=0.3 计c₂ | 0.92 | 0.828 | 0.751 | 0.675 | c₂为F₇黏结力 |
|  |  |  |  |  |  |  |  |  |  | 未计c₂ | 0.911 | 0.819 | 0.743 | 0.668 |  |

注　工况1：自重；工况2：自重＋充水1/3h；工况3：自重＋地震（a=0.1g）；工况4：自重＋充水1/2h＋地震（a=0.1g）。

表5-35
**F₁₃₈＋F₅₆组合块体锚固力计算成果表**　单位：万 kN

| 锚固力 工况 | 稳定安全系数（目标K） 0.9 | 0.95 | 1.0 | 1.05 | 1.1 | 1.15 | 1.2 | 1.25 | 1.3 | 1.5 | 备注 |
|---|---|---|---|---|---|---|---|---|---|---|---|
| 自重 |  |  |  | 0.3 | 1.761 | 3.152 | 4.478 | 5.743 | 6.951 | 11.286 | 锚固力方向 50°∠NE∠15° |
| 自重＋充水1/3h |  |  | 1.203 | 2.678 | 4.081 | 5.416 | 6.689 | 7.903 | 9.063 |  |  |
| 自重＋地震 |  | 3.256 | 4.989 | 6.635 | 8.199 | 9.689 | 11.108 | 12.46 |  |  |  |
| 自重＋充水1/3h＋地震 | 4.001 | 5.761 | 7.429 | 9.013 | 10.519 | 11.953 | 13.319 |  |  |  |  |

**表 5-36**　F₁₃₈+F₂₆+F₇组合块体锚固力计算成果表

单位：万 kN

| 工况 | 锚固力 | 稳定安全系数（目标 K） | | | | | | | | | | 备注 |
|---|---|---|---|---|---|---|---|---|---|---|---|---|
| | | 0.9 | 0.95 | 1.0 | 1.05 | 1.1 | 1.15 | 1.2 | 1.25 | 1.3 | 1.5 | |
| 自重 | 计 c₃ | | | 17.0 | 21.1 | 24.9 | 28.4 | 31.6 | 34.7 | 29.9 | 40.3 | c₃为 F₇断层黏结力，锚固方向 50°，力方向∠NE15° |
| | 不计 c₃ | | | 17.9 | 21.9 | 25.7 | 29.1 | 32.4 | 35.4 | 30.6 | 40.9 | |
| 自重+充水 1/3h | 计 c₃ | | | | | | | | | | | |
| | 不计 c₃ | | | | | | | | | | | |
| 自重+地震 | 计 c₃ | | | 29.1 | 33.5 | 37.7 | 41.5 | 53.1 | 56.2 | | | |
| | 不计 c₃ | | | 29.9 | 34.4 | 38.5 | 42.3 | 53.9 | 56.9 | | | |
| 自重+充水 1/3h+地震 | 计 c₃ | 28.8 | 33.7 | 38.2 | 42.4 | 46.2 | 49.8 | | | | | |
| | 不计 c₃ | 29.8 | 34.6 | 39.1 | 43.2 | 47.0 | 50.6 | | | | | |

**表 5-37**　进水口边坡定位、半定位块体稳定计算成果表

| 序号 | 块体出露位置 | 所在边坡产状（上/下坡） | 组成块体的断层编号及产状 | 滑面交线产状 | 块体特征 | | | | 稳定性计算成果 | | | | | | | | 备注 |
|---|---|---|---|---|---|---|---|---|---|---|---|---|---|---|---|---|---|
| | | | | | H/m | V/m³ | f | c/kPa | 自重 | | 自重+地震 | | 自重+地下水 | | 自重+地下水+地震 | | |
| | | | | | | | | | K | F/kN | K | F/kN | K | F/kN | K | F/kN | |
| 1 | 左岸 A 区坝头坡 320.0m 平台与 360.0m 平台之间，D₄₂附近 | 165°∠38° / 40°∠82° | F₄₂₋₅：215°∠46° F₄₂₋₂：70°∠55° | 145°∠20° | 11.5 | 1578 | 0.25 | 30 | 2.28 | | 1.78 | | 1.88 | | 1.47 | | F₄₂₋₄为后缘切割面，计算时作为上坡面。因为该处岩层在过渡带，故 F₄₂₋₂取 70°∠50° |
| 2 | | 165°∠45° / 0°∠83° | F₄₂₋₅：215°∠46° F₄₂₋₄：70°∠45° | 142°∠17° | 9.6 | 810 | 0.25 | 30 | 2.62 | | 1.98 | | 2.23 | | 1.68 | | |
| | | | | | | | 0.25 | 0 | 1.11 | | 0.84 | 1332 | 0.71 | 1763 | 0.54 | 3816 | |

续表

| 序号 | 块体出露位置 | 所在边坡产状（上/下坡） | 组成块体的断层编号及产状 | 滑面交线产状 | 块体特征 H/m | V/m³ | f | c/kPa | 稳定性计算成果 自重 K | 自重 F/kN | 自重+地震 K | 自重+地震 F/kN | 自重+地下水 K | 自重+地下水 F/kN | 自重+地下水+地震 K | 自重+地下水+地震 F/kN | 备注 |
|---|---|---|---|---|---|---|---|---|---|---|---|---|---|---|---|---|---|
| 3 | | 230°∠35.5° / 230°∠0° | F69: 取 153°∠80° / F45-6: 256°∠30° | 237°∠29° | 1.9 | 65 | 0.25 | 30 | 4.72 | | 3.99 | | 4.5 | | 3.8 | | |
| 4 | 左岸 A 区坝头坡 382.0m 平台与 420.0m 平台之间，D45 附近 | 230°35.5° / f: 80°∠55° | F69: 153°∠80° / f45-9: 270.5°∠35° | 237°∠30° | 4.2 | 320 | 0.25 | 30 | 2.94 | 1889 | 2.51 | 2620 | 2.66 | 3053 | 2.27 | 3784 | 断层交线长度取 50m，上坡由层间（f）错动构成 |
| | | | | | | | 0.25 | 0 | 0.55 | | 0.47 | | 0.28 | | 0.24 | | |
| 5 | | 230°∠33° / f: 80°∠55° | F69: 153°∠80° / F45支-11: 288°∠24° | 240°∠17° | 12.7 | 3152 | 0.25 | 30 | 2.39 | | 1.79 | | 1.94 | | 1.45 | | |
| | | | | | | | 0.25 | 0 | 1.08 | | 0.81 | 5915 | 0.63 | 8692 | 0.47 | 16696 | |
| 6 | 左岸 6~8 号机组处坝后坡，340.0m 平台与 382.0m 平台之间，D7 附近 | 227°∠60° / 227°∠0° | F73: 300°∠83° 取130°∠89° / F50: 280°∠65° | 219°∠46° | 3.2 | 23 | 0.25 | 30 | 4.8 | | 4.37 | | 4.44 | | 4.05 | | 假定 F73 断层直立时才能构成块体 |
| 7 | 左岸 3~5 号机组坝后坡，340.0m 平台上，D14 附近 | 203°∠71° / 203°∠0° | F14-1: 195°∠55° / F14-2: 315°∠40° | 263°∠28° | 2.7 | 20.3 | 0.25 | 30 | 5.8 | | 4.8 | | 5.4 | | 4.5 | | |

续表

| 序号 | 块体出露位置 | 所在边坡产状（上/下坡） | 组成块体的断层编号及产状 | 滑面交线产状 | 块体特征 | | | | | | | | | | | | 备注 |
|---|---|---|---|---|---|---|---|---|---|---|---|---|---|---|---|---|---|
| | | | | | H/m | V/m³ | f | c/kPa | 稳定性计算成果 | | | | | | | | |
| | | | | | | | | | 自重 | | 自重+地震 | | 自重+地下水 | | 自重+地下水+地震 | | |
| | | | | | | | | | K | F/kN | K | F/kN | K | F/kN | K | F/kN | |
| 8 | 1号机组外侧：高程282.0～350.0m | 229°∠72° / 229°∠38.6° | F₂₇：188°∠78° / F₁₄₃：320°∠58° | 266°∠43.5° | 14.3 | 3438 | 0.36 / 0.25 | 50 / 30 | 1.92 / 1.22 | | 1.74 / 1.1 | | 1.51 / 0.93 | 4082 | 1.36 / 0.84 | 10691 | F₂₇与F₁₄₃推测一断后才能相交，坡脚需剪断5m的岩体 |
| 9 | 1号机组外侧：高程288.0～295.0m | 210°∠56° / 210°∠0° | | 240° | 2.8 | 33.6 | 0.25 | 30 | 4.01 | | 3.4 | | 3.75 | | 3.18 | | 块体位于边坡浅部，实际上可能失稳 |
| 10 | 1号机组外侧：高程295.0～363.0m | 230°∠40° / 230°∠0° | F₅₆：155°∠82° / F₁₃₈：260°∠31° | 240°∠29.5° | 18 | 27885 | 0.36 / 0.25 | 50 / 30 | 1.52 / 0.98 | 4557 | 1.3 / 0.83 | 68860 | 1.19 / 0.75 | 89372 | 1.01 / 0.64 | 153675 | 上部边坡为自然边坡，计算作了假定；计算块体积可能偏大 |
| 11 | 左岸1、2号机组的坝后内侧坡300.0m平台附近 | 165°∠73° / 165°∠36° | F₄₁：180°∠63° / 层面：80°∠60° | 127°∠50° | 5.6 | 507 | 0.36 / 0.25 | 50 / 30 | 2.26 / 1.39 | | 2.08 / 1.28 | | 2.02 / 1.22 | | 1.86 / 1.13 | | |

注　$H$ 为上下坡交线到滑面交线的距离，泛指块体高度。本节块体计算中"$H$"意义相同。表中所列"$H$"为典型坡情况下的计算高度，与实际有所差别，计算水压力时，采用"$H$"作为水头。$F$ 表示剩余下滑力。

表5-38

**左岸进水口边坡随机块体计算成果表（断层交线长取50.0m）**

| 序号 | 所在边坡位置 | 所在边坡产状（上/下坡） | 组成块体的结构面形状 | 滑面交线产状 | H/m | V/m³ | f | c/kPa | 自重 K | 自重 F/kN | 自重+地震 K | 自重+地震 F/kN | 自重+地下水 K | 自重+地下水 F/kN | 自重+地下水+地震 K | 自重+地下水+地震 F/kN | 备注 |
|---|---|---|---|---|---|---|---|---|---|---|---|---|---|---|---|---|---|
| 1 | A区坝头坡320.0m平台至382.0m平台 | 205°∠48° / 205°∠0° | 220°∠45° / 105°∠55° | 169°∠32° | 6.8 | 1662 | 0.25 | 30 | 117 | | 1.4 | | 1.47 | | 1.27 | | 考虑附近$D_8$中$F_{8-12}$的产状，与$F_{8-10}$近似产状的两组结构面 |
| 2 | | 205°∠48° / 205°∠0°（380.0m平台） | 300°∠50° / 190°∠50° | 245°∠34° | 4.8 | 662 | 0.25 | 30 | 2.2 | | 1.9 | | 1.93 | | 1.68 | | 取与$D_8$中$F_{8-11}$、$F_{8-3}$产状相似的两组结构面结合 |
| 3 | | | 300°∠55° / 190°∠55° | 245°∠39° | 1.2 | 23.3 | 0.25 | 30 | 8.3 | | 7.4 | | 8.07 | | 719 | | 参考典型节理面的产状 |
| 4 | A₁区 | | 160°∠80° / 255°∠30° | 244°∠30° | 3.9 | 693 | 0.25 | 30 | 2.4 | | 2.1 | | 2.2 | | 1.88 | | 参考$F_{69}$与$F_{45-6}$的产状 |
| 5 | | 230°∠36° / 230°∠0°（480.0m平台） | 200°∠35° / 290°∠50° | 230°∠31° | 3.8 | 521 | 0.25 | 30 | 2.4 | | 2.1 | | 2.2 | | 1.9 | | 参考典型节理面的产状 |
| 6 | | | 200°∠35° / 290°∠30° | 250°∠24° | 6.5 | 1710 | 0.25 | 30 | 2 | | 1.6 | | 1.77 | | 1.44 | | 参考典型节理面的产状 |
| 7 | | | 190°∠40° / 290°∠50° | 232°∠32° | 3.1 | 265 | 0.25 | 30 | 2.9 | | 2.5 | | 2.7 | | 2.33 | | 参考典型节理面的产状 |
| 8 | A₁区上部 | 230°∠41° / 120°∠39°（上部自然坡） | 195°∠35° / 280°∠60° | 213°∠34° | 4.4 | 907 | 0.25 | 30 | 1.9 | | 1.6 | | 1.72 | | 1.49 | | 参考坝区的典型节理面及该坡附近$F_{50}$的产状 |
| 9 | 480.0m缆机平台 | 197°∠59° / 197°∠43° | 230°∠55° / 190°∠51° | 199°∠51° | 3.5 | 1283 | 0.25 | 30 | 1.5 | | 1.4 | | 1.36 | | 1.26 | | 参考该坡附近$D_8$中$F_{8-8}$及$D_{57}$中$F_{57-6}$与$F_{57-12}$的产状 |

续表

| 序号 | 所在边坡位置 | 所在边坡产状（上/下坡） | 组成块体的结构面产状 | 滑面交线产状 | H/m | V/m³ | f | c/kPa | 自重 K | 自重 F/kN | 自重+地震 K | 自重+地震 F/kN | 自重+地下水 K | 自重+地下水 F/kN | 自重+地下水+地震 K | 自重+地下水+地震 F/kN | 备注 |
|---|---|---|---|---|---|---|---|---|---|---|---|---|---|---|---|---|---|
| 10 | 6~9号机组坝后且紧靠A₁区 | 230°∠64° | 280°∠60° / 210°∠50° | 230°∠48° | 5.4 | 1063 | 0.25 | 30 | 1.2 | | 1.1 | | 1.08 | | 0.99 | 145 | 参考坝区典型节理面的产状 |
| 11 | | 230°∠39° | 280°∠60° / 170°∠75° | 239°∠53° | 5 | 432 | 0.25 | 30 | 1.5 | | 1.4 | | 1.31 | | 1.22 | | 参考 D₇ 中 F₇₋₆ 与 F₇₋₁₂ 的产状 |
| 12 | | | 280°∠60° / 190°∠45° | 220°∠41° | 2.1 | 178 | 0.25 | 30 | 3.5 | | 3.2 | | 3.3 | | 3 | | 参考 D₇ 中 F₇₋₆ 与 F₇₋₅ 的产状 |
| 13 | 4~5号机组坝后内侧坡 | 203°∠45° / 203°∠34°（至382.0m平台包含自然坡） | 140°∠80° / 295°∠70° | 222°∠39° | 2.3 | 31 | 0.25 | 30 | 8 | | 7.1 | | 7.6 | | 6.75 | | 参考坝区 D₁₅ 中 F₁₅₋₂₁ 与 F₁₅₋₁₄ 的产状 |
| 14 | | | 230°∠40° / 190°∠40° | 210°∠38° | 2.3 | 448 | 0.25 | 30 | 2.7 | | 2.4 | | 2.6 | | 2.3 | | 参考坝区典型节理面的产状 |
| 15 | | | 220°∠40° / 280°∠60° | 219°∠40° | 2.2 | 174 | 0.25 | 30 | 3.7 | | 3.4 | | 3.5 | | 3.2 | | 参考坝区典型节理面的产状 |
| 16 | | | 190°∠50° / 290°∠50° | 240°∠37° | 5.5 | 740 | 0.25 | 30 | 1.7 | | 1.5 | | 1.47 | | 1.3 | | 参考坝区典型节理面的产状 |
| 17 | 1~3号机组坝后内侧坡 | 229°∠48.3° / 205°∠26.5°（自然坡） | 190°∠60° / 335°∠85° | 249°∠41° | 3.9 | 144 | 0.25 | 30 | 3.6 | | 3.3 | | 3.3 | | 3 | | 参考典型节理面产状和 D₈ 中 F₈₋₁₂ 的产状 |
| 18 | | | 220°∠40° / 280°∠50° | 233°∠39° | 5.1 | 6029 | 0.25 | 30 | 1.4 | | 1.3 | | 1.26 | | 1.12 | | |
| 19 | 1~3号机组坝后内侧坡 | 164°∠63° / 164°∠45° | 200°∠63° / 105°∠65° | 155°∠54° | 4 | 311 | 0.25 | 30 | 1.64 | | 1.53 | | 1.5 | | 1.39 | | 参考 D₇ 中 F₇₋₅ 的产状 |
| 20 | （22）拐弯坝段坝后坡 | 210°∠49° / 210°∠28° | 195°∠40° / 280°∠65° | 212°∠39° | 4.6 | 1168 | 0.25 | 30 | 1.8 | | 1.62 | | 1.65 | | 1.49 | | 参考 D₇ 中 F₇₋₅ 与其附近 F₅₀ 的产状 |

127

3）蠕变岩体开挖边坡：开挖后基本稳定，但在个别工况下，稳定安全系数不能满足稳定要求，为达到稳定要求，需施加 10000kN/m 的锚固力。

4）开挖坡面上出露的块体，除1号机组引水洞进口处由 $F_{138}$、$F_{56}$、$F_7$、$F_{26}$ 等组成的块体规模较大，需采用预应力锚索加固外，其他部位定位、半定位及随机块体规模较小，经系统锚杆和长锚杆加固后，能保持稳定。

5）与开挖边坡相比，大坝形成和蓄水后，边坡稳定安全系数普遍提高。从抗滑稳定方面分析，边坡的稳定主要是由施工期控制的。

6）敏感性计算结果表明，对抗滑稳定影响程度较深的依次是黏结力、内摩擦角、地下水。可见，维护和加强岩体和结构面强度、及时封闭坡面、控制施工用水下渗，及时形成排水系统，及时加固支护，对边坡稳定是重要的。

### 5.3.2.2　抗倾稳定性

分析进水口边坡高程 382.0m 以下陡坡段的抗倾稳定性计算成果见表 5-39～表 5-43，有以下几点认识：

（1）边坡全部开挖后，进水口边坡高程 382.0m 以下陡坡段，抗倾基本稳定。在考虑坡顶裂缝充水和地震情况下，抗倾整体稳定安全系数大于或接近于1，不能满足稳定要求；要使抗倾稳定安全系数满足稳定要求，需施加 12000～15000kN/m 的预应力。

（2）影响边坡抗倾稳定的主要因素是节理面连通率、岩石抗拉强度，以及断层、层间错动切割后岩层的厚度，其次是地下水。在地震情况下，抗倾稳定安全系数约降低 0.335～0.468。

（3）维护和加强岩体的完整性，采取工程措施使层状岩体形成整体，控制开裂和避免优势节理面连通，及时封闭坡面避免坡面水下渗，对提高边坡抗倾倒变形破坏具有重要意义。

表 5-39　　　　　　　　　　　抗倾稳定安全系数计算成果表

| 工况编号 | 荷载组合 | | | | 抗倾稳定安全系数 | | | |
|---|---|---|---|---|---|---|---|---|
| | 自重 | 抗拉强度 | 裂缝水头 | 地震加速度系数 | 模型1 | 模型2 | 模型3 | 模型4 |
| 1 | 1 | 0 | 0 | 0 | 1.135 | 1.167 | 1.111 | 1.104 |
| 2 | 1 | 0 | 0 | 0.1g | 0.946 | 0.973 | 0.926 | 0.920 |
| 3 | 1 | 0 | 1/3 | 0 | 0.344 | 0.509 | 0.544 | 0.629 |
| 4 | 1 | 0 | 1/3 | 0.1g | 0.335 | 0.502 | 0.537 | 0.623 |
| 5 | 1 | 1 | 0 | 0 | 3.173 | 3.163 | 3.159 | 3.146 |
| 6 | 1 | 1 | 0 | 0.1g | 2.646 | 2.636 | 2.633 | 2.622 |
| 7 | 1 | 1 | 0 | 0.2g | 2.268 | 2.259 | 2.256 | 2.247 |
| 8 | 1 | 1 | 1/3 | 0 | 2.287 | 1.384 | 1.271 | 1.097 |
| 9 | 1 | 1 | 1/3 | 0.1g | 2.400 | 1.357 | 1.247 | 1.082 |
| 10 | 1 | 1 | 1/3 | 0.2g | 2.085 | 1.330 | 1.224 | 1.066 |
| 11 | 1 | 1 | 1/2 | 0 | 2.222 | 1.212 | 1.133 | 1.013 |
| 12 | 1 | 1 | 1/2 | 0.1g | 2.191 | 1.196 | 1.119 | 1.003 |
| 13 | 1 | 1 | 1/2 | 0.2g | 2.071 | 1.181 | 1.105 | 0.993 |
| 14 | 1 | 1 | 2/3 | 0 | 1.500 | 1.067 | 1.107 | 0.943 |

续表

| 工况编号 | 荷载组合 | | | | 抗倾稳定安全系数 | | | |
|---|---|---|---|---|---|---|---|---|
| | 自重 | 抗拉强度 | 裂缝水头 | 地震加速度系数 | 模型1 | 模型2 | 模型3 | 模型4 |
| 15 | 1 | 1 | 2/3 | 0.1g | 1.488 | 1.059 | 1.010 | 0.937 |
| 16 | 1 | 1 | 2/3 | 0.2g | 1.476 | 1.051 | 1.002 | 0.932 |
| 17 | 1 | 1 | 1 | 0 | 0.985 | 0.899 | 0.878 | 0.861 |
| 18 | 1 | 1 | 1 | 0.1g | 0.982 | 0.896 | 0.875 | 0.853 |
| 19 | 1 | 1 | 1 | 0.2g | 0.979 | 0.893 | 0.872 | 0.856 |

注　荷载组合中，"1"表示计入了该荷载，"0"表示未计该荷载。

表 5-40　　　　　　　　锚固后抗倾稳定安全系数计算成果表

| 工况编号 | 荷载组合 | | | | 模型1 | | | 模型2 | | | |
|---|---|---|---|---|---|---|---|---|---|---|---|
| | 自重 | 抗拉强度 | 水荷载 | 地震加速度系数 | 施加锚固力/(kN/m) | | | | | | |
| | | | | | 0 | 9000 | 12000 | 0 | 9000 | 12000 | 15000 |
| 1 | 1 | 1 | 0 | 0 | 3.175 | | | 3.146 | | | |
| 2 | 1 | 1 | 0 | 0.1g | 2.646 | | | 2.622 | | | |
| 3 | 1 | 1 | 0 | 0.2g | 2.268 | | | 2.247 | | | |
| 4 | 1 | 1 | 1/3 | 0 | 2.827 | | | 1.097 | 2.749 | 3.283 | |
| 5 | 1 | 1 | 1/3 | 0.1g | 2.4 | | | 1.082 | 2.686 | 3.128 | |
| 6 | 1 | 1 | 1/3 | 0.2g | 2.085 | | | 1.066 | 2.591 | 2.789 | |
| 7 | 1 | 1 | 1/2 | 0 | 2.222 | | | 1.013 | 2.414 | 2.870 | |
| 8 | 1 | 1 | 1/2 | 0.1g | 2.191 | | | 1.003 | 2.377 | 2.826 | |
| 9 | 1 | 1 | 1/2 | 0.2g | 2.071 | | | 0.933 | 2.341 | 2.764 | |
| 10 | 1 | 1 | 2/3 | 0 | 1.500 | 3.474 | 3.707 | 0.943 | 2.013 | 2.363 | |
| 11 | 1 | 1 | 2/3 | 0.1g | 1.488 | 2.957 | 3.155 | 0.937 | 2.003 | 2.351 | |
| 12 | 1 | 1 | 2/3 | 0.2g | 1.476 | 2.574 | 2.746 | 0.932 | 1.993 | 2.339 | |
| 13 | 1 | 1 | 1 | 0 | 0.985 | 2.140 | 2.489 | 0.861 | 1.404 | 1.580 | 1.751 |
| 14 | 1 | 1 | 1 | 0.1g | 0.982 | 2.135 | 2.483 | 0.853 | 1.400 | 1.575 | 1.746 |
| 15 | 1 | 1 | 1 | 0.2g | 0.979 | 2.129 | 2.476 | 0.856 | 1.396 | 1.571 | 1.742 |

注　1. 锚固力在单位宽度范围内，沿坡面均匀布置；与水平面夹角10°。

　　2. 荷载组合中"1""0"表示含义同表 5-39。

表 5-41　　　　　　节理连通率对抗倾安全系数敏感性计算成果表

| 连通率/% | 100 | 75 | 50 | 25 | 15 | 10 | 0 |
|---|---|---|---|---|---|---|---|
| 抗倾稳定系数 | 1.135 | 1.819 | 2.811 | 4.465 | 5.302 | 5.775 | 6.78 |

注　模型1计算成果。

表 5-42　　　　　　地震荷载对抗倾安全系数敏感性计算成果表

| 地震加速度（g）系数 | | 0 | 0.1 | 0.2 |
|---|---|---|---|---|
| 连通率 | 25% | 4.465 | 3.721 | 3.189 |
| | 50% | 2.811 | 2.343 | 2.008 |

注　模型1计算成果。

表5-43　　　　　　　　　　　抗倾稳定安全系数对裂缝水敏感性计算成果表

| 裂缝水头 | | 0 | 1/3 | 1/2 | 2/3 | 1.0 |
|---|---|---|---|---|---|---|
| 连通率 | 25% | 4.465 | 3.976 | 3.738 | 2.350 | 1.314 |
| | 50% | 2.811 | 2.503 | 1.888 | 1.313 | 0.912 |

注　模型1计算成果。

### 5.3.2.3　综合分析

综合比较各部位稳定情况，可以认为：进水口边坡开挖后基本稳定，但为满足稳定和变形要求，必须进行恰当的加固支护。

## 5.3.3　二维有限元法计算成果分析

### 5.3.3.1　7号机组轴线剖面计算成果

1. 边坡开挖完成后

应力在直立坡坡脚出现明显的应力集中，应力集中系数为2～3。在高程360.0～382.0m之间边坡浅表部和高程360.0m、406.5m、420.0m出现拉应力，最大拉应力达到0.93MPa，最大深度约为10.8m。断层与层间错动上下盘存在明显的应力差，相对位置上，上盘应力小于下盘。在高程300.0～345.0m之间，断层与层间错动对应力场影响尤为显著，造成应力场不均匀和局部应力集中。

（1）塑性区。边坡岩体塑性区出现在高程300.0～325.0m，直立坡坡脚附近，纵向深度达12.0m。

（2）位移特征。边坡岩体以水平向外的下滑位移为主，最大位移量26.1mm；在大坝建基面与高程301.0m平台上，以上抬回弹位移为主，最大回弹量23.6mm。断层和层间错动发生了明显错动，最大错动位移达7mm。

（3）锚杆受力。穿过地质结构面的锚杆受力较大，完整岩体中的锚杆受力较小，在高程382.0m平台处，锚杆的最大拉力达16.4kN。

2. 高程300.0～382.0m之间施加预应力锚索

预应力锚索施加后，在锚固区及其附近岩体，水平压应力增大；高程360.0～382.0m之间的拉应力区减小40%；直立坡坡脚附近的屈服区减小80%以上；开挖边坡锚固区表部岩体在锚固力作用下将产生3～4mm内缩位移。

3. 水库蓄水至375.0m

水库蓄水后，高程345.0m马道以下边坡岩体应力略有提高，而其上边坡岩体应力无变化，高程360.0～382.0m之间的拉应力区也没有变化；边坡岩体中塑性区消失。

由于水压力的作用，大坝产生向边坡的倾倒位移，坝顶最大位移为12.4mm，从上到下呈线性减小，高程345.0m马道产生的挤压变形量为5mm左右，其上岩体位移为2mm左右。

水压力作用的另一影响是：锚杆上轴向拉伸荷载最大减小3.8kN。

4. 水库正常蓄水位遭受7度地震

边坡岩体中水平应力值增大，而垂直方向应力变化很小；边坡高程345.0～382.0m之间浅表部的拉应力区增大；高程345.0m下边坡岩体对大坝产生挤压作用。

水平地震力作用使边坡岩体与大坝产生水平向位移，边坡表部最大位移为8mm，大坝坝顶位移最大达到 10.6mm。由于挤压作用影响，锚杆轴向拉伸力减小 1.5kN。

### 5.3.3.2　8 号机组轴线剖面计算成果

在直立坡坡脚出现明显应力集中；屈服区也集中在坡脚的拐角处。边坡开挖面上的位移以水平向外为主，最大位移 26mm，位于高程 325.0m 平台上。与 7 号机组轴线剖面相比，主要差异是位移量。断层和层间错动结构面上下盘岩体错动和张开位移见表 5-44。

表 5-44　　　　　　　　　　　边坡开挖后断层与层间错动面上的位移

| 离开挖面的距离/m | 结构面两侧相对位移/mm | | | | | |
| | $F_1$ | | $F_{28}$ | | $F_{32}$ | |
| | 错动 | 拉开 | 错动 | 拉开 | 错动 | 拉开 |
| 0 | 2.78 | 1.45 | 1.97 | 1.35 | 1.15 | 2.69 |
| 10 | 2.16 | 1.14 | 1.53 | 0.86 | 0.88 | 2.23 |
| 20 | 0.89 | 0.46 | 1.25 | 0.62 | 0.76 | 1.57 |
| 30 | 0.35 | 0.25 | 0.77 | 0.43 | 0.64 | 1.26 |
| 40 | 0.21 | 0.17 | 0.52 | 0.38 | 0.55 | 1.08 |
| 50 | 0.15 | 0.11 | 0.34 | 0.22 | 0.51 | 0.95 |
| 60 | 0.07 | 0.03 | 0.16 | 0.08 | 0.43 | 0.67 |
| 70 | | | 0.05 | | 0.31 | 0.43 |
| 80 | | | 0.05 | | 0.24 | 0.26 |
| 90 | | | 0.02 | | 0.08 | 0.09 |

预应力锚索施加后，锚固区及其附近应力和塑性区变化规律相似；锚固区岩体产生收缩位移较 7 号机组轴线剖面小，为 1~4mm。

水库蓄水后与地震荷载作用，应力、位移规律与 7 号机组轴线剖面一致。

高程 382.0m 以上 4 级坡上的锚杆荷载计算成果。锚杆受力有两个基本特征：①8 号机组轴线剖面位置，由于设置马道较多，边坡浅表存在位移分量，水平位移相对要小一些，因此，锚杆上的荷载效应减小；②穿越软弱结构面的锚杆，荷载有两种性质，下盘处锚杆为轴向挤压荷载，而上盘部分为拉伸荷载。

### 5.3.3.3　7 号、8 号机组轴线剖面计算成果对比分析

对比分析 7 号、8 号机组轴线两个剖面的计算成果，可获得以下认识：

（1）两个剖面岩体结构、开挖坡型基本相同，主要差异是位置上相差 25.0m，8 号机组轴线剖面边坡高度较 7 号机组高；开挖后，两个剖面边坡岩体位移、应力规律一致，所不同的是量级上存在差异，即 8 号机组轴线剖面卸载效应比 7 号机组大。

（2）边坡开挖后，坡表面岩体将产生 20~30mm 量级的位移，最大位移出现在高程 325.0m 马道附近。岩体拉应力区主要分布在高程 360.0~382.0m 之间的坡面岩体中，最大拉应力为 0.93MPa，发育深度 11.0m；其他部位如马道附近也出现拉应力区，但发育深度一般小于 5m。塑性区主要分布在直立坡坡脚附近，未见大面积贯通塑性区。

（3）高程 300.0~382.0m 之间设置的预应力锚索，对于加固边坡有明显作用，表现在：坡面岩体应力提高，位移减少，塑性区、拉应力区减少。

（4）水库蓄水后，坡脚处的塑性区消失或减少，对改善边坡稳定条件是有利的；从静

态计算成果看，大坝与边坡联合承受水荷载，其相互之间不会产生过大的变形。

（5）在正常库水位条件下，遭遇7度地震，大坝与边坡岩体产生10mm量级左右的位移，拉应力区局部增大，但不会危及边坡、大坝的整体稳定性。

（6）采用有厚度的夹层单元模拟软弱结构面，计算结果表明：结构面两侧岩体的应力与位移存在较大差异；锚杆上的荷载也反映了这一点。这种差异也说明，开挖后层状边坡岩体将产生层间剪切错动，因此，控制较弱结构面两侧岩体剪切错动是边坡加固支护的关键问题。

### 5.3.3.4　垂直引水洞轴线 D—D 剖面计算成果分析

通过对垂直引水洞轴线 D—D 剖面进行计算分析，可以获取以下基本认识：

（1）边坡开挖至高程382.0m，边坡岩体变形量小；拉应力与塑性区沿断层及层间错动带零星分布，深度一般7.0m，量级小于0.1MPa。

（2）边坡全部开挖完成后，高程325.0m平台处最大回弹位移17.3mm；坡脚应力集中，最大压应力达$-7$MPa；坡脚出现压剪塑性区；高程325.0～345.0m间坡面产生深度达7.0m的拉应力区，层间错动出露处产生深11.0m的拉应力区，最大拉应力量级0.18MPa。

（3）引水洞两侧岩柱最大压应力集中，高达$-6.5$MPa；洞周塑性区断续分布。

（4）锚索支护后，改善了坡面岩体应力状态，减小坡面岩体位移约5%。

### 5.3.3.5　进水口 1—1 剖面计算成果分析

通过对左岸进水口 1—1 剖面进行计算分析，可以获取以下基本认识：

（1）边坡岩体主应力的大小与方向受断层影响较大，但总体分布符合一般规律。剪应力大小随深度的增加而增大，距坡面50.0m左右，自然边坡剪应力的大小为0.5～1.0MPa，方向一般为顺坡向。开挖后，应力方向变化不大，但高程382.0m以下应力量级明显减小，剪应力约降低10%～30%。

（2）自然状态下，拉应力分布以断层 $F_{63}$ 为界，下盘仅浅表部分布有零星的拉应力，量值一般小于0.2MPa，深度5.0m左右；上盘在 $F_5$、$F_{28}$ 断层之间分布较广，该区域内断层处拉应力量值达0.2～1.24MPa，深度20.0m左右。开挖后，断层对拉应力影响较大，主要断层在坡面一定深度内均产生拉应力，量值在地震时可达1.28MPa，高程530.0m至坡顶最大深度20.0m，其他部位零星分布有小于0.2MPa的拉应力，深度2.0～3.0m。

（3）自然边坡位移变形以断层 $F_{63}$ 为界（出露高程425.0m左右），以上边坡岩体位移接近于垂直或与重力方向夹角较小，以沉降为主；以下位移方向由平行于坡面逐渐过渡到接近水平指向坡外。开挖后，位移矢量方向没有变化，但量级明显减小，坡面岩体位移与自然边坡面相比，约减少20%～35%。

（4）自然状态下蠕变岩体浅表部形成成片的塑性区，断层 $F_{98}$ 形成贯通性的塑性区。开挖后，高程382.0m以上边坡塑性区明显减小，主要分布在断层出露处附近，为若干互不连通的小范围塑性区，深度5.0～8.0m；高程382.0m以下边坡岩体塑性状况也有明显改善。

（5）边坡稳定安全裕度。采用边坡岩体强度储备安全系数的方法来表示边坡稳定安全裕度，计算成果见表5-45。

表 5－45　　　　　　　　左岸进水口 1—1 剖面安全系数计算成果表

| 工　况 | 安全系数 |
|---|---|
| 自然边坡 | 1.0 |
| 开挖边坡 | 1.3 |
| 开挖边坡，水库蓄水至高程 375.0m | ＞1.3 |

### 5.3.4　三维有限元法计算成果分析

#### 5.3.4.1　计算成果

1. 开挖位移特征

开挖至边坡高程 345.0m 处时，岩体均呈卸荷回弹变形；进行高程 345.0～300.0m 之间开挖时，高程 300.0m 平台及以下边坡岩体呈卸荷回弹变形，以上边坡岩体位移约 35.0m，以指向坡外的下滑位移为主。不同开挖阶段边坡及引水洞洞周岩体位移特征见表 5－46，开挖边界监控点位移值见表 5－47，高程 382.0m 以下陡坡段开挖边界监控点位置见图 5－4。

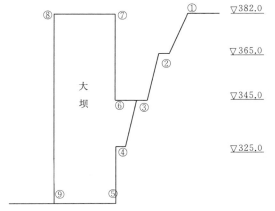

图 5－4　高程 382.0 以下陡坡段开挖边界监控点位置示意图
①～⑨—监控点编号

表 5－46　　　　　　不同开挖阶段边坡及引水洞洞周岩体位移特征表

| 开挖高程部位 | 边坡开挖至高程 382.0m；引水洞开挖形成 | 边坡开挖至高程 345.0m | 边坡开挖至高程 300.0m |
|---|---|---|---|
| 边坡 | 最大水平位移 9.2mm，位于坡顶部位；高程 382.0m 平台最大回弹位移 7.4mm | 高程 382.0m 平台外边侧最大水平位移 10.0mm；高程 345.0m 平台最大回弹位移 7.3m | 最大水平位移 27mm，位于高程 325.0m 马道外侧；最大回弹位移 14mm |
| 引水洞 | 洞底最大回弹位移 7.4mm | 洞顶向上回弹 3mm | 变化不明显 |

表 5－47　　　　　　　　　　开挖边界监控点位移值表　　　　　　　　　单位：mm

| 监控点 | 位移分量 | 边坡开挖阶段 | | | | |
|---|---|---|---|---|---|---|
| | | 引水洞开挖，边坡开挖至高程 382.0m | 边坡开挖至高程 345.0m | 边坡开挖至高程 345.0m，高程 345.0～382.0m 之间加锚索支护 | 边坡开挖至高程 300.0m | 边坡开挖至高程 300.0m，高程 300.0～345.0m 之间加锚索支护 |
| ① | DX | 3.58 | −9.73 | 0.54 | −9.42 | 0.33 |
| | DZ | 6.68 | −2.83 | −0.10 | −2.52 | −0.13 |
| ② | DX | 2.43 | −7.61 | 0.64 | −11.78 | 0.45 |
| | DZ | 6.02 | −2.93 | −0.12 | −2.81 | −0.17 |
| ③ | DX | | 2.49 | 0.38 | −25.67 | 0.94 |
| | DZ | | 0.80 | −0.02 | −10.34 | −0.21 |

续表

| 监控点 | 位移分量 | 边坡开挖阶段 | | | | |
|---|---|---|---|---|---|---|
| | | 引水洞开挖，边坡开挖至高程382.0m | 边坡开挖至高程345.0m | 边坡开挖至高程345.0m，高程345.0～382.0m之间加锚索支护 | 边坡开挖至高程300.0m | 边坡开挖至高程300.0m，高程300.0～345.0m之间加锚索支护 |
| ④ | DX | | | | −24.60 | 1.06 |
| | DZ | | | | −13.56 | −0.09 |
| ⑤ | DX | | | | −3.67 | 0.46 |
| | DZ | | | | −3.29 | −0.06 |

**注** 本表数值为8—8剖面的计算结果。

**2. 开挖应力场**

边坡岩体的初始应力场，基本符合一般岩质边坡岩体应力分布规律，高程300.0m处应力值在−5.5MPa左右。开挖过程中，初始应力场不断受到扰动与调整，扰动和调整范围在80.0～90.0m。开挖至高程382.0m，引水洞开挖完成后，引水洞周边$\sigma_z$方向最大应力集中系数1.7（8.14MPa/4.78MPa）；开挖至345.0m时，在坡脚部位出现应力集中，但集中系数不大；全部开挖完成后，高程300.0m坡脚处应力$\sigma_x$达−16.4MPa，$\sigma_z$达−15.7MPa，约为初始值的2～3倍。引水洞间岩柱基本呈单轴受压状态，最大$\sigma_z$达−18.17MPa。

**3. 拉应力区**

开挖区以外的坡顶、坡脚部位均出现拉应力区；开挖区以内的边坡，在断层和层间错动出露处以及马道转折处浅表部，出现量级一般小于0.5MPa的拉应力，深度小于5.0m。全部开挖完成后，在高程382.0～345.0m之间的坡面和382.0m平台，出现较大范围的拉应力，最大深度9.0m左右；引水洞顶部层间错动出露处也出现拉应力。

**4. 塑性区**

开挖至高程345.0m以前，坡体内未出现塑性区。全部开挖完成后，在高程300.0m坡脚部位引水洞间岩柱体出现塑性区，横向呈带状分布，深度5.0～6.0m。

**5. 断层、层间错动结构面变形和对应力的影响**

断层和层间错动面上的位移见表5−48。

**表 5−48** 边坡开挖后断层和层间错动面上的位移

| 离开挖面的距离/m | 结构面两侧相对位移/mm | | | | | | | |
|---|---|---|---|---|---|---|---|---|
| | $F_1$ | | $F_{28}$ | | $F_{32}$ | | $F_5$ | |
| | 错动 | 拉开 | 错动 | 拉开 | 错动 | 拉开 | 错动 | 拉开 |
| 0 | 1.26 | 0.57 | 0.56 | 0.33 | 0.62 | 1.18 | 0.52 | 0.46 |
| 10 | 0.75 | 0.36 | 0.52 | 0.24 | 0.57 | 1.13 | 0.46 | 0.41 |
| 20 | 0.38 | 0.22 | 0.45 | 0.18 | 0.50 | 0.86 | 0.41 | 0.35 |
| 30 | 0.21 | 0.08 | 0.38 | 0.12 | 0.42 | 0.55 | 0.33 | 0.28 |
| 40 | 0.09 | 0.01 | 0.31 | 0.10 | 0.35 | 0.31 | 0.27 | 0.18 |

| 离开挖面的距离/m | 结构面两侧相对位移/mm | | | | | | | |
|---|---|---|---|---|---|---|---|---|
| | $F_1$ | | $F_{28}$ | | $F_{32}$ | | $F_5$ | |
| | 错动 | 拉开 | 错动 | 拉开 | 错动 | 拉开 | 错动 | 拉开 |
| 50 | 0.02 | | 0.20 | 0.07 | 0.26 | 0.23 | 0.21 | 0.10 |
| 60 | | | 0.05 | 0.05 | 0.21 | 0.15 | 0.10 | 0.06 |
| 70 | | | 0.02 | 0.12 | 0.09 | 0.03 | 0.01 | |
| 80 | | | | 0.01 | 0.04 | 0.05 | | |
| 90 | | | | | 0.01 | 0.01 | | |

注 本表为8—8剖面的计算结果。

对边坡岩体应力影响，主要表现在结构面上、下盘岩体应力的跳跃性和不连续性，一般下盘应力大于上盘。

**6. 岩锚支护措施的作用**

计算中分析了长锚杆和预应力锚索对改善边坡应力、减少位移的作用，其主要作用表现在以下两方面：

（1）锚固区岩体位移减少。锚杆轴力和约束位移见表5-49，预应力锚索锚固区岩体内缩位移见表5-50，监控点位移见表5-51。

**表 5-49** 锚杆轴力和约束位移表

| 锚杆编号 | ① | ② | ③ | ④ | ⑤ | ⑥ | ⑦ | ⑧ | ⑨ | ⑩ |
|---|---|---|---|---|---|---|---|---|---|---|
| 平均轴力/N | 315 | 226 | 98 | 124 | 136 | 352 | 313 | 337 | 101 | 766 |
| 约束位移/mm | 0.34 | 0.31 | 0.26 | 0.38 | 0.36 | 0.37 | 0.39 | 0.45 | 0.51 | 0.42 |

注 1. 锚杆编号自上而下。
　 2. 高程382.0m以上边坡，每级坡3根，长度15.0m，与水平面夹角15°。

**表 5-50** 预应力锚索锚固区岩体内缩位移表

| 锚索编号 | 1 | 2 | 3 | 4 | 5 | 6 | 7 | 8 | 9 | 10 | 11 | 12 |
|---|---|---|---|---|---|---|---|---|---|---|---|---|
| 沿轴向相对位移/mm | 1.03 | 1.05 | 1.18 | 1.24 | 1.28 | 1.25 | 1.27 | 1.15 | 1.12 | 0.98 | 0.95 | 0.88 |

注 高程382.0m平台以下每级坡3根，锚索编号自上而下。单宽范围内布置了2万kN级锚索。锚索与水平面夹角15°。

**表 5-51** 监控点位移表　　　　　　　　　　　　单位：mm

| 监控点 | 位移分量 | 支 护 期 | |
|---|---|---|---|
| | | 边坡开挖至高程345.0m后，高程345.0～382.0m之间加锚索支护 | 边坡开挖至高程300.0m后，高程300.0～345.0m之间加锚索支护 |
| ① | DX | 0.54 | 0.33 |
| | DZ | −0.10 | −0.13 |
| ② | DX | 0.64 | 0.45 |
| | DZ | −0.12 | −0.17 |

续表

| 监控点 | 位移分量 | 支 护 期 | |
|---|---|---|---|
| | | 边坡开挖至高程345.0m后，高程345.0~382.0m之间加锚索支护 | 边坡开挖至高程300.0m后，高程300.0~345.0m之间加锚索支护 |
| ③ | DX | 0.38 | 0.94 |
| | DZ | —0.02 | —0.21 |
| ④ | DX | | 1.06 |
| ⑤ | DX | | 0.46 |

注 本表数值为8—8剖面的计算结果。

（2）改善岩体应力条件。锚固区岩体应力普遍提高0.15~1.6MPa，塑性区减少10%~50%，拉应力区明显减少或消失。

**7. 运行期边坡岩体与大混凝土结构共同作用及相互影响**

大坝浇筑后，边坡上产生最大2.2mm的水平位移和6.3mm的沉降位移；直立坡与高程300.0m平台附近层间错动上的拉应力消失，这对维护直立坡的稳定有利。

当水库蓄水至330.0m时，坝基岩体自重应力减小，而坝基上的水平应力增加0.3MPa；坝体与边坡岩体以向坡内的水平位移为主，坝体最大水平位移为1.08mm，边坡最大水平位移为1.3mm，而垂直方向的位移较小；边坡岩体内应力变化不大，仅在高程345.0m以下水平应力有所增大。显然，水库蓄水对边坡稳定是有利的。

当水库蓄水至375.0m，坝基水平应力增加0.7MPa，边坡岩体的应力变化主要受水位的影响，其值变化不大；坝体最大水平位移6.0mm，边坡岩体最大水平位移4.11mm，垂向位移小于1.0mm；边坡中未出现新的屈服区与拉应力区。

水库水位375.0m并遭遇7度地震，受水平地震加速度（$a=0.1g$）的作用，边坡岩体沿$x$向水平应力减小；拉应力区增大，主要分布在高程345.0m马道以上；坝体将产生7.0~10.0mm的水平位移，边坡坡顶将有最大11.0mm的水平位移，相应的垂直位移较小。

运行期各监控点的水平位移见表5-52。

表 5-52 运行期各监控点水平位移表 单位：mm

| 监控点 | 位移分量 | 工 况 | | |
|---|---|---|---|---|
| | | 水库蓄水至330.0m | 水库蓄水至375.0m | 水库蓄水至375.0m，受地震作用 |
| ① | DX | 0.42 | 1.83 | —7.26 |
| ② | DX | 0.52 | 2.26 | —7.99 |
| ③ | DX | 0.82 | 3.52 | —8.98 |
| ④ | DX | 1.03 | 4.11 | —9.48 |
| ⑤ | DX | 1.03 | 3.49 | —9.89 |
| ⑥ | DX | 0.86 | 4.11 | —9.27 |
| ⑦ | DX | 0.52 | 4.88 | —9.93 |
| ⑧ | DX | 0.52 | 4.87 | —9.93 |
| ⑨ | DX | 1.08 | 3.47 | —9.86 |

注 本表数值为8—8剖面的计算结果。

从表 5-53 可以看出，进水口坝段建基面上，坝趾正应力、剪应力大于坝踵；坝踵正应力略小于坝体自重产生的正应力，计算结果反映了边坡岩体对大坝的作用。

表 5-53　　　　　　　　坝趾、坝踵正应力和剪应力表　　　　　　　　单位：MPa

| 位　置 | | 蓄水至 330.0m | 蓄水至 375.0m | 蓄水至 375.0m+7 度地震 |
|---|---|---|---|---|
| 坝趾 | $\sigma_z$ | −3.48 | −3.03 | −3.20 |
| | $\tau$（10～1） | 0.22 | 0.52 | 0.52 |
| 坝踵 | $\sigma_z$ | −1.92 | −1.91 | −1.91 |
| | $\tau$（10～1） | 0.020 | 0.19 | 0.19 |

注　本表数值为 8—8 剖面的计算结果。

从大坝变形看，当库水位为 375.0m 时，混凝土中的最大线应变为 $39.3 \times 10^{-6}$，相应坝体内的应力为 0.83MPa；在运行期，直立坡上最大位移差为 0.62mm。因此，静态计算结果表明：直立坡可以满足大坝、进水口、引水钢管的安全运行。

8. 岩体力学参数的敏感性分析

（1）将坡脚相对软弱的 $T_2b^{18}$ 层岩体弹性模量提高 1/4，即 2.6GPa，再进行整体计算，以比较分析提高该层岩体弹性模量对边坡岩体应力、位移的改善程度。

计算表明：$T_2b^{18}$ 层岩体提高弹模后，自重条件下，坝基下该层岩体的应力提高 0.4MPa 左右，对于改善坝基应力分布起到了较好的作用；$T_2b^{18}$ 层岩体变形减小 0.1～0.5mm。

（2）岩体力学参数的敏感性分析。将岩体材料力学参数指标折减 0.7，以比较分析边坡及进水口混凝土结构在不利条件下的应力、位移情况。

表 5-54 给出了参数折减后各监控点在不同工况下的位移值。

表 5-55 给出了参数折减后断层与层间错动两侧的相对位移值。

表 5-54　　　　　　参数折减后各监控点在不同工况下的位移值　　　　　　单位：mm

| 监控点 | 位移分量 | 工　况 | | | | | | | |
|---|---|---|---|---|---|---|---|---|---|
| | | 边坡开挖至高程 382.0m，引水洞开挖 | 边坡开挖至高程 345.0m，高程 382.0m 以上锚杆支护 | 边坡开挖至高程 345.0m，高程 345.0～382.0m 之间加锚索支护 | 边坡开挖至高程 300.0m，高程 345.0m 以上支护完毕 | 开挖至高程 300.0m，高程 300.0～345.0m 之间加锚索支护 | 水库蓄水至高程 330.0m | 水库蓄水至高程 375.0m | 水库蓄水至高程 375.0m，受地震作用 |
| ① | DX | 4.94 | −13.98 | 0.78 | −13.14 | 0.47 | 0.89 | 2.68 | −10.43 |
| | DZ | 9.43 | −4.03 | −0.15 | −3.35 | −0.19 | | | |
| ② | DX | 3.36 | −11.0 | 0.92 | −16.53 | 0.64 | 1.11 | 3.34 | −11.5 |
| | DZ | 8.43 | −4.27 | −0.17 | −3.72 | −0.25 | | | |
| ③ | DX | 2.71 | 3.81 | 0.54 | −36.85 | 1.37 | 1.62 | 4.85 | −12.81 |
| | DZ | 7.03 | 1.16 | −0.04 | −14.03 | −0.33 | | | |
| ④ | DX | 2.55 | 3.57 | 0.35 | −35.21 | 1.52 | 1.86 | 5.57 | −13.53 |
| | DZ | 5.99 | 1.11 | 0.0 | −19.01 | −0.13 | | | |
| ⑤ | DX | 2.89 | 2.28 | 0.25 | −5.03 | 0.65 | 1.65 | 4.95 | −14.15 |
| | DZ | 5.98 | 1.01 | −0.02 | −4.18 | −0.09 | | | |
| ⑥ | DX | | | | | | 1.83 | 5.48 | −13.11 |

续表

| 监控点 | 位移分量 | 工况 | | | | | | | |
|---|---|---|---|---|---|---|---|---|---|
| | | 边坡开挖至高程382.0m，引水洞开挖 | 边坡开挖至高程345.0m，高程382.0m以上锚杆支护 | 边坡开挖至高程345.0m，高程345.0～382.0m之间加锚索支护 | 边坡开挖至高程300.0m，高程345.0m以上支护完毕 | 开挖至高程300.0m，高程300.0～345.0m之间加锚索支护 | 水库蓄水至高程330.0m | 水库蓄水至高程375.0m | 水库蓄水至高程375.0m，受地震作用 |
| ⑦ | DX | | | | | | 2.05 | 6.14 | −13.46 |
| ⑧ | DX | | | | | | 2.05 | 6.13 | −13.76 |
| ⑨ | DX | | | | | | 1.64 | 4.93 | −14.12 |

注 本表数值为8—8剖面的计算结果。

**表5－55** **参数折减后断层与层间错动两侧的位移** 单位：mm

| 离开挖面的距离/m | 结 构 面 | | | | | | | |
|---|---|---|---|---|---|---|---|---|
| | $F_1$ | | $F_{28}$ | | $F_{32}$ | | $F_5$ | |
| | 错动 | 拉开 | 错动 | 拉开 | 错动 | 拉开 | 错动 | 拉开 |
| 0 | 2.29 | 1.04 | 1.02 | 0.60 | 1.13 | 2.15 | 0.84 | 0.95 |
| 10 | 1.37 | 0.66 | 0.95 | 0.43 | 1.04 | 2.06 | 0.75 | 0.84 |
| 20 | 0.69 | 0.40 | 0.82 | 0.33 | 0.91 | 1.56 | 0.64 | 0.75 |
| 30 | 0.38 | 0.15 | 0.69 | 0.22 | 0.76 | 1.00 | 0.51 | 0.60 |
| 40 | 0.16 | 0.02 | 0.56 | 0.18 | 0.64 | 0.56 | 0.33 | 0.49 |
| 50 | | | 0.36 | 0.13 | 0.47 | 0.42 | 0.18 | 0.38 |
| 60 | | | 0.09 | 0.09 | 0.38 | 0.27 | 0.11 | 0.20 |
| 70 | | | 0.03 | 0.22 | 0.16 | 0.02 | 0.05 |
| 80 | | | 0.01 | | 0.07 | 0.09 | | |
| 90 | | | | | 0.01 | 0.01 | | |

注 此表数值为8—8剖面的计算结果。

与前述计算结果相比，边坡开挖过程中位移量级平均增加40.5%；运行期位移量级平均增加39.7%；断层与层间错动的位移量级增加80%左右。可见，参数折减后，对断层与层间错动带的影响最大。较大位移出现在高程325.0m的坡段，其他坡段位移值不大。

9. 地应力场对边坡稳定的影响

进水口高边坡实测地应力结果表明：边坡岩体残留有构造应力。为分析地应力场对边坡稳定影响程度，进行了自重应力场与构造应力场的比较计算。两种应力场条件下计算应力与位移比较见表5－56。

**表5－56** **两种地应力场计算结果的比较**

| 输入应力场参数 | 开挖后坡脚应力值/MPa | | 开挖后高程325.0m平台位移/mm | |
|---|---|---|---|---|
| | $\sigma_x$ | $\sigma_y$ | $u_x$ | $u_z$ |
| 实测应力场 | −16.26 | −11.81 | −22.4 | −8.6 |
| 自重应力场 | −6.07 | −7.19 | −4.9 | 5.9 |

注 本表数值为8—8剖面的计算结果。

两种应力场的主要差异是水平应力，而垂直应力差别较小，按实测应力场计算的坡脚应力集中程度明显高于自重应力场计算结果。边坡开挖后，两种地应力场条件的计算位移差别甚大，位移分布特征明显不同。纯自重应力作用下，开挖边坡的位移表现为分布较均匀的回弹位移场，开挖面附近的垂直向上位移大于水平位移；而有构造应力作用时，开挖边坡出现向下的滑动位移。由于水平构造应力的作用，边坡开挖后，两种地应力场条件的计算坡表面水平位移可以相差4～5倍。如没有构造应力的作用，地质结构面两侧的相对位移可减小25%左右，见表5－57、表5－58。

从上述比较计算结果可以看出，边坡中有无构造应力，两者计算结果差异很大，说明构造应力对边坡稳定的影响十分显著。构造应力的影响：①造成局部应力集中值过高，可能引起岩体的强度破坏；②引起开挖面附近岩体松动变形较大，易产生开裂和倾倒变形破坏。

**表 5－57** 　　　　　　　　自重应力场条件下各监控点在不同工况下的位移 　　　　　　　单位：mm

| 监控点 | 位移分量 | 工况 | | | | | | | |
|---|---|---|---|---|---|---|---|---|---|
| | | 边坡开挖至高程382.0m，引水洞开挖 | 边坡开挖至高程345.0m，高程382.0m以上锚杆支护 | 开挖至高程345.0m，高程345.0～382.0m之间加锚索支护 | 边坡开挖至高程300.0m，高程345.0m以上支护完毕 | 开挖至高程300.0m，高程300.0～345.0m之间加锚索支护 | 大坝浇筑 | 水库蓄水至375.0m | 水库蓄水375.0m，受地震作用 |
| ① | DX | 0.79 | −1.82 | 0.57 | −3.96 | 0.33 | −1.63 | 1.82 | −6.94 |
| | DZ | 6.06 | 1.06 | −0.11 | −0.68 | −0.14 | −2.88 | 0.02 | −0.51 |
| ② | DX | 0.63 | −1.48 | 0.80 | −4.60 | 0.45 | −1.62 | 2.31 | −8.04 |
| | DZ | 5.03 | 1.33 | −0.09 | −1.50 | −0.18 | −3.72 | 0.11 | −0.24 |
| ③ | DX | | 0.37 | 0.45 | −6.51 | 0.78 | −1.45 | 3.26 | −8.88 |
| | DZ | | 3.65 | −0.01 | −2.18 | −0.21 | −4.27 | 0.10 | −0.10 |
| ④ | DX | | | | −6.79 | 1.06 | −0.35 | 4.11 | −9.49 |
| | DZ | | | | −4.44 | −0.09 | −5.78 | 0.04 | 0.18 |
| ⑤ | DX | | | | −0.33 | 0.46 | 0.77 | 3.49 | −9.89 |
| | DZ | | | | 2.51 | −0.06 | −4.66 | −0.30 | 0.11 |
| ⑥ | DX | | | | | | | 4.12 | −9.27 |
| | DZ | | | | | | | 0.08 | 0.27 |
| ⑦ | DX | | | | | | | 4.89 | −9.93 |
| | DZ | | | | | | | 0.07 | 0.44 |
| ⑧ | DX | | | | | | | 4.88 | −9.93 |
| | DZ | | | | | | | 0.40 | 0.64 |
| ⑨ | DX | | | | | | 0.97 | 3.47 | −9.86 |
| | DZ | | | | | | −4.58 | 0.30 | 0.60 |

**注** 　本表数值为8—8剖面的计算结果。

表 5 - 58 　　　　　　自重应力场条件下边坡开挖后断层与层间错动面上的位移　　　　　单位：mm

| 离开挖面的距离/m | 结　构　面 | | | | | | | |
|---|---|---|---|---|---|---|---|---|
| | $F_1$ | | $F_{28}$ | | $F_{32}$ | | $F_5$ | |
| | 错动 | 拉开 | 错动 | 拉开 | 错动 | 拉开 | 错动 | 拉开 |
| 0 | 0.96 | 0.43 | 0.43 | 0.25 | 0.47 | 0.90 | 0.40 | 0.45 |
| 10 | 0.57 | 0.27 | 0.40 | 0.18 | 0.43 | 0.86 | 0.35 | 0.40 |
| 20 | 0.29 | 0.17 | 0.34 | 0.14 | 0.38 | 0.65 | 0.30 | 0.35 |
| 30 | 0.16 | 0.06 | 0.29 | 0.09 | 0.32 | 0.42 | 0.24 | 0.28 |
| 40 | 0.07 | 0.01 | 0.24 | 0.08 | 0.27 | 0.24 | 0.16 | 0.23 |
| 50 | 0.02 | | 0.15 | 0.05 | 0.20 | 0.17 | 0.09 | 0.18 |
| 60 | | | 0.04 | 0.04 | 0.16 | 0.11 | 0.05 | 0.09 |
| 70 | | | 0.02 | 0.09 | 0.07 | | 0.01 | 0.03 |
| 80 | | | 0.01 | | 0.03 | 0.04 | | |
| 90 | | | | | 0.01 | 0.01 | | |

注　此表为 8—8 剖面的计算成果。

### 5.3.4.2　成果分析

通过进水口边坡不同工作条件下的三维弹塑性有限元计算分析，得出以下几点认识：

（1）边坡开挖后，正常条件下，岩体中将产生最大 28mm 的位移。不利条件下，最大位移达到 39mm。边坡开挖区内，拉应力区主要分布在坡顶、马道上外侧及地质结构面出露处；开挖区以外，拉应力区主要分布在坡顶和高程 300.0m 以下坡脚部位，最大拉应力量级 0.26～0.32MPa。塑性区主要分布在直立坡坡脚部位。塑性区与拉应力区范围不大，未见贯通，边坡在施工期整体稳定。

（2）边坡开挖后，在直立坡坡脚处造成较高的应力集中，应力值约为初始值的 2～3 倍。在直立坡坡脚处，塑性区沿坝轴线方向呈带状分布，对边坡稳定与引水洞洞口岩柱稳定极为不利。

（3）运行期，边坡岩体与大坝混凝土结构共同作用并相互影响。水库蓄水后，对边坡稳定有利；由于边坡岩体的作用，坝趾和坝踵部位正应力发生明显变化，表现为坝趾应力大于坝踵应力，大坝顶部将产生最大 5～6mm 的位移（向上游），岩体中将有最大 4～5mm 的位移，两者之间的位移差值较小，边坡岩体中塑性区与拉应力区变化很小。可以认为，通过坝基固结灌浆和采取可靠的大坝混凝土结构与边坡岩体连接措施后，边坡与大坝在静态状态下可以保持整体稳定。

（4）运行期遭遇 7 度地震时，大坝与边坡最大位移 11～14mm；地震荷载的作用，使边坡岩体中的拉应力与塑性区的量级和深度增大，但分布规律无变化。这一拟静力法地震计算结果表明：7 度地震作用对边坡的稳定性不会产生大的影响，边坡与大坝可以保持稳定。

（5）拟定的边坡加固支护措施中，预应力锚索的加固作用是明显的，其设计参数也是可行的；由于对普通锚杆的模拟不太理想，使得计算的锚杆作用比实际工程实践中普通砂浆锚杆的作用要小。但计算反映的改善岩体应力、约束位移的作用是存在的。

（6）提高坡脚相对软弱的 $T_2b^{28}$ 层岩体弹模，对改善边坡坡脚应力分布有明显效果。

（7）断层与层间错动直接影响边坡岩体的局部稳定性，结构面上有拉应力与张开、错动现象；在开挖过程中，如何控制层间错动，并使结构面上下盘岩体保持受力连续性，是加固支护必须解决的问题。

（8）影响进水口高边坡稳定性的主要因素是边坡反倾向地质结构面（层面或层间错动）、$T_2b^{28}$层岩体性状以及边坡岩体中残存的构造应力。

（9）由于边坡中无明显顺坡向贯通结构面，因此控制反倾向节理的开裂、连通是开挖、支护过程中的关键问题。从开挖后岩体变形特征看，破坏形式主要是开挖过程中开挖边坡浅部岩体的松动变形和长期倾倒变形。

### 5.3.5　离散元计算成果分析

#### 5.3.5.1　离散元静力分析成果

（1）边坡主应力分布的基本规律是：坡面附近岩块的最大主应力方向基本与坡面平行；坡体内岩块随埋深增大最大主应力方向由与水平夹角为60°，基本与岩层垂直，逐渐转向与水平夹角成90°。开挖后，岩块单元应力减少，表明$A_1$区潜在滑动体挖除后，对中下部边坡具有明显的卸载效果；蓄水至高程400.0m时，岩块应力进一步降低，增加水平超载力，应力回升，并且随着超载力的增大，应力不断增大，达到临界状态时，岩块应力量值基本与自然状态相当或稍大。超过临界状态时，岩块应力产生突然大增或骤降的反常现象。

（2）从计算的超载安全系数分析（见表5-59），可以认为在蓄水过程中和蓄水后，自然边坡的稳定安全系数显著降低；经全开挖和锚固处理后，边坡稳定安全裕度可恢复或超过自然状态水平。

表 5-59　　　　　　　　　　超 载 安 全 系 数 表

| 参　数 | 河水位/m | 自然边坡 | | | 全开挖 | | | 锚固支护 | | |
|---|---|---|---|---|---|---|---|---|---|---|
| | | 高程218.0m | 高程320.0m | 高程400.0m | 高程218.0m | 高程320.0m | 高程400.0m | 高程218.0m | 高程320.0m | 高程400.0m |
| 抗剪 | 方法1 | 1.15 | 1.06 | 1.04 | 1.20 | 1.08 | 1.06 | 1.34 | 1.18 | 1.16 |
| | 方法2 | 2.13 | 1.64 | 1.53 | 2.42 | 1.76 | 1.55 | 3.11 | 2.33 | 2.2 |
| 抗剪断 | 方法1 | 1.17 | 1.07 | 1.06 | 1.21 | 1.09 | 1.07 | 1.36 | 1.20 | 1.17 |
| | 方法2 | 2.21 | 1.66 | 1.57 | 2.44 | 1.83 | 1.66 | 3.13 | 2.35 | 2.21 |

注　1.方法1：表示的超载安全系数为每个岩块在初始水平滑动力基础上超载的安全系数，可用公式 $K=(\sum P+\Delta P)/\sum P$ 表示，其中，$\sum P$ 为初始水平滑动力；$\Delta P$ 为极限状态时的水平滑动力增量。

　　2.方法2：表示的超载安全系数是可能最大抗滑力与实际最大下滑力之比。

（3）从岩块单元应力变化量级可以获得以下两点认识：对边坡高程382.0m以上$A_1$区断层$F_{98}$上盘潜在滑动体挖除后，对高程382.0m以下$A_2$、$A_3$区起到显著的卸载作用；水库蓄水至400.0m高程后，库水压力平衡了部分山体作用，岩块应力有一定减少，表明水库正常运行时，对边坡稳定程度有一定的改善。

（4）从岩块变形特征看，边坡上部变形位移大，中下部变形小，边坡变形具有明显的推移式特点。

#### 5.3.5.2　离散元动力分析成果

边坡在各地震荷载条件下，最大位移比较见表5-60，最大拉、压应力比较见表5-61，拉应力分布及变形破坏特征见表5-62。

**表 5 - 60**　　　　　　　　**地震荷载下最大位移比较表**　　　　　　　单位：cm

| 地震荷载 | 边坡状态 | 0.1g | 0.2g |
|---|---|---|---|
| 拟静力荷载 A | 自然边坡 | 11.7 | 107.1 |
| | 开挖边坡 | 4.46 | 106.8 |
| 拟静力荷载 B | 自然边坡 | — | 65.8 |
| | 开挖边坡 | — | 62.3 |
| 拟静力荷载 C | 自然边坡 | 12.0 | 51.1 |
| | 开挖边坡 | 3.06 | 13.36 |
| EL - CENTRO 地震 | 自然边坡 | 0.96 | 1.78 |
| | 开挖边坡 | 0.27 | 1.11 |

**表 5 - 61**　　　　　　　　**地震荷载下拉、压应力比较表**　　　　　　　单位：MPa

| 荷载类型 | 边坡状态 | 0.1g | | 0.2g | |
|---|---|---|---|---|---|
| | | 拉应力 | 压应力 | 拉应力 | 压应力 |
| 拟静力荷载 A | 自然边坡 | 1.1 | 4.52 | — | — |
| | 开挖边坡 | 0.34 | 3.78 | 0.32 | 3.95 |
| 拟静力荷载 B | 自然边坡 | — | — | 0.81 | 5.47 |
| | 开挖边坡 | — | — | 0.38 | 3.95 |
| 拟静力荷载 C | 自然边坡 | 0.74 | 4.37 | 0.62 | 5.02 |
| | 开挖边坡 | 0.21 | 3.36 | 0.17 | 3.67 |
| EL - CENTRO 地震 | 自然边坡 | 0.76 | 4.28 | 0.78 | 4.29 |
| | 开挖边坡 | 0.25 | 3.36 | 0.26 | 3.61 |

注　1. 表中所列应力均为高程 200.0m 以上岩体内的应力值。

　　2. 静荷载的计算工况为：自重＋地下水＋水库蓄水至 375.0m。

**表 5 - 62**　　　　　　**地震荷载下边坡岩体拉应力分布及变形破坏特征汇总表**

| 荷载状态 | | | 0.1g | 0.2g |
|---|---|---|---|---|
| 拟静力地震荷载 | 荷载 A | 自然边坡 | 变形破坏特征：高程 380.0～500.0m 沿节理面错动、开裂。<br>拉应力分布：高程 380.0～480.0m 深 5.0～10.0m，高程 480.0m 以上，深 10.0～20.0m；拉应力量级 1.1MPa | — |
| | | 开挖边坡 | 变形破坏特征：高程 480.0m 以上岩体沿节理面开裂，高程 380.0～480.0m 之间岩体表部隆起、开裂。<br>拉应力分布：高程 320.0～340.0m、380.0～420.0m、440.0～460.0m 之间深 5.0～10.0m，480.0m 以上深度大于 20.0m；最大拉应力量级 0.32MPa | 变形破坏特征：高程 480.0m 以上岩体明显倾倒。<br>拉应力分布：范围基本无变化，量级增大至 0.34MPa |

续表

| 荷载状态 | | | 0.1g | 0.2g |
|---|---|---|---|---|
| 拟静力地震荷载 | 荷载 B | 自然边坡 | — | 变形破坏特征：高程 480.0m 附近岩体被压挤出，高程 380.0～460.0m 之间岩体剪滑。<br>拉应力分布：高程 250.0～380.0m 之间浅表部成片，深 5.0～10.0m；高程 480.0m 以上深大于 20.0m；拉应力量级 0.81 MPa |
| | | 开挖边坡 | — | 变形破坏特征：高程 480.0m 岩体弯曲倾倒。<br>拉应力分布：高程 380.0～420.0m 之间，深 5.0～10.0m；480.0m 以上深 10.0～20.0m；量级 0.38MPa |
| | 荷载 C | 自然边坡 | 变形破坏特征：高程 380.0m 附近岩体挤出。<br>拉应力分布：浅表部连成片，高程 480.0m 以上深 20.0～30.0m 以下深 5.0～10.0m | 变形破坏特征：高程 480.0m 附近岩体挤出，高程 480.0～420.0m 之间岩体沿节理面剪切错动。<br>拉应力分布：与 0.1g 时范围相同，深度普遍增深 5.0m |
| | | 开挖边坡 | 变形破坏特征：高程 480.0m 以上岩体沿节理面倾倒、开裂。<br>拉应力分布：高程 320.0～340.0m、360.0～400.0m 之间深 5.0～10.0m，480.0～580.0m 之间小于 20.0m；最大拉应力量级 0.21MPa | 变形破坏特征：浅表部岩体沿接触面剪切、错动。<br>拉应力分布：高程 280.0～320.0m、340.0～400.0m、480.0～580.0m 之间深 5.0～10.0m；最大拉应力量级 0.17MPa |
| El-CENTRO 地震 | | 自然边坡 | 变形破坏特征：高程 480.0m 附近岩体被挤出；380.0～480.0m 之间岩体形成隆起开裂区。<br>拉应力分布：高程 320.0～400.0m、480.0～580.0m 之间深 5.0～10.0m，550.0m 以上深 30.0～40.0m；最大拉应力量级 0.76MPa | 变形破坏特征：高程 480.0m 附近岩体被挤出；380.0～480.0m 之间岩体形成隆起开裂区。<br>拉应力分布：高程 320.0～500.0m 之间深 5.0～10.0m，500.0m 以上深 30.0m；最大拉应力量级 0.78MPa |
| | | 开挖边坡 | 变形破坏特征：高程 480.0m 附近岩体被挤出；以上岩体开裂。<br>拉应力分布：高程 280.0～340.0m、360.0～400.0m、420.0～480.0m 之间深 5.0～10.0m，480.0m 以上深 20.0m；最大拉应力量级 0.25MPa | 变形破坏特征：高程 480.0m 以上岩体沿节理面倾倒、开裂。<br>拉应力分布：高程 320.0～500.0m 之间深 5.0～10.0m，480.0m 以上大于 20.0m；最大拉应力量级 0.26MPa |
| 静荷载 | | 自然边坡 | 拉应力分布：高程 320.0～480.0m 浅表部深小于 5.0m，高程 550.0～600.0m 深 10.0m；最大拉应力量级 0.75MPa | |
| | | 开挖边坡 | 拉应力分布：高程 320.0～340.0m、380.0～400.0m 浅表部深小于 5.0m，高程 480.0m 以上深 10.0～20.0m；最大拉应力量级 0.25MPa | |

（1）从计算的位移时程曲线和速度时程曲线看，时段末的位移收敛、速度趋于 0，块体不平衡力逐渐减少。因此，可以认为在地震动力荷载作用下，开挖边坡整体上是稳定的，变形、开裂、倾倒破坏是局部的；经加固支护后，边坡整体稳定性会有所提高。

（2）边坡开挖后，变形破坏形式主要是岩块在自重力作用下倾倒，边坡中下部岩体存在挤压现象，中上部岩块倾倒形成深约 20.0～30.0m 的开裂区；拉应力区在高程 480.0m

以下一般深 5.0~10.0m，以上深 20.0~30.0m。

（3）从地震动力荷载与自重力荷载比较看，自重力荷载在反倾向层状结构边坡中仍起主导作用；地震动力荷载的作用是边坡变形、拉应力区、量级均有增大。

（4）从地震水平加速度 0.1g 与 0.2g 动力作用效应比较看，0.2g 地震动力作用位移量级增大，拉应力区增大，量级基本相当。

（5）从自然边坡与开挖边坡对地震动力效应的反应对比看，自然边坡变形、拉应力区、量级均较开挖边坡大，表明自然边坡由于在断层 $F_{98}$ 上盘存在滑动体，其稳定性较差。潜在滑动体全部挖除后，边坡稳定性已得到明显改善。

#### 5.3.5.3　三维离散元分析成果

（1）节理岩体等效力学参数。通过研究加锚和无锚节理岩体的单轴压缩试验、直剪试验以及结构面直剪试验，发现：施加锚杆对岩体的变形模量、内摩擦角、凝聚力以及结构面的内摩擦角基本无影响，而对结构面的凝聚力有显著提高（在左岸边坡系统锚杆加固的情况下，结构面的凝聚力由原来的 50kPa 提高到 122.56kPa）。

（2）加固效果。通过对加固前后边坡岩体变形量值分析，发现水平变形量基本减少 10% 左右，重点变形部位的变形量最大可减少 40%；而加固对垂直变形量控制则较小，减小一般在 5% 之下。

（3）长期变形。通过对不同蓄水高程及地震工况下边坡的长期变形分析，发现边坡最大变形位置主要集中在 3~6 号机组坝后坡，与边坡实际监测资料基本吻合。当水库蓄水到 400.0m 高程后，边坡变形有明显增加，尤其是 400.0m 高程蓄水位附加地震时，边坡变形更值得关注。在 400.0m 高程蓄水位附加 7 级地震条件下，进水口水平变形最大为 35mm 左右，垂直变形在 11mm 以内。

### 5.3.6　开挖仿真成果分析

#### 5.3.6.1　左岸进水口 1—1 剖面施工仿真成果

（1）边坡上特征点的位移计算值与剖面布置的外观点实测位移是吻合的，锚杆应力计实测值与计算值在大小和规律方面也基本一致。由于施工进度与计算模拟的施工过程存在差异，从而增加了计算值与实测值间的差异。因此，以设计参数为基础，根据实时的实测资料不断进行有限元反馈计算并调整边坡岩体及结构面的力学参数是合理可行的，据此确定的力学参数能综合反映实际工程情况。

（2）通过上述对计算结果的分析，影响该剖面边坡变形及稳定性的主要控制因素是蠕变岩体及 $F_{69}$、$F_{63}$ 等大断层。

（3）边坡开挖完成后，边坡岩体位移以水平向为主，主要表现为回弹，最大累计位移量 $x$ 方向为 20.43mm，$y$ 方向为 62.30mm。

（4）从整个边坡开挖过程模拟结果来看，缓倾角断层是影响该断面稳定性的关键因素，其中 $F_{69}$、$F_{63}$ 尤为显著，断层最大层间错动为 22.88mm。

（5）绝大多数锚杆应力均在钢筋的屈服强度范围以内，处于弹性阶段；边坡岩块及层面基本都未出现明显的屈服区域。

因此，左岸倾倒蠕变岩体 1—1 剖面在整体上是稳定的。表明：设计拟定的开挖顺序、支护时机是正确的；实际施工过程岩体变形与预计的基本一致。

#### 5.3.6.2 左岸进水口 2—2 剖面施工仿真成果

（1）边坡上特征点的位移计算值与剖面布置的外观点实测位移是吻合的，锚杆应力计实测值与计算值在大小和规律方面也基本一致。由于施工进度与计算模拟的施工过程存在差异，从而增加了计算值与实测值间的差异。

（2）2—2 剖面边坡开挖过程中，岩体未出现屈服现象。当开挖至高程 295.0m 时，仅在边坡的层面、断层中开始出现屈服区，说明层面和断层对边坡的变形和稳定性起主要控制作用，且开挖边坡的前段时间主要是弹性变形。从变形角度看，断层的层间错动现象不明显。

（3）边坡开挖完成后，边坡岩体以水平向外的位移为主，并且高程 210.0～260.0m 和高程 295.0～382.0m 两坡段位移最大，最大位移量约为 192mm；高程 210.0m 和 295.0m 平台主要为向上的回弹位移，最大位移量约为 29mm。

（4）通过对三种工况计算结果的分析比较，工况 1 为推荐方案，因此实际施工时不宜减少预应力锚索。

（5）边坡在开挖高程 325.0m 以上时，边坡位移不大，锚杆应力均在允许范围以内，边坡应力状态均正常，未出现较大的屈服区，产生滑动破坏的可能性不大。当开挖至高程 295.0m 时，高程 315.0～382.0m 间边坡层面、断层中出现明显的屈服区，且范围较大，但未贯通成带状区域。当开挖至高程 210.0m 后，高程 210.0～265.0m 间边坡出现贯通的屈服区，有局部滑动的可能性。

（6）建议对高程 210.0～270.0m 和高程 295.0～382.0m 两坡段加强处理并充分论证，如可增加锚索及其长度，增加超前锚杆数量、强度或深度等，对于预应力锚索宜采用小吨位密间距形式。

#### 5.3.6.3 9 号机组剖面施工仿真成果

（1）边坡上特征点的位移计算值与相近剖面布置的外观点实测位移是吻合的，锚杆应力计实测值与计算值在大小和规律方面也基本一致。

（2）该边坡开挖过程中，岩块一般未出现屈服现象，屈服区主要在边坡层面、断层中出现，说明该边坡中的层面和断层对边坡的变形和稳定性起主要控制作用。从变形角度看，断层的层间错动现象明显，其相对位移规律是下部块体向外向下，上部块体向里向下，与层状岩体实际变形规律一致。

（3）边坡开挖完成后，边坡岩体以水平向外的位移为主，并且高程 305.0～382.0m 间边坡位移最大，最大位移量约为 50.70mm；高程 305.0m 平台主要为向上的回弹位移，最大位移量约为 28mm。

（4）通过对几种工况计算结果的分析比较，工况 1 较为理想，即施加预应力锚索仅滞后开挖一步，施工时应严格控制施工进度和质量。

（5）该边坡在开挖到高程 345.0m 以上时，边坡位移不大，锚杆应力均在允许范围以内，边坡应力状态均正常，未出现较大的屈服区，产生滑动破坏的可能性不大。当开挖至高程 325.0m 开始时，高程 382.0m 以下边坡层面断层中开始出现明显的屈服区，且范围逐步扩大并贯通成带状区域，该边坡段有局部失稳的潜在危险。建议在高程 305.0～382.0m 间边坡段加强处理并充分论证，如可在高程 305.0～382.0m 间坡段增加锚索及其长度，增加超前锚杆数量、强度或深度等，对于预应力锚索宜采用小吨位密间距形式。

### 5.3.7　进水口边坡稳定性分析评价

通过对龙滩水电站左岸进水口反倾向层状结构岩质高边坡的重要部位进行二维和三维离心机模型试验研究，采用极限平衡法进行边坡整体稳定、局部稳定分析；并在此基础上进行二维和三维有限元分析以及动静力离散元、三维离散元分析，应用多种力学模型进行开挖仿真分析，模拟施工程序，并与监测成果进行对比，成果互为印证、互为补充。结合边坡岩体的工程地质条件，对龙滩水电站左岸进水口高边坡的稳定性可得到以下结论：

（1）进水口开挖高边坡整体稳定性较好，其稳定性主要由高程 382.0m 以上较缓边坡和以下较陡边坡两部分控制。边坡的稳定主要由施工期控制，只要坚持逐层开挖、逐层加固支护的施工程序，进水口高边坡不具备大规模整体破坏的条件；开挖边坡破坏模式主要由反倾向层状结构岩体的客观条件控制，其主要变形破坏模式是倾倒、开裂及反倾向节理面连通、组合。另外，受结构面的切割构成的块体失稳也是其主要破坏模式，但其数量少，规模也不大。

（2）边坡位移、应力量级及其分布形态，主要取决于边坡岩体的初始状态和坡面几何形态。拉应力区，在高程 382.0m 以上主要分布在坡顶、马道平台外侧及断层和层间错动出露处，最大分布深度一般在 20.0m 以内；以下主要分布在 382.0m 平台及 382.0～360.0m 之间的坡面上，深度一般在 15.0m 以内。在高程 382.0m 以下高陡边坡的坡脚（高程 300.0～325.0m）和引水洞间岩柱处有显著的应力集中，应力集中系数一般在 2～3。

（3）塑性（压剪）区主要出现在高程 382.0m 以下陡坡段、高程 325.0～300.0m 之间的坡脚部位和引水洞间岩柱处，沿边坡走向呈带状分布，对边坡坡脚稳定和引水洞洞口岩柱稳定极为不利。这些部位是加固处理应予重视的部位。

（4）对拟定的加固支护措施模拟计算表明：预应力锚索改善了边坡岩体的应力条件，使岩体中塑性区和拉应力区均减少；提高坡脚相对软弱的岩层强度后，坡脚应力分布有明显改善。

（5）为满足稳定要求，控制边坡变形和防止倾倒破坏，综合数值分析研究成果，对高程 382.0m 以上边坡需要施加 8000～1 万 kN/m 的锚固力；高程 382.0m 以下坝后陡坡段需施加 2 万 kN/m 的锚固力；高程 382.0m 以下坝头坡，需施加 1 万～1.5 万 kN/m 的锚固力。

## 5.4　研究小结

（1）本章针对反倾向层状结构岩质高边坡的特点，在分析进水口边坡变形破坏模式基础上，采用物理模型试验、刚体极限平衡分析、连续介质方法——有限元分析、非连续介质方法——离散元分析、开挖施工仿真分析等多种方法分析边坡，不同研究方法各有侧重，又相互验证，有机结合，形成了一整套针对反倾向层状结构岩质高边坡的综合分析方法。

（2）采用二维和三维离心机模型试验，揭示了反倾向层状结构岩质高边坡的变形破坏机理，验证了相应的计算数学模型，提出了有效的支护加固措施。试验成果表明，在只计自重的应力条件下，龙滩水电站左岸进水口边坡整体处于稳定状态，但高程 382.0m 以下层间错动发育的陡坡段稳定性稍差，须进行重点加固处理。

（3）通过极限平衡分析认为：进水口边坡开挖后基本稳定，但为满足稳定和变形要求，必须进行恰当的加固支护。

（4）应用有限元与离散元分析发现，边坡破坏形式主要是开挖过程中开挖边坡浅部岩体的松动变形和长期倾倒变形，提出控制较弱结构面两侧岩体剪切错动，特别是控制反倾向节理的开裂、连通，是边坡开挖、支护过程中的关键问题。锚索支护对边坡水平变形量影响明显。

（5）采用开挖仿真分析，实时分析边坡开挖支护过程，研究了边坡支护的合理时机，验证了开挖支护程序的合理性，为边坡施工动态设计、根据监测资料反馈设计提供了理论依据。

# 第 6 章

# 坝 坡 相 互 作 用 研 究

　　根据龙滩水电站工程布置，5～9 号机组进水口坝段坝基均已处于微新岩体内，其高程分别为：5～7 号机组进水口坝段 295.0m；8、9 号机组进水口坝段 305.0m。开挖高程由进水口坝体结构需要控制。为减少工程量，降低开挖边坡的高度，坝段底宽按满足进水口结构布置要求确定，坝底宽 28.5～46.37m。上述进水口坝段采用非完全重力式结构，将坝段下部与下游边坡岩体整体结合，构成坝与边坡岩体共同承受外荷载作用的结构体系。本章研究：将大坝与边坡岩体作为一个整体来进行二维、三维分析，从而获取坝坡相互影响机理；根据流变试验成果和监测反馈分析成果，研究进水口反倾向岩质边坡的流变特性，预测边坡岩体的长期变形，研究长期变形对大坝混凝土结构的影响，提出针对性措施；根据运行期大坝和边坡原型监测资料，对进水口坝段和边坡岩体运行状态进行分析、评价。

## 6.1　进水口高边坡与大坝相互作用研究

### 6.1.1　计算条件

　　为深入认识进水口高边坡和大坝之间的相互作用效应，采用二维和三维数值分析方法，对进水口高边坡和大坝进行了统一建模分析。

　　平面分析部位选取 9 号机组轴线剖面和转折坝段坝后坡剖面（10—10 剖面）。岩体及地质结构面采用弹塑性物理模型来描述材料特性，并在该模型中采用了莫尔—库仑准则。计算中，岩体材料按不同岩性与不同风化程度分为 10 类，地质结构面考虑了影响较大的 $F_9$、$F_{11}$、$F_1$、$F_5$、$F_8$、$F_{12}$、$F_{18}$、$F_{28}$、$F_{32}$、$F_{63}$、$F_{119}$ 等 11 条断层和层间错动。在进行坝坡联合作用分析时，考虑了锚杆和预应力锚索对边坡稳定性及变形的影响，即计算分析是在加固岩体结构的条件下对大坝和高边坡进行的相互作用分析，锚杆和预应力锚索的数量和几何信息根据加固与支护设计图分别考虑。

　　边界约束条件：水平边界处采用水平方向铰约束，垂直方向的下边界为固定约束，同时约束 $y$ 方向的位移。

　　两个剖面的计算工况与荷载组合见表 6-1；岩石（体）物理力学参数及混凝土和锚杆物理力学参数的选取详见表 6-2 和表 6-3。计算网格见图 6-1 和图 6-2；坝坡接触面测点及锚索（杆）布置见图 6-3；边坡监控点布置见图 6-4 和图 6-5。

　　三维模型分析计算域范围包括：6 号机组中心线至 9 号机组中心线之间 75.0m 宽，高程从 196.5m 到 546.5m，沿引水洞轴线方向取 558.0m（坝轴线以上 251.0m，以下 307.0m）。

**表 6-1**　　　　　　　　　　　　　　计算工况与荷载组合表

| 工况编号 | 边坡类型 | 边坡状况 | 荷载组合 | | | | | |
|---|---|---|---|---|---|---|---|
| | | | 自重 | 水作用 | 地震力 | 地应力 | 支护措施 |
| 0 | 永久边坡 | 边坡开挖完成 | △ | △ | | △ | △ |
| 1 | | 大坝形成 | △ | △ | | △ | △ |
| 2 | | 库水位 375.0m | △ | △ | | △ | △ |
| 3 | | 库水位 400.0m | △ | △ | | △ | △ |
| 4 | | 库水位 375.0m | △ | △ | △ | △ | △ |
| 5 | | 库水位 400.0m | △ | △ | △ | △ | △ |

**表 6-2**　　　　　　　　　　　　　岩石（体）物理力学参数表

| 编号 | 风化状况 | 岩性 | 层位 | 容重/(kN/m³) | 抗拉强度/MPa | 摩擦系数 $f$ | 凝聚力 $c$/MPa | 变形模量/GPa | 泊松比 |
|---|---|---|---|---|---|---|---|---|---|
| 1 | 强风化 | 砂岩 | 1,5,6,14,15,17,23,25,28,38,40~41,43 | 25.5 | 0.1 | 0.75 | 0.49 | 1.75 | 0.34 |
| | | 泥板岩 | 2~4,18 | | | 0.55 | 0.29 | 0.7 | |
| | | 砂岩与泥板岩互层 | 7~13,16,19~22,24,26,27,29 | | | 0.65 | 0.39 | 1.25 | |
| 2 | 弱风化 | 砂岩 | 1,5,6,14,15,17,23,25,28,38,40,41,43 | 26.5 | 1.0 | 1.2 | 1.48 | 7.0 | 0.27 |
| | | 泥板岩 | 2~4,18 | | 0.5 | 0.8 | 0.69 | 5.0 | |
| | | 砂岩与泥板岩互层 | 7~13,16,19~22,24,26~27,29~37,39,42 | | 0.8 | 1.0 | 1.18 | 6.0 | |
| 3 | 微风化—新鲜 | 砂岩 | 1,5,6,14~15,17,23 | 26.8 | 1.5 | 1.5 | 2.45 | 17.5 | 0.26 |
| | | 泥板岩 | 2~4,18 | | 0.8 | 1.1 | 1.48 | 12.5 | |
| | | 砂岩与泥板岩互层 | 7~13,16,19~22,24,26,27,29~37,39,43 | | 1.3 | 1.35 | 1.96 | 15.5 | |
| 4 | | 断层 | | 21.0 | 0 | 0.35 | 0.05 | 0.5 | 0.34 |

**表 6-3**　　　　　　　　　　　　混凝土和锚杆物理力学参数表

| 编号 | 材料名称 | 容重/(kN/m³) | 弹性模量/GPa | 泊松比 | 摩擦系数 $f$ | 凝聚力 $c$/MPa | 抗压强度/MPa | 抗拉强度/MPa |
|---|---|---|---|---|---|---|---|---|
| 1 | 大坝混凝土 | 24.0 | 25.5 | 0.167 | 1.25 | 2.2 | 10 | 0 |
| 2 | 接触面 | | | | 0.9~1.0 | 1.0~1.1 | | |
| 3 | 常规锚杆 | | 200 | 0.25 | | | 290 | 290 |
| 4 | 高强锚杆 | | 200 | 0.25 | | | 464 | 300 |
| 5 | 混凝土衬砌 | 24.0 | 28.5 | 0.167 | | | 12.5 | 1.3 |
| 6 | 喷混凝土 | 22.0 | 21.0 | 0.167 | 1.0 | 1.0 | 10.0 | 1.1 |

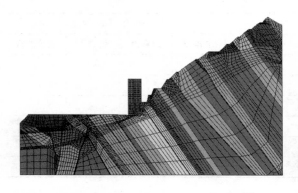

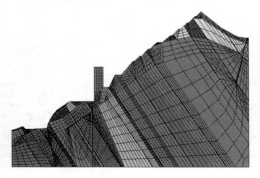

图 6-1　计算网格及材料分区示意图　　　　图 6-2　计算网格及材料分区示意图
（9 号机组轴线剖面）　　　　　　　　　　　（10—10 剖面）

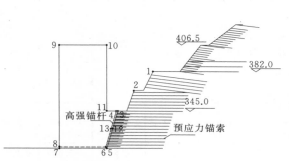

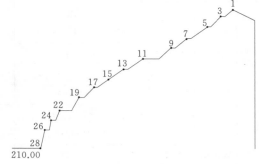

图 6-3　坝坡接触面测点及锚索（杆）　　　　图 6-4　9 号机组轴线剖面边坡
布置示意图　　　　　　　　　　　　　　　　监控点布置示意图

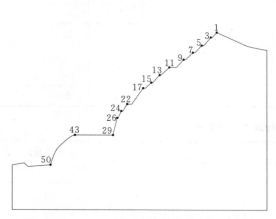

图 6-5　10—10 剖面边坡监控点布置示意图

岩体及地质结构面采用弹塑性模型；普通砂浆锚杆采用线弹性模型，模拟成弹性杆件；预应力锚索按节点荷载施加；大坝混凝土结构是在开挖支护完成后，另附加网格耦合。计算中，岩体材料按不同岩性与不同风化程度分为 12 类，地质结构面考虑了影响较大的 $F_1$、$F_5$、$F_{12}$、$F_{28}$、$F_8$、$F_{32}$ 等 6 条断层和层间错动。

计算中，考虑了自重力（岩体、混凝土）、初始地应力、水荷载（包括库水压力和建基面扬压力）、支护荷载、地震荷载。其中，对水荷载作用，地下水位以下按岩体浮容重考虑，大坝承受的库水压力按静水压力计算，地震作用按拟静力法计算，7 度地震取水平向地震加速度 $a=0.1g$。按规定的分级开挖、及时支护施工程序进行荷载组合，计算工况与荷载组合见表 6-4。

表6-4                                     计算工况与荷载组合表

| 工况编号 | 大坝及水库蓄水状态 | 荷载组合 | | | | |
|---|---|---|---|---|---|---|
| | | 自重 | 构造应力 | 水荷载 | 支护荷载 | 地震荷载 |
| 1 | 边坡开挖支护完毕，大坝混凝土浇筑至382.0m | △ | △ | △ | △ | |
| 2 | 水库蓄水至高程330.0m | △ | △ | △ | △ | |
| | 水库蓄水至高程375.0m | △ | △ | △ | △ | |
| 3 | 水库蓄水至高程375.0m，受7度地震作用 | △ | △ | △ | △ | △ |

注　边坡开挖按逐层开挖、逐层加固支护顺序进行。

## 6.1.2　空库条件下坝坡相互作用分析

### 6.1.2.1　大坝应力与位移分析

1. 9号机组轴线剖面

（1）坝坡联合作用下大坝的应力状况。水平应力最大值－0.742MPa，位置在坝体的底部靠上游方向，最小值0.554MPa，位置在坝体底部靠边坡一侧与坝基接触处。垂直应力最大值－2.731MPa，位置在坝体的底部，最小值0.0324MPa，位置在坝体顶部靠上游一侧角部。剪应力最大值－0.743MPa，最小值0.280MPa，位置在坝体底部靠下游一侧。

第一主应力最大值－2.7991MPa，位置在坝体底部，最小值0.03234MPa，位置在坝体顶部靠上游一侧角部，范围很小。除此之外，坝体均处于受压状态。第三主应力最大值－0.26569MPa，位置在坝体底部靠上游方向，最小值0.1739MPa，位置在坝体底部靠边坡一侧与坝基接触处。

（2）坝坡联合作用下大坝的位移状况。水平位移最大值20.11mm，位置在坝体顶部，指向边坡方向。在坝体底部近坝高1/10范围内出现指向上游方向的位移，其最大值为1.76mm。

垂直位移最大值44.64mm，位置在坝体顶部靠下游一侧，方向向下。总体上看，垂直位移的分布是上游一侧较下游一侧稍小，其数值十分接近。

2. 坝后坡10—10剖面

（1）坝坡联合作用下大坝的应力状况。水平应力最大值－1.279MPa，位置在坝体底部靠上游方向，最小值0.219MPa，位置在坝高的1/5处。垂直应力最大值－3.604MPa，位置在坝体的底部，最小值0.0403MPa，位置在坝体顶部靠上游一侧角部。剪应力最大值0.834MPa，最小值－0.492MPa，位置在坝体底部靠上游一侧。

第一主应力最大值－4.17MPa，位置在坝体底部靠上游一侧，最小值0.0403MPa，位置在坝体顶部靠上游一侧角部，范围很小。除此之外，坝体均处于受压状态。第三主应力最大值－0.242MPa，位置在坝体的底部靠上游方向，最小值0.255MPa，位置在坝高的1/5处。

（2）坝坡联合作用下大坝的位移状况。水平位移最大值4.39mm，位置在坝体顶部，坝体位移均指向上游方向。总的说来，水平位移呈上大下小趋势。

垂直位移最大值95.07mm，位置在坝体顶部靠上游一侧，方向向下。总体上看，垂直位移的分布是上游一侧较下游一侧稍大，其数值十分接近，均值约90mm。

### 3. 大坝变形综合分析

9号机组轴线剖面和坝后坡10—10剖面两个计算剖面的位移分布规律稍有不同，其原因可能与坝基的岩性变化有关。9号机组轴线剖面大坝靠下游一侧岩性较弱，故坝体在坝坡联合作用下的位移规律是靠近边坡一侧稍大。坝后坡10—10剖面大坝靠上游一侧岩性较弱，故坝体在坝坡联合作用下的位移规律是远离边坡一侧稍大。这种分布规律应该是合理的，它充分反映了坝、坡及坝基相互作用所带来的影响。

同样，两个计算剖面的结果也显示出由于坝与坡、坝与坝基接触部位的岩性存在差异，导致其应力分布规律不同。尽管两种情况下的压、拉应力区分布各不相同，但总的说来，由于拉应力值比混凝土的抗拉强度小，故大坝是安全的。

### 6.1.2.2 边坡应力及位移分析

#### 1. 9号机组轴线剖面

（1）大坝建成前的边坡应力状态。开挖后边坡表面附近的水平压应力在 1.0～3.0MPa 左右，边坡顶部局部出现水平拉应力，其最大值为 0.152MPa。极值位置在 310.0m 高程的开挖边坡坡脚处。边坡表面附近的竖向压应力在 0.1～0.3MPa 之间变化，竖向出现拉压应力，其最大值为 0.103MPa。极值位置在 345.0m 高程的开挖平台下部 10.0m 范围内。边坡表面附近的剪应力在 −1.0～−2.273MPa 之间，极值位置在 310.0m 高程的开挖边坡坡脚处。

边坡表面附近的第一主应力值在 1.0MPa 以下，为压应力，局部出现拉应力，其最大值为 0.958MPa，位置在 310.0～345.0m 高程之间的边坡表面。第三主应力值在 1.0～4.0MPa 左右，为压应力，极值出现在 310.0m 开挖平台和 310.0～345.0m 高程之间的边坡表面。

开挖坡脚出现应力集中现象，开挖边坡的底部压应力集中值为 5.0～5.68MPa。开挖平台附近靠外侧局部出现拉应力，水平拉应力值约为 0.696MPa。在开挖边坡的底部出现剪应力集中，其值约为 −2.27MPa。第一主应力值为 1.5～2.0MPa。

（2）大坝建成后的边坡应力状态。大坝建成后，边坡表面附近的水平压应力在 0.5～1.5MPa 左右，382.0m 高程边坡顶部和 345.0m 高程平台下方局部出现水平拉应力，其最大值为 0.562MPa。竖向压应力在 0.1～2.0MPa 之间变化。在 460.0m 及 382.0m 高程附近极小范围内的竖向出现拉或压应力，其最大值为 0.256MPa。边坡表面附近的剪应力在 −0.2～−1.5MPa 之间。第一主应力值在 0.75MPa 以下，为压应力，局部出现拉应力，其最大值为 0.50MPa。第三主应力值在 1.0～3.0MPa 左右，为压应力，局部出现拉应力，其最大值为 0.199MPa。

大坝的建成缓解了开挖坡脚的应力集中现象，使开挖坡脚没有明显的应力陡坎，对边坡的稳定有利。

（3）大坝建成前的边坡位移。开挖完成后，边坡表面的最大水平位移值出现在 550.0m 高程处，其值为 89mm。最大垂直回弹位移出现在 380.0m 高程处，其值为 −31.5mm。水平位移最大变幅为 88.44mm。垂直位移最大变幅为 45.68mm。

（4）大坝建成后的边坡位移。大坝建成后，$F_{12}$ 断层右边的岩体重新发生垂直向下的位移。靠近坝体部分的陡边坡，其位移几乎水平指向边坡的临空方向。310.0m 高程以下垂直边坡以外部分的岩体由于卸荷作用的影响，发生方向向上的回弹位移。坝体发生垂直向下的位移，减小了坝基岩体的回弹量。

坝体建成后，边坡的位移状况发生了较大改变，最大值出现的位置也有所变化。最大水平位移出现在 410.0m 高程的边坡表面，其值为 −42.8mm，较原来最大值的绝对值减少了 47mm。最大垂直位移出现在 560.0m 高程处，其值为 −21.3mm，较建坝前的最大垂直位移增加了 −4.9mm。

大坝建成前后的开挖边坡边界监控点的位移变化情况见表 6−5。

表 6−5　大坝建成前后开挖边坡边界监控点的位移变化对照表（9 号机组轴线剖面）　单位：mm

| 测点号 | | 边坡单独作用 | 坝坡联合作用 | 边坡测点位移增量 | 备注 |
|---|---|---|---|---|---|
| 1 | 最大水平位移 | 0.76 | 0.67 | 0.09 | |
| | 最大垂直位移 | −16.4 | −21.3 | −4.9 | |
| 3 | 最大水平位移 | 89.2 | 0.65 | 88.55 | |
| | 最大垂直位移 | 14.2 | −20.7 | −6.52 | 位移反向 |
| 5 | 最大水平位移 | 4.80 | −1.25 | 3.55 | 位移反向 |
| | 最大垂直位移 | −12.4 | −17 | −4.6 | |
| 7 | 最大水平位移 | 5.20 | −1.50 | 3.70 | 位移反向 |
| | 最大垂直位移 | −11.5 | −17.2 | −5.65 | |
| 9 | 最大水平位移 | 3.70 | −3.15 | 0.55 | 位移反向 |
| | 最大垂直位移 | −11 | −18 | −7.00 | |
| 11 | 最大水平位移 | 5.90 | −0.76 | 5.14 | 位移反向 |
| | 最大垂直位移 | −9.50 | −18.3 | −8.75 | |
| 13 | 最大水平位移 | 3.90 | −0.69 | 3.21 | 位移反向 |
| | 最大垂直位移 | −4.10 | −18.1 | −13.95 | |
| 15 | 最大水平位移 | −17.3 | −34.5 | −17.2 | |
| | 最大垂直位移 | 10.9 | 11.5 | −0.6 | |
| 17 | 最大水平位移 | −18 | −32.3 | −14.3 | |
| | 最大垂直位移 | 10.7 | 5.70 | 5.00 | |
| 19 | 最大水平位移 | −20.5 | −39.4 | −18.9 | |
| | 最大垂直位移 | 10.5 | 11.5 | −1.00 | |
| 22 | 最大水平位移 | −21 | −34.4 | −13.4 | |
| | 最大垂直位移 | 9.00 | 4.80 | 4.2 | |
| 24 | 最大水平位移 | −31.5 | −42.5 | −11.3 | |
| | 最大垂直位移 | 8.70 | 7.50 | 1.20 | |
| 26 | 最大水平位移 | −27.5 | −31.3 | −3.80 | |
| | 最大垂直位移 | 6.30 | 2.25 | 4.05 | |
| 28 | 最大水平位移 | 0.76 | 0.67 | −5.50 | |
| | 最大垂直位移 | −16.4 | −21.3 | 0.70 | |

注　1. 表中边坡测点位移增量的符号为"−"时表示位移增加，为"+"时表示位移减少。
　　2. 水平位移符号为"+"时，表示位移方向指向边坡内部，为"−"时，表示位移方向指向边坡外部。
　　3. 垂直位移符号为"+"时，表示位移方向垂直向上，为"−"时，表示位移方向垂直向下。

根据大坝修建前后监控点的位移变化情况可知：

在坝坡共同作用下，开挖边坡 450.0m 高程以上部位测点的水平位移有不同程度的减少，其中测点 3 的位移值减幅最大，达到 88.55mm。大部分测点的水平位移方向发生了改变。在坝坡共同作用下，位移绝对值都较小，约为1mm。由此可见，大坝的修建减少了450.0m高程以上边坡的变形量。

相比之下，开挖边坡450.0m高程以下部位测点的水平位移都有不同程度的增加，平均增幅在10mm左右其中测点19的位移值增幅最大，达到18.9mm。这说明大坝的存在加剧了450.0m高程以下部位边坡点的水平变形。

大坝建成后，蓄水前，测点17以上各个测点水平位移值均有大幅度的减少，垂直位移值则有不同程度的增加。测点17以下各个测点水平位移值均有大幅度的增加，增量约为原位移值的1倍左右，垂直位移值则有所减少，其中17、22、26三点的垂直位移值变化不大，19、24、28三点的垂直位移值减少约1/2。

在坝坡共同作用下，开挖边坡450.0m高程以上部位测点的垂直位移有不同程度的增加，其中测点13的位移反向，减幅最大，达到13.95mm。

开挖边坡450.0m高程以下部位测点的垂直位移都有不同程度的减少，其中测点17的位移值减幅最大，达到5.0mm。说明大坝的存在减少了450.0m高程以下部位边坡点的回弹变形。

由此可见，坝坡共同作用下，边坡上的位移有增有减，从其增减规律来看，大坝的修建对边坡的变形有利也有弊。有利的是，减少了450.0m高程以上的水平位移和450.0m高程以下的垂直回弹位移；不利的是，增加了450.0m高程以上的垂直位移和450.0m高程以下的水平位移。这种情况的出现与边坡岩体结构的组成以及大坝对整个边坡岩体结构的影响是一致的。从边坡的变形及应力分布的整体上看，大坝的修建对边坡的稳定是有益的，它也有效减少了岩体边坡的塑性区，从而使边坡在运行过程中更加安全。值得注意的是，大坝对边坡的有利影响程度是有限的。从大坝的安全运行角度出发，不建议将大坝作为增加边坡稳定性的主要措施，可以将其作为一种安全储备来考虑。

2. 坝后坡10—10剖面

（1）大坝建成前的边坡应力状态。开挖后边坡表面附近的水平应力在1.8MPa以下，局部坡面应力超过3.0MPa，极值出现在220.0m高程平台，其值超过13.5MPa，应力集中现象明显，应力集中系数在2～3.5之间。开挖边坡表面附近的竖向应力在2.5～5.0MPa之间变化，为压应力，极值出现在220.0m高程平台，其值超过10.5MPa，应力集中现象明显，应力集中系数在3～4之间。开挖边坡表面附近的剪应力在−1.0～−0.5MPa之间，极值出现在220.0m高程平台，其值超过−3.5MPa，应力集中现象明显，应力集中系数在1～4之间。

开挖边坡表面附近的第一主应力值在2.5MPa以下，为压应力。第三主应力值1.0MPa，为压应力，极值出现在220.0m高程平台，其值分别为17.5MPa和−3.5MPa，应力集中现象明显，应力集中系数在2～4之间。

（2）大坝建成后的边坡应力状态。大坝建成后边坡表面附近的水平压应力在1.0～2.5MPa左右，345.0m高程平台下方局部出现水平拉应力，其最大值为0.4319MPa。竖向压应力在0.1～2.5MPa之间变化。边坡表面附近的剪应力在0～−1.5MPa之间。第一主应力值在0～2.5MPa之间，为压应力。第三主应力值在0.5～1.0MPa左右，为压应力。

（3）大坝建成前的边坡位移。开挖完成后，边坡表面的最大水平位移值出现在345.0m高程处，其值为−30.58mm，指向坡外。最大垂直回弹位移出现在300.0m高程处，其值为 26.5mm。水平位移最大变幅为 40.8mm。垂直位移最大变幅为 30.8mm。

（4）大坝建成后的边坡位移。大坝建成后，$F_{12}$ 断层右边的岩体重新发生垂直向下的位移。靠近坝体部分的陡边坡，其位移几乎水平指向边坡的临空方向。301.0m 高程以下垂直边坡以外部分的岩体由于卸荷作用的影响，发生方向向上的回弹位移。201.0m 高程与 301.0m 高程之间的导流洞边坡位移也指向临空方向。坝体发生垂直向下的位移，它有利地减小了坝基岩体的回弹量。同时，大坝的建成对边坡塑性区的分布及范围大小也有一定程度的改善作用。

最大水平位移出现在 345.0m 高程，其值为 34.1mm，比建坝前增加 3.5mm，方向指向河谷。最大垂直位移出现在 300.0m 高程，与建坝前的位置相同，其值为 24.8mm，比建坝前减少 1.7mm，为回弹位移，方向向上。

大坝建成前后的边坡开挖边界监控点的位移变化情况见表 6-6。

表 6-6　　　　　边坡开挖边界监控点的位移变化对照表（10—10 剖面）　　　　单位：mm

| 测点号 | | 边坡单独作用 | 坝坡联合作用 | 边坡测点位移增量 | 备注 |
|---|---|---|---|---|---|
| 1 | 最大水平位移 | −6.50 | −14 | −7.5 | |
| | 最大垂直位移 | −10.3 | −16 | −5.7 | |
| 3 | 最大水平位移 | 1.82 | 2.20 | −0.38 | |
| | 最大垂直位移 | −9.20 | −12.2 | −3.03 | |
| 5 | 最大水平位移 | −3.08 | −10.1 | −7.0 | |
| | 最大垂直位移 | −3.80 | −9.20 | −5.4 | |
| 7 | 最大水平位移 | −6.80 | −14.4 | −7.57 | |
| | 最大垂直位移 | 7.25 | 4.23 | 3.02 | |
| 9 | 最大水平位移 | −8.25 | −15.6 | −7.33 | |
| | 最大垂直位移 | 7.57 | 3.82 | 3.75 | |
| 11 | 最大水平位移 | −4.05 | −10.4 | −6.31 | |
| | 最大垂直位移 | 10.6 | 5.95 | 4.63 | |
| 13 | 最大水平位移 | −7.30 | −13.5 | −6.15 | |
| | 最大垂直位移 | 11.2 | 6.20 | 5.0 | |
| 15 | 最大水平位移 | −11.4 | −18.8 | −7.4 | |
| | 最大垂直位移 | 11.6 | 7.94 | 3.66 | |
| 17 | 最大水平位移 | −13.2 | −20.4 | −7.21 | |
| | 最大垂直位移 | 9.90 | 5.68 | 4.22 | |
| 22 | 最大水平位移 | 19.8 | −26.8 | −6.99 | |
| | 最大垂直位移 | 5.00 | −14.3 | −9.3 | 位移反向 |
| 26 | 最大水平位移 | −30.6 | −34.5 | −3.92 | |
| | 最大垂直位移 | 5.80 | −4.00 | 1.8 | 位移反向 |
| 29 | 最大水平位移 | −2.50 | −5.00 | −2.5 | |
| | 最大垂直位移 | 1.70 | 5.10 | −3.4 | |
| 43 | 最大水平位移 | 9.50 | 9.30 | 0.2 | |
| | 最大垂直位移 | 26.5 | 24.8 | 1.7 | |
| 50 | 最大水平位移 | 3.50 | 1.50 | 2.0 | |
| | 最大垂直位移 | 5.00 | 4.30 | 0.7 | |

注　1. 表中边坡测点位移增量的符号为"−"时表示位移增加，为"＋"时表示位移减少。
　　2. 水平位移符号为"＋"时，表示位移方向指向边坡内部，为"−"时，表示位移方向指向边坡外部。
　　3. 垂直位移符号为"＋"时，表示位移方向垂直向上，为"−"时，表示位移方向垂直向下。

根据大坝修建前后监控点的位移变化情况可知：

在坝坡共同作用下，开挖边坡 301.0m 高程以上部位测点的水平位移有不同程度的增加，其中测点 7 的位移值增幅最大，达到 7.57mm。导流洞边坡的水平位移在大坝作用下有所减小（43 和 50 测点）。

相比之下，开挖边坡 430.0m 高程以上部位测点的垂直位移都有所减少，其中测点 11 的位移值减幅最大，达到 4.63mm。430.0m 高程以下部位测点的垂直位移都有所增加，其中测点 22 的位移值增幅最大，达到 9.3mm。导流洞边坡的垂直位移有所减少。

由此可见，坝坡共同作用下，边坡上的位移有增有减，从其增减规律来看，大坝的修建对边坡的变形有利也有弊。有利的是，减少了 430.0m 高程以上边坡的垂直回弹位移和导流洞边坡的垂直位移；不利的是，增加了 301.0m 高程以上的水平位移和 430.0m 高程以下部位测点的垂直位移。这种情况的出现与边坡岩体结构的组成以及大坝对整个边坡岩体结构的影响是一致的。尽管大坝的修建增加了边坡的水平位移，但从边坡的塑性区及应力分布的整体上看，大坝的修建对边坡的稳定还是有益的，它也有效减少了岩体边坡的塑性区，从而使边坡在运行过程中更加安全。值得注意的是，大坝对边坡的有利影响程度是有限的。从大坝的安全运行角度出发，不建议将大坝作为增加边坡稳定性的主要措施，可以将其作为一种安全储备来考虑。

3. 坝坡相互作用下边坡应力位移的三维分析

大坝建成后，边坡表面附近的水平压应力在 0～2.5MPa 左右；水平拉应力的范围比大坝未建成前有所扩大，主要分布在第一、第二步开挖区域的部分表面，边坡上部未开挖区域表面，以及 345.0m 高程平台下方局部区域，其最大值为 1.38MPa。

边坡表面附近的竖向压应力在 0.1～2.5MPa 之间变化。竖向拉应力主要分布在第一、第二步开挖区域的部分表面，边坡上部未开挖区域表面，以及 345.0m 高程平台下方局部区域，分布范围比水平拉应力小，其最大值为 1.85MPa。

边坡表面附近的剪应力在 -0.5～0.5MPa 之间，分布较为均匀。剪应力较大，其值在第一、第二步开挖区域的部分表面，边坡上部未开挖区域表面以及 345.0m 高程平台下方局部区域达到 -1.0～1.0MPa，最大值为 1.28MPa。第一主应力值在 0～2.5MPa 之间，为压应力，在上述提及的区域表面存在拉应力，其值在 1.5MPa 以下。第三主应力值在 0.5MPa 以下，主要为压应力，部分区域存在小片拉应力，其值在 0.5MPa 以下。

大坝建成后，与坝体接触的坝头坡、坝后坡以及作为坝基的 301.0～311.0m 平台在大坝的影响下均产生了不同程度的位移。其位移特征为：水平位移指向坡外，量值较小，最大值为 0.05cm，发生在坝基和坝头坡；垂直位移竖直向下，量值较大，最大值约为 0.11cm，发生在坝基的 $F_1$ 断层处和坝后坡。在水平位移中，坝基和坝头坡位移量相对较小，而坝后坡位移量相对较大；在垂直位移中，坝后坡和坝头坡位移量相对较小，而坝基位移量相对较大。301.0m 高程以下垂直边坡以外部分的岩体，由于卸荷作用的影响，发生方向向上的回弹位移。坝体发生垂直向下的位移，减小了坝基岩体的回弹量。

大坝建成后，除了原来在模型的部分边界角点和 $F_{63}$、$F_1$、$F_4$ 断层内仍然存在塑性区外，在引水洞洞口周围部分区域、坝头坡部分区域和坝基岩体的部分区域出现了新的剪切和张拉塑性区。这些塑性区均属于浅表塑性区，深度不大，且处于边坡岩体的锚固带，因此不影响边坡的稳定性，边坡和大坝在整体上是稳定的。

### 6.1.3 蓄水条件下边坡应力变形分析

#### 6.1.3.1 平面非线性数值分析

1. 9 号机组轴线剖面

水库蓄水至 330.0m 高程后，边坡表面附近的水平压应力在 0.5～1.5MPa 左右，382.0m 高程边坡顶部和 345.0m 高程平台下方局部出现水平拉应力，其最大值为 0.705MPa。边坡表面附近的竖向压应力在 0.1～2.0MPa 之间变化。在 460.0m 及 382.0m 高程附近极小范围内出现竖向拉或压应力，其最大值为 0.253MPa。边坡表面附近的剪应力在 −0.5～−1.0MPa 之间，极值位置在 360.0m 高程和 450.0m 高程。边坡表面附近的第一主应力值在 0.5MPa 以下，为压应力，在 470.0m 高程附近局部出现拉应力，其最大值为 0.742MPa。第三主应力值在 0.5～2.0MPa 左右，为压应力。340.0～420.0m 高程间局部出现拉应力，其最大值为 0.203MPa。

水库蓄水至 375.0m 高程后，边坡表面附近的水平压应力在 0.5～1.5MPa 左右，382.0m 高程边坡顶部和 345.0m 高程平台下方局部出现水平拉应力，其最大值为 0.393MPa。边坡表面附近的竖向压应力在 0.5～2.0MPa 之间变化。在 460.0m 及 382.0m 高程附近极小范围内出现竖向拉或压应力，其最大值为 0.257MPa。边坡表面附近的剪应力在 −0.5～−1.5MPa 之间，极值位置在 450.0m 高程附近。边坡表面附近的第一主应力值在 0.75MPa 以下，为压应力，在 470.0m 高程附近局部出现拉应力，其最大值为 0.50MPa。第三主应力值在 1.0～3.0MPa 左右，为压应力，340.0～420.0m 高程间局部出现拉应力，其最大值为 0.202MPa。

水库蓄水至 400.0m 高程后，边坡表面附近的水平压应力在 0.5～1.5MPa 左右，382.0m 高程边坡顶部和 345.0m 高程平台下方局部出现水平拉应力，其最大值为 0.389MPa。边坡表面附近的竖向压应力在 0.1～2.0MPa 之间变化。在 460.0m 及 382.0m 高程附近极小范围内出现竖向拉或压应力，其最大值为 0.258MPa。边坡表面附近的剪应力在 −0.2～−1.5MPa 之间，极值位置在 440.0m 高程附近。边坡表面附近的第一主应力值在 0.75MPa 以下，为压应力，在 470.0m 高程附近局部出现拉应力，其最大值为 0.534MPa。第三主应力值在 1.0～3.0MPa 左右，为压应力，340.0～420.0m 高程间局部出现拉应力，其最大值为 0.1998MPa。

当库水位为 375.0m、400.0m 高程时，边坡各测点的水平、垂直位移值变化很小。在库水位为 375.0m、400.0m 高程时发生地震，边坡各测点的水平、垂直位移值变化很小。但地震工况下的位移较单纯蓄水情况下大得多，因此地震对边坡位移的影响大。各个工况下边坡测点的位移值见表 6-7。

表 6-7　　　　　各工况下边坡测点的位移变化表（9 号机组轴线剖面）　　　　单位：m

| | 测点号 | 工况 0 | 工况 1 | 工况 2 | 工况 3 | 工况 4 | 工况 5 |
|---|---|---|---|---|---|---|---|
| 1 | 最大水平位移 | $7.60 \times 10^{-4}$ | $6.70 \times 10^{-4}$ | $1.06 \times 10^{-3}$ | $1.05 \times 10^{-3}$ | $-4.46 \times 10^{-2}$ | $-4.12 \times 10^{-2}$ |
| | 最大垂直位移 | $-1.64 \times 10^{-2}$ | $-2.13 \times 10^{-2}$ | $-1.88 \times 10^{-2}$ | $-1.87 \times 10^{-2}$ | $3.98 \times 10^{0}$ | $3.99 \times 10^{0}$ |
| 3 | 最大水平位移 | $8.92 \times 10^{-2}$ | $6.50 \times 10^{-4}$ | $9.80 \times 10^{-2}$ | $9.80 \times 10^{-2}$ | $7.89 \times 10^{-2}$ | $8.15 \times 10^{-2}$ |
| | 最大垂直位移 | $1.42 \times 10^{-2}$ | $-2.07 \times 10^{-2}$ | $1.50 \times 10^{-2}$ | $1.50 \times 10^{-2}$ | $4.01 \times 10^{0}$ | $4.02 \times 10^{0}$ |

| | 测点号 | 工况0 | 工况1 | 工况2 | 工况3 | 工况4 | 工况5 |
|---|---|---|---|---|---|---|---|
| 5 | 最大水平位移 | $4.80 \times 10^{-3}$ | $-1.25 \times 10^{-3}$ | $4.32 \times 10^{-3}$ | $4.32 \times 10^{-3}$ | $-4.29 \times 10^{-2}$ | $-4.07 \times 10^{-2}$ |
| | 最大垂直位移 | $-1.24 \times 10^{-2}$ | $-1.70 \times 10^{-2}$ | $-1.38 \times 10^{-2}$ | $-1.38 \times 10^{-2}$ | $4.04 \times 10^{0}$ | $4.05 \times 10^{0}$ |
| 7 | 最大水平位移 | $5.20 \times 10^{-3}$ | $-1.50 \times 10^{-3}$ | $4.18 \times 10^{-3}$ | $4.19 \times 10^{-3}$ | $-3.89 \times 10^{-2}$ | $-3.7610^{-2}$ |
| | 最大垂直位移 | $-1.15 \times 10^{-2}$ | $-1.72 \times 10^{-2}$ | $-1.30 \times 10^{-2}$ | $-1.30 \times 10^{-2}$ | $4.03 \times 10^{0}$ | $4.04 \times 10^{0}$ |
| 9 | 最大水平位移 | $3.70 \times 10^{-3}$ | $-3.15 \times 10^{-3}$ | $2.62 \times 10^{-3}$ | $2.63 \times 10^{-3}$ | $-3.98 \times 10^{-2}$ | $-3.88 \times 10^{-2}$ |
| | 最大垂直位移 | $-1.10 \times 10^{-2}$ | $-1.80 \times 10^{-2}$ | $-1.32 \times 10^{-2}$ | $-1.31 \times 10^{-2}$ | $4.03 \times 10^{0}$ | $4.03 \times 10^{0}$ |
| 11 | 最大水平位移 | $5.90 \times 10^{-3}$ | $-7.60 \times 10^{-4}$ | $2.08 \times 10^{-3}$ | $2.09 \times 10^{-3}$ | $-8.88 \times 10^{-2}$ | $-9.15 \times 10^{-2}$ |
| | 最大垂直位移 | $-9.50 \times 10^{-3}$ | $-1.83 \times 10^{-2}$ | $-8.00 \times 10^{-3}$ | $-7.98 \times 10^{-3}$ | $3.80 \times 10^{0}$ | $3.80 \times 10^{0}$ |
| 13 | 最大水平位移 | $3.90 \times 10^{-3}$ | $-6.90 \times 10^{-4}$ | $-2.17 \times 10^{-2}$ | $-2.17 \times 10^{-2}$ | $-8.33 \times 10^{-2}$ | $-8.40 \times 10^{-2}$ |
| | 最大垂直位移 | $-4.10 \times 10^{-3}$ | $-1.81 \times 10^{-2}$ | $9.42 \times 10^{-3}$ | $9.44 \times 10^{-3}$ | $1.86 \times 10^{0}$ | $1.85 \times 10^{0}$ |
| 15 | 最大水平位移 | $-1.73 \times 10^{-2}$ | $-3.45 \times 10^{-2}$ | $-2.19 \times 10^{-2}$ | $-2.18 \times 10^{-2}$ | $-1.70 \times 10^{-1}$ | $-1.71 \times 10^{-1}$ |
| | 最大垂直位移 | $1.09 \times 10^{-2}$ | $1.15 \times 10^{-2}$ | $8.38 \times 10^{-3}$ | $8.39 \times 10^{-3}$ | $1.98 \times 10^{0}$ | $1.97 \times 10^{0}$ |
| 17 | 最大水平位移 | $-1.80 \times 10^{-2}$ | $-3.23 \times 10^{-2}$ | $-2.45 \times 10^{-2}$ | $-2.45 \times 10^{-2}$ | $-2.92 \times 10^{-2}$ | $-2.91 \times 10^{-2}$ |
| | 最大垂直位移 | $1.07 \times 10^{-2}$ | $5.70 \times 10^{-3}$ | $9.13 \times 10^{-3}$ | $9.14 \times 10^{-3}$ | $7.86 \times 10^{-1}$ | $7.89 \times 10^{-1}$ |
| 19 | 最大水平位移 | $-2.05 \times 10^{-2}$ | $-3.94 \times 10^{-2}$ | $-2.44 \times 10^{-2}$ | $-2.43 \times 10^{-2}$ | $-1.07 \times 10^{-1}$ | $-1.07 \times 10^{-1}$ |
| | 最大垂直位移 | $1.05 \times 10^{-2}$ | $1.15 \times 10^{-2}$ | $5.29 \times 10^{-3}$ | $5.29 \times 10^{-3}$ | $8.76 \times 10^{-1}$ | $8.81 \times 10^{-1}$ |
| 22 | 最大水平位移 | $-2.10 \times 10^{-2}$ | $-3.44 \times 10^{-2}$ | $-3.09 \times 10^{-2}$ | $-3.09 \times 10^{-2}$ | $-2.62 \times 10^{-2}$ | $-2.57 \times 10^{-2}$ |
| | 最大垂直位移 | $9.00 \times 10^{-3}$ | $4.80 \times 10^{-3}$ | $4.57 \times 10^{-3}$ | $4.57 \times 10^{-3}$ | $5.08 \times 10^{-1}$ | $5.30 \times 10^{-1}$ |
| 24 | 最大水平位移 | $-3.15 \times 10^{-2}$ | $-4.28 \times 10^{-2}$ | $-2.60 \times 10^{-2}$ | $-2.60 \times 10^{-2}$ | $-6.62 \times 10^{-2}$ | $-6.82 \times 10^{-2}$ |
| | 最大垂直位移 | $8.70 \times 10^{-3}$ | $7.50 \times 10^{-3}$ | $1.27 \times 10^{-3}$ | $1.27 \times 10^{-3}$ | $5.30 \times 10^{-1}$ | $5.53 \times 10^{-1}$ |
| 26 | 最大水平位移 | $-2.75 \times 10^{-2}$ | $-3.13 \times 10^{-2}$ | $-5.77 \times 10^{-3}$ | $-5.64 \times 10^{-3}$ | $-5.96 \times 10^{-2}$ | $-5.53 \times 10^{-2}$ |
| | 最大垂直位移 | $6.30 \times 10^{-3}$ | $2.25 \times 10^{-3}$ | $6.94 \times 10^{-3}$ | $6.92 \times 10^{-3}$ | $3.38 \times 10^{-1}$ | $3.47 \times 10^{-1}$ |
| 28 | 最大水平位移 | $7.60 \times 10^{-4}$ | $6.70 \times 10^{-4}$ | $1.06 \times 10^{-3}$ | $1.05 \times 10^{-3}$ | $-4.46 \times 10^{-2}$ | $-4.12 \times 10^{-2}$ |
| | 最大垂直位移 | $-1.64 \times 10^{-2}$ | $-2.13 \times 10^{-2}$ | $-1.88 \times 10^{-2}$ | $-1.87 \times 10^{-2}$ | $3.98 \times 10^{0}$ | $3.99 \times 10^{0}$ |

**2. 坝后坡 10—10 剖面**

水库蓄水至 330.0m 高程后，边坡水平压应力在 1.0～2.5MPa 左右，极值出现在 382.0～480.0m 高程之间的边坡表面附近 5.0m 深度范围内。345.0m 高程平台下方局部出现水平拉应力，其最大值为 0.553MPa。竖向压应力在 0.1～2.5MPa 之间变化，分布范围在边坡表面以下 10.0～15.0m 深度范围内，极值出现在 300.0m 高程的平台下部。边坡表面附近的剪应力在 0～-1.2MPa 之间，460.0m 高程的极大值为 2.0MPa，220.0m 高程平台的边坡坡脚剪应力最大，其值为 -5.5MPa。第一主应力值在 0～2.5MPa 之间，为压应力，300.0m 高程平台坝基下的最大应力达到 8.1MPa。第三主应力值在 0.5～1.0MPa 左右，为压应力，最大值出现在 380.0m 高程。

水库蓄水至 375.0m 高程后，边坡水平压应力在 1.0～2.5MPa 左右，极值出现在 382.0～480.0m 高程之间的边坡表面附近 5.0m 深度范围内。345.0m 高程平台下方局部出现水平拉应力，其最大值为 0.573MPa。竖向压应力在 0.1～2.5MPa 之间变化，分布范围在边坡表面以下 10.0～15.0m 深度范围内，极值出现在 300.0m 高程的平台下部。边坡表面附近的剪应力在 0～-1.5MPa 之间，460.0m 高程的极大值为 2.3MPa，220.0m 高程平台的边坡坡脚剪应力最大，其值为 -5.7MPa。第一主应力值在 0～2.5MPa 之间，为压应力，300.0m 高程平台坝基下的最大应力达到 7.1MPa。第三主应力值在 0.5～

1.0MPa 左右，为压应力，最大值出现在 380.0m 高程。

水库蓄水至 400.0m 高程后，边坡水平压应力在 1.0～2.5MPa 左右，345.0m 高程平台下方局部出现水平拉应力，其最大值为 0.56MPa，极值出现在 382.0～480.0m 高程之间的边坡表面附近 5.0m 深度范围内。竖向压应力在 0.1～2.5MPa 之间变化，分布范围在边坡表面以下 10.0～13.0m 深度范围内，极值出现在 300.0m 高程的平台下部。边坡表面附近的剪应力在 0～-1.0MPa 之间，460.0m 高程的极大值为 2.1MPa，220.0m 高程平台的边坡坡脚剪应力最大，其值为 -5.44MPa。第一主应力值在 0～2.5MPa 之间，为压应力，300.0m 高程平台坝基下的最大应力达到 6.9MPa。第三主应力值在 0.5～1.0MPa 左右，为压应力，最大值出现在 380.0m 高程。

当库水位为 375.0m、400.0m 高程时，边坡各测点的水平、垂直位移值变化很小。在库水位为 375.0m、400.0m 高程时发生地震，边坡各测点的水平、垂直位移值变化很小。但地震工况下的位移较单纯蓄水情况下大得多，因此地震对边坡位移的影响是十分巨大的。各工况下边坡测点的位移值见表 6-8。

表 6-8　　　　　各工况下边坡测点的位移变化表（10—10 剖面）　　　　　单位：m

| | 测点号 | 工况 0 | 工况 1 | 工况 2 | 工况 3 | 工况 4 | 工况 5 |
|---|---|---|---|---|---|---|---|
| 1 | 最大水平位移 | $-6.50\times10^{-3}$ | $-1.40\times10^{-2}$ | $-1.29\times10^{-2}$ | $-1.27\times10^{-2}$ | $-1.77\times10^{0}$ | $-1.61\times10^{0}$ |
| | 最大垂直位移 | $-1.03\times10^{-2}$ | $-1.60\times10^{-2}$ | $-1.43\times10^{-2}$ | $-1.38\times10^{-2}$ | $3.91\times10^{0}$ | $3.56\times10^{0}$ |
| 3 | 最大水平位移 | $1.82\times10^{-3}$ | $2.20\times10^{-3}$ | $3.33\times10^{-3}$ | $3.50\times10^{-3}$ | $-1.65\times10^{0}$ | $-1.50\times10^{0}$ |
| | 最大垂直位移 | $-9.20\times10^{-3}$ | $-1.22\times10^{-2}$ | $-1.05\times10^{-2}$ | $-1.01\times10^{-2}$ | $3.77\times10^{0}$ | $3.43\times10^{0}$ |
| 5 | 最大水平位移 | $-3.08\times10^{-3}$ | $-1.01\times10^{-2}$ | $-8.97\times10^{-3}$ | $-8.80\times10^{-3}$ | $-1.32\times10^{0}$ | $-1.29\times10^{0}$ |
| | 最大垂直位移 | $-3.80\times10^{-3}$ | $-9.20\times10^{-3}$ | $-7.37\times10^{-3}$ | $-6.99\times10^{-3}$ | $3.15\times10^{0}$ | $3.03\times10^{0}$ |
| 7 | 最大水平位移 | $-6.80\times10^{-3}$ | $-1.44\times10^{-2}$ | $-1.32\times10^{-2}$ | $-1.30\times10^{-2}$ | $-1.29\times10^{0}$ | $-1.27\times10^{0}$ |
| | 最大垂直位移 | $7.25\times10^{-3}$ | $4.23\times10^{-3}$ | $5.91\times10^{-3}$ | $6.28\times10^{-3}$ | $3.18\times10^{0}$ | $3.06\times10^{0}$ |
| 9 | 最大水平位移 | $-8.25\times10^{-3}$ | $-1.56\times10^{-2}$ | $-1.43\times10^{-2}$ | $-1.41\times10^{-2}$ | $-1.20\times10^{0}$ | $-1.18\times10^{0}$ |
| | 最大垂直位移 | $7.57\times10^{-3}$ | $3.82\times10^{-3}$ | $5.48\times10^{-3}$ | $5.83\times10^{-3}$ | $3.07\times10^{0}$ | $2.95\times10^{0}$ |
| 11 | 最大水平位移 | $-4.05\times10^{-3}$ | $-1.04\times10^{-2}$ | $-9.04\times10^{-3}$ | $-8.81\times10^{-3}$ | $-1.12\times10^{0}$ | $-1.10\times10^{0}$ |
| | 最大垂直位移 | $1.06\times10^{-2}$ | $5.95\times10^{-3}$ | $7.36\times10^{-3}$ | $7.66\times10^{-3}$ | $2.89\times10^{0}$ | $2.77\times10^{0}$ |
| 13 | 最大水平位移 | $-7.30\times10^{-3}$ | $-1.35\times10^{-2}$ | $-1.20\times10^{-2}$ | $-1.18\times10^{-2}$ | $-1.03\times10^{0}$ | $-1.02\times10^{0}$ |
| | 最大垂直位移 | $1.12\times10^{-2}$ | $6.20\times10^{-3}$ | $7.82\times10^{-3}$ | $8.08\times10^{-3}$ | $2.76\times10^{0}$ | $2.65\times10^{0}$ |
| 15 | 最大水平位移 | $-1.14\times10^{-2}$ | $-1.88\times10^{-2}$ | $-1.69\times10^{-2}$ | $-1.66\times10^{-2}$ | $-7.16\times10^{-1}$ | $-6.62\times10^{-1}$ |
| | 最大垂直位移 | $1.16\times10^{-2}$ | $7.94\times10^{-3}$ | $9.18\times10^{-3}$ | $9.40\times10^{-3}$ | $2.07\times10^{0}$ | $1.88\times10^{0}$ |
| 17 | 最大水平位移 | $-1.32\times10^{-2}$ | $-2.04\times10^{-2}$ | $-1.84\times10^{-2}$ | $-1.81\times10^{-2}$ | $-7.85\times10^{-1}$ | $-7.21\times10^{-1}$ |
| | 最大垂直位移 | $9.90\times10^{-3}$ | $5.68\times10^{-3}$ | $6.78\times10^{-3}$ | $6.95\times10^{-3}$ | $2.16\times10^{0}$ | $1.95\times10^{0}$ |
| 22 | 最大水平位移 | $-1.98\times10^{-2}$ | $-2.68\times10^{-2}$ | $-2.39\times10^{-2}$ | $-2.34\times10^{-2}$ | $-7.41\times10^{-1}$ | $-6.55\times10^{-1}$ |
| | 最大垂直位移 | $5.00\times10^{-3}$ | $-1.43\times10^{-2}$ | $-2.58\times10^{-4}$ | $-2.50\times10^{-2}$ | $1.85\times10^{0}$ | $1.64\times10^{0}$ |
| 26 | 最大水平位移 | $-3.06\times10^{-2}$ | $-3.45\times10^{-2}$ | $-3.22\times10^{-2}$ | $-3.16\times10^{-2}$ | $-5.25\times10^{-1}$ | $-4.40\times10^{-1}$ |
| | 最大垂直位移 | $5.80\times10^{-3}$ | $-4.00\times10^{-3}$ | $-1.39\times10^{-2}$ | $-1.49\times10^{-2}$ | $1.26\times10^{0}$ | $1.11\times10^{0}$ |
| 29 | 最大水平位移 | $-2.50\times10^{-3}$ | $-5.00\times10^{-3}$ | $-2.92\times10^{-4}$ | $8.66\times10^{-4}$ | $-3.16\times10^{-1}$ | $-2.48\times10^{-1}$ |
| | 最大垂直位移 | $1.70\times10^{-3}$ | $5.10\times10^{-3}$ | $5.65\times10^{-3}$ | $5.55\times10^{-3}$ | $7.29\times10^{-1}$ | $6.36\times10^{-1}$ |
| 43 | 最大水平位移 | $9.50\times10^{-3}$ | $9.30\times10^{-3}$ | $1.76\times10^{-2}$ | $1.98\times10^{-2}$ | $-3.76\times10^{-1}$ | $-2.88\times10^{-1}$ |
| | 最大垂直位移 | $2.65\times10^{-2}$ | $2.48\times10^{-2}$ | $1.76\times10^{-2}$ | $1.57\times10^{-2}$ | $1.06\times10^{0}$ | $9.49\times10^{-1}$ |
| 50 | 最大水平位移 | $3.50\times10^{-3}$ | $1.50\times10^{-3}$ | $1.05\times10^{-2}$ | $1.24\times10^{-2}$ | $1.19\times10^{-2}$ | $2.50\times10^{-2}$ |
| | 最大垂直位移 | $5.00\times10^{-3}$ | $4.30\times10^{-3}$ | $-2.45\times10^{-3}$ | $-3.57\times10^{-3}$ | $1.62\times10^{-1}$ | $1.57\times10^{-1}$ |

### 6.1.3.2 三维非线性数值分析

水库蓄水至330.0m高程后,边坡表面附近的水平压应力在0~2.5MPa左右,分布较为均匀;水平拉应力的范围与未蓄水前几乎没有变化,主要分布在第一、第二步开挖区域的部分表面,边坡上部未开挖区域表面,以及345.0m高程平台下方局部区域,其最大值为1.36MPa。

边坡表面附近的竖向压应力在0.1~2.5MPa之间变化,分布较为均匀。竖向拉应力主要分布在第一、第二步开挖区域的部分表面,边坡上部未开挖区域表面,以及345.0m高程平台下方局部区域,分布范围比水平拉应力小,其最大值为1.83MPa。

边坡表面附近的剪应力在-0.5~0.5MPa之间,分布较为均匀。XZ向剪应力较大,其值在第一、第二步开挖区域的部分表面,边坡上部未开挖区域表面以及345.0m高程平台下方局部区域达到-1.0~1.0MPa,最大值为1.28MPa。第一主应力值在0~2.5MPa之间,为压应力,在上述提及的区域表面存在拉应力,其值在1.5MPa以下。第三主应力值在0.5MPa以下,主要为压应力,部分区域存在小片拉应力,其值在0.5MPa以下。

水库蓄水至375.0m高程后,边坡表面附近的水平压应力在0~2.5MPa左右;水平拉应力的范围与之前相比有所减小,其中第一、第二步开挖区域部分表面的水平拉应力变化不大,边坡上部未开挖区域表面以及345.0m高程平台下方局部区域的水平拉应力的范围有所减小,其最大值为1.28MPa。

边坡表面附近的竖向压应力在0.1~2.5MPa之间变化。竖向拉应力的分布范围在上述区域也有少许的减小,其最大值为1.73MPa。

边坡表面附近XY向和YZ向剪应力在-0.5~0.5MPa之间分布较为均匀。XZ向剪应力变化不大,其值在第一、第二步开挖区域的部分表面,边坡上部未开挖区域表面以及345.0m高程平台下方局部区域达到-1.0~1.0MPa,最大值为1.46MPa。第一主应力值在0~2.5MPa之间,为压应力,在上述提及的区域表面存在拉应力,其值在1.5MPa以下。第三主应力值在0.5MPa以下,主要为压应力,部分区域存在小片拉应力,其值在0.5MPa以下。

水库蓄水至400.0m高程后,边坡表面附近的水平压应力在0~2.5MPa左右;水平拉应力的范围与之前相比又有所减小,其中第一、第二步开挖区域部分表面的水平拉应力变化不大,边坡上部未开挖区域表面以及345.0m高程平台下方局部区域的水平拉应力的范围有所减小,其最大值为1.24MPa。

边坡表面附近的竖向压应力在0.1~2.5MPa之间变化。竖向拉应力的分布范围在上述区域也有少许的减小,其最大值为1.70MPa。

边坡表面附近的XY向和YZ向剪应力在-0.5~0.5MPa之间分布较为均匀。XZ向剪应力变化不大,其值在第一、第二步开挖区域的部分表面,边坡上部未开挖区域表面以及345.0m高程平台下方局部区域处于-1.0~1.0MPa,最大值为1.50MPa。第一主应力值在0~2.5MPa之间,为压应力,在上述提及的区域表面存在拉应力,其值在1.6MPa以下。第三主应力值在0.5MPa以下,主要为压应力,部分区域存在小片拉应力,其值在0.5MPa以下。

水库蓄水后,与坝体接触的坝头坡、坝后坡以及作为坝基的301.0~311.0m平台均表现为指向坡内的位移，但位移的量值很小。蓄水至 330.0m 后，水平位移量几乎没有变化，蓄水至 375.0m 后，水平位移量的最大变化值约为 0.04cm，蓄水至 400.0m 后，水平位移量的最大值又增加约 0.02cm 左右。水平最大位移发生于 6、7 洞间岩柱。310.0m 高程以下垂直边坡以外部分岩体由于水库水压力的作用，产生方向向下的位移，进一步减小了坝基岩体的回弹量。其位移的量值也很小。蓄水至 330.0m 后，垂直位移量的最大变化值小于 0.01cm，蓄水至 375.0m 后，垂直位移量的最大变化值约为 0.01cm，蓄水至 400.0m 后，垂直位移量的最大值又增加约 0.01cm 左右。垂直最大位移发生于 $F_1$ 断层附近。

水库蓄水后，边坡岩体的塑性区发生了较大的调整：原来在模型部分边界角点和 $F_{63}$、$F_1$、$F_4$ 断层内的塑性区仍然存在；而每次蓄水后，在引水洞洞口周围部分区域、坝头坡的部分区域和坝基岩体的部分区域新出现的剪切和张拉塑性区范围则有较大程度的减小，水库蓄水至 400.0m 高程后，这些塑性区减小到仅有零星分布；其余部位没有出现新的塑性区。因此，水库蓄水对边坡稳定是有利的。在水库蓄水至 330.0m、375.0m、400.0m 的各个阶段，边坡岩体均没有产生塑性破坏，边坡是稳定的。

### 6.1.4 锚杆对边坡及大坝位移的影响

表 6-9 和表 6-10 分别列出了有、无锚杆作用的大坝和与坝接触的边坡测点位移变化。从中可以看出，9 号机组轴线剖面在各种工况下，由于锚杆的作用，各测点位移量都有所降低，在不考虑地震工况下，水平位移值减少量约为 1.0cm 左右，垂直位移变化相对较小。考虑地震情况时，测点 9～13 的水平位移由于锚杆的作用，边坡对大坝的影响十分显著，无锚杆时，边坡推动大坝向外移动，大坝最大水平位移绝对值达到 −59.1cm（测点 8），施加锚杆后，大坝最大水平位移绝对值只有 −31.4cm（测点 9）。由此可见，锚杆有效地减小了边坡开挖卸荷作用对大坝的影响。水库在空库和蓄水情况下，部分锚杆的应力值分别见表 6-11 和表 6-12。

表 6-9 　　　　　　　大坝位移变化表（水库水位 375.0m，无锚杆工况）　　　　　　单位：m

| 测点编号 | 有流变 | | 无流变 | |
|---|---|---|---|---|
| | 水平位移 | 垂直位移 | 水平位移 | 垂直位移 |
| 4 | $-1.29 \times 10^{-2}$ | $-4.32 \times 10^{-2}$ | $7.41 \times 10^{-3}$ | $-4.29 \times 10^{-2}$ |
| 6 | $-2.25 \times 10^{-2}$ | $-4.05 \times 10^{-2}$ | $7.18 \times 10^{-4}$ | $-4.07 \times 10^{-2}$ |
| 8 | $-2.09 \times 10^{-2}$ | $-3.09 \times 10^{-2}$ | $1.27 \times 10^{-3}$ | $-3.28 \times 10^{-2}$ |
| 9 | $2.57 \times 10^{-4}$ | $-3.83 \times 10^{-2}$ | $1.61 \times 10^{-2}$ | $-4.04 \times 10^{-2}$ |
| 10 | $2.60 \times 10^{-4}$ | $-4.49 \times 10^{-2}$ | $1.61 \times 10^{-2}$ | $-4.48 \times 10^{-2}$ |
| 11 | $-2.09 \times 10^{-2}$ | $-4.07 \times 10^{-2}$ | $1.71 \times 10^{-3}$ | $-4.08 \times 10^{-2}$ |
| 13 | $-1.66 \times 10^{-2}$ | $-4.23 \times 10^{-2}$ | $4.70 \times 10^{-3}$ | $-4.22 \times 10^{-2}$ |

表 6-10 　　　　　　　大坝位移变化表（水库水位 375.0m，有锚杆工况）　　　　　　单位：m

| 测点编号 | 有流变 | | 无流变 | |
|---|---|---|---|---|
| | 水平位移 | 垂直位移 | 水平位移 | 垂直位移 |
| 4 | $-3.44 \times 10^{-3}$ | $-4.28 \times 10^{-2}$ | $7.41 \times 10^{-3}$ | $-4.35 \times 10^{-2}$ |
| 6 | $-1.15 \times 10^{-2}$ | $-4.05 \times 10^{-2}$ | $-1.48 \times 10^{-3}$ | $-3.99 \times 10^{-2}$ |

| 测点编号 | 有流变 | | 无流变 | |
|---|---|---|---|---|
| | 水平位移 | 垂直位移 | 水平位移 | 垂直位移 |
| 8 | $-1.03\times10^{-2}$ | $-3.17\times10^{-2}$ | $-3.17\times10^{-4}$ | $-3.29\times10^{-2}$ |
| 9 | $6.60\times10^{-3}$ | $-3.93\times10^{-2}$ | $2.08\times10^{-2}$ | $-3.82\times10^{-2}$ |
| 10 | $6.61\times10^{-3}$ | $-4.44\times10^{-2}$ | $2.08\times10^{-2}$ | $-4.48\times10^{-2}$ |
| 11 | $-1.01\times10^{-2}$ | $-4.06\times10^{-2}$ | $-1.49\times10^{-3}$ | $-3.99\times10^{-2}$ |
| 13 | $-6.62\times10^{-3}$ | $-4.19\times10^{-2}$ | $3.61\times10^{-3}$ | $-4.23\times10^{-2}$ |

表 6-11　　　　　　　　　　锚杆应力表（大坝建成后，空库情况）　　　　　　　单位：100MPa

| 分段位置 | 310.0m 高程附近 | | | 325.0m 高程附近 | | | 345.0m 高程附近 | | |
|---|---|---|---|---|---|---|---|---|---|
| | 预应力锚杆 ($L=35.0$m) | 高强锚杆 ($L=9.0$m) | 高强锚杆 ($L=6.6$m) | 预应力锚杆 ($L=35.0$m) | 高强锚杆 ($L=9.0$m) | 高强锚杆 ($L=6.6$m) | 预应力锚杆 ($L=35.0$m) | 高强锚杆 ($L=9.0$m) | 高强锚杆 ($L=6.6$m) |
| 1 | 3.997 | 3.023 | 2.631 | 3.997 | 3.114 | 2.755 | 4.001 | 2.919 | 2.585 |
| 2 | 4.055 | 3.817 | 3.575 | 4.024 | 4.051 | 4.002 | 4.071 | 4.035 | 3.495 |
| 3 | 4.07 | 4.07 | 3.964 | 4.08 | 4.071 | 4.056 | 4.074 | 4.067 | 4.049 |
| 4 | 4.078 | 4.072 | 4.048 | 4.081 | 4.074 | 4.065 | 4.077 | 4.072 | 4.067 |
| 5 | 4.079 | 4.077 | 4.063 | 4.082 | 4.072 | 4.069 | 4.08 | 4.072 | 4.067 |
| 6 | 4.079 | 4.077 | 4.065 | 4.081 | 4.072 | 4.072 | 4.081 | 4.072 | 4.072 |
| 7 | 4.08 | 4.077 | 4.066 | 4.08 | 4.072 | 4.073 | 4.08 | 4.073 | 4.072 |
| 8 | 4.081 | 4.077 | 4.067 | 4.081 | 4.072 | 4.068 | 4.081 | 4.073 | 4.072 |
| 9 | 4.081 | 4.077 | 4.069 | 4.081 | 4.069 | 4.06 | 4.069 | 4.073 | 4.07 |
| 10 | 4.081 | 4.076 | 4.069 | 4.08 | 4.067 | 3.992 | 4.07 | 4.072 | 4.07 |
| 11 | 4.081 | 4.076 | 4.069 | 4.08 | 4.023 | 3.915 | 4.07 | 4.072 | 4.065 |
| 12 | 4.08 | 4.076 | 4.071 | 4.08 | 4.016 | 3.985 | 4.08 | 4.064 | 4.065 |
| 13 | 4.08 | 4.076 | 4.048 | 4.08 | 3.983 | 3.872 | 4.08 | 4.064 | 4.037 |
| 14 | 4.08 | 4.067 | 4.038 | 4.079 | 3.959 | 3.716 | 4.08 | 3.99 | 3.867 |
| 15 | 4.01 | 3.286 | 3.868 | 4.01 | 3.285 | 2.772 | 4.011 | 3.283 | 2.877 |

注　表中分段表示每根不同的锚杆都均匀地分为 15 段。

表 6-12　　　　　　　锚杆应力表（大坝建成后，水库蓄水至 400.0m）　　　　　单位：100MPa

| 分段位置 | 310.0m 高程附近 | | | 325.0m 高程附近 | | | 345.0m 高程附近 | | |
|---|---|---|---|---|---|---|---|---|---|
| | 预应力锚杆 ($L=35.0$m) | 高强锚杆 ($L=9.0$m) | 高强锚杆 ($L=6.6$m) | 预应力锚杆 ($L=35.0$m) | 高强锚杆 ($L=9.0$m) | 高强锚杆 ($L=6.6$m) | 预应力锚杆 ($L=35.0$m) | 高强锚杆 ($L=9.0$m) | 高强锚杆 ($L=6.6$m) |
| 1 | 3.979 | 3.197 | 2.78 | 3.99 | 3.182 | 2.808 | 4.001 | 2.971 | 2.629 |
| 2 | 4.061 | 3.928 | 3.752 | 3.999 | 3.929 | 3.785 | 4.071 | 3.772 | 3.549 |
| 3 | 4.07 | 4.051 | 4.005 | 4.021 | 4.055 | 4.011 | 4.074 | 4.039 | 3.965 |
| 4 | 4.072 | 4.064 | 4.063 | 4.08 | 4.071 | 4.057 | 4.077 | 4.067 | 4.051 |
| 5 | 4.075 | 4.066 | 4.065 | 4.081 | 4.074 | 4.063 | 4.08 | 4.072 | 4.068 |
| 6 | 4.076 | 4.067 | 4.07 | 4.082 | 4.074 | 4.068 | 4.081 | 4.072 | 4.068 |
| 7 | 4.024 | 4.072 | 4.07 | 4.081 | 4.074 | 4.07 | 4.08 | 4.072 | 4.068 |
| 8 | 4.031 | 4.072 | 4.07 | 4.08 | 4.071 | 4.07 | 4.08 | 4.073 | 4.072 |
| 9 | 4.077 | 4.072 | 4.07 | 4.081 | 4.071 | 4.068 | 4.08 | 4.073 | 4.072 |

| 分段位置 | 310.0m 高程附近 | | | 325.0m 高程附近 | | | 345.0m 高程附近 | | |
|---|---|---|---|---|---|---|---|---|---|
| | 预应力锚杆<br>($L=35.0$m) | 高强锚杆<br>($L=9.0$m) | 高强锚杆<br>($L=6.6$m) | 预应力锚杆<br>($L=35.0$m) | 高强锚杆<br>($L=9.0$m) | 高强锚杆<br>($L=6.6$m) | 预应力锚杆<br>($L=35.0$m) | 高强锚杆<br>($L=9.0$m) | 高强锚杆<br>($L=6.6$m) |
| 10 | 4.078 | 4.071 | 4.068 | 4.08 | 4.066 | 4.058 | 4.08 | 4.073 | 4.072 |
| 11 | 4.078 | 4.071 | 4.067 | 4.08 | 4.066 | 3.994 | 4.08 | 4.073 | 4.065 |
| 12 | 4.079 | 4.·07 | 4.066 | 4.08 | 4.064 | 3.904 | 4.08 | 4.072 | 4.065 |
| 13 | 4.079 | 4.063 | 4.035 | 4.08 | 4.017 | 3.862 | 4.08 | 4.064 | 4.037 |
| 14 | 4.079 | 3.988 | 3.865 | 4.078 | 3.981 | 3.697 | 4.067 | 3.99 | 3.867 |
| 15 | 4.008 | 3.284 | 2.875 | 4.01 | 3.285 | 2.759 | 4.011 | 3.283 | 2.877 |

**注** 表中分段表示每根不同的锚杆都均匀地分为 15 段。

# 6.2 边坡长期变形及其影响和工程措施研究

龙滩水电站进水口高边坡工程岩体具有明显的流变效应，鉴于进水口边坡与大坝部分采用刚性接触，岩体的流变效应直接影响建筑物的长期稳定，深入研究工程岩体的流变效应对进水口边坡是十分必要的。

## 6.2.1 基于室内流变试验的流变模型辨识

### 6.2.1.1 泥板岩流变试验研究

选取龙滩水电站第 18 层的泥板岩岩芯 $\Phi 53$mm$\times 320$mm 试件做成简支梁。在梁上取 10 个测点贴上应变片，在梁的中央加集中力（砝码），一段时间以后再加荷载，测定 10 个测点的应变片在各级长期荷载作用下随时间的应变量。根据所测数据来反演泥板岩流变本构模型，得到的流变模型再用实测数据验证其可靠性，从而得到符合实际岩石的流变本构模型。

流变实验是一种确定试件表面应变在各级长期荷载作用下随时间变化的实验分析方法。其基本原理是：将电阻应变片粘贴在被测试件的表面，并将其置于自制的三角钢架上，当试件中心受到荷载作用时，各测点应变片的电阻值也相应地发生改变；通过电阻应变仪测定应变片中电阻值的改变，并换算成应变值，或者输出与应变成正比的信号，用记录仪记录下来，就可得到试件各测点随荷载增加和时间改变的应变值。

3 个试件的平均直径分别为 52.94mm、53.0mm 和 52.56mm，实验段的长度均为 32mm，采用逐级加载。

试验室温度和湿度应做到严格控制，以免由于环境的变化而改变泥板岩的蠕变特性，并且少震动和人为干扰，提高实验精度。

试件均为位于龙滩水电站坝址区三叠系中统板纳组地层第 18 层的泥板岩钻孔岩芯，该层位于进水口高边坡坡脚，其间劈理发育，为坝址区各类岩石中强度相对较低的岩石。

### 6.2.1.2 流变本构模型辨识方法

圆形截面岩石简支梁，梁中央受集中力 $P(t)$ 作用，在力的作用下梁发生弯曲，用应变片测定梁某些点的应变值 $\varepsilon(x,t)$，再用应变值反算黏弹模型，推求的模型较真实地反映了岩石的实际状态。

$$P(t) = P_0 H(t) + P_1 H(t-t_1) + P_2 H(t-t_2) + \cdots + P_n H(t-t_n) + \cdots \quad (6-1)$$

式中：

$$H(t-t_0) = \begin{cases} 1 & (t \geqslant t_0) \\ 0 & (t < t_0) \end{cases} \quad (6-2)$$

而梁任意一点处的弯矩

$$M(x) = \begin{cases} \dfrac{1}{2}Px & (-l < x < 0) \\ \dfrac{1}{2}Px - P(x-l) = P(l - \dfrac{1}{2}x) & 0 \leqslant x < l \end{cases} \quad (6-3)$$

将式（6-1）与式（6-2）结合起来，有

$$M(x,t) = \begin{cases} \dfrac{1}{2}P(t)x & (-l < x < 0) \\ \dfrac{1}{2}P(t)(2l-x) & (0 \leqslant x < l) \end{cases} \quad (6-4)$$

在这里，为了讨论的方便，设定泥板岩梁满足下面几个基本假定：①平面假定；②拉压性质相同；③线性黏弹；④小变形假设。

根据平面假设，梁的轴向应变值为

$$\varepsilon(t,y) = \Omega(t) \cdot y \quad (6-5)$$

式中：$\Omega(t)$ 为曲率。

$$\Omega(t) = \frac{m_0}{I_z} \cdot J(t) \quad (6-6)$$

对于第18层泥板岩梁 $M(t) = P_0 H(t) + P_1 H(t-t_1) + \cdots$，显然 $M(t)$ 是分阶段的常数，在 $(t_{j+1} - t_j)$ 就可用式（6-6）描述，现在的关键问题在于 $J(t)$ 为何种形式，即泥板岩的本构模型形式。

根据模型系统的蠕变规律：

$$\hat{J}(s) = \frac{\hat{P}(s)}{s\hat{Q}(s)} = \frac{1 + p_1 s + p_2 s^2 + \cdots + p_n s^n}{s(q_0 + q_1 s + q_2 s^2 + \cdots q_m s^m)} \quad (6-7)$$

经过推导，得到不同情况下 $J(t)$ 的表达式。

（1）若取 $n=0$，$m=0$，

$$J_1(t) = \frac{1}{q_0} \quad (6-8)$$

此时为弹性问题，$q_0 = E$。

（2）若取 $n=0$，$m=1$，

$$J_2(t) = \frac{1}{q_0}(1 - e^{-\frac{q_0}{q_1}t}) \quad (6-9)$$

（3）若取 $n=1$，$m=1$，

$$J_3(t) = \frac{1}{q_0}(1 - e^{-\frac{q_0}{q_1}t}) + \frac{p_1}{q_1}e^{-\frac{q_0}{q_1}t} = \frac{1}{q_0} + \left(\frac{p_1}{q_1} - \frac{1}{q_0}\right)e^{-\frac{q_0}{q_1}t} \tag{6-10}$$

（4）若取 $n=1$，$m=2$，

$$J_4(t) = \frac{1}{q_0} + \frac{B + A_1 p_1}{q_2}e^{-x_1 t} + \frac{C + B_1 p_1}{q_2}e^{-x_2 t} \tag{6-11}$$

式中：$B$、$C$、$A_1$、$B_1$ 均用 $q_0$、$q_1$、$q_2$ 表达。

（5）若取 $n=2$，$m=2$，

$$J_5(t) = \frac{1}{q_0} + \frac{B + A_1 p_1 + A_2 p_2}{q_2}e^{-x_1 t} + \frac{C + B_1 p_1 + B_2 p_2}{q_2}e^{-x_2 t} \tag{6-12}$$

式中：$B$、$C$、$A_1$、$B_1$、$A_2$、$B_2$ 均用 $q_0$、$q_1$、$q_2$ 表达。

几点说明：

对于（1）情况，黏弹本构关系为

$$\sigma = q_0 \varepsilon$$

对于（2）情况，黏弹本构方程为

$$\sigma = q_1 \dot{\varepsilon} + q_0 \varepsilon$$

对于（3）情况，黏弹本构方程为

$$p_1 \dot{\sigma} + \sigma = q_1 \dot{\varepsilon} + q_0 \varepsilon$$

对于（4）情况，黏弹本构方程为

$$p_1 \dot{\sigma} + \sigma = q_2 \ddot{\varepsilon} + q_1 \dot{\varepsilon} + q_0 \varepsilon$$

对于（5）情况，黏弹本构方程为

$$p_2 \ddot{\sigma} + p_1 \dot{\sigma} + \sigma = q_2 \ddot{\varepsilon} + q_1 \dot{\varepsilon} + q_0 \varepsilon$$

### 6.2.1.3 流变本构模型辨识成果

对试件进行了长时期的流变试验，得到了大量的试验数据；通过对 4 种模型进行进一步的分析，得出各模型的参数值，见表 6-13。

表 6-13 本 构 模 型 参 数 值 表

| 参数 | $P_0$ | $P_1$ | $P_2$ | $q_0$ | $q_1$ | $q_2$ |
|------|-------|-------|-------|-------|-------|-------|
| 模型 1 | 1 | | | $1.7090 \times 10^9$ | | |
| 模型 2 | 1 | | | $1.6418 \times 10^9$ | $2.4419 \times 10^{11}$ | |
| 模型 3 | 1 | $4.5802 \times 10^1$ | | $1.5027 \times 10^9$ | $1.4336 \times 10^{11}$ | |
| 模型 4 | 1 | $1.9652 \times 10^1$ | | $1.8427 \times 10^9$ | $4.4403 \times 10^{11}$ | $2.6227 \times 10^{13}$ |

由这些参数对各点各级加载曲线进行波兹曼叠加，所得结果与实际所测得的应变值进行比较，并由试件 1 各测点的误差分析（见表 6-14）得出：模型 4 符合该泥板岩的蠕变特性。这里采用模型 4 作为流变本构模型，其本构方程为

$$19.652\dot{\sigma} + \sigma = 2.6227 \times 10^{13}\ddot{\varepsilon} + 4.4403 \times 10^{11}\dot{\varepsilon} + 1.8427 \times 10^9 \varepsilon \tag{6-13}$$

并且中轴线上点 3、5、9、11 应变值的绝对值都在 $1.00 \times 10^{-6}$ 之内，并在 0 附近上下跳动，这与实验条件应变片的粘贴有关，比较符合实际情况。

**表6-14**                          **试件1各测点误差平方和结果表**

| | 测点位置 | 本构模型1 | 本构模型2 | 本构模型3 | 本构模型4 |
|---|---|---|---|---|---|
| 试件 1 | 测点1 | $5.5339 \times 10^{-6}$ | $5.8435 \times 10^{-6}$ | $1.1220 \times 10^{-5}$ | $3.2118 \times 10^{-6}$ |
| | 测点2 | $1.4004 \times 10^{-6}$ | $1.1989 \times 10^{-6}$ | $4.4051 \times 10^{-6}$ | $1.1377 \times 10^{-6}$ |
| | 测点6 | $1.5217 \times 10^{-6}$ | $1.1703 \times 10^{-6}$ | $4.4200 \times 10^{-6}$ | $6.3165 \times 10^{-7}$ |
| | 测点8 | $1.7492 \times 10^{-6}$ | $1.7241 \times 10^{-6}$ | $5.1892 \times 10^{-6}$ | $1.3262 \times 10^{-6}$ |
| | 测点10 | $7.9243 \times 10^{-8}$ | $8.0190 \times 10^{-8}$ | $2.5676 \times 10^{-7}$ | $6.5896 \times 10^{-8}$ |

## 6.2.2 基于现场实测资料的流变模型辨识

### 6.2.2.1 流变本构模型辨识理论方法

岩体是十分复杂的天然介质,就目前的研究水平和技术水平,还不能准确定量地对它描述。目前的做法是,在定量分析定性使用的宗旨下,将工程影响范围内不包含与工程尺度相当的结构(断层或褶皱)的岩体视为连续、均质各向同性介质。在这样的介质内开掘洞室,当围岩变形处于弹性范围内时,显然表征该系统物理模型为线性连续的,相应物理量为 $\sigma$ 和 $\varepsilon$。由于岩体具有黏性特征,$\sigma$、$\varepsilon$ 不仅是空间函数,而且是时间 $t$ 的函数,即该系统为一个线性连续动态的分布参数系统。这就是要辨识的系统属性。若假定体积变化为弹性而非黏性,该系统的通式如下:

普遍线性黏弹性体的应力、应变或应变速率关系为

$$P(D)\sigma = Q(D)\varepsilon \tag{6-14}$$

将其推广到三维应力应变状态为

$$\begin{cases} P(D)S_{ij} = 2Q(D)e_{ij} \\ \sigma_{ii} = 3K\varepsilon_{ii} \end{cases} \tag{6-15}$$

式中:$P(D) = 1 + p_1 \dfrac{\partial}{\partial t} + p_2 \dfrac{\partial^2}{\partial t^2} + \cdots + p_n \dfrac{\partial^n}{\partial t^n}$;$Q(D) = q_0 + q_1 \dfrac{\partial}{\partial t} + q_2 \dfrac{\partial^2}{\partial t^2} + \cdots + q_m \dfrac{\partial^m}{\partial t^m}$;$K$ 为体积应变。

将式(6-15)进行 Laplace 变换,得到

$$\begin{cases} \hat{P}(s)\hat{S}_{ij} = 2\hat{Q}(s)\hat{e}_{ij} \\ \hat{\sigma}_{ii} = 3K\hat{\varepsilon}_{ii} \end{cases} \tag{6-16}$$

式中:$\hat{P}(s) = \sum\limits_{i=0}^{n} p_i s^i$;$\hat{Q}(s) = \sum\limits_{i=0}^{m} q_i s^i$;$p_0 = 1$。

在弹性岩体中开挖任意断面的隧道,应用平面复变影射、保角变换方法可得围岩径向位移黏弹性公式。公式较复杂,下面以圆形断面为例。

弹性岩体中因开挖圆形隧洞引起的径向位移的弹性解析解为

$$u_r = \frac{p_0 a^2}{4Gr}\left\{(1+\lambda) - (1-\lambda)\left[\left(2 - \frac{a^2}{r^2}\right) + \frac{6G}{3W+G}\right]\cos 2\theta\right\}D(x)$$

$$D(x) = 1 - 0.7\exp\left(-\frac{3.15x}{2a}\right) \tag{6-17}$$

式中:$a$ 为隧洞半径;$p_0$ 为垂直向初始地应力;$G$ 为剪切模量;$r$ 为所考虑点到圆心的距离;$\lambda$ 为侧压力系数;$W$ 为体积模量;$D(x)$ 为应力释放系数;$x$ 为计算断面距开挖面

的距离。

设：$A = \dfrac{p_0 a^2}{2r}\left\{(1+\lambda) - (1-\lambda)(2 - \dfrac{a^2}{r^2})\cos 2\theta\right\}D(x)$，$B = \dfrac{3p_0 a^2}{r}(\lambda-1)\cos(2\theta)D(x)$

则式（6-17）可化为

$$u_r = \frac{A}{2G} + \frac{B}{2(3W+G)} \tag{6-18}$$

对式（6-18）作 Laplace 变换和 Laplace 逆变换，得出圆形隧洞因开挖引起的黏弹性径向位移为

$$U_r(t) = AJ_1(t) + BJ_2(t) \tag{6-19}$$

式中：$J_1(t)$ 为岩体的蠕变柔量；$J_2(t)$ 为与体积弹模相关的广义蠕变柔量。

在流变岩体中开挖隧道，在 $t = t_0$ 时刻开始位移量测：$t_0 = 0$ 为在未开挖之前已布置测示仪器，其可测到由于开挖引起的全位移；$t_0 > 0$ 时，测到相对于 $t = t_0$ 的位移量。令 $\tau_i = t_i - t_0$，则在 $t_i$ 时刻可测到 $n$ 个由开挖引起的相对径向位移增量值，记为 $U_k(\tau_i)$，$k = 1, 2, \cdots, n$；$i = 1, 2, \cdots, l$。则有蠕变柔量增量 $J_1(\tau_i)$ 和广义蠕变柔量 $J_2(\tau_i)$ 的线性方程组：

$$A_k J_1(\tau_i) + B_k J_2(\tau_i) = U_k(\tau_i), \quad (k = 1, 2, \cdots, n; i = 1, 2, \cdots, l) \tag{6-20}$$

式中：$A_k$，$B_k$ 是与地应力测点位置和隧洞形状有关的参数。位移反分析时是已知量。用最小二乘法解方程组（6-19），得时间增量 $\tau$ 的蠕变柔量为

$$J_1(\tau, p) = \frac{R_1 S_{22} - R_2 S_{12}}{S_{11} S_{22} - S_{12} S_{21}} \tag{6-21}$$

式中：$S_{11} = \displaystyle\sum_{k=1}^{n} A_k^2$；$S_{22} = \displaystyle\sum_{k=1}^{n} B_k^2$；$S_{12} = S_{121} = \displaystyle\sum_{k=1}^{n} A_k B_K$；$R_1 = \displaystyle\sum_{k=1}^{n} A_k U_k(\tau)$；$R_2 = \displaystyle\sum_{k=1}^{n} B_k U_k(\tau)$。

按如上方法可求得众多不同时段 $\tau$ 的蠕变柔量增量值，这里假设量测了 $L$ 个时段，得求模型结构参数 $p$ 的目标函数式，为

$$f(p) = \sum_{i=1}^{L} \left[J_1(\tau_1, p) - \varphi(\tau_1, p)\right]^2 \tag{6-22}$$

式中：$J(\tau) = \phi(t, p)$，是关于参数 $p$ 的复杂非线性函数，在程序中假定不存在重根和虚根，可简化得蠕变柔量的一般表达式，即

$$J(\tau) = A_1 + \sum_{i=1}^{m} A_{2i} e^{A_{2I+1}\tau} \tag{6-23}$$

目标函数式（6-22）是一个非线性最小二乘问题，这里采用共轭梯度法求解，求出参数 $A_i, i = 1, \cdots, 2m+1$。模型参数 $p$ 和系数 $A_i$ 有一定的对应关系，由式（6-16）可推导出来，由于比较繁杂，在此略过，从而可求出 $p$，定出模型。

### 6.2.2.2 流变本构模型辨识过程

岩石试验的局限性及其与岩体的差异，所得结果不能直接用于工程岩体，只能对建模和参数取值有一定的指导参考作用。

基于龙滩水电站洞室围岩的实测资料，对其整理分析，反演辨识出流变岩体的本构关

167

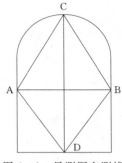

图 6-6 量测洞室测线
布置图

系），进一步还将反算出工程岩体的流变参数。其基本思想为：由实测资料反演出岩体的相对初始时刻的蠕变增量值，由理论分析得出岩体相对初始时刻的蠕变增量值的解析解，建立目标函数，得出解析解公式中的结构参数，确定出应力应变关系。

龙滩水电站的位移实测断面有 6 个，量测洞室为直墙半圆拱顶形，测线布置见图 6-6。量测时间段为 5～6 个月，量测位移以 mm 为单位。计算中，对 6 个断面分别进行了计算，每个断面又取了 4 个时间段，共得出 24 组计算数据。普遍线弹性模型偏微分方程的阶次取 1～4 阶，更复杂的很难计算模拟。地应力的侧压力系数取 1.5，统一到米级。表 6-15～表 6-18 为部分计算成果。

**表 6-15** 　　　　　　　　　模 型 辨 识 计 算 结 果

| 阶次 $n$ | 模型参数 $P_i$、$Q_i$ | | | | | | | | 拟合误差 ERR/ $(10^{-8}\text{mm})$ |
|---|---|---|---|---|---|---|---|---|---|
| | $P_0$ | $P_1$ | $P_2$ | $P_3$ | $Q_0$ | $Q_1$ | $Q_2$ | $Q_3$ | |
| 1 | $0.47\times10^{-5}$ | $-0.10\times10^{-3}$ | — | — | $0.11\times10^{-1}$ | 1 | — | — | 0.5132 |
| 2 | $-0.17\times10^{-8}$ | $0.18\times10^{-5}$ | $0.71\times10^{-4}$ | — | $-0.64\times10^{-6}$ | $0.23\times10^{-2}$ | 1 | — | 0.6481 |
| 3 | $0.54\times10^{-11}$ | $-0.30\times10^{-8}$ | $0.48\times10^{-5}$ | $-0.11\times10^{-3}$ | $-0.11\times10^{-8}$ | $-0.27\times10^{-5}$ | $0.11\times10^{-1}$ | 1 | 1.005 |
| 4 | $-0.16\times10^{-13}$ | $0.27\times10^{-10}$ | $-0.15\times10^{-7}$ | $0.37\times10^{-5}$ | $-0.38\times10^{-11}$ | $0.15\times10^{-7}$ | $-0.16\times10^{-4}$ | $0.28\times10^{-2}$ | 0.738 |

**表 6-16** 　　　　　　　　　模 型 辨 识 计 算 结 果

| 阶次 $n$ | 模型参数 $P_i$、$Q_i$ | | | | | | | | 拟合误差 ERR/ $(10^{-8}\text{mm})$ |
|---|---|---|---|---|---|---|---|---|---|
| | $P_0$ | $P_1$ | $P_2$ | $P_3$ | $Q_0$ | $Q_1$ | $Q_2$ | $Q_3$ | |
| 1 | $0.37\times10^{-5}$ | $-0.52\times10^{-4}$ | — | — | $0.88\times10^{-2}$ | 1 | — | — | 0.3574 |
| 2 | $0.13\times10^{-7}$ | $0.49\times10^{-5}$ | $-0.13\times10^{-3}$ | — | $0.28\times10^{-4}$ | $0.17\times10^{-1}$ | 1 | — | 1.111 |
| 3 | $0.80\times10^{-11}$ | $0.33\times10^{-7}$ | $0.41\times10^{-5}$ | $-0.12\times10^{-3}$ | $-0.20\times10^{-8}$ | $0.93\times10^{-4}$ | $0.19\times10^{-1}$ | 1 | 0.3589 |
| 4 | $-0.12\times10^{-13}$ | $0.11\times10^{-10}$ | $-0.66\times10^{-8}$ | $0.28\times10^{-5}$ | $0.39\times10^{-11}$ | $-0.69\times10^{-8}$ | $-0.23\times10^{-5}$ | $0.32\times10^{-2}$ | 1.942 |

**表 6-17** 　　　　　　　　　模 型 辨 识 计 算 结 果

| 阶次 $n$ | 模型参数 $P_i$、$Q_i$ | | | | | | | | 拟合误差 ERR/ $(10^{-8}\text{mm})$ |
|---|---|---|---|---|---|---|---|---|---|
| | $P_0$ | $P_1$ | $P_2$ | $P_3$ | $Q_0$ | $Q_1$ | $Q_2$ | $Q_3$ | |
| 1 | $0.27\times10^{-5}$ | $0.18\times10^{-4}$ | — | — | $0.59\times10^{-2}$ | 1 | — | — | 0.7172 |
| 2 | $0.34\times10^{-8}$ | $0.56\times10^{-5}$ | $-0.15\times10^{-3}$ | — | $0.45\times10^{-5}$ | $0.16\times10^{-1}$ | 1 | — | 0.3588 |
| 3 | $0.38\times10^{-13}$ | $0.60\times10^{-9}$ | $0.93\times10^{-6}$ | $0.18\times10^{-3}$ | $0.18\times10^{-9}$ | $0.12\times10^{-5}$ | $0.20\times10^{-2}$ | 1 | 1.119 |
| 4 | $0.15\times10^{-14}$ | $0.40\times10^{-11}$ | $0.12\times10^{-7}$ | $0.36\times10^{-5}$ | $-0.55\times10^{-12}$ | $0.50\times10^{-8}$ | $0.35\times10^{-4}$ | $0.11\times10^{-1}$ | 1.105 |

**表 6-18** 　　　　　　　　　模 型 辨 识 计 算 结 果

| 阶次 $n$ | 模型参数 $P_i$、$Q_i$ | | | | | | | | 拟合误差 ERR/ $(10^{-8}\text{mm})$ |
|---|---|---|---|---|---|---|---|---|---|
| | $P_0$ | $P_1$ | $P_2$ | $P_3$ | $Q_0$ | $Q_1$ | $Q_2$ | $Q_3$ | |
| 1 | $0.16\times10^{-5}$ | $0.11\times10^{-3}$ | — | — | $0.32\times10^{-2}$ | 1 | — | — | 0.2753 |
| 2 | $0.65\times10^{-8}$ | $0.56\times10^{-5}$ | $-0.16\times10^{-3}$ | — | $0.11\times10^{-4}$ | $0.18\times10^{-1}$ | 1 | — | 0.4009 |
| 3 | $0.28\times10^{-10}$ | $0.12\times10^{-7}$ | $0.39\times10^{-5}$ | $-0.76\times10^{-4}$ | $0.52\times10^{-7}$ | $0.46\times10^{-4}$ | $0.12\times10^{-1}$ | 1 | 0.4059 |
| 4 | $0.16\times10^{-17}$ | $-0.14\times10^{-13}$ | $-0.12\times10^{-9}$ | $0.82\times10^{-6}$ | $0.76\times10^{-14}$ | $-0.12\times10^{-9}$ | $-0.25\times10^{-7}$ | $0.12\times10^{-2}$ | 11.55 |

#### 6.2.2.3 流变本构模型辨识结果

根据每组相同输入数据所得的各阶拟合误差的大小次序来统计分析。拟合误差最小标为 1，次小为 2，最大为 4，次大为 3。统计各阶次（1、2、3、4）的大小次序个数（见表 6-19）。由表中统计数据可知，满足拟合误差最小的阶次是 1，占 70.8%；其次是 2 阶，占 16.7%。因而，建议工程岩体黏弹性部分取一阶次的三参量固体模型。这里以阶次为 1 且拟合误差最小的 17 组反演出的模型参数为基准，求其均值，得出反演模型的模型参数，辨识出的模型如下：

$$p_0\sigma + p_1\dot{\sigma} = q_0\varepsilon + \dot{\varepsilon} \tag{6-24}$$

$$p_0 = 0.107 \times 10^{-6}, p_1 = 0.467 \times 10^{-4}, q_0 = 0.198 \times 10^{-2}$$

在三参量模型中，模型参数与力学参数有如下关系：

$$p_0 = \frac{E_1 + E_2}{E_2 \eta_1}, \quad p_1 = \frac{1}{E_2}, \quad q_0 = \frac{E_1}{\eta_1}$$

式（6-24）是流变本构模型辨识的结果，这里的力学参数是综合等效参数。具体的力学参数选取，要参照室内试验的结果及工程类比来综合判断分析。反算力学参数的方案有两个：①通过反演分析求出岩体的等效力学参数；②通过上面的 24 组数据，确定出力学模型及模型参数（$P_i$、$Q_i$），由 $P_i$、$Q_i$ 与力学参数的关系式推出力学参数。这里采用的是第二种方案。

表 6-19    各阶次拟合误差大小次序统计表

| 拟合误差大小次序 | 阶 次 | | | |
| --- | --- | --- | --- | --- |
| | 1 | 2 | 3 | 4 |
| 1 | 17 | 4 | 1 | 2 |
| 2 | 6 | 11 | 4 | 3 |
| 3 | 1 | 7 | 8 | 8 |
| 4 | 0 | 2 | 11 | 11 |

### 6.2.3 边坡长期变形分析

#### 6.2.3.1 有限元分析采用的流变本构模型

根据上两节位移实测数据建立的岩体黏性等效本构模型，为了考虑边坡岩体的黏塑性效应，在该 Kelvin-Voigt 黏弹性模型的基础上，增加黏塑性本构元件，利用该黏弹-黏塑性西原模型进行了边坡流变正分析。黏弹-黏塑性西原模型结构见图 6-7。

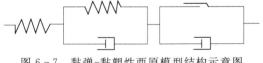

图 6-7  黏弹-黏塑性西原模型结构示意图

其总应变为

$$\varepsilon = \varepsilon^e + \varepsilon^{ue} + \varepsilon^{vp} \tag{6-25}$$

式中：$\varepsilon^e$ 为弹性应变；$\varepsilon^{ue}$ 为黏弹性应变；$\varepsilon^{vp}$ 为黏塑性应变。

根据现场试验数据辨识得到的三参量固体的本构关系方程为

$$\sigma + p_1\dot{\sigma} = q_0\varepsilon + q_1\dot{\varepsilon} \tag{6-26}$$

经过推导得到流变变形（蠕变方程）表达式为

$$\varepsilon(t) = \frac{\sigma_0}{E_1 E_2/(E_1 + E_2)} - \frac{\sigma_0}{E_1} e^{-t/\tau_1} = \frac{\sigma_0}{E_2} + \frac{\sigma_0}{E_1}(1 - e^{-t/\tau_1}) \qquad (6-27)$$

式中：$\tau_1 = \eta_1/E_1$。

用 $E_1$、$E_2$、$\eta_1$ 描述得到的应力松弛过程的关系式如下：

$$\sigma(t) = E_2 \varepsilon_0 - \frac{E_2^2 \varepsilon_0}{E_1 + E_2}(1 - \varepsilon_0 e^{-t/p_1}) \qquad (6-28)$$

式中：$p_1 = \eta_1/(E_1 + E_2)$，代表材料松弛特性的参量。

式（6-28）表明：$t=0+$ 时刻，$\sigma(0+$ 时刻$) = E_2 \varepsilon_0$，表示弹簧承受瞬时应力；当 $t \to \infty$ 时，$\sigma(\infty) = \dfrac{E_1 E_2}{E_1 + E_2} \varepsilon_0 = E_\infty \varepsilon_0$，为稳态应力。说明应力松弛并不是可以无限制的产生，当时间达到某一程度后，可以认为结构的应力将保持在某一恒定值，从而表现出固体的特性。

根据上述的流变应力应变关系，编制可用于流变分析的黏弹性有限单元法程序。

### 6.2.3.2　流变计算基本条件

流变分析采用了坝坡联合作用下相同的地质剖面：9号机组轴线剖面和10—10地质剖面。流变参数取值由前面流变模型反演所得的流变参数综合等效值、室内试验结果和反分析结果综合得到。其力学参数的取值见表6-20。

表6-20　　　　　　　　　　　　岩体材料力学参数取值表

| 岩体材料 | E/GPa | $\mu$ | c/MPa | f | $\gamma$ /(kN/m²) | $R_t$/MPa | $\eta$ /(MPa·d) |
|---|---|---|---|---|---|---|---|
| 强风化—砂岩 | 1.5 | 0.34 | 0.49 | 0.75 | 25.5 | 0.1 | $0.4 \times 10^8$ |
| 强风化—泥板岩 | 0.4 | 0.34 | 0.29 | 0.55 | 25.5 | 0.1 | $0.25 \times 10^7$ |
| 强风化—砂岩 与泥板岩互层 | 1.0 | 0.34 | 0.39 | 0.65 | 25.5 | 0.1 | $0.96 \times 10^7$ |
| 弱风化—砂岩 | 6 | 0.27 | 1.48 | 1.2 | 26.5 | 1.0 | $0.53 \times 10^7$ |
| 弱风化—泥板岩 | 4 | 0.27 | 0.69 | 0.8 | 26.5 | 0.5 | $0.36 \times 10^7$ |
| 弱风化—砂岩 与泥板岩互层 | 5 | 0.27 | 1.18 | 1.0 | 26.5 | 0.8 | $0.98 \times 10^7$ |
| 微风化—新鲜—砂岩 | 15 | 0.25 | 2.45 | 1.5 | 26.8 | 1.5 | $0.8 \times 10^8$ |
| 微风化—新鲜—泥板岩 | 10 | 0.25 | 1.48 | 1.1 | 26.8 | 0.8 | $0.52 \times 10^7$ |
| 微风化—新鲜—砂岩 与泥板岩互层 | 13 | 0.25 | 1.96 | 1.35 | 26.8 | 1.3 | $0.11 \times 10^7$ |
| 层间错动及断层 | 0.1 | 0.34 | 0.05 | 0.35 | 21.0 | 0 | $0.1 \times 10^7$ |

### 6.2.3.3　流变计算结果分析

流变计算分别考虑了无锚固和有锚固两种工况下边坡开挖后的变形情况，流变变形最大时间按50年考虑。

1. 9号机组轴线剖面边坡长期变形分析

图6-8是边坡监测点位置示意图。

在开挖边坡无锚固的工况下，开挖边坡位移变形存在一分界线，即高程约 470.0m 左右，分界线以下向偏离边坡方向移动，分界线以上向靠近边坡方向移动，边坡水平流变位移随时间的增长而增大。开挖边坡面上同一时间最大水平流变位移出现在高程 400.0m 左右。随着远离此位置，边坡部位水平流变位移逐渐减小；3 个月水平流变位移值为 8.20mm，1 年水平流变位移值为 25.10mm，3 年水平流变位移值为 45.80mm，50 年水平流变位移值为 59.80mm；坝基部位 3 个月

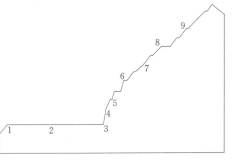

图 6-8 9 号机组轴线剖面开挖边坡
监测点位置示意图

水平流变位移值为 1.40mm，1 年水平流变位移值为 4.40mm，3 年水平流变位移值为 10.50mm，50 年水平流变位移值为 16.60mm。高程 310.0m 的最低开挖面上，水平流变位移值从外到内逐渐增大。

在开挖边坡有锚固的工况下，开挖边坡变形分界线位于高程约 500.0m 左右，分界线以下向偏离边坡方向移动，分界线以上向靠近边坡方向移动，边坡水平流变位移随时间的增长而增大。开挖边坡面上同一时间最大水平流变位移出现在高程 370.0m 左右。随着远离此位置，边坡部位水平流变位移逐渐减小；3 个月水平流变位移值为 3.16mm，1 年水平流变位移值为 10.34mm，3 年水平流变位移值为 14.56mm，50 年水平流变位移值为 16.98mm；坝基部位 3 个月水平流变位移值为 1.13mm，1 年水平流变位移值为 3.52mm，3 年水平流变位移值为 4.16mm，50 年水平流变位移值为 6.78mm。高程 310.0m 的最低开挖面上，水平流变位移值从外到内逐渐增大。

综上，锚固措施有效地限制了流变变形的增长，边坡 50 年的最大流变位移降低了 42.02mm，降低幅度达到 70%；坝基 50 年最大流变位移减少了 9.82mm，减少幅度达到 60%。

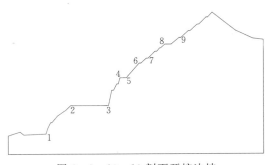

图 6-9 10—10 剖面开挖边坡
监测点位置示意图

2. 10—10 剖面边坡长期变形分析

图 6-9 是边坡监测点位置示意图。

在开挖边坡无锚固的工况下，开挖边坡面存在一分界线，即高程约 490.0m 左右，边界线以下向偏离边坡方向移动，分界线以上向靠近边坡方向移动，边坡水平流变位移随时间的增长而增大。开挖边坡面上同一时间最大水平流变位移出现在高程 340.0m 左右。随着远离此位置，边坡部位水平流变位移逐渐减小；3 个月水平流变位移值为 25.2mm，

1 年水平流变位移值为 78.70mm，3 年水平流变位移值为 99.1mm，50 年水平流变位移值为 108.8mm；坝基部位 3 个月水平流变位移值为 13.8mm，1 年水平流变位移值为 49.60mm，3 年水平流变位移值为 65.3mm，50 年水平流变位移值为 70.3mm。高程 310.0m 的最低开挖面上，水平流变位移值从外到内逐渐增大。计算剖面中的两处断层，3

个月水平流变位移值分别为 6.20mm 和 15.3mm，1 年水平流变位移值分别为 18.50mm 和 53.35mm，3 年水平流变位移值分别为 29.3mm 和 69.5mm，50 年水平流变位移值分别为 35.4mm 和 75.95mm。高程 300.0m 以下的开挖部位流变值较大。

在开挖边坡有锚固的工况下，开挖边坡面存在一分界线，即高程约 480.0m 左右，边界线以下向偏离边坡方向移动，分界线以上向靠近边坡方向移动，边坡水平流变位移随时间的增长而增大。开挖边坡面上同一时间最大水平流变位移出现在高程 320m 左右。随着远离此位置，边坡部位水平流变位移逐渐减小；3 个月水平流变位移值为 6.8mm，1 年水平流变位移值为 24.10mm，3 年水平流变位移值为 28.0mm，50 年水平流变位移值为 30.1mm；坝基部位 3 个月水平流变位移值为 5.2mm，1 年水平流变位移值为 17.60mm，3 年水平流变位移值为 20.9mm，50 年水平流变位移值为 23.8mm。高程 300.0m 的最低开挖面上，水平流变位移值从外到内逐渐增大。计算剖面的两处断层，3 个月水平流变位移值分别为 4.1mm 和 5.35mm，1 年水平流变位移值分别为 11.90mm 和 18.65mm，3 年水平流变位移值分别为 14.3mm 和 22.05mm，50 年水平流变位移值分别为 16.1mm 和 25.15mm。高程 300.0m 以下的开挖部位流变值较大。

综上，锚固措施有效地限制了流变变形的增长，边坡 50 年的最大流变位移降低了 78.7mm，降低幅度达到 72%；坝基 50 年的最大流变位移减少了 47.0mm，减少幅度达到 66%。

9 号机组轴线剖面和 10—10 剖面边坡开挖产生的流变变形表明，随着时间的增长，单位时间内的流变增量位移越来越小，趋向于零，因而存在一个流变稳定与否的时间判别问题。这里采用流变位移增量率来判断衡量，流变位移增量率（单位：mm/a）计算方法：流变位移增量率＝（本次流变位移－上次流变位移）/间隔时间。

按如上定义，每种工况下关键点在各时段内的流变位移增量率可求解出。指定标准值为 1mm/a。表 6-21 和表 6-22 为 9 号机组轴线剖面和 10—10 剖面边坡在有锚固措施条件下的流变速率。由之可以看出，位移流变稳定所需要的时间：9 号机组轴线剖面为 2～3 年；10—10 剖面为 3 年。

表 6-21　　　　　　　　**9 号机组轴线剖面边坡流变速率（有锚固）**　　　　　　　单位：mm/年

| 测点编号 | | 1 | 2 | 3 | 4 | 5 | 6 | 7 | 8 | 9 |
|---|---|---|---|---|---|---|---|---|---|---|
| 时间 | 1 | −2.56 | −2.6 | −5 | −8.84 | −7.2 | −6.92 | −4.36 | 0.24 | 0.68 |
| | 2 | −0.78 | −0.57 | −1.67 | −1.71 | −2.33 | −2.54 | −1.94 | 0.23 | 0.39 |
| | 3 | −0.53 | −0.52 | −1.24 | −1.34 | −1.68 | −1.68 | −0.9 | 0.22 | 0.31 |
| | 5 | −0.095 | −0.14 | −0.555 | −0.44 | −0.425 | −0.445 | −0.385 | 0.11 | 0.155 |
| | 10 | −0.038 | −0.08 | −0.176 | −0.038 | −0.076 | −0.076 | −0.138 | 0.056 | 0.072 |
| | 15 | −0.034 | −0.088 | −0.06 | −0.038 | −0.038 | −0.034 | −0.072 | 0.07 | 0.058 |
| | 20 | −0.042 | −0.088 | −0.054 | −0.018 | 0 | −0.062 | −0.032 | −0.058 | −0.026 |
| | 30 | −0.019 | −0.029 | −0.028 | −0.048 | −0.019 | −0.009 | −0.015 | −0.017 | −0.016 |
| | 50 | −0.0372 | −0.014 | −0.005 | −0.012 | −0.028 | −0.028 | −0.004 | −0.005 | −0.004 |

表 6-22　　　　　　　　10—10 剖面边坡流变速率（有锚固）　　　　　单位：mm/年

| 测点编号 | | 1 | 2 | 3 | 4 | 5 | 6 | 7 | 8 | 9 |
|---|---|---|---|---|---|---|---|---|---|---|
| 时间 | 1 | −6 | −14.8 | −18.4 | −21.6 | −16.8 | −6.4 | −10 | −5.6 | −1.2 |
| | 2 | −1.3 | −1.8 | −2.1 | −2.2 | −2.3 | −1.4 | −1.7 | −1.5 | −1.1 |
| | 3 | −1.1 | −1.5 | −1.4 | −1.7 | −1.9 | −1.3 | −1.4 | −1.1 | −1.1 |
| | 5 | −0.35 | −0.4 | −0.5 | −0.15 | −0.55 | −0.7 | −0.5 | −0.25 | −0.3 |
| | 10 | −0.06 | −0.1 | −0.1 | −0.08 | −0.14 | −0.1 | −0.1 | −0.1 | −0.12 |
| | 15 | −0.04 | −0.08 | −0.08 | −0.08 | −0.1 | −0.04 | −0.06 | −0.12 | −0.1 |
| | 20 | −0.04 | −0.08 | −0.12 | −0.08 | −0.1 | −0.12 | −0.08 | −0.08 | −0.06 |
| | 30 | 0.02 | −0.06 | −0.03 | −0.04 | −0.03 | −0.02 | −0.02 | −0.02 | −0.03 |
| | 50 | −0.003 | −0.001 | −0.0025 | −0.0027 | −0.0025 | −0.002 | −0.003 | −0.007 | −0.002 |

#### 6.2.3.4　基于监测资料的长期变形预测

　　表 6-23 为截至 2008 年 3 月时部分进水口边坡地表水平位移变化值表。由该表可见，受下游坝基开挖影响，坝前坡地表位移矢量主要指向下游坝基基坑方向。随着边坡施工的完成，地表变形趋于平缓。9 号机组坝后 382.0m 高程在开挖完成后 2 年时的水平位移监测值为 16.8mm，与计算值 11.53mm 较为接近，表明本研究提出的流变模型预测龙滩水电站高边坡的流变变形是可行的。

表 6-23　　高程 382.0m 以下进水口边坡及导流洞进口边坡地表水平变形特征统计表

| 部位 | 测点号 | 观测日期 | 累积天数/d | Δx/mm | Δy/mm | 水平位移 | | | 边坡倾向/(°) |
|---|---|---|---|---|---|---|---|---|---|
| | | | | | | 大小/mm | 方位角/(°) | 平均变化速率/(mm/d) | |
| 坝前坡 | 38008 | 2006-04-01 | 992 | −2.6 | 2.3 | 3.5 | 41.5 | 0.0035 | 237 |
| | 38010 | 2008-03-01 | 1692 | 13.8 | 9.7 | 16.9 | 145.1 | 0.0100 | 188 |
| 坝头坡 | 34011 | 2005-03-01 | 596 | 10.9 | 8.5 | 13.8 | 142 | 0.0232 | — |
| 7~9 号机组坝后坡 | 38011-1 | 2005-07-01 | 846 | 3.3 | 5.3 | 6.3 | 121.9 | 0.0074 | 254 |
| | 38011-2 | 2004-12-16 | 649 | 16.8 | −4.3 | 17.3 | 194.4 | 0.0267 | 229.5 |
| 3~6 号机组坝后坡 | 38011-4 | 2006-03-01 | 961 | 24.7 | −6.5 | 25.5 | 194.7 | 0.0266 | 229.5 |
| | 34016 | 2007-12-01 | 1601 | 8.8 | −15.3 | 17.6 | 240.2 | 0.0110 | 229.5 |
| 1、2 号机组坝后坡 | 38011-7 | 2008-03-01 | 1692 | 64.1 | 2.2 | 64.1 | 178.0 | 0.0379 | 169 |
| | 38011-6 | 2008-03-01 | 1692 | 15.9 | 9.8 | 18.7 | 148.3 | 0.0110 | 203 |

　　注　Δx 向河床为正，Δy 向下游为正，反之为负。

　　为及时了解进水口高边坡的变形发展情况，并对未来一定时间内的位移进行预测，按设计要求对进水口高边坡实施了现场原型变形监测。在变形监测数据成果基础上，采用 Verhulst 模型、GM（1，1）模型和 GM（1，1）与 Verhulst 综合模型对边坡变形趋势进行了拟合，并对后期长期（设计使用期 100 年）变形进行了预测。

　　在对进水口边坡变形的长期预测中，主要关注了边坡变形的最终位移。选择边坡 340.0m 高程和 380.0m 高程的地表监测点，分别为：340-10、340-11、340-13、340-15、340-16-1 以及 340-16-3；380-8、380-9、380-11-1、380-11-2、380-11-4

以及 380 - 11 - 6。这些点分别位于进水口坝头坡、坝肩坡以及坝后坡的位置。表 6 - 24 为 GM（1，1）模型的预测结果，表 6 - 25 为 Verhulst 模型的预测结果，表 6 - 26 为 GM（1，1）与 Verhulst 综合模型的预测结果。

**表 6 - 24**               **GM（1，1）模型预测变形成果表**

| 边坡高程 | 位置 | 编号 | 平面变形/mm | 垂直变形/mm |
|---|---|---|---|---|
| 340.0m | 坝头坡 | 340 - 10 | 9.547 | |
| | | 340 - 11 | 13.887 | |
| | 7～9 号机组坝后坡 | 340 - 13 | 9.545 | |
| | 3～6 号机组坝后坡 | 340 - 15 | 21.293 | |
| | | 340 - 16 - 1 | 18.178 | |
| | 1、2 号机组坝后坡 | 340 - 16 - 3 | 不适合 | |
| 380.0m | 坝头坡 | 380 - 8 | 12.393 | |
| | | 380 - 9 | 19.136 | |
| | 7～9 号机组坝后坡 | 380 - 11 - 1 | 31.559 | 7.888 |
| | 3～6 号机组坝后坡 | 380 - 11 - 2 | 不适合 | 10.572 |
| | | 380 - 11 - 4 | 不适合 | 11.807 |
| | 1、2 号机组坝后坡 | 380 - 11 - 6 | 29.224 | 9.971 |

**表 6 - 25**               **Verhulst 模型预测变形成果表**

| 边坡高程 | 位置 | 编号 | 平面变形/mm | 垂直变形/mm |
|---|---|---|---|---|
| 340.0m | 坝头坡 | 340 - 10 | 13.712 | |
| | | 340 - 11 | 12.564 | |
| | 7～9 号机组坝后坡 | 340 - 13 | 9.522 | |
| | 3～6 号机组坝后坡 | 340 - 15 | 19.072 | |
| | | 340 - 16 - 1 | 15.231 | |
| | 1、2 号机组坝后坡 | 340 - 16 - 3 | 不适合 | |
| 380.0m | 坝头坡 | 380 - 8 | 11.566 | |
| | | 380 - 9 | 14.7 | |
| | 7～9 号机组坝后坡 | 380 - 11 - 1 | 12.025 | 7.387 |
| | 3～6 号机组坝后坡 | 380 - 11 - 2 | 34.321 | 10.109 |
| | | 380 - 11 - 4 | 18.5 | 10.333 |
| | 1、2 号机组坝后坡 | 380 - 11 - 6 | 17.157 | 6.517 |

**表 6 - 26**           **GM（1，1）与 Verhulst 综合模型预测变形成果表**

| 边坡高程 | 位置 | 编号 | 平面变形/mm | 垂直变形/mm |
|---|---|---|---|---|
| 340.0m | 坝头坡 | 340 - 10 | 11.528 | |
| | | 340 - 11 | 13.252 | |
| | 7～9 号机组坝后坡 | 340 - 13 | 9.534 | |
| | 3～6 号机组坝后坡 | 340 - 15 | 20.365 | |
| | | 340 - 16 - 1 | 16.749 | |
| | 1、2 号机组坝后坡 | 340 - 16 - 3 | 18.178（GM（1，1）） | |

| 边坡高程 | 位置 | 编号 | 平面变形/mm | 垂直变形/mm |
|---|---|---|---|---|
| 380.0m | 坝头坡 | 380-8 | 11.791 | |
| | | 380-9 | 16.629 | |
| | 7～9号机组坝后坡 | 380-11-1 | 21.936 | 7.622 |
| | 3～6号机组坝后坡 | 380-11-2 | 34.321（Verhulst） | 10.336 |
| | | 380-11-4 | 18.5（Verhulst） | 11.066 |
| | 1、2号机组坝后坡 | 380-11-6 | 23.071 | 8.066 |

从分析结果可知，总体上380.0m高程的变形值大于340.0m高程的变形值，且3～6号机组坝后坡区的变形值最大。这可能主要与两方面因素有关：①反倾岩质边坡倾倒特性引起380.0m高程变形大于340.0m高程；②3～6号机组坝后坡的$F_1$、$F_5$等断层的通过影响了该部位边坡的变形。

综上，运用灰色模型GM（1，1）模型、Verhulst模型以及两者构成的综合模型对进水口区边坡的长期变形进行了预测分析。通过分析认为，在工程年限内（100年），进水口区边坡平面最大变形在35mm以内，垂直最大变形在12mm以内。

### 6.2.3.5 综合分析

本小节采用基于流变模型的力学分析方法和不同数据分析模型的预测方法对边坡的长期变形进行了预估研究，并与工程实测结果进行了对比分析。总体上讲，采用流变模型对长期变形进行预测更科学，也符合工程实际情况。综合各种长期变形分析的成果，可以得到如下认识：

（1）开挖边坡面上同一时间的最大流变位置如下：9号机组轴线剖面无锚固时为高程400.0m左右，有锚固时为高程370.0m左右；10—10剖面无锚固时为高程340.0m左右，有锚固时为高程320.0m左右。随着远离此位置，水平流变位移逐渐减小。

（2）计算剖面水平流变稳定所要的时间为：9号机组轴线剖面无锚固时为3～4a左右，有锚固时为2～3a左右；10—10剖面无锚固时为4a左右，有锚固时为3a左右。

（3）边坡有锚固情况与无锚固相比，边坡岩体流变位移量降低幅度在70%以上，坝基流变位移量降低幅度在60%以上，说明锚固措施可以有效限制流变位移的增长。

（4）断层带流变特性明显大于其他部位，且对岩体整体流变变形有明显影响，使流变位移增大。

（5）结合边坡长序列变形监测资料，利用不同预测模型对坝坡联合作用段的变形进行预测性研究，预测变形速率与实测变形速率基本吻合。

根据上述认识，边坡开挖完成后，立即采取锚固、灌浆等增强岩体结构整体性、提高岩体力学参数的措施，重点加固坡脚等开挖面流变变形较大部位。此外，断层带及软岩部分尤其要加强支护。

### 6.2.4 边坡长期变形对坝体影响分析

根据上述分析，大坝与边坡岩体接触部位高程334.0m处的水平流变位移和速率随时间的变化规律见表6-27。

表 6-27 流变位移、速率随时间变化表

| 项 目 | 时间/a | | | | | | | | | | |
|---|---|---|---|---|---|---|---|---|---|---|---|
| | 0.25 | 0.5 | 1 | 2 | 3 | 5 | 10 | 15 | 20 | 50 | 100 |
| 位移/mm | 2.86 | 5.25 | 9.82 | 11.53 | 12.87 | 13.75 | 13.94 | 14.13 | 14.22 | 14.95 | 15.55 |
| 速率/(mm/a) | 11.44 | 9.56 | 8.84 | 1.71 | 1.34 | 0.44 | 0.038 | 0.038 | 0.018 | 0.012 | 0.012 |

锚固与无锚固相比，水平流变位移量约减少60%~70%，表明进水口边坡经加固支护处理后，长期变形得到了有效的控制，锚固起到了很好的控制边坡变形效果。若考虑坝基岩体固结灌浆，以及对坝与边坡接触处岩体进行固结灌浆，大坝与边坡岩体接触处岩体流变位移量还会有一定减少。

前5年的流变位移量约占总的流变位移量的90%。大坝与边坡岩体接触部位岩体变形速率第1年达8.84mm/a，第2年、第3年为1.71~1.34mm/a，第5年为0.44mm/a，后45年变形速率明显减小，可以认为5年后变形已趋于稳定。

根据现场施工情况，进水口坝段混凝土浇筑要等边坡加固支护完成约1a后进行。此时，坝与坡接触处岩体65%的流变变形量已经完成，待浇筑至坝顶时，有86%的流变变形量已经完成。对进水口坝段坝体产生影响的残留岩体水平流变位移亦很小。

边坡岩体变形对坝体应力应变的影响，主要是研究在边坡开挖、加固支护完成，并浇筑大坝混凝土后，水库蓄水前和运行期情况下，大坝与边坡接触面上岩体变形对大坝的影响。对进水口高边坡岩体变形的多年研究和类似工程经验表明：边坡开挖后，较短的时间内，大部分变形量基本在开挖和处理过程中完成，在浇筑大坝混凝土后，岩体中仅存有残存塑性变形和流变变形，残存塑性变形经边坡加固支护处理，其量级亦很小。在弹塑性条件下，大坝与边坡岩体之间相互作用效应满足运行期要求。但考虑进水口建筑物的长期运行安全，还需研究岩体流变变形对大坝的影响。

### 6.2.4.1 计算模型

为研究边坡流变变形对大坝安全的影响，采用大型有限元分析程序ANSYS6.0，对7号机组进水口坝段进行平面线弹性有限元计算分析。流变变形对大坝的影响，按相对流变变形作为边界条件进行坝体、坝基应力、应变计算分析。计算中，大坝混凝土按线弹性材料考虑，坝基岩体和边坡岩体假定为无质量的弹性体；库水位包括空库、死水位330.0m、正常蓄水位375.0m、400.0m；荷载作用包括坝体自重、上游静水压力、建基面扬压力，以及边坡岩体对坝体的作用。其中，边坡岩体对坝体的作用按坝与坡接触处岩体的水平位移施加。根据分析，大坝与边坡岩体接触处岩体的水平位移，在50a内均小于15mm，边坡加固支护完成1a后浇筑大坝混凝土，为安全考虑，大坝与边坡岩体接触面上岩体水平位移按20mm施加。计算网络见图6-10，特征点位置见图6-11。

### 6.2.4.2 边坡长期变形对坝体的影响

各工况坝体位移和应力见表6-28，坝基面正应力见表6-29。

空库时，在不考虑边坡岩体流变变形的情况下，坝体上游高程305.0m转折处，以及大坝与边坡岩体接触部位高程325.0~345.0m处产生拉应力。水库蓄水后，考虑边坡岩体流变变形，坝体应力主要有以下变化：坝体水平应力增大，而垂直应力变化不大；坝体

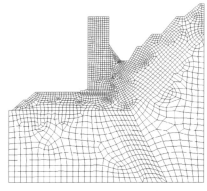

图 6-10 计算网络示意图

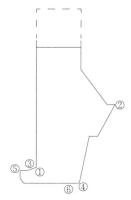

图 6-11 特征点位置示意图

表 6-28 各工况坝体位移和应力表

| 时 期 | | 前 期 | | | 后 期 |
|---|---|---|---|---|---|
| 上游水位 | | 空库 | 死水位 330.m | 正常蓄水位 375.0m | 正常蓄水位 400.0m |
| 边坡施加位移/mm | | 无 | 20 | 20 | 20 |
| 坝顶位移/mm | 水平 | 7 | 24 | 22 | 20 |
| | 沉降 | 12 | 11 | 10 | 12 |
| $\sigma_x$/MPa | 压 | 2.565 | 16.327 | 16.31 | 16.323 |
| | 位置 | 1号机组 | 4号机组 | 4号机组 | 4号机组 |
| $\sigma_y$/MPa | 压 | 5.198 | 5.592 | 5.278 | 5.527 |
| | 位置 | 1号机组 | 1号机组 | 4号机组 | 4号机组 |
| | 拉 | 0.165 | 0.552 | 0.341 | 0.412 |
| | 位置 | 3号机组 | 5号机组 | 6号机组 | 2号机组 |
| | 深度 | 1 | 1 | 1 | 2 |
| $\tau_{xy}$/MPa | 负 | 2.373 | 3.566 | 3.553 | 3.625 |
| | 位置 | 1号机组 | 1号机组 | 6号机组 | 6号机组 |
| | 正 | 0.393 | 2.436 | 2.34 | 2.355 |
| | 位置 | 4号机组 | 4号机组 | 4号机组 | 4号机组 |
| 最大主应力/MPa | 压 | 6.596 | 16.843 | 16.786 | 16.814 |
| | 位置 | 1号机组 | 4号机组 | 4号机组 | 4号机组 |

注 表中拉应力深度为垂直坝体表面的深度,单位为 m,为应力等值线图中量测的近似值。

表 6-29 各工况坝基面正应力表 单位:MPa

| 时 期 | 前期 | | | 后期 |
|---|---|---|---|---|
| 上游水位 | 空库 | 死水位 330.0m | 正常蓄水位 375.0m | 正常蓄水位 400.0m |
| 边坡施加位移/mm | 无 | 20 | 20 | 20 |
| 0-008.000 | 0.835 | 2.018 | 2.172 | 2.358 |
| 0-004.450 | 1.061 | 1.664 | 1.917 | 2.184 |
| 0-000.900 | 1.447 | 1.639 | 1.826 | 2.104 |
| 0+002.650 | 1.673 | 1.618 | 1.763 | 2.050 |
| 0+006.200 | 1.697 | 1.481 | 1.623 | 1.921 |

续表

| 时期 | 前期 | | | 后期 |
|---|---|---|---|---|
| 上游水位 | 空库 | 死水位 330.0m | 正常蓄水位 375.0m | 正常蓄水位 400.0m |
| 边坡施加位移/mm | 无 | 20 | 20 | 20 |
| 0+009.750 | 1.626 | 1.374 | 1.526 | 1.839 |
| 0+013.300 | 1.592 | 1.490 | 1.616 | 1.941 |
| 0+016.850 | 1.132 | 1.410 | 1.553 | 1.838 |
| 0+020.400 | 0.974 | 1.046 | 1.146 | 1.390 |
| 0+023.950 | 0.873 | 0.238 | 0.282 | 0.485 |
| 0+027.500 | 1.267 | 5.328 | 5.278 | 5.537 |

最大主应力增大，局部小范围（大坝与边坡岩体接触面）出现主拉应力；坝基面正应力普遍增大，在坝趾、坝踵局部应力集中，但坝基面均为压应力；坝体压应力均未超出坝体混凝土设计强度，局部小范围出现的拉应力与计算模型和假定有关。

### 6.2.5 工程措施

受地形地质条件限制，进水口高边坡高程382.0m以下，采用大坝混凝土结构、引水洞结构与边坡岩体共同作用的结构体系。这种结构体系中，边坡坡脚岩体作为大坝混凝土结构的一部分，在荷载（大坝和边坡两部分）作用下，形成大坝混凝土结构（含引水洞结构）、支护结构、岩体联合受力的复杂结构体系，其相互之间既共同作用又相互影响，岩体的变形直接影响进水口建筑物的安全运行。前一节对岩体变形量级和变形对大坝结构应力、应变的影响进行了预计和评价，还需采取可靠的工程措施，确保进水口建筑物安全运行。

工程措施主要考虑以下原则：①边坡岩体本身稳定，虽然大坝混凝土对边坡稳定有支撑作用，但边坡岩体稳定和变形控制主要靠边坡岩体锚固措施来承担；②必须保持大坝混凝土结构与边坡岩体接触面始终处于紧密接触和受压状态，形成整体。

根据上述原则，主要采取了下列工程措施：

（1）结合坝基固结灌浆，对坝体与边坡岩体接触部位岩体进行深孔中压固结灌浆，改善坡脚相对软弱的$T_2b^{18}$岩层岩体的强度和刚度，使该岩层具有足够的强度和刚度，减少坡脚应力集中引起的变形。

为保证灌浆质量和加快施工进度，坡脚高程345.0m以下边坡岩体固结灌浆，采用在坡面现浇2.0m厚钢筋混凝土板，在有压重情况下灌浆。压重钢筋混凝土板为坝体的一部分。

（2）大坝混凝土结构和引水洞结构满足自身的强度和限裂要求，避免结构本身变形、开裂，引起岩体变形、松动。

（3）重视大坝混凝土结构的防渗，避免库水与边坡地下渗水交换。

（4）做好边坡的防渗和排水，避免结构面的软化。减少水作用引起的边坡岩体变形，尤其是混凝土结构与边坡岩体接触面上的排水影响，是确保结构体系稳定和长期安全运行的关键。为此，在坝体下游侧布置了排水廊道，除排除坝基渗水外，通过排水孔还兼顾排泄边坡岩体内的渗水；通过边坡内的排水洞，设置从洞内至坝体混凝土与岩体接触面处的排水孔，用于排除接触面处的渗水。

（5）为使大坝混凝土结构与边坡岩体共同作用结构体系正常运行，混凝土结构与岩体间必须可靠连接。为此，结合固结灌浆钢筋混凝土压重板，设置了连接混凝土板与岩体的锚杆，在进行岩体固结灌浆时，对接触面同时进行接触灌浆，形成可靠的传力条件。

## 6.3 坝与坡运行状态分析

以 7 号机组进水口坝段（28 号坝段）坝体与相对应的边坡岩体和引水洞结构为研究对象，进一步分析、研究进水口坝段坝体混凝土与坝坡岩体以及引水洞结构之间的相互作用。

### 6.3.1 监测设计及实施

7 号机组进水口坝段监测仪器布置见图 6-12。相对应的边坡锚固设施及岩体变形监测布置见图 6-13。

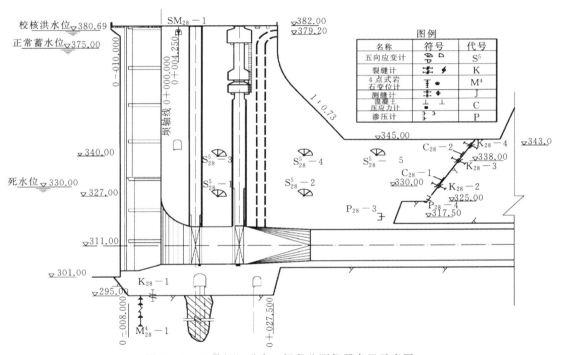

图 6-12 7 号机组进水口坝段监测仪器布置示意图

左岸进水口边坡自 2001 年 7 月 1 日开始开挖施工，2003 年 10 月完成高程 225.0m 以上边坡及坝基开挖，加固支护紧随开挖进行。2004 年 3 月开始进水口坝段混凝土浇筑，2006 年 8 月浇筑至坝顶高程 382.0m。2006 年 9 月开始下闸，水库蓄水。

边坡及坝体内的监测仪器随开挖、锚固和坝体混凝土浇筑施工及时埋设，并陆续开始监测。

### 6.3.2 环境量监测资料变化及分析

#### 6.3.2.1 上游水位变化规律分析

龙滩水电站按正常蓄水位 400.0m 设计，前期按正常蓄水位 375.0m 建设，前期建设

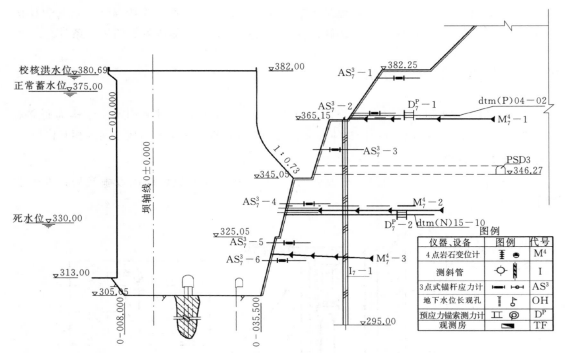

图6-13 7号机组进水口坝段边坡锚固设施及岩体变形监测布置示意图

采用"砍平头"方式。前期正常蓄水位375.0m，校核洪水位381.84m，死水位330.0m；后期正常蓄水位400.0m，校核洪水位404.74m，死水位340.0m，379.2m廊道高程406.5m。2006年9月开始蓄水，特征值（包括年内最大值、年内最小值、年内变幅和年内均值）统计见表6-30。

表6-30 龙滩水电站上游日平均水位特征值统计表

| 年份 | 年内最高水位 | | 年内最低水位 | | 年内变幅/m | 年内均值/m |
| --- | --- | --- | --- | --- | --- | --- |
| | 最大值/m | 出现日期 | 最小值/m | 出现日期 | | |
| 2006 | 317.68 | 2006-12-16 | 224.89 | 2006-09-30 | 92.79 | 304.78 |
| 2007 | 350.53 | 2007-08-03 | 315.71 | 2007-03-01 | 34.82 | 331.89 |
| 2008 | 374.87 | 2008-11-13 | 329.17 | 2008-04-01 | 45.70 | 354.27 |
| 2009 | 370.33 | 2009-01-01 | 337.65 | 2009-06-21 | 32.68 | 355.55 |

由表6-30可以看出：

（1）龙滩水电站大坝库水位基本呈上升趋势，这主要是因为大坝正处于蓄水期。

（2）上游水位年内变幅在32.68～92.79m之间变化，2006年水位上升较快，水位最大变幅为92.79m；2007年水位继续上升，年内变幅为34.82m；2009年上游水位变幅最小，其值为32.68m。

（3）上游水位年内均值在304.78～355.55m之间变化，2006—2009年水位年内均值分别为304.78m、331.89m、354.27m和355.55m，说明水位总体呈逐渐上升趋势。

#### 6.3.2.2 下游水位变化规律分析

龙滩水电站下游最高水位 235.98m，最低水位 215.32m。特征值（包括年内最大值、年内最小值、年内变幅和年内均值）统计见表 6-31。

表 6-31 龙滩水电站下游日平均水位特征值统计表

| 年份 | 年内最高水位 | | 年内最低水位 | | 年内变幅/m | 年内均值/m |
|---|---|---|---|---|---|---|
| | 最大值/m | 出现日期 | 最小值/m | 出现日期 | | |
| 2006 | 224.37 | 2006-11-03 | 219.60 | 2006-10-16 | 4.77 | 222.63 |
| 2007 | 235.69 | 2007-08-04 | 215.32 | 2007-03-31 | 20.37 | 224.21 |
| 2008 | 235.98 | 2008-11-08 | 219.57 | 2008-02-23 | 16.41 | 223.56 |
| 2009 | 225.3 | 2009-05-07 | 218.66 | 2009-09-28 | 6.44 | 222.37 |

由表 6-31 可以看出：

（1）从过程线可以看出，一般在汛期水位较高，非汛期水位较低。

（2）下游水位在 215.32～235.69m 之间变化，历史最高水位为 235.98m（2008 年 11 月 8 日），最低水位为 215.32m（2007 年 3 月 31 日）。

（3）下游日典型水位年内变幅在 4.77～20.37m 之间。

#### 6.3.2.3 降雨量

龙滩水电站水库坝址区降雨量特征值（包括历年日降雨最大值、年均值及年降雨总量）统计见表 6-32。

表 6-32 坝址区降雨量特征值统计表

| 年份 | 最大日降雨量 | | 年均值/mm | 年降雨量/mm |
|---|---|---|---|---|
| | 降雨量/mm | 出现日期 | | |
| 2006 | 88.3 | 2006-07-16 | 3.42 | 1248.8 |
| 2007 | 100.4 | 2007-07-26 | 2.85 | 1039.8 |
| 2008 | 179.3 | 2008-05-28 | 4.22 | 1544.3 |
| 2009 | 66.5 | 2009-08-15 | 2.27 | 828.5 |

由表 6-32 可看出：

（1）降雨一般每年 5—8 月降雨较多，春冬季节降雨较少。最大日降雨量为 179.3mm，发生在 2008 年 5 月 28 日。

（2）2006 年降雨量为 1248.8mm，2007 年降雨量为 1039.8mm，2008 年降雨量为 1544.3mm，2009 年降雨量为 828.5mm。

#### 6.3.2.4 气温

龙滩水电站坝址区日均气温特征值（包括历年最大值、最小值、年变幅和年均值等）统计，见表 6-33。

由表 6-33 可以看出：

（1）日均气温总体呈年周期变化，每年的最高日均气温一般出现在夏季，最低日均气温一般出现在 12 月份至次年 2 月份。

（2）2006 年年最高日均气温为 30.6℃（2006 年 5 月 5 日），2007 年年最高日均气温为 30.1℃（2007 年 5 月 22 日），2008 年年最高日均气温为 29.0℃（2008 年 8 月 22 日），2009 年年最高日均气温为 29.6℃（2009 年 7 月 19 日）；2006 年年最低日均气温在 7.3℃（2006 年 1 月 6 日），2007 年年最低日均气温为 6.8℃（2007 年 1 月 18 日），2008 年年最低日均气温为 3.1℃（2008 年 2 月 1 日），2009 年年最低日均气温为 7.4℃（2009 年 1 月 26 日）。

（3）2006 年年变幅 23.3℃，年日均气温年均值为 21.1℃；2007 年年变幅为 23.3℃，年日均气温年均值为 20.7℃；2008 年年变幅为 25.9℃，年日均气温年均值为 20.0℃；2009 年年变幅为 22.2℃，年日均值气温年均值为 21.9℃。

表 6 - 33　　　　　　　　　　坝址区日均气温特征值统计表

| 年份 | 年最高日均气温 | | 年最低日均气温 | | 年变幅/℃ | 年均值/℃ |
| --- | --- | --- | --- | --- | --- | --- |
| | 最大值/℃ | 出现日期 | 最小值/℃ | 出现日期 | | |
| 2006 | 30.6 | 2006 - 05 - 05 | 7.3 | 2006 - 01 - 06 | 23.3 | 21.1 |
| 2007 | 30.1 | 2007 - 05 - 22 | 6.8 | 2007 - 01 - 18 | 23.3 | 20.7 |
| 2008 | 29.0 | 2008 - 08 - 22 | 3.1 | 2008 - 02 - 01 | 25.9 | 20.0 |
| 2009 | 29.6 | 2009 - 07 - 19 | 7.4 | 2009 - 01 - 26 | 22.2 | 21.9 |

### 6.3.3　大坝位移资料分析

#### 6.3.3.1　大坝位移

1. 水平位移

为监测坝顶水平位移，在坝顶高程 382.0m 布置了坝顶标墩，2009 年度监测位移过程线见图 6 - 14。

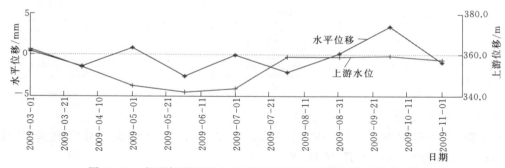

图 6 - 14　坝顶标墩顺河向 28 号坝段测点 TS28 测值水位过程线

从图中可以看出，测点测值波动频繁，变幅较小；坝顶水平位移测值的绝对值都在 5mm 内，说明坝顶水平位移较稳定。

高程 379.2m 廊道水平位移真空激光监测值及水位过程线见图 6 - 15。

从图 6 - 15 可知，上游水位和上下游水平位移呈明显的负相关，最大值 1.44mm，最低值 -2.11mm，平均值 -0.55mm，变幅 3.55mm。

2. 垂直位移

表 6 - 34 统计了 28 号坝段 379.2m 廊道测点 EA379 - 25 垂直位移的特征值。

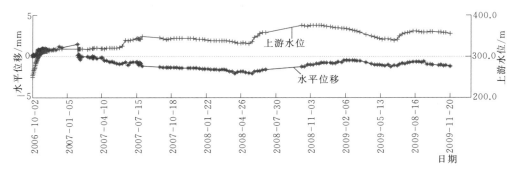

图 6-15　379.2m 廊道 28 号坝段测点 EA379-25 测值及水位过程线

表 6-34　　　　　　　　　379.2m 廊道测点 EA379-25 垂直位移特征值

| 工程部位 | 测点 | 极大值/mm | 出现日期 | 极小值/mm | 出现日期 | 变幅/mm | 均值/mm | 观测值/mm | 观测日期 |
|---|---|---|---|---|---|---|---|---|---|
| 28 号坝段 | EA379-25 | 1.22 | 2007-7-23 | -0.69 | 2007-2-10 | 1.91 | 0.17 | 0.51 | 2009-11-20 |

从相关图表中可以看出：

（1）坝顶、坝体、基础廊道垂直位移较小，受随机因素的影响较大，且相邻坝段测点同步性较好，出现峰谷的时间基本接近，变化规律相似，说明大坝的沉陷变化较为协调，未发生不均匀沉降现象。

（2）测点的测值变化幅度较小，绝对值均在 1.22mm 以内，未出现明显的趋势性变化，说明大坝垂直位移稳定。

**6.3.3.2　坝段测缝计及裂缝计监测资料分析**

28 号坝段布置的测缝计 19 支，裂缝计 4 支。其中，坝左 0+299.485 横缝的测缝计有 8 支，编号为 J28-2、J28-4、J28 增-8、J28 增-9、J28 增-10、J28 增-13、J28 增-14 和 J28 增-15；坝左 0+274.485 横缝的测缝计有 2 支，编号为 J28-1 和 J28-3；坝体与先浇板接缝处测缝计有 6 支，编号为 J28 增-5、J28 增-6、J28 增-7、J28 增-11、J28 增-12 和 J28 增-16，用于监测先浇混凝土板（坝坡岩体固结灌浆压重，为坝体之一部分）与坝体混凝土接触面之间缝隙变化；压力钢管两侧坝后先浇板与坝后基岩接缝处有测缝计 3 支，编号为 J28 增-2、J28 增-3 和 J28 增-4，用于监测先浇混凝土板与坝坡岩体接触面缝隙。

4 个裂缝计 K28-1～K28-4 均布置在坝左 0+286.985 断面。其中，K28-1 布置在坝上 0+003.0m、高程 295.0m 处，用于监测坝体混凝土与建基面的裂缝情况；K28-2～K28-4 分别布置在高程 330.0m、338.0m、343.0m，用于监测坝体混凝土与坝坡岩体接触面处的裂缝。

表 6-35 为 2005 年以后坝段测缝计及裂缝计监测资料特征值统计表。由表 6-35 可看出：

（1）坝左 0+299.485 横缝的测缝计 J28 增-8、J28 增-10、J28 增-13、J28 增-14 和 J28 增-15 整体均处于拉伸状态，2007 年以前横缝开度有增大的趋势，2007 年以后测值基本未变，也不受温度环境等影响，总体趋于收敛；J28 增-9 的测值有下降趋势，J28 增-9 起始处于拉伸状态，后来处于压缩状态，受温度和环境变化影响不明显，后期已趋于稳定状态。因此，坝左 0+299.485 横缝虽基本处于张开状态，但 2007 年以后已趋于稳定状态。

表 6 - 35　　28 号坝段测缝计与裂缝计特征值统计表

| 部位 | 测点 | 极大值/mm | 出现日期 | 极小值/mm | 出现日期 | 全时段平均值/mm | 全时段变幅/mm | 最大年变幅/mm | 年份 | 最小年变幅/mm | 年份 | 最大年均值/mm | 年份 | 最小年均值/mm | 年份 | 当前值/mm | 出现日期 |
|---|---|---|---|---|---|---|---|---|---|---|---|---|---|---|---|---|---|
| 坝后先浇板与坝后基岩接缝 | J28增-2 | 0.44 | 2005-06-17 | -0.55 | 2006-01-03 | -0.14 | 0.99 | 0.72 | 2005 | 0.17 | 2008 | 0.05 | 2008 | -0.38 | 2005 | -0.35 | 2009-11-18 |
| | J28增-3 | 0.80 | 2005-11-01 | 0.00 | 2005-03-13 | 0.47 | 0.80 | 0.80 | 2005 | 0.22 | 2009 | 0.51 | 2009 | 0.45 | 2007 | 0.50 | 2009-11-18 |
| | J28增-4 | 0.79 | 2005-08-06 | -0.09 | 2008-02-27 | 0.34 | 0.88 | 0.79 | 2005 | 0.33 | 2009 | 0.39 | 2009 | 0.31 | 2009 | 0.39 | 2009-11-18 |
| 坝体与先浇板接缝 | J28增-5 | 0.05 | 2005-05-28 | -0.77 | 2005-05-28 | -0.48 | 0.82 | 0.82 | 2005 | 0.23 | 2007 | -0.44 | 2007 | -0.51 | 2005 | -0.48 | 2009-11-18 |
| | J28增-6 | 0.79 | 2008-03-17 | -0.17 | 2005-12-19 | 0.49 | 0.96 | 0.85 | 2005 | 0.23 | 2009 | 0.68 | 2009 | 0.26 | 2009 | 0.68 | 2009-11-18 |
| | J28增-7 | 0.32 | 2005-09-28 | -0.57 | 2006-02-21 | -0.04 | 0.90 | 0.80 | 2006 | 0.17 | 2007 | 0.04 | 2007 | -0.08 | 2005 | -0.05 | 2009-11-18 |
| 坝左0+299.485横缝 | J28增-8 | 1.28 | 2007-06-21 | 0.00 | 2005-06-28 | 0.93 | 1.28 | 1.02 | 2005 | 0.16 | 2009 | 1.22 | 2009 | 0.47 | 2005 | 1.22 | 2009-11-18 |
| | J28增-9 | 1.09 | 2006-05-09 | -0.89 | 2007-03-01 | -0.12 | 1.99 | 1.88 | 2006 | 0.17 | 2009 | 0.36 | 2009 | -0.54 | 2007 | -0.40 | 2009-11-18 |
| | J28增-10 | 0.81 | 2008-12-17 | -0.40 | 2006-01-10 | 0.44 | 1.21 | 1.05 | 2006 | 0.17 | 2009 | 0.68 | 2009 | 0.06 | 2005 | 0.70 | 2009-11-18 |
| 坝体与先浇板接缝 | J28增-11 | 0.49 | 2005-10-02 | -0.34 | 2005-10-20 | 0.10 | 0.83 | 0.66 | 2005 | 0.11 | 2009 | 0.18 | 2009 | 0.07 | 2006 | 0.13 | 2009-11-18 |
| | J28增-12 | 0.73 | 2006-08-08 | -0.18 | 2006-02-08 | 0.45 | 0.90 | 0.63 | 2005 | 0.17 | 2009 | 0.59 | 2009 | 0.10 | 2005 | 0.60 | 2009-11-18 |
| 坝左0+299.485横缝 | J28增-13 | 2.17 | 2008-11-03 | -0.15 | 2005-11-04 | 1.17 | 2.33 | 1.23 | 2006 | 0.22 | 2009 | 1.67 | 2009 | 0.08 | 2005 | 1.46 | 2009-11-18 |
| | J28增-14 | 2.56 | 2007-05-08 | -0.05 | 2005-10-28 | 1.89 | 2.61 | 1.86 | 2006 | 0.16 | 2009 | 2.45 | 2009 | 0.31 | 2005 | 2.45 | 2009-11-18 |
| | J28增-15 | 2.13 | 2007-06-21 | 0.00 | 2005-10-24 | 1.49 | 2.13 | 1.68 | 2006 | 0.16 | 2009 | 2.00 | 2009 | 0.42 | 2005 | 2.02 | 2009-11-18 |
| 坝体与先浇板接缝 | J28增-16 | 0.61 | 2006-07-27 | -0.17 | 2006-01-03 | 0.27 | 0.78 | 0.78 | 2006 | 0.17 | 2009 | 0.32 | 2009 | 0.08 | 2005 | 0.33 | 2009-11-18 |
| 坝左0+274.485横缝 | J28-1 | 1.09 | 2008-07-18 | 0.00 | 2004-11-16 | 0.73 | 1.09 | 0.56 | 2004 | 0.15 | 2009 | 0.94 | 2009 | 0.26 | 2004 | 0.88 | 2009-11-18 |
| 坝左0+299.485横缝 | J28-2 | 2.19 | 2009-03-18 | -0.08 | 2004-12-13 | 1.38 | 2.27 | 0.85 | 2006 | 0.36 | 2008 | 1.97 | 2008 | 0.19 | 2004 | 1.78 | 2009-11-18 |
| 坝左0+274.485横缝 | J28-3 | 2.26 | 2005-11-12 | 0.00 | 2005-11-12 | 1.43 | 2.26 | 1.23 | 2005 | 0.67 | 2009 | 1.70 | 2009 | 0.65 | 2005 | 1.50 | 2009-11-18 |
| 坝左0+299.485横缝 | J28-4 | 2.47 | 2005-12-14 | 0.00 | 2005-12-14 | 1.32 | 2.47 | 1.57 | 2007 | 0.57 | 2005 | 1.99 | 2005 | 0.24 | 2005 | 1.86 | 2009-11-18 |
| 坝左0+286.985施工缝 | K28-1 | 0.06 | 2005-01-13 | -0.32 | 2005-10-03 | -0.22 | 0.38 | 0.29 | 2005 | 0.04 | 2009 | 0.01 | 2009 | -0.31 | 2004 | -0.31 | 2009-11-28 |
| | K28-2 | 0.01 | 2005-06-17 | -0.20 | 2009-07-04 | -0.14 | 0.21 | 0.17 | 2005 | 0.03 | 2009 | -0.06 | 2009 | -0.18 | 2005 | -0.18 | 2009-11-28 |
| | K28-3 | 0.01 | 2005-06-17 | -0.31 | 2008-03-10 | -0.22 | 0.32 | 0.22 | 2005 | 0.04 | 2009 | -0.08 | 2009 | -0.28 | 2005 | -0.28 | 2009-11-28 |
| | K28-4 | 0.00 | 2005-07-11 | -0.67 | 2009-10-03 | -0.51 | 0.67 | 0.42 | 2005 | 0.05 | 2009 | -0.29 | 2009 | -0.65 | 2005 | -0.64 | 2009-11-28 |

（2）坝后坡先浇板与坝体接缝的测缝计 J28 增-6、J28 增-12、J28-1 和 J28-2 整体均处于拉伸状态，2007 年以前张开具有增大的趋势，2007 年以后测值基本不变，也不受温度环境等影响，总体趋于收敛；而测缝计 J28 增-2、J28 增-3 和 J28 增-7 的测值有下降趋势，J28 增-3 和 J28 增-7 整体处于受拉状态，J28 增-2 处于压缩状态，它们的共同特点是受温度和环境变化影响不明显，后期已趋于稳定状态；J28 增-4、J28 增-5 和 J28 增-11 的测值在小范围内波动，幅度非常小，不受温度环境等变化的影响；J28-3 和 J28-4 整体有上升趋势，但其测值均呈现周期变化，基本是随温度等环境变化的结果，变化幅度都较小；坝后坡先浇板与坝体接缝工作状态良好，整体无趋势性变化。

（3）压力钢管两侧坝后先浇板与坝后基岩接缝处的测缝计 J28 增-2 的测值有下降趋势；J28 增-3 和 J28 增-4 的测值在小范围内波动，幅度非常小，不受温度环境等变化的影响；坝后坡先浇板与坝体接缝工作状态良好，整体无趋势性变化。

（4）用于监测水平建基面与坝体混凝土的 K28-1，2005 年 1 月前，产生最大裂缝宽度 0.06mm，其余时间均为受压状态，表明坝体混凝土与建基面结合面工作状态稳定；用于监测先浇混凝土板与坝坡岩体接触面缝宽的 K28-2～K28-4，裂缝宽度测值 2006 年以后均变化缓慢，且为负值，即处于受压状态，最小年内均值年份均为 2009 年，最小年内变幅年份也基本都是在 2009 年。因此，此裂缝结合面工作状态稳定，并且处于压紧状态。

由上分析可知，28 号坝段监测的坝左 0+299.485 横缝、坝后坡先浇板与坝体接缝、压力钢管两侧坝后先浇板与坝后基岩接缝，以及坝左 0+286.985 施工缝状态均比较稳定。

### 6.3.3.3 基岩变位计监测资料分析

28 号坝段目前尚在监测的多点位移计有 1 套。此岩石变位计位于横向坝左 0+286.985、坝上 0-005 处，孔口高程 295.0m。表 6-36 为其 2004 年 9 月以后特征值统计表。

由表 6-36 可知，横向坝左 0+286.985、坝上 0-005（孔口高程 295.0m）的多点变位计 M28-1 P4 和孔口位移都可分为 3 个阶段，分界时间点也一致，2005 年以后就一直处于压缩状态，且每个阶段变化幅度都极小，已基本处于稳定状态；M28-1 的 P2 测点 2005 年之后测值变化幅度很小，至 2007 年底测值开始缓慢增加，2008 年 8 月以后测值稳定于 -0.4mm；M28-1 的 P3 测点只有 2004—2006 年的资料，资料表明 2005 年该测点测值变化幅度很小，2006 年下半年以后测值有一个突变，之后又趋于稳定。

由上分析可知，28 号坝段坝踵附近的基岩变形总体趋于收敛状态。

### 6.3.4 坝体应力应变分析
### 6.3.4.1 坝体应变

表 6-37 为 28 号坝段无应力计特征值统计表。由表 6-37 可看出：

（1）无应力计测值受温度变化影响总体规律为：温度升高，测值增大；温度降低，测值减小。其中，无应力计 N528-2、N728-6 测值呈缓慢减小变化，并逐渐趋于平稳。

（2）无应力计最大测值为 $175.65 \times 10^{-6}$（发生在 N728-6 处，出现在 2005 年 10 月 3 日），无应力计的最小测值为 $-76.25 \times 10^{-6}$（发生在 N528-1 处，出现在 2009 年 4 月 18

日）；全时段最大变幅为 $242.88 \times 10^{-6}$（发生在 N728 - 6 处），最小变幅为 $95.63 \times 10^{-6}$（发生在 N728 - 4 处）；最大均值为 $86.75 \times 10^{-6}$（发生在 N728 - 2 处），最小均值为 $-44.80 \times 10^{-6}$（发生在 N528 - 1 处）；最大年内变幅为 $242.88 \times 10^{-6}$（发生在 N728 - 6 处，出现在 2005 年），最小年内变幅为 $14.84 \times 10^{-6}$（发生在 N728 - 5 处，出现在 2008 年）；最大年内均值为 $94.96 \times 10^{-6}$（发生在 N728 - 2 处，出现在 2005 年），最小年内均值为 $-62.15 \times 10^{-6}$（发生在 N528 - 1 处，出现在 2009 年）。

### 6.3.4.2 坝体应力

28 号坝段有 2 组 5 向应力应变计组和 5 组 7 向应力应变计组。坝体应力特征值见表6 - 38。从该表可见：

（1）28 号坝段应力总体变化比较平稳，呈压应力缓慢增大或拉应力缓慢减小趋势，垂向压应力最大，顺河向及坝轴向压应力基本相等，部分测点受外界气温呈年周期波动。目前 28 号坝段应力整体呈压应力状态，垂向压应力在 $-2 \sim -5$MPa 之间波动，坝轴向、顺河向压应力在 $0 \sim -3$MPa 之间波动，且大部分测点趋于稳定。以下按具体部位进行分析。

1）沿着坝体高程方向：340.0m 高程测点有 S528 - 1 到 S528 - 2，311.0m 高程测点有 S728 - 1~S728 - 4，327.0m 高程测点有 S728 - 5~S728 - 6。从高高程到低高程，垂向压应力逐渐增大，坝体高高程部位垂向压应力在 $0 \sim 2$MPa 之间，低高程部位垂向压应力在 $-3 \sim 5$MPa 之间。坝轴向、顺河向压应力变化不大，均为压应力。

2）从上游到下游各部位：上游面附近测点 S528 - 1、S728 - 5，垂向及坝轴向、顺河向压应力都较下游面测点 S728 - 6、S528 - 2 大，上游面垂向压应力在 $-3 \sim 5$MPa 之间，下游面垂向压应力在 $0 \sim 3$MPa 之间，从上游到下游压应力呈减小趋势，但整体仍为压应力。

3）沿坝轴线各部位：三个方向的压应力变化不大，垂向压应力大于顺河向及坝轴向压应力，整体呈现压应力状态。

（2）应力应变计的应力特征值分析如下：最大测值为 1.88MPa（发生在 S528 - 3 - 3 处，出现在 2009 年 9 月 18 日）；最小测值为 $-14.97$ MPa（发生在 S728 - 5 - 2 处，出现在 2009 年 4 月 10 日）；全时段最大变幅为 16.83MPa（发生在 S728 - 3 - 3 处）。

最大年变幅的极大值为 14.19 MPa，发生在测点 S728 - 3 - 3 处，年份为 2009 年；最小年变幅的极小值为 0.37 MPa，发生在测点 S528 - 2 - 2 处，年份为 2005 年。最大年均值的极大值为 1.3 MPa，发生在测点 S528 - 2 - 1 处，年份为 2005 年；最小年均值的极小值为 $-7.03$ MPa，发生在测点 S728 - 2 - 2，年份为 2009 年。

### 6.3.4.3 坝体混凝土与边坡岩体接触面应力

28 号坝段坝体混凝土与边坡岩体接触面上布置压应力计 2 支，布置在坝左 0 + 288.500 断面上，编号为 C28 - 1（高程 330.0m）、C28 - 2（高程 338.0m）。坝体混凝土与边坡岩体接触面应力特征值统计见表 6 - 39。由该表可见：

（1）各测点压应力计测值总体呈减小趋势，其中，C28 - 2 测点 2006 年 4 月后，压应力计测值为负，即承受压应力；C28 - 1 测点 2007 年以后压应力计测值为负，即处于受压状态，且测值在 0.3MPa 以下。

表 6 – 36　28 号坝段基岩变位计特征值统计表

| 部位 | 测点 | 极大值/mm | 出现日期 | 极小值/mm | 出现日期 | 全时段平均值/mm | 全时段变幅/mm | 最大年变幅/mm | 年份 | 最小年变幅/mm | 年份 | 最大年均值/mm | 年份 | 最小年均值/mm | 年份 | 当前值/mm | 出现日期 |
|---|---|---|---|---|---|---|---|---|---|---|---|---|---|---|---|---|---|
| 坝左0+286.985，坝上0-005，高程295.0m | M28-1 P2 (30m) | 0.45 | 2004-12-17 | -1.20 | 2006-2-28 | -0.71 | 1.65 | 1.61 | 2009 | 0.04 | 2004 | 0.20 | 2009 | -1.12 | 2004 | -0.43 | 2009-11-28 |
| | M28-1 P3 (20m) | 5.86 | 2006-08-24 | -1.26 | 2004-12-29 | 0.44 | 7.12 | 6.13 | 2005 | 1.13 | 2006 | 2.16 | 2005 | -0.72 | 2006 | 5.71 | 2006-10-18 |
| | M28-1 P4 (10m) | 0.06 | 2004-12-17 | -2.27 | 2006-03-27 | -1.72 | 2.33 | 1.49 | 2007 | 0.08 | 2004 | -0.12 | 2007 | -2.08 | 2004 | -2.08 | 2009-11-28 |
| | M28-1 (孔口) | 0.06 | 2004-09-09 | -1.94 | 2006-02-28 | -1.62 | 2.00 | 1.94 | 2007 | 0.02 | 2004 | -0.27 | 2007 | -1.85 | 2004 | -1.78 | 2009-11-28 |

表 6 – 37　28 号坝段无应力计特征值统计表

| 部位 | 测点 | 极大值 | 出现日期 | 极小值 | 出现日期 | 全时段平均值/×10⁻⁶ | 全时段变幅/×10⁻⁶ | 最大年变幅/×10⁻⁶ | 年份 | 最小年变幅/×10⁻⁶ | 年份 | 最大年均值/×10⁻⁶ | 年份 | 最小年均值/×10⁻⁶ | 年份 | 当前值/×10⁻⁶ | 出现日期 |
|---|---|---|---|---|---|---|---|---|---|---|---|---|---|---|---|---|---|
| 左右桩号-287.985m，上下桩号13.8m，埋设高程340.0m | $N^5$28-1 | 42.93 | 2005-11-17 | -76.25 | 2009-04-18 | -41.80 | 119.19 | 61.93 | 2008 | 15.92 | 2005 | 20.88 | 2008 | -62.15 | 2005 | -48.85 | 2009-11-28 |
| 左右桩号-287.985m，上下桩号34.8m，埋设高程340.0m | $N^5$28-2 | 77.45 | 2005-11-16 | -49.00 | 2008-08-18 | -6.68 | 126.45 | 77.45 | 2008 | 27.14 | 2005 | 32.00 | 2008 | -35.63 | 2005 | 1.19 | 2009-11-28 |
| 左右桩号-279m，上下桩号13.8m，埋设高程311.0m | $N^7$28-1 | 60.62 | 2005-07-21 | -37.88 | 2007-04-30 | -1.87 | 98.50 | 97.15 | 2009 | 21.19 | 2005 | 30.49 | 2009 | -18.82 | 2005 | 16.05 | 2009-11-28 |
| 左右桩号-279m，上下桩号22m，埋设高程311.0m | $N^7$28-2 | 134.35 | 2005-08-26 | 0.00 | 2005-07-10 | 86.75 | 134.35 | 134.35 | 2009 | 19.18 | 2005 | 94.96 | 2009 | 77.22 | 2006 | 102.10 | 2009-11-28 |
| 左右桩号-294m，上下桩号13.8m，埋设高程311.0m | $N^7$28-3 | 94.34 | 2005-07-20 | -24.59 | 2005-07-10 | 19.14 | 118.93 | 118.93 | 2007 | 35.40 | 2005 | 56.53 | 2007 | -1.15 | 2005 | 2.12 | 2009-11-28 |
| 左右桩号-294m，上下桩号22m，埋设高程311.0m | $N^7$28-4 | 84.78 | 2005-07-19 | -10.85 | 2006-02-08 | 28.03 | 95.63 | 84.99 | 2009 | 20.27 | 2005 | 51.52 | 2009 | 16.57 | 2005 | 41.90 | 2009-11-28 |
| 左右桩号-286.985m，上下桩号13.8m，埋设高程327.0m | $N^7$28-5 | 68.22 | 2005-10-13 | -70.40 | 2007-03-01 | -33.76 | 138.62 | 78.00 | 2008 | 14.84 | 2005 | 44.11 | 2008 | -50.29 | 2005 | -40.65 | 2009-11-28 |
| 左右桩号-287.985m，上下桩号34.8m，埋设高程327.0m | $N^7$28-6 | 175.65 | 2005-10-03 | -67.23 | 2005-10-03 | -12.18 | 242.88 | 242.88 | 2009 | 15.22 | 2005 | 27.18 | 2009 | -30.94 | 2005 | -31.06 | 2009-11-28 |

表6-38　　　　　　　　　　　　　28号坝段应力应变计特征值统计表

| 部位 | 仪器编号 | 极大值/MPa | 出现日期 | 极小值/MPa | 出现日期 | 全时段平均值/MPa | 全时段变幅/MPa | 最大年变幅/MPa | 年份 | 最小年变幅/MPa | 年份 | 最大年均值/MPa | 年份 | 最小年均值/MPa | 年份 | 当前值/MPa | 出现日期 |
|---|---|---|---|---|---|---|---|---|---|---|---|---|---|---|---|---|---|
| 右桩号-286.985m,上下桩号13.8m,埋设高程340.0m | S⁵28-1-5 | 0.49 | 2006-09-18 | -2.27 | 2009-03-27 | -1.07 | 2.76 | 2.38 | 2006 | 0.90 | 2008 | -0.66 | 2008 | -1.36 | 2005 | -0.82 | 2009-11-28 |
| | S⁵28-1-2 | 0.76 | 2005-11-17 | -2.76 | 2009-03-27 | -1.40 | 3.53 | 2.07 | 2006 | 0.79 | 2008 | 0.32 | 2008 | -1.91 | 2005 | -1.11 | 2009-11-28 |
| | S⁵28-1-1 | 0.31 | 2005-11-16 | -3.06 | 2009-03-18 | -1.57 | 3.37 | 2.42 | 2006 | 0.54 | 2008 | -0.19 | 2008 | -2.14 | 2005 | -1.51 | 2009-11-28 |
| 右桩号-286.985m,上下桩号34.8m,埋设高程340.0m | S⁵28-2-5 | 1.21 | 2006-05-09 | -2.28 | 2008-02-12 | -0.97 | 3.49 | 1.63 | 2007 | 0.66 | 2005 | 0.62 | 2005 | -1.74 | 2006 | -1.50 | 2009-11-28 |
| | S⁵28-2-2 | 1.01 | 2006-05-09 | -3.09 | 2008-08-26 | -1.55 | 4.10 | 1.88 | 2007 | 0.37 | 2005 | 0.69 | 2005 | -2.52 | 2005 | -2.52 | 2009-11-28 |
| | S⁵28-2-1 | 1.88 | 2005-11-19 | -2.41 | 2007-09-25 | -1.23 | 4.30 | 2.14 | 2006 | 0.72 | 2008 | 1.30 | 2007 | -1.96 | 2005 | -1.46 | 2009-11-28 |
| 右桩号-280m,上下桩号13.8m,埋设高程311.0m | S⁷28-1-3 | -0.17 | 2005-10-07 | -3.31 | 2008-04-26 | -2.20 | 3.14 | 2.17 | 2006 | 1.03 | 2007 | -0.73 | 2007 | -2.81 | 2008 | -1.57 | 2009-11-28 |
| | S⁷28-1-2 | 0.06 | 2005-09-28 | -4.07 | 2008-06-17 | -2.99 | 4.13 | 2.11 | 2005 | 0.90 | 2007 | -0.69 | 2007 | -3.59 | 2008 | -2.92 | 2009-11-28 |
| | S⁷28-1-1 | 0.82 | 2005-09-28 | -4.71 | 2008-02-12 | -3.32 | 5.52 | 2.46 | 2005 | 0.99 | 2007 | -0.09 | 2007 | -3.87 | 2009 | -3.56 | 2009-11-28 |
| 右桩号-280m,上下桩号22m,埋设高程311.0m | S⁷28-2-3 | 1.13 | 2005-11-16 | -1.94 | 2006-02-21 | -0.97 | 3.06 | 1.88 | 2006 | 0.82 | 2005 | 0.56 | 2007 | -1.21 | 2009 | -0.48 | 2009-09-18 |
| | S⁷28-2-2 | -0.24 | 2005-09-17 | -8.47 | 2007-04-06 | -5.85 | 8.23 | 4.64 | 2005 | 2.38 | 2009 | -2.09 | 2009 | -7.03 | 2005 | -7.17 | 2009-09-18 |
| | S⁷28-2-1 | 1.71 | 2005-09-28 | -3.27 | 2008-02-18 | -1.73 | 4.96 | 2.85 | 2005 | 0.79 | 2005 | 0.79 | 2007 | -2.14 | 2005 | -1.00 | 2009-09-18 |
| 右桩号-293m,上下桩号13.8m,埋设高程311.0m | S⁷28-3-3 | 1.86 | 2005-09-02 | -14.97 | 2009-09-18 | -1.77 | 16.83 | 14.19 | 2009 | 2.11 | 2007 | 0.30 | 2007 | -4.31 | 2005 | -10.96 | 2009-11-28 |
| | S⁷28-3-2 | 1.71 | 2005-09-02 | -6.45 | 2009-09-18 | -2.97 | 8.17 | 3.27 | 2005 | 0.98 | 2008 | 0.40 | 2008 | -4.52 | 2005 | -5.91 | 2009-11-28 |
| | S⁷28-3-1 | 1.80 | 2005-09-02 | -7.65 | 2009-10-03 | -3.99 | 9.45 | 4.04 | 2005 | 1.05 | 2008 | -0.14 | 2008 | -5.72 | 2005 | -7.15 | 2009-11-28 |
| 右桩号-293m,上下桩号22m,埋设高程311.0m | S⁷28-4-3 | -0.07 | 2006-06-22 | -3.35 | 2006-02-28 | -1.74 | 3.28 | 3.28 | 2006 | 0.94 | 2005 | -1.44 | 2005 | -2.35 | 2009 | -2.02 | 2009-11-28 |

表 6-39

28 号坝段应力计特征值统计表

| 部 位 | 测点 | 最大值/MPa | 出现日期 | 最小值/MPa | 出现日期 | 全时段平均值/MPa | 全时段变幅/MPa | 最大年变幅/MPa | 年份 | 最小年变幅/MPa | 年份 | 最大年均值/MPa | 年份 | 最小年均值/MPa | 年份 | 当前值/MPa | 出现日期 |
|---|---|---|---|---|---|---|---|---|---|---|---|---|---|---|---|---|---|
| 坝左0-288.5m，坝下0+42m，埋设高程330.0m | C28-1 | 0.51 | 2005-11-08 | -0.27 | 2008-02-12 | 0.02 | 0.78 | 0.51 | 2005 | 0.10 | 2009 | 0.27 | 2005 | -0.13 | 2007 | -0.04 | 2009-11-28 |
| 坝左-288.5m，坝下0+43.5m，埋设高程338.0m | C28-2 | 0.48 | 2005-06-17 | -0.62 | 2009-01-27 | -0.18 | 1.10 | 0.89 | 2005 | 0.31 | 2007 | 0.15 | 2005 | -0.35 | 2009 | -0.49 | 2009-11-28 |

表 6-40

28 号坝段渗压计特征值统计表

| 部 位 | 测点 | 极大值/kPa | 出现日期 | 极小值/kPa | 出现日期 | 全时段平均值/kPa | 全时段变幅/kPa | 最大年变幅/kPa | 年份 | 最小年变幅/kPa | 年份 | 最大年均值/kPa | 年份 | 最小年均值/kPa | 年份 | 当前值/kPa | 出现日期 |
|---|---|---|---|---|---|---|---|---|---|---|---|---|---|---|---|---|---|
| 压力钢管下部 | P28-1 | 1.10 | 2005-05-24 | -527.95 | 2008-12-27 | -114.60 | 529.04 | 502.40 | 2009 | 15.77 | 2005 | -7.92 | 2005 | -241.51 | 2009 | -24.61 | 2009-11-28 |
| | P28-2 | 0.00 | 2005-03-06 | -232.29 | 2006-12-28 | -53.41 | 232.29 | 187.99 | 2006 | 31.06 | 2008 | -29.90 | 2005 | -82.48 | 2006 | -37.09 | 2009-11-28 |
| 压力钢管出基岩顶部 | P28-3 | 1.54 | 2005-09-01 | -19.84 | 2009-11-28 | -4.46 | 21.38 | 17.34 | 2009 | 2.49 | 2008 | -0.06 | 2005 | -9.60 | 2009 | -19.84 | 2009-11-28 |
| 坝后先浇块与基岩结合处 | P28-4 | 2.54 | 2007-09-09 | -6.05 | 2006-06-07 | 0.11 | 8.60 | 8.29 | 2007 | 3.25 | 2009 | 0.71 | 2009 | -0.98 | 2005 | 0.05 | 2009-11-28 |

（2）压应力计最大测值为 0.51MPa，出现在 C28-1 处，发生在 2005 年 11 月 8 日，与该处进行固结灌浆施工有关；最小测值为-0.62MPa，出现在 C28-2 处，发生在 2009 年 1 月 27 日；全时段平均值最大为 0.02MPa，出现在 C28-1 处；全时段平均值最小为-0.18MPa，出现在 C28-2 处；全时段变幅最大值为 1.10MPa，出现在 C28-2 处；全时段变幅最小值为 0.78MPa，出现在 C28-1 处；最大年变幅为 0.89MPa，出现在 C28-2 处，发生在 2005 年；最小年变幅为 0.10MPa，出现在 C28-1 处，发生在 2009 年；最大年均值为 0.27MPa，出现在 C28-1 处，发生在 2005 年；最小年均值为-0.35MPa，出现在 C28-2 处，发生在 2009 年；当前值最大值为-0.04MPa，出现在 C28-1 处。

### 6.3.5　渗压分析

#### 6.3.5.1　坝体内渗压

28 号进水口坝段，在坝左 0+286.985 断面布置渗压计 4 支，P28-1（坝下 0+029）～P28-2（坝下 0+054）布置在高程 304.9m 处，用于监测压力钢管底部渗压；P28-3 布置在坝下 0+054、高程 317.5m 处，用于监测压力钢管侧部渗压；P28-4 布置在坝下 0+065m、高程 325.0.0m 处，用于监测压力钢管顶部与基岩结合部渗压。坝体内渗压特征值统计见表 6-40。

#### 6.3.5.2　坝基扬压力

28 号进水口坝段在上游高程 298.0m 灌浆廊道和下游高程 297.0m 排水廊道布置了 2 支测压管，用于监测坝基扬压力。上游侧测压管 UP28-1 测点实测过程线见图 6-16，下游侧见图 6-17，坝基帷幕后最大扬压折减系数见表 6-41。

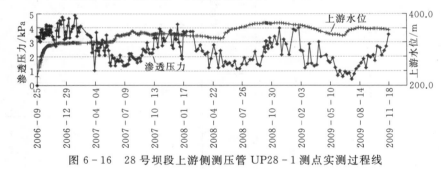

图 6-16　28 号坝段上游侧测压管 UP28-1 测点实测过程线

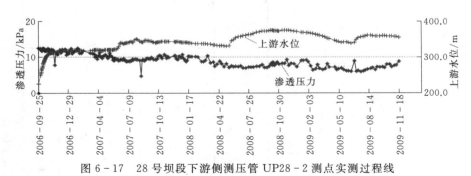

图 6-17　28 号坝段下游侧测压管 UP28-2 测点实测过程线

表 6-41                     坝基帷幕后最大扬压折减系数表

| 测点 | 高程/m | 扬压力水位/m | 出现日期 | 上游水位/m | 下游水位/m | 折减系数 |
|---|---|---|---|---|---|---|
| UP28-1 | 298.00 | 298.29 | 2008-11-18 | 374.81 | 224.94 | 0.00 |
| UP28-2 | 297.00 | 297.83 | 2008-11-18 | 374.81 | 224.94 | 0.01 |

由上面两图可看出：

（1）上游库水位变化是影响坝基扬压力的主要因素。上游库水位升高，测值增大；上游库水位下降；测值减小。UP28-1测点处渗压值随库水位的升高呈不同程度的增大趋势。

（2）下游坝体混凝土与边坡岩体接触，受边坡内地下水影响，但由于边坡内设置了多层排水洞，下游扬压力水位并不高。也表明边坡排水措施发挥了较好的排水效果。

（3）温度变化对扬压力有一定影响，在相近库水位下，温度升高，测值减小；温度降低，测值增大。

（4）降雨对扬压力的影响较小。

## 6.3.6 边坡岩体变形及加固措施应力分析
### 6.3.6.1 地表变形

与28号坝段相对应的边坡监测断面（8—8断面）邻近的外观点变形统计见表6-42。

表 6-42                     坝后坡地表变形特征统计表

| 部位 | 测点号 | 观测日期 | 累积天数 | Δx/mm | Δy/mm | 水平合位移 大小/mm | 方位角/(°) | 平均变化速率/(mm/d) | Δh/mm | 边坡倾向/(°) |
|---|---|---|---|---|---|---|---|---|---|---|
| 7～9号机组坝后坡 | 380-11-1 | 2005-07-01 | 846 | 3.3 | 5.3 | 6.4 | 122 | 0.0074 | 8.1 | 254 |
| | 380-11-2 | 2004-12-16 | 649 | 16.8 | -4.3 | 17.3 | 194 | 0.0267 | 10.2 | 229.5 |
| | 340-12 | 2005-11-01 | 841 | 5.9 | -5.8 | 8.2 | 224 | 0.0098 | 0.0 | 254 |
| | 340-13 | 2005-03-01 | 596 | 6.9 | -9.2 | 11.5 | 233 | 0.0193 | 4.0 | 254 |
| | 340-14 | 2005-11-01 | 841 | 13.2 | -0.5 | 13.2 | 182 | 0.0157 | 0.0 | 229.5 |
| | 340-15 | 2005-03-01 | 596 | 1.6 | -22.2 | 22.3 | 266 | 0.0373 | 3.9 | 229.5 |

注　Δx向河床为正，Δy向下游为正，Δh下沉为正，反之为负。

由表6-42可见，地表变形以水平位移为主，垂直位移极小，水平位移矢量主要指向大坝基坑（边坡倾向方向或倾向方向偏下游）；由于坝后7～9号机组陡坡段主要为微—弱风化岩体，位移量值相对较小，至2005年11月1日，位移量一般在6～17mm之间，位移速率0.01～0.03mm/d，大部分变形已基本收敛。

水库下闸蓄水（2006年9月30日）后至2009年11月1日，进水口坝后坡外观点最大水平位移增量为9.0mm（340-16-7点），位移变化速率0.008mm/d（其他点位移增量-10.2～1.8mm，位移变化速率-0.0115～0.0021mm/d，小于0.01mm/d）；最大垂直位移增量5.44mm（380-11-7点）（统计时段为2006年10月1日—2008年12月1日），最大位移变化速率0.0062mm/d。变形收敛，边坡稳定。

表 6 - 43　坝后坡多点位移计位移时空变化统计表

| 部位 | 剖面 | 仪器编号 | 高程/m | 位置编号 | 孔深/m | 最大值/mm | 出现日期 | 主要位移段 | | | | 平缓位移段 | | | |
|---|---|---|---|---|---|---|---|---|---|---|---|---|---|---|---|
| | | | | | | | | 时间段 | 位移值/mm | 占最大位移百分比 | 累积平均速率/(mm/d) | 时间段 | 位移增量/mm | 平均变化速率/(mm/d) | 累积平均速率/(mm/d) |
| 进水口机组坝后坡 | 8-8 | M84-1 | 365.2 | 1 | 10 | 4.30 | 2009-08-04 | 2003-12-27前 | 位移一直量级小，变化平缓 | | | | | | 0.002 |
| | | | | 2 | 15 | 2.70 | 2009-08-04 | | | | | | | | 0.001 |
| | | | | 3 | 33 | 1.26 | 2008-04-01 | | | | | | | | 0.001 |
| | | M84-2 | 325.2 | 孔口 | 0 | 39.11 | 2005-06-12 | 2003-12-27前 | 28.73 | 73.46% | 0.119 | 2003-12-27—2005-06-12 | 10.38 | 0.0195 | 0.054 |
| | | | | 1 | 10 | 28.63 | 2005-06-12 | | 18.05 | 63.05% | 0.0784 | | 10.57 | 0.0198 | 0.0395 |
| | | | | 2 | 18 | 29.72 | 2005-06-12 | | 19.17 | 64.50% | 0.0377 | | 10.55 | 0.0198 | 0.0411 |
| | | | | 3 | 32 | 8.57 | 2005-02-14 | | 5.88 | 68.61% | 0.0255 | 2003-12-27—2005-02-14 | 2.69 | 0.0051 | 0.0118 |

表 6 - 44　锚索测力计锚固力特征值统计表

| 部位 | 剖面 | 仪器编号 | 高程/m | 设计值/kN | 锁定值/kN | 日期 | 特征值/kN | 日期 | 超锁定值 | 超设计值 |
|---|---|---|---|---|---|---|---|---|---|---|
| 7~9号机组坝后坡 | 7-7 | DP7-1 | 366.50 | 2000 | 2075.69 | 2002-12-09 | 2241.01 | 2005-08-10 | 7.96% | 12.05% |
| | | DP7-2 | 335.50 | 2000 | 1978.3 | 2003-05-30 | 2141.24 | 2006-01-13 | 8.24% | -14.35% |
| | 8-8 | DP8-1 | 366.50 | 2000 | 2015.02 | 2002-12-10 | 2103.69 | 2005-09-10 | 4.40% | -15.85% |
| | | DP8-2 | 346.50 | 3000 | 3303.06 | 2003-04-22 | 3686.99 | 2005-06-12 | 11.62% | 22.90% |
| | | DP8-3 | 326.50 | 2000 | 1999.5 | 2003-04-29 | 2127.06 | 2005-05-04 | 6.48% | -14.92% |
| | | DP8-4 | 321.00 | 2000 | 1957.96 | 2003-07-03 | 2007.44 | 2004-11-19 | 2.53% | -19.70% |

注　超锁定值、设计值为正，否则为负。

表6-45 锚杆应力计特征值统计表

| 部位 | 剖面 | 仪器编号 | 高程/m | 安装日期 | 位置编号 | 最大值/MPa | 出现日期 | 最小值/MPa | 出现日期 | 目前值/MPa | 出现日期 |
|---|---|---|---|---|---|---|---|---|---|---|---|
| 7~9号机组坝后坡 | 8—8 | AS83-1 | 372.0 | 2003-01-20 | 1 | 8.75 | 2004-11-19 | -6.68 | 2003-02-20 | 7.31 | 2005-06-12 |
| | | | | | 2 | 29.00 | 2005-02-06 | -3.72 | 2003-02-14 | 20.23 | 2005-09-10 |
| | | | | | 3 | 21.40 | 2005-02-06 | 0.00 | 2003-01-26 | 18.75 | 2006-04-14 |
| | | AS83-2 | 365.0 | 2003-01-20 | 1 | 19.47 | 2005-02-06 | 0.00 | 2003-01-26 | 14.96 | 2006-04-14 |
| | | | | | 2 | 24.08 | 2005-04-10 | -0.15 | 2003-02-14 | 22.28 | 2006-04-14 |
| | | | | | 3 | 22.28 | 2006-04-14 | -3.17 | 2003-02-14 | 22.28 | 2006-04-14 |
| | | AS83-3 | 355.0 | 2003-04-25 | 1 | 5.27 | 2003-06-20 | -68.51 | 2005-09-28 | -51.82 | 2006-04-14 |
| | | | | | 2 | 47.12 | 2003-09-05 | 0.00 | 2003-05-15 | 23.39 | 2006-04-14 |
| | | | | | 3 | 11.90 | 2005-10-21 | -0.78 | 2003-07-25 | 1.96 | 2006-04-14 |
| | | AS83-4 | 345.25 | 2003-04-25 | 1 | 71.43 | 2006-03-15 | 0.00 | 2003-05-15 | 69.45 | 2006-04-14 |
| | | | | | 2 | 103.95 | 2006-03-15 | 0.00 | 2003-05-15 | 103.49 | 2006-04-14 |
| | | | | | 3 | 210.08 | 2004-04-04 | -99.42 | 2006-03-15 | -99.03 | 2006-04-14 |
| | | AS83-5 | 337.15 | 2003-06-08 | 1 | 11.31 | 2003-09-17 | -16.79 | 2005-06-24 | -16.79 | 2005-06-24 |
| | | | | | 2 | 47.96 | 2005-02-14 | -0.14 | 2003-07-04 | 46.40 | 2005-06-24 |
| | | | | | 3 | 55.57 | 2005-05-04 | 0.00 | 2003-06-26 | 55.22 | 2005-06-24 |
| | | AS83-6 | 325.25 | 2003-06-08 | 1 | 155.82 | 2005-01-27 | 0.00 | 2003-06-12 | 146.61 | 2005-06-24 |
| | | | | | 2 | 95.17 | 2005-01-27 | 0.00 | 2003-06-12 | 83.65 | 2005-06-24 |
| | | | | | 3 | 284.15 | 2005-06-12 | 0.00 | 2003-06-12 | 284.15 | 2005-07-25 |
| | | AS83-7 | 324.05 | 2003-07-09 | 1 | 4.89 | 2003-07-25 | -20.35 | 2005-06-24 | -17.65 | 2005-07-13 |
| | | | | | 2 | 76.61 | 2005-02-14 | 0.00 | 2003-07-15 | 67.85 | 2005-06-24 |
| | | | | | 3 | 126.45 | 2005-03-10 | 0.00 | 2003-07-15 | 118.57 | 2005-06-24 |
| | | AS83-8 | 300.05 | 2003-12-01 | 1 | 196.63 | 2005-03-27 | -0.04 | 2004-01-09 | 196.55 | 2005-04-10 |
| | | | | | 2 | 202.95 | 2005-04-10 | 0.00 | 2003-12-18 | 202.95 | 2005-04-10 |
| | | | | | 3 | 197.48 | 2005-03-15 | -0.15 | 2004-03-04 | 163.88 | 2005-04-10 |

### 6.3.6.2 多点位移计位移

进水口坝后坡多点位移计位移时空变化统计见表6-43。由该表及位移过程曲线可见：7~8号机组坝后陡坡高程335.0m以下相对高程335.0m以上变形大，二者最大累积位移分别为39.11mm和12.36mm；70%的位移量发生在2003年12月以前，即在开挖加固施工期间，大部分位移量已经发生。

### 6.3.6.3 加固措施应力分析

（1）锚索测力计。锚索测力计锚固力特征值统计见表6-44。由该表和锚固力过程曲线可知：7~9号机组坝后坡7组锚索测力计安装后锚固力呈缓慢上升趋势，最大均表现为超锁定值（2.53%~11.62%），DP8-2最大锚固力3686.99kN，超设计值22.9%，超锁定值11.62%，说明该部位变形相对较大，2005年6月后趋于平稳。

（2）锚杆应力计。锚杆应力计特征值统计见表6-45。由该表和应力过程曲线可知：7号机组坝后坡锚杆应力多表现为拉应力，说明锚杆加固后，起到了控制变形的作用。但应力值均不大，均在设计范围内。锚杆应力多表现为，安装初期应力递增较快，之后应力量级和变化速率较小，2003年12月后锚杆应力趋于收敛。

### 6.3.6.4 综合分析

7号机组坝后扭坡段8—8剖面监测资料综合对比见图6-18。M48-2孔口~2号测点（距孔口0~18m）位移较大（39.11~28.63mm），由图6-18可看出：

2号测点以外为相对软弱的微风化$T_2b^{18}$层泥板岩，往里则为相对完整的新鲜$T_2b^{19~22}$层互层岩体，2号测点锚头外侧正好穿过裂隙性断层$F_{1017}$，因此地质条件决定2号测点以外相对容易变形。

对应部位锚索测力计DP8-3锚固力最大超锁定值6.48%，锚杆应力计AS38-6的3号测点（孔口，相对基点距孔口7.5m）应力相对较大（284.14MPa），位移、锚固力、应力变化趋势完全相同。

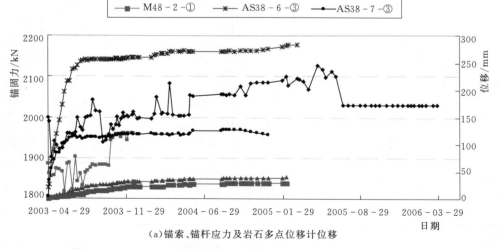

（a）锚索、锚杆应力及岩石多点位移计位移

图6-18（一）　7号机组坝后扭坡段8—8剖面监测资料综合对比图

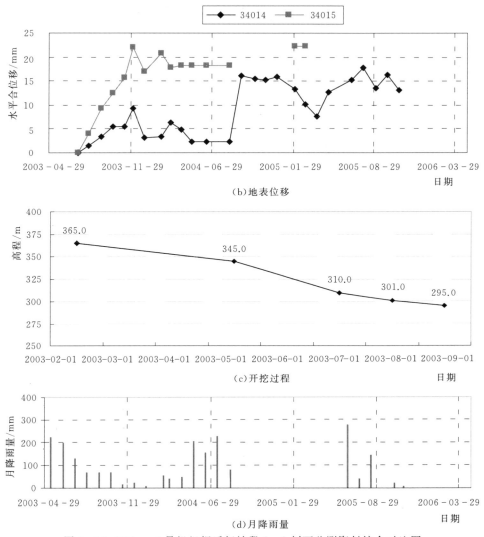

图 6-18（二）　7 号机组坝后扭坡段 8—8 剖面监测资料综合对比图

多点位移计位移主要发生在 2003 年年底前，之后位移平缓变化（2005 年 6 月后无观测数据）；锚索锚固力和锚索应力在 2003 年 5—9 月间快速上升，之后呈小幅震荡走势，锚杆 2005 年 6 月后无观测数据，锚索锚固力 2005 年 5 月后呈减小走势；该部位附近的外观点 340-14、340-15 累积位移在 2003 年 12 月前增加较快，之后减小（340-14 点 2004 年 9 月发生一次位移突变后呈小幅震荡走势，2005 年 11 月后无观测数据，340-15 点 2004 年 8 月后数据稀少，2005 年 3 月后无观测数据）。而 2003 年 7—9 月间正是高程 325.0m 以下边坡和坝基开挖时间，因此变形与施工开挖影响密切相关。2003 年 6—9 月正处于汛期，降雨量相对较大，降雨对变形也有一定的影响。

7 号机组坝后扭坡段高程 335.0m 处边坡结构和地质条件使浅部（6～18m 外）岩体易于变形，下部边坡和坝基在开挖过程中产生了相对较大的变形，锚索锚固力和锚杆应力也同步增大，开挖停止和汛期过后，变形和锚索锚固力、锚杆应力趋于平缓，2005 年 5 月后变形趋于收敛。

### 6.3.7　坝、坡运行安全评价

边坡岩体位移主要发生在 2003 年 2 月以前边坡开挖、加固施工期，位移量占 60%～70%；随着边坡锚固措施的实施和大坝混凝土浇筑，2005 年 5 月后位移趋于收敛、稳定，2009 年 9 月蓄水后边坡变形量已很小。锚杆、预应力锚索的应力变化与位移一致，其应力在设计控制范围内。

蓄水后及运行期，大坝坝顶和坝基岩体的变形量均在 5mm 以内，坝体应力均为压应力，坝体混凝土与边坡岩体接触面始终处于受压状态，渗压为 0，可见大坝运行正常。

以上分析表明，大坝、边坡运行状态是安全的。

## 6.4　研究小结

为研究坝坡之间的相互作用，采用坝坡统一建模的方法对坝坡在相互影响下的应力和位移变形进行了平面和三维分析。最后为了评价边坡岩体的流变变形对大坝的影响，从流变模型的辨识出发，结合工程室内流变试验和现场流变变形结果，提出了适合于龙滩高边坡流变变形分析的模型。以此为基础，编制边坡长期变形的黏弹性有限元分析程序，并对典型坝坡相互作用剖面进行了流变以及流变对坝体应力变形的影响研究，验证了工程措施的作用，提出了具有针对性的工程措施。最后结合运行期坝坡及加固结构应力、变形分析，进一步评价了坝坡相互作用。本章主要研究结论如下：

（1）坝坡相互作用下，边坡上的位移有增有减，从其增减规律来看，大坝的修建对边坡的变形有利也有弊。对 9 号机组轴线剖面来说，450.0m 高程以上的水平位移和 450.0m 高程以下的垂直回弹位移有减少，450.0m 高程以上的垂直位移和 450.0m 高程以下的水平位移却有所增加。对 10—10 剖面来说，430.0m 高程以上边坡垂直回弹位移和导流洞边坡的垂直位移有所减少，301.0m 高程以上的水平位移和 430.0m 高程以下部位的垂直位移却有所增加。这种情况的出现与边坡岩体结构的组成，以及大坝对整个边坡岩体结构的影响是相一致的。从边坡的变形及应力分布的整体上看，大坝的修建对边坡的稳定是有益的，它也有效减少了岩体边坡的塑性区，从而使边坡在运行过程中更加安全。

尽管如此，大坝对边坡的有利影响程度是有限的。从大坝的安全运行角度出发，不建议将大坝作为增加边坡稳定性的主要措施，可以将其作为一种安全储备来考虑。

（2）水库蓄水后，边坡岩体的塑性区发生了较大的调整。蓄水后，在引水洞的洞口周围部分区域、坝头坡的部分区域和坝基岩体的部分区域新出现的剪切和张拉塑性区范围则有较大程度的减小；蓄水至 400.0m 高程后，这些塑性区减小到仅有零星分布，其余部位没有出现新的塑性区。因此水库蓄水对边坡稳定是有利的。在水库蓄水至高程 330.0m、375.0m、400.0m 的各个阶段，边坡岩体均没有产生塑性破坏，边坡是稳定的。

（3）基于室内流变试验与现场试验资料的流变模型辨识成果表明，龙滩高边坡工程岩体的流变特性采用一阶次的三参量流变模型是合适的。

（4）开挖边坡面同一时间的最大流变位置如下：9 号机组轴线剖面无锚固时为高程

400.0m 左右，有锚固时为高程 370.0m 左右。10—10 剖面无锚固时为高程 340.0m 左右，有锚固时为高程 320.0m 左右。随着远离此位置，水平流变位移逐渐减小。断层带流变特性明显大于其他部位，且对岩体整体流变变形有明显影响（使流变位移增大）。

（5）若以年变形量 1mm 作为边坡岩体稳定条件，计算成果表明：边坡岩体稳定时间，9 号机组轴线剖面边坡无锚固时为 3~4 年左右，有锚固时为 2~3 年左右；10—10 剖面边坡无锚固时为 4 年左右，有锚固时为 3 年左右。

（6）有锚固情况下，龙滩水电站高边坡流变位移量降低幅度在 70％以上，坝基流变位移量降低幅度在 60％以上，说明锚固措施可以有效限制流变位移的增长。

（7）考虑边坡岩体流变变形影响情况下，坝体水平应力增大，大坝与边坡岩体接触面出现局部拉应力；坝基面正应力普遍增大，未出现拉应力。

（8）边坡开挖后，应及时采取锚固、灌浆等增强岩体结构整体性、提高岩体力学参数的措施，重点加固开挖面最大流变位置，断层带及软岩部分尤其要加强。施工时应尽量做到逐步开挖、逐步加固的施工程序。

（9）由于进水口结构与进水口坝体和边坡岩体相互作用结构体系复杂，在坝体混凝土浇筑、水库蓄水、边坡岩体变形等荷载作用下，存在坝体拉、压应力的转化和局部应力集中现象。考虑进水口坝体孔、洞多，应力应变条件复杂，除加强边坡加固支护、尽量减少岩体变形外，还应在坝体与岩体接触处坝体内部布置网状钢筋，与在接触面处设置的高强锚杆相结合，尽量使接触面受力均匀，改善局部应力条件。

（10）长期监测资料表明：边坡岩体的变形主要发生在 2003 年 12 月以前的开挖期间，2003 年 12 月以后，随着大坝的浇筑，边坡岩体位移逐渐收敛，趋于稳定；加固结构的应力也反映这一规律。水库蓄水，对边坡岩体位移和加固结构应力基本没有影响。运行期，大坝建基面与坝体混凝土和边坡岩体接触面均处于受压状态，坝体应力也处于受压状态，坝基岩体、坝顶位移量级基本在 5mm 以内，坝体与岩体接触面处的渗压为 0，坝基扬压力也在设计值范围内，表明大坝、边坡运行状态安全。

◎ 第7章

# 高边坡治理措施研究

高边坡治理的一般措施包括防渗、排水、开挖减载、锚固加固等。在确定边坡设计标准后，选择针对性治理措施，是高边坡研究、设计的重要内容。本章重点研究了边坡设计标准，蠕变岩体B区、A区治理措施的比较和选择；通过边坡岩体变形控制措施分析研究，提出进水口高边坡治理措施；通过先锚后挖的数值模拟研究，提出针对反倾向层状结构岩质边坡的先锚后挖设计方法和措施；通过有限元反馈和分析研究，提出边坡施工控制程序和动态设计控制程序。

## 7.1 边坡设计标准研究

边坡稳定安全系数是衡量边坡稳定性、确定边坡处理工程量的重要指标，直接关系着边坡工程的安全性、经济性和合理性。在边坡设计中，国内对水电工程边坡（包括自然边坡）的设计和施工，尚无统一的规定和标准可循。因此，边坡安全设计标准需要根据具体边坡的实际情况，研究边坡工程特点、工作特点及运行要求，分析影响边坡稳定安全的各种因素，并类比相似工程的实践经验和相关专业的规范，综合分析确定。

### 7.1.1 边坡特点及运行要求

#### 7.1.1.1 倾倒蠕变岩体边坡

（1）倾倒蠕变岩体A区边坡。倾倒蠕变岩体A区边坡紧邻电站进水口和左岸坝肩，$F_{98}$上盘潜在滑动体全部挖除后，仍残存部分倾倒蠕变岩体。施工期承受导流水位变化、降雨影响，运行期承受水库水位变化、降雨、地震等作用的影响。工程实施及运行期间要求：①边坡整体稳定；②施工期间允许有变形，但变形量级应不会导致岩层发生倾倒折断，运行期间不得发生有害的时效变形。

（2）倾倒蠕变岩体B区边坡。倾倒蠕变岩体B区边坡位于A区边坡上游，距左坝肩高程350.0~650.0m，存在明显的折断面、折断错滑面。施工期承受导流水位变化、降雨影响，运行期承受水库水位变化、地震等作用的影响。工程实施及运行期间，主要任务是保持边坡抗滑稳定，对边坡变形不作具体要求。

#### 7.1.1.2 进水口反倾向层状结构岩质高边坡

1. 边坡特点

进水口高边坡工程地质及水文地质特点在第2章中已有介绍，实施工程（人工改造）有以下特点：

（1）进水口边坡高、陡、（开挖）量大、工期紧。进水口开挖边坡组合坡高达320.0m

（从坝基高程 300.0m 至高程 620.0m）和 430.0m（从导流洞开挖高程 215.0m 至高程 635.0m），开挖坡面达 18 万 $m^2$；高程 382.0m 以下坡比 1：0.25 左右；最大垂直开挖深度 150.0m；最大水平开挖深度 180.0m，开挖量近 400 万 $m^3$。这种高、陡边坡的坡高、卸载效应显著。根据工期安排，进水口边坡从开挖、加固支护到竣工（指高边坡），计划工期 27 个月，期间与导流洞、引水洞开挖同步进行，施工交叉作业、干扰大，边坡施工工期紧。

（2）岩体人工卸载特性显著，而且人工卸荷基本与自然卸荷和自然边坡岩体重力方向一致，加剧卸荷作用效应。

（3）坡脚相对软弱的 $T_2 b^{18}$ 泥板岩内开挖 9 条引水洞，开挖洞径 11.0～12.0m；坡脚约 50% 的岩体被挖除，仅有 50% 的岩体承受山体荷载作用，削弱了坡脚岩体的支撑作用。

（4）侧限约束差。进水口开挖边坡上游紧邻已发生倾倒蠕变的蠕变岩体 B 区边坡；下游山体内有大规模的引水发电系统洞室群开挖；坡体内受 $F_{63}$、$F_{69}$、$F_{119}$、$F_1$、$F_4$ 等较大断层和层间错动面切割，边坡岩体侧限约束差。

（5）再次卸荷开挖的空间和余地不大。

2．工作特点

（1）进水口高边坡是一个复杂的地质体，在自然形成过程中，发育有断裂构造、节理裂隙等地质缺陷；人工开挖后，构造应力释放，应力调整并重新分布；不良地质缺陷因爆破等因素作用进一步恶化。这些因素和作用的变化为进水口高边坡正常工作带来不利影响。

（2）运行过程中，还要承受降雨、地震及水库水位变化的反复作用。

（3）4～9 号机组坝段坝后坡坡脚岩体与大坝和进水口混凝土结构紧密接触，高边坡岩体、混凝土结构与岩锚措施共同作用，承受库水压力和山体（含地下水作用）荷载作用。这种结构的稳定和变形条件极为复杂。

3．工程实施及运行要求

（1）高边坡稳定。进水口高陡边坡下有大坝、引水发电进水口、引水隧洞，其常年安全运行要求高，必须确保进水口高边坡岩体的总体稳定和局部块体稳定。

（2）不得发生有害的时效变形。要使大坝、引水洞、进水口常年正常运行和使用，要求高边坡岩体不得有过大的有害变形，尤其坝后坡（4～9 号机组坝段）边坡岩体变形量不得超出结构物允许变形量。

（3）工期要求。进水口高边坡稳定和施工进度直接涉及进水口大坝和引水洞结构的施工。因此，进水口高边坡开挖、加固支护在保证质量的前提下，还应确保施工进度。

### 7.1.2　影响边坡稳定安全系数取值的主要因素分析
### 7.1.2.1　国内外边坡稳定安全系数取值分析

收集了大量国内外已建边坡工程实例，其稳定安全系数标准见表 7-1 和表 7-2。

分析国内外已建边坡工程稳定安全系数标准，有以下认识：

（1）稳定分析以极限平衡法作为基本分析方法，并以抗滑稳定安全系数表示。

（2）安全标准取值方面总体上具有这样的特点：新设计边坡高于已有边坡，重要工程高于次要工程，主要建筑物开挖边坡高于次要建筑物边坡。

表7-1 国外边坡稳定安全系数取值实例表

| 序号 | 国家 | 工程和建筑物 | 岩 性 | 坡高/m | 坡角/(°) | 标准系数/稳定系数 |
|---|---|---|---|---|---|---|
| 1 | 苏联 | 康斯坦丁水利枢纽导流明渠边坡 | 下元古代花岗岩类（花岗岩、火成岩、片麻岩） | 38 | 70 | 1.25/1.25 |
| 2 | 苏联 | 塔什雷抽水蓄能厂房基坑挡水边坡 | 下元古代花岗岩类（花岗岩-片麻岩） | 65 | 61 | 1.25/1.27 |
| 3 | 苏联 | 库列依斯克水电站天然边坡 | 粗玄岩、粉砂岩，边坡基础为石墨-粗玄岩-角砾花岗岩 | 70 | 61 | 1.14/1.32 |
| 4 | 苏联 | 英克里水电站右岸大坝连接段边坡 | 下白垩纪石灰岩、白云岩 | 90 | 62 | 1.25/1.41 |
| 5 | 苏联 | 托克托古尔水电站天然边坡 | 石灰岩、白云岩、页岩、砂岩 | 123 | 64 | 1.19/1.61 |
| 6 | 日本 | 田川坝坝线附近边坡 | 凝灰角砾岩 | 80 | 56 | 正常1.2，地表1.1，水位骤降1.2 |
| 7 | 西班牙 | 露天矿边坡 | | 300 | | 1.3 |
| 8 | 澳大利亚 | 戈登拱坝左坝肩稳定边坡 | 石英岩夹薄层绿泥石和云母 | 70 | 63.5 | 正常>2.0，最不利情况>1.0 |

表7-2 国内边坡稳定安全系数取值实例表

| 序号 | 工程和建筑物 | 岩 性 | 坡高/m | 坡角/(°) | 稳定安全系数 K | |
|---|---|---|---|---|---|---|
| | | | | | 施工期 | 运行期 |
| 1 | 三峡工程永久船闸高边坡 | 闪云斜长花岗岩 | 130.0 | | 无地震1.3，有地震1.1 | 1.5 |
| 2 | 漫湾水电站左岸边坡 | 流纹岩 | 170～340 | 50 | 1.05 | 正常1.25，地震1.05 |
| 3 | 长江链子崖危岩体 | 石灰岩 | 100.0 | | | 正常1.25～1.3特殊1.15～1.2 |
| 4 | 天生桥二级水电站厂房边坡 | 中三迭统白云岩、砂岩夹泥岩和页岩 | 380.0 | 25～35 | | 1.2 |
| 5 | 水口水电站开挖边坡 | 中粗粒云母花岗岩 | 50～70 | 70 | | 自重1.5，自重+水1.2 |
| 6 | 岩滩水电站导流明渠上游段高边坡 | 辉绿岩、蚀变辉绿岩、大理岩、灰岩 | 75～150，最大210.0 | | | 1.3 |
| 7 | 五强溪水电站左岸高边坡 | 前震旦系浅变质千枚状板岩、板岩、砂质板岩、砂岩、石英砂岩 | 150.0 | | | 正常1.56，非常1.14 |
| 8 | 黑龙江龙凤山水库输水洞进口左岸边坡 | 花岗岩、花岗闪长岩及煌斑岩脉 | 60.0 | 45 | | 1.1 |
| 9 | 安康水电站厂房边坡、尾水渠边坡 | 震旦系千枚岩 | >100.0 | | | 1.15 |
| 10 | 安康水电站左岸溢洪道边坡 | 震旦系千枚岩 | 74～149 | | 1.05～1.1 | 1.2 |

| 序号 | 工程和建筑物 | 岩　性 | 坡高/m | 坡角/(°) | 稳定安全系数 K 施工期 | 稳定安全系数 K 运行期 |
|---|---|---|---|---|---|---|
| 11 | 乌江渡水电站小黄崖危岩体 | 二迭系灰岩 | 145.0 | | | 正常 1.3，地表 1.1 |
| 12 | 鲁布革水电站溢洪道边坡 | 白云岩、灰岩 | | | | 自重 1.5，自重＋水压 1.2 |
| 13 | 清江隔河岩厂房边坡 | 石龙洞灰岩、石牌页岩 | 110~195 | | 排水正常：无地震 1.3，有地震 1.2；排水失效：无地震 1.1，有地震 1.0 | 排水正常：无地震 1.5，有地震 1.3；排水失效：无地震 1.2，有地震 1.05 |
| 14 | 二滩水电站尾水渠内侧边坡 | 玄武岩、火山碎、屑角集块砾岩 | 144.0 | 63 | | 正常情况：1.25；特殊情况：1.10 |
| 15 | 黑龙江桦树川水库溢洪道左岸山体滑坡 | 二迭系上统开山屯板岩 | 50.0 | 45 | | 1.3 |

#### 7.1.2.2　相关规程规范的规定

《水利水电工程地质勘察规范》（GB 50487—2008），第 7 章第 5 节第 6 条列出了边坡稳定性评价标准，见表 7-3。

表 7-3　　　　　　　　　　　边坡稳定评价标准表

| 稳定性 | 稳定 | 基本稳定 | 临界稳定状态 | 不稳定 |
|---|---|---|---|---|
| 安全系数 | >1.1~1.3 | 1.05~1.1 | 1.00~1.05 | <1.0 |

《水利水电工程地质手册》（水利电力出版社，1985）第三章第一节中指出："在进行边坡稳定分析中，边坡稳定安全系数，建议对土质边坡的稳定系数不小于 1.2~1.3；岩质边坡不小于 1.3~1.5。"

《边坡工程手册》（加拿大矿物和能源技术中心编，祝玉学等译，冶金工业出版社，1984），第六章第三节中指出："当边坡处在极恶劣的条件下，设计安全系数值取 1.05~1.1 可能是合理的，在此情况下，地下水和地震应包括在内。"

日本学者的研究和工程实践认为，一般设计安全系数上限为 1.25~1.3，下限为 1.0。

《岩土工程勘察规范》（GB 50021—94）规定，按工程安全等级（见表 7-4）确定边坡稳定安全系数。

表 7-4　　　　　　　　　　　工 程 安 全 等 级 表

| 安全等级 | 破坏后果 | 工程类型 |
|---|---|---|
| 一级 | 很严重 | 重要工程 |
| 二级 | 严重 | 一般工程 |
| 三级 | 不严重 | 次要工程 |

对新设计的边坡,工程安全等级为一级的边坡工程,安全系数采用1.3~1.5;工程安全等级为二级的边坡工程,宜采用1.15~1.30;工程安全等级为三级的边坡工程,宜采用1.05~1.15。当边坡采用峰值抗剪强度参数设计时,安全系数取大值;采用残余抗剪强度参数设计时,安全系数取小值。

验算已有边坡的稳定性时,稳定安全系数可采用1.10~1.25。当需要对边坡加载、增大坡角或开挖坡脚时,应按新设计边坡所要求的安全系数标准取值。

采用反分析方法检验滑动抗剪强度指标,应采用滑动后实测的主滑断面进行计算,对正在滑动的边坡,其稳定安全系数可取1.00~1.05。

《水电水利工程边坡工程地质勘察技术规程》(DL/T 5337—2006)建议:主要建筑物边坡采用1.25~1.30;次要建筑物边坡采用1.15~1.25;临时建筑物采用1.05~1.15。

《建筑地基基础设计规范》(GB J7—89)规定:滑坡推力安全系数,应根据滑坡现状及对工程的影响等因素确定,一级建筑物取1.25,二级建筑物取1.15,三级建筑物取1.05。

《水利水电枢纽等级划分及设计标准(山区、丘陵部分)》(SDJ 12—78),对土坝、堆石坝(含挡水围堰)坝坡抗滑稳定安全系数的规定见表7-5。

表7-5　　　　　　　　　土坝、堆石坝坝坡抗滑稳定安全系数表

| 荷载组合 \ 坝的级别 | | 1级 | 2级 | 3级 | 4级 |
|---|---|---|---|---|---|
| 基本组合 | | 1.3 | 1.25 | 1.20 | 1.15 |
| 特殊组合 | Ⅰ | 1.20 | 1.15 | 1.10 | 1.05 |
| | Ⅱ | 1.10 | 1.05 | 1.05 | 1.10 |

注　特殊组合Ⅱ适用于地震或下游非常运行洪水位,特殊组合Ⅰ适用于特殊组合Ⅱ以外的其他情况。

### 7.1.2.3 影响边坡稳定安全系数取值的主要因素

(1)对边坡客观地质条件的认识深度,特别是对控制边坡稳定的各种断裂结构面的产状、规模、形状,以及它们的分布和组合情况了解的准确性。

(2)计算采用的各项物理力学参数的准确性,包括试样的代表性、试样的数量、试验的方法和试验成果的分析取值等。

(3)计算模型选取的合理性及荷载组合和计算分析方法选用的正确性。

(4)边坡工程的重要性及边坡失稳破坏后的危害大小、修复处理的难易程度。

(5)目前无法列入计算的其他因素,如气候条件、风化作用、植物生长等等。

### 7.1.3 边坡设计标准

根据上述分析研究,结合类似工程经验,确定各部位工程边坡的安全等级和稳定安全系数控制标准。

### 7.1.3.1 倾倒蠕变岩体边坡

(1)倾倒蠕变岩体A区边坡。倾倒蠕变岩体A区紧邻左坝肩,因此,其边坡按1级建筑物设计,其稳定安全系数控制标准见表7-6。

表 7-6　　　　　　　　　　　A 区边坡整体稳定安全系数表

| 工　况 | 荷　载　组　合 | 稳定安全系数 $K$ | |
| --- | --- | --- | --- |
| | | 施工期 | 运行期 |
| 设　计 | 自重＋地下水（一） | | 1.3 |
| 校核（一） | 自重＋地下水（二）（或暴雨条件下） | 1.1 | 1.15 |
| 校核（二） | 自重＋地下水（一）＋地震 | | 1.05 |

注　地下水（一）：设计排水状态；地下水（二）：设计排水失效；地震烈度：Ⅷ度。

（2）倾倒蠕变岩体 B 区边坡。倾倒蠕变岩体 B 区边坡整体稳定安全系数取值见表 7-7。

表 7-7　　　　　　　　　　　B 区边坡整体稳定安全系数表

| 工　况 | 荷　载　组　合 | 稳定安全系数 $K$ | |
| --- | --- | --- | --- |
| | | 施工期 | 运行期 |
| 设　计 | 自重＋地下水（一） | | 1.2 |
| 校核（一） | 自重＋地下水（二）（或暴雨条件下） | 1.05 | 1.1 |
| 校核（二） | 自重＋地下水（一）＋地震 | | 1.03 |

注　地下水（一）：设计排水状态；地下水（二）：设计排水失效；地震烈度：Ⅷ度。

#### 7.1.3.2　进水口反倾向层状结构岩质高边坡

龙滩水电站工程属一等工程，进水口高边坡与左岸大坝及地下厂房进水口直接相关，因此，进水口高边坡工程按 1 级建筑物设计，工程边坡附属建筑物排水洞、排水孔、排水沟等按 3 级建筑物设计。

（1）工程抗震设防类别。龙滩坝址区场地基本烈度为Ⅶ度，进水口高边坡为 1 级建筑物。根据《水工建筑物抗震设计规范》（DL 5073—1997）的规定，进水口高边坡工程抗震设防类别为甲类，设计烈度为Ⅷ度。

（2）抗滑稳定安全系数。整体稳定安全系数取值见表 7-8。

表 7-8　　　　　　　　　　　整体稳定安全系数表

| 工　况 | 荷　载　组　合 | 稳定安全系数 $K$ | |
| --- | --- | --- | --- |
| | | 施工期 | 运行期 |
| 设　计 | 自重＋地下水（一） | | 1.5 |
| 校核（一） | 自重＋地下水（二） | 1.3 | 1.3 |
| 校核（二） | 自重＋地下水（一）＋地震 | | 1.1 |

注　地下水（一）：设计排水状态；地下水（二）：设计排水失效。

（3）块体稳定安全系数取值见表 7-9。

表 7-9　　　　　　　　　　　块体稳定安全系数表

| 工　况 | 荷　载　组　合 | 稳定安全系数 $K$ | |
| --- | --- | --- | --- |
| | | 施工期 | 运行期 |
| 设　计 | 自重＋地下水（一） | | 1.5 |
| 校核（一） | 自重＋地下水（二） | 1.3 | |
| 校核（二） | 自重＋地下水（一）＋地震 | | 1.1 |

注　地下水（一）：水压力为半水头；地下水（二）：水压力为全水头。

（4）抗倾覆稳定安全系数取值见表 7－10。

表 7－10　　　　　　　　　　　　抗倾覆稳定安全系数表

| 工　况 | 荷　载　组　合 | 稳定安全系数 K | |
| --- | --- | --- | --- |
| | | 施工期 | 运行期 |
| 设计 | 自重＋地下水（一） | | 1.9 |
| 校核（一） | 自重＋地下水（二） | 1.6 | |
| 校核（二） | 自重＋地下水（一）＋地震 | | 1.4 |

注　地下水（一）：水压力为半水头；地下水（二）：水压力为全水头。

（5）锚杆、预应力锚索（杆）锚固段安全系数见表 7－11。

表 7－11　　　　　　　　锚杆、预应力锚索（杆）锚固段安全系数表

| 锚杆（索）方向 | 仰　孔 | 水平孔 | 俯　孔 |
| --- | --- | --- | --- |
| 安全系数 | 2.0 | 1.8 | 1.5 |

（6）变形控制标准。岩质高边坡变形控制在 2007 年前还没有规范或标准规定。根据现有研究资料，控制高边坡岩体（尤其是水工混凝土结构与高边坡岩体相互作用部位）的变形，使混凝土建筑物不致破坏，即控制高边坡岩体不得发生有害变形。施工期、运行期依据及时反馈的监测信息，通过及时调整施工程序、补强等措施控制岩体变形，保证施工安全和进水口建筑物运行安全。

### 7.1.4　边坡设计标准与现行规范的比较

龙滩水电站左岸进水口高边坡设计时，还没有规程规范对水工建筑物边坡安全系数的取值做出规定，边坡设计标准即按前节研究确定的标准设计。2003 年 1 月颁布的《水电枢纽工程等级划分及设计安全标准》（DL 5180—2003）和 2006 年 9 月颁布的《水电水利工程边坡设计规范》（DL/T 5353—2006），对边坡设计安全系数做出了明确规定。规范颁布时，龙滩水电站进水口高边坡开挖和支护业已基本完成，因此，有必要对边坡设计标准与现行规范规定的安全系数进行比较和分析。

#### 7.1.4.1　现行规范的有关规定

自 20 世纪 80 年代以后，随着大、中型水利水电工程的大量建设，工程边坡问题对水电工程建设的影响也越来越突出，边坡安全的重要性越来越受到水电工程界的重视。对边坡技术问题的较全面深入研究也是从这一时期开始的。随后 20 年来，成功地治理了一批著名的岩质工程高边坡，如五强溪左岸船闸边坡、漫湾左岸边坡、天生桥二级厂房边坡、三峡船闸边坡、龙滩左岸进水口高边坡、小浪底进水口边坡等，积累了丰富的工程实践经验和研究成果。

在总结此前边坡治理经验的基础上，DL 5180—2003 规定了水工建筑物边坡级别的划分和水工建筑物边坡最小抗滑稳定安全系数，DL/T 5353—2006 规定了水电枢纽工程水工建筑物边坡级别划分、设计安全系数、边坡结构与失稳模式分析、边坡稳定分析方法、边坡工程治理设计、边坡开挖设计、边坡排水设计、边坡加固设计以及安全监测和预警系统设计等内容。

DL 5180—2003 和 DL/T 5353—2006 中，关于边坡级别和抗滑稳定安全系数的规定是

一致的，区别之处在于，DL/T 5353—2006 规范中将边坡分为 A 类枢纽工程区边坡和 B 类水库边坡。龙滩进水口高边坡的分级与设计安全系数标准，依据前述规范规定，结合工程实际情况选取；特别重要的边坡，经论证后选取。考虑 DL/T 5353—2006 后于 DL 5180—2003，按现行 DL/T 5353—2006 规范进行比较。

1. 水电水利工程边坡的分级

DL/T 5353—2006 中规定，水电水利工程边坡按其所属枢纽工程等别、建筑物级别、边坡所处位置、边坡重要性和失事后的危害程度划分，边坡类别和级别见表 7-12。

表 7-12                    水电水利工程边坡类别和级别划分表

| 类别<br>级别 | A 类：枢纽工程区边坡 | B 类：水库边坡 |
|---|---|---|
| Ⅰ级 | 影响 1 级水工建筑物安全的边坡 | 滑坡产生危害性涌浪或滑坡灾害可能危及 1 级建筑物安全的边坡 |
| Ⅱ级 | 影响 2 级、3 级水工建筑物安全的边坡 | 可能发生滑坡并危及 2 级、3 级建筑物安全的边坡 |
| Ⅲ级 | 影响 4 级、5 级水工建筑物安全的边坡 | 要求整体稳定而允许部分失稳或缓慢滑落的边坡 |

DL/T 5353—2006 还规定了工程边坡级别降低的条件：

枢纽工程区边坡失事仅对建筑物正常运行有影响而不危害建筑物安全和人身安全的，经论证，该边坡级别可以降低一级。

经研究，确认水库滑坡或潜在不稳定岸坡属于蠕变破坏类型，通过安全监测可以预测、预报其稳定性变化，并能够采取措施对其失稳进行防范的，该边坡或滑坡体级别可以降低一级或二级。

2. 水电水利工程边坡的设计安全系数

DL/T 5353—2006 中规定，水电水利工程边坡稳定分析应区分不同的荷载组合或运用状况，采用极限平衡方法中的下限解法进行时，其设计安全系数不应低于表 7-13 中规定的数值。

表 7-13                    水电水利工程边坡设计安全系数表

| 类别及工况<br>级别 | A 类：枢纽工程区边坡 | | | B 类：水库边坡 | | |
|---|---|---|---|---|---|---|
| | 持久状况 | 短暂状况 | 偶然状况 | 持久状况 | 短暂状况 | 偶然状况 |
| Ⅰ级 | 1.30~1.25 | 1.20~1.15 | 1.10~1.05 | 1.25~1.15 | 1.15~1.05 | 1.05 |
| Ⅱ级 | 1.25~1.15 | 1.15~1.05 | 1.05 | 1.15~1.05 | 1.10~1.05 | 1.05~1.00 |
| Ⅲ级 | 1.15~1.05 | 1.10~1.05 | 1.05 | 1.10~1.00 | 1.05~1.00 | ≤1.00 |

针对具体边坡工程所采用的设计安全标准，应根据对边坡与建筑物关系、边坡工程规模、工程地质条件复杂程度以及边坡稳定分析的不确定性等因素的分析，从表 7-13 所给范围内选取。对于失稳风险度大的边坡或稳定分析中不确定因素较多的边坡，设计安全系数宜取上限值，反之可取下限值。

对于特别重要或有变形极限要求的边坡，应经过边坡应力变形分析论证确定设计安全系数，通常高于表 7-13 中的规定。

极限平衡分析方法是边坡稳定分析的基本方法，适用于滑动破坏类型的边坡，对于Ⅰ级、Ⅱ级边坡，应采取两种或两种以上的计算分析方法，包括有限元、离散元等方法进行变形稳定分析，综合评价边坡变形与抗滑稳定安全性。

### 7.1.4.2 进水口高边坡设计标准与现行规范规定的比较

根据 DL/T 5353—2006 的规定，龙滩水电站左岸蠕变岩体 A 区和进水口边坡直接影响进水口大坝，为 A 类 I 级枢纽工程区边坡；蠕变岩体 B 区边坡虽然与 A 区紧邻，但未直接影响进水口大坝，考虑距进水口仅 350.0m，边坡失稳间接影响进水口大坝，应为 B 类 I 级水库边坡。

各部位边坡设计标准与现行规范的比较见表 7-14～表 7-16。

表 7-14 进水口边坡设计标准与现行规范比较表

| 等别或工况 | 设计采用值 | 现行规范规定 |
| --- | --- | --- |
| 类别、级别 | 1 级 | A 类、I 级 |
| 持久状况 | 1.5 | 1.3～1.25 |
| 短暂状况 | 1.3 | 1.2～1.15 |
| 偶然状况 | 1.1 | 1.10～1.05 |

表 7-15 蠕变岩体 A 区边坡设计标准与现行规范比较表

| 等别或工况 | 设计采用值 | 现行规范规定 |
| --- | --- | --- |
| 类别、级别 | 1 级 | A 类、I 级 |
| 持久状况 | 1.3 | 1.3～1.25 |
| 短暂状况 | 1.15 | 1.2～1.15 |
| 偶然状况 | 1.05 | 1.10～1.05 |

表 7-16 蠕变岩体 B 区边坡设计标准与现行规范比较表

| 等别或工况 | 设计采用值 | 现行规范规定 |
| --- | --- | --- |
| 类别、级别 | | B 类、I 级 |
| 持久状况 | 1.25 | 1.25～1.15 |
| 短暂状况 | 1.15 | 1.15～1.05 |
| 偶然状况 | 1.03 | 1.05 |

从对比表中可以看出：

（1）为减少开挖、降低工程造价，龙滩水电站进水口坝段坝体均采用了非重力式结构，开挖边坡坡脚部分岩体为大坝结构的一部分，边坡岩体与大坝混凝土在竖向紧密接触高度达 50.0m，边坡为典型的反倾向层状结构岩质高边坡，易产生倾倒变形，而电站进水口结构对变形控制要求高。因此，选取的抗滑稳定安全系数比规范规定的 A 类 I 级枢纽工程边坡高：持久状况为 1.5，短暂状况为 1.3，偶然状况为 1.1。DL/T 5353—2006 "条文说明" 5.0.6 条："当设计者权衡失稳风险和治理成本，认为应提高边坡稳定的可靠性，或者对边坡的变形有严格要求时，可以提高设计安全系数。例如龙滩水电站进水口边坡和三峡船闸边坡，在正常情况下的安全系数都采用 1.5。"边坡抗震采用与大坝相同的标准。可以认为，龙滩进水口边坡设计标准符合现行的 DL/T 5353—2006，且控制标准较规范要求高。

（2）蠕变岩体 A 区与进水口开挖边坡连成一片，但不直接与进水口大坝接触，采用的安全系数与规范规定的 A 类Ⅰ级枢纽工程边坡一致，持久工况安全系数与规范中的上限一致，短暂状况、偶然状况与规范中的下限一致。另外，进水口坝后坡与大坝混凝土未接触部位的边坡，也采用了与蠕变岩体 A 区相同的安全系数。

（3）蠕变岩体 B 区采用的安全系数，除偶然状况（地震）取 1.03，较现行规范规定的 1.05 略小外，其他安全系数与现行规范一致。蠕变岩体 B 区的抗震稳定计算，在设计时抗震设防按场地基本烈度Ⅷ度考虑，基岩水平加速度峰值为 0.1g（50 年超越概率10％），2008 年"5.12"汶川地震发生后的复核成果，50 年超越概率 10％场地基岩水平加速度峰值为 0.0633g，经抗震稳定复核，蠕变岩体 B 区在设计地震情况下，最小抗滑稳定安全系数 1.086，也满足现行规范的要求。

（4）龙滩水电站左岸进水口边坡与蠕变岩体（A、B 区）紧邻，根据各部位边坡对建筑物的影响，采用不同的安全系数控制标准和抗震设计标准，紧密结合了工程特点和边坡稳定特点。这一按区段、按不同的稳定要求确定安全系数的方法，可为类似工程借鉴。

## 7.2 倾倒蠕变岩体治理措施研究

### 7.2.1 倾倒蠕变岩体 B 区边坡工程治理措施研究
#### 7.2.1.1 治理思路

倾倒蠕变岩体 B 区边坡蓄水初期稳定性较差，有可能因坡脚局部失稳而牵引整体失稳，提高边坡稳定措施以防为主，防治结合。针对影响边坡稳定的主要影响因素——地下水，抓住关键和主要地段坡脚（$B_1$ 区和 $B_2$ 区），及早采取可行有效的措施进行防治，做到既经济又安全。

#### 7.2.1.2 治理方案比较研究

根据稳定分析研究成果，结合地形地质条件，研究了以排水工程措施为主的 6 个方案：①压脚＋排水（坡面和坡体）；②排水（坡面和坡体）；③卸载＋排水（坡面和坡体）；④卸载＋抗滑桩＋排水（坡面和坡体）；⑤抗剪塞＋排水（坡面和坡体）；⑥预应力锚索＋排水（坡面和坡体）。

为了解边坡治理完成后的运行情况，对变形进行预报，验证治理效果（各方案均设置地表和地下监测设施）。各治理方案的主要技术特征见表 7-17。

**表 7-17**            **各治理方案主要技术特征表**

| 方案编号 | 布置概要 | 水位/m | 排水 | 地震 | 研究结果概要 |
|---|---|---|---|---|---|
| ① | 坡脚堆渣 200 万 m³，顶面高程 300.0m，迎水面坡度 1:1.73。直径 1.0m 以上大块石压脚 | 320.0 | 不计 | 计 | 整体稳定安全系数提高 0.03～0.014，$K_s$=0.944～1.028 |
| | | | | 不计 | 整体稳定安全系数提高 0.052～0.031，$K_s$=1.22～1.319；对 $B_1$（$B_2$）区提高 0.43（0.17），$K_s$=1.54（1.461） |

续表

| 方案编号 | 布置概要 | 水位/m | 排水 | 地震 | 研究结果概要 |
|---|---|---|---|---|---|
| ② | 高程 400.0m 以上布置 3 层永久排水洞高程 382.0m 以下探洞施工期均修正作排水洞 | 320.0 | 计 | 不计 | 整体稳定安全系数提高 0.05～0.125，$K_s$=1.182～1.279 |
| | | | | 计 | 整体稳定安全系数提高：0.053～0.036，$K_s$=0.927～1.032 |
| ③ | 在高程 320.0～390.0m 之间开挖减载 36 万 m³，坡比 1∶1.8，开挖坡面约 4 万 m² | 320.0 | 不计 | 计 | $K_s$ 提高 0.03 | 开挖减载后，下部边坡应力、变形有一定的改善，但减载区上部边坡应力状态恶化，对 B 区边坡整体稳定效果改善不明显 |
| | | | | 不计 | $K_s$ 提高 0.05 | |
| ④ | 方案③加入高程 320.0m 抗滑桩一排，断面 3m×4m，单桩长 40.0m，桩轴间距 8.0m，合计 25 根 | 320.0 | 计 | 不计 | 单桩需承受 1.2×105kN 下滑力，应力应变均超限 |
| ⑤ | 在高程 295.0～365.0m 之间的滑动面布置混凝土抗剪塞，各塞高差约 10.0m，等高程贯通滑面共 8 条，总长 2.0km，断面为 6m×3m 方圆形 | 320.0 | 计 | 不计 | 非线性有限元分析表明：抗剪塞对应力、位移的影响可以不计；对稳定安全系数仅提高 0.01～0.03。而且在混凝土抗剪塞顶部出现新的滑动面也是可能的 |
| ⑥ | 在高程 260.0～320.0m 之间设置 3000kN 级锚索 600 根，锚索与滑动面的夹角 35°，锚索长 37.0～57.0m，内锚头在强风化底部岩层内 | 320.0 | 计 | 不计 | 本计算是假定上盘潜在滑动体为岩质块体，取宽度为 5.0m 的滑体所得结果。若假定上盘为土质或层状碎裂结构岩体，则锚索量达 1980 根。3000kN 级锚索外锚端实施非常困难，且收缩变形很大 |

由于 B 区边坡的整体稳定主要取决于坡脚部位潜在滑体的稳定，受边坡中部 $T_{2b}^{15～17}$ 层厚层砂岩的支撑作用，上部减载对提高坡脚潜在滑体的稳定效果不明显，且减载后形成 4 万 m² 的开挖地面，又必须加强支护，增加工程投资，故不宜采用；采用支挡结构抗滑桩或预应力锚索来承受由于地下水产生的巨大潜在滑坡推力理论上极不合理，且工程造价高，而且潜在滑体并非理想刚体，其表面实际为厚覆盖层，不能承受较大的荷载，必须采取工程措施分散荷载作用，减小局部应力值，施工难度大，实际处理效果也有许多值得研究的问题；对潜在滑动面实施混凝土抗剪塞处理，工程量大，施工难度也大，对提高并非刚体的 B 区边坡和稳定效果也很有限，而且有可能在抗剪塞顶部产生新的折断组合滑动面；排水方案能有效降低滑体中的地下水位，地下水位能降至设计所规定的要求，对提高边坡的整体稳定性效果较为明显；压脚方案虽提高整体稳定性效果不明显，但有效地提高了坡脚 $B_1$、$B_2$ 区的稳定安全系数，保证坡脚 $B_1$、$B_2$ 区在蓄水过程中的稳定性，对提高层状后倾向边坡的稳定具有重要意义。

经过上述比较研究，筛选出较为经济和施工简便的排水压脚方案作为 B 区基本治理方案。

**7.2.1.3　治理方案优化和优选研究**

1. 压脚优化

对 B 区边坡下部进行压脚治理，必须解决以下 3 个关键性问题：①压脚体本身具有较好的稳定性；②压脚体具有较强的透水性和防冲刷能力；③压脚范围布置不影响施工期左岸导流洞运行。

B 区自然边坡上陡下缓，坡脚河床有足够宽的漫滩，为压脚布置提供了有利的地形空间。只要压脚范围布置合理，也不会影响施工期左岸导流洞的运行。因此，压脚的优化集中在压脚体的稳定、透水性和防冲刷能力问题上。

压脚体的透水性实际是压脚材料问题。考虑 B 区边坡距坝址处约 $350.0 \sim 650.0$ m，拟选用进水口高边坡开挖的弱风化及以下弃渣料，其堆积密度可达 16kN/m³ 以上，夹泥层少，具有较强的透水性。而且在压脚体与坡面接触处设纵横交错盲沟排水及压脚体坡面钢筋石笼护坡，具较强防冲刷能力，其透水和排水问题也能解决。

对压脚体的稳定，比较研究了坡角 25° 和 30° 两种方案。两方案均堆渣至高程 300.0m。对压脚体本身的稳定性进行极限平衡分析，以压脚体与自然坡面接触面作为滑面和压脚体圆弧滑动进行计算。表 7-18 给出了 30° 坡角压脚体在基本状态下不同蓄水位的最小稳定安全系数。

表 7-18　　　　　　　　　压脚体最小稳定安全系数计算成果表

| 蓄水位/m | 220.0 | 230.0 | 240.0 | 260.0 | 270.0 | 280.0 | 300.0 | 310.0 | 320.0 |
|---|---|---|---|---|---|---|---|---|---|
| 排水失效 | 1.30 | 1.24 | 1.19 | 1.16 | 1.13 | 1.20 | 1.32 | 1.32 | 1.32 |
| 排　水 | 1.35 | 1.32 | 1.28 | 1.24 | 1.23 | 1.26 | 1.38 | 1.38 | 1.38 |

注　计算参数：$\varphi = 30°$，$c = 0$；堆积密度 $r = 16$kN/m³。

从上表可知，采用 30° 压脚是比较合适的，在蓄水过程中和施工导流期间压脚体是稳定的。若对自然坡面进行清基，形成一定台阶状，钢筋石笼与基础进行插筋处理，其稳定性还会提高。

2. 排水工程优选

B 区边坡排水系统包括地表排水工程和地下排水工程。地表排水工程是按设计标准，结合实地地形地貌特点，通过分析计算确定地表横向排水沟、竖向排水沟数量、断面，并尽量结合地表位移、沉陷监测点监测的交通要求，对坡面上的坑洼进行整理回填和封堵，保证地表径流合理汇集和排除。排水系统的优化主要针对地下排水工程而言。

地下排水工程拟定以下 4 个方案进行比较研究：

方案一：高程 382.0m 以上布设 3 层排水洞，排水洞穿过潜在滑面（折断错滑面、折断面、倾倒底面），伸入完整基岩；高程 382.0m 以下探洞修整，在施工期作排水洞，蓄水前回填作盲洞。

方案二：高程 382.0m 以上排水洞布设与方案一相同；高程 382.0m 以下探洞修整、加深，在施工期作排水洞，蓄水前在潜在滑面处用混凝土回填锚固洞，其余部位回填作盲洞。

方案三：高程 382.0m 以上布设 3 层排水洞，排水洞设置于潜在滑动带与滑床接触面

（即折断面与倾倒底面）；高程 382.0m 以下同方案一。

　　方案四：高程 382.0m 以上排水洞布设同方案二；高程 382.0m 以下探洞修整、加深，在施工期作排水洞，蓄水前在潜在滑面处用混凝土回填作锚固洞。

　　对 4 个方案进行深入地经济技术比较，结果是：方案二排水效果能满足稳定要求，施工安全可行，管理维修较方便，对 $B_1$、$B_2$ 区边坡进行了一定加固，但造价较方案一高；方案三、方案四排水洞能起排水兼阻滑作用，其效果亦能满足设计要求，但在潜在滑体倾倒松动带中开挖，成洞的可能性和把握不大，即使能够成洞，施工要克服的困难也相当大，增加支护费用。

　　考虑边坡稳定影响因素的复杂性和不确定性，综合分析认为：方案二对坡脚下部探洞部分回填混凝土，对 $B_1$、$B_2$ 区有一定加固作用，且对锚固洞适当处理亦不影响盲洞排水效果；高程 382.0m 以上，排水洞均深入完整基岩，即使施工期和运行期稳定性突然下降，也便于采取补救应急措施。因此，选定方案二作为 B 区地下排水方案。

### 7.2.1.4　治理措施研究

　　1. 排水工程

　　（1）地表排水。地表排水系统主要由横向截水沟、沉沙消力池和周边截水沟组成。横向截水沟基本与自然边坡地形等高线平行，横向截水沟两端与周边截水沟连通，在两者交汇处设置沉沙消力池。坡面积水通过横向截水沟，经沉沙消力池流向周边截水沟，再流至河床或开挖边坡以外的排水系统。蠕变体 B 区正常蓄水位 400.0m 以上，结合公路截水沟，平均高差 40.0m 设一条横向截水沟，横向截水沟的两端要求与周边截水沟连通，从而构成整个地表排水网络。

　　（2）地下排水。

　　1）排水洞。在高程约 520.0m、480.0m 和 420.0m 处分别布置 3 条排水主洞，一般要求位于天然弱—微风化岩体底线以下。每层排水主洞均设有多条小断面排水支洞，排水支洞一般垂直于排水主洞，深至倾倒折断面和折断错滑面，重点排除折断面和折断错滑面处的渗水，支洞间距 20.0～30.0m。为方便施工，加快进度，利于超前排水，排水洞设置了多处出口，出口在满足排水顺畅的前提下，尽可能靠近公路或开挖马道，以便开挖出渣及混凝土衬砌施工。在排水主洞顶部设 3 排直径 130mm 系统排水孔，呈放射状布置，要求穿过蠕变岩体折断面、折断错滑面或强风化岩体内；高程 382.0m 以下探洞修整，施工期作排水洞，蓄水前全部回填混凝土作锚固洞。

　　2）盲沟网。压脚体与坡面接触面作横、竖盲沟排水网，按 30m×30m 的设计间距人工开挖暗沟，沟内预埋直径 300mm 的透水软管，外铺人工碎石保护，盲沟顶面与压脚体边坡面齐平。盲沟网将收集的坡面渗水及时排入河床。

　　2. 压脚

　　（1）压脚材料。就近利用左岸进水口高边坡开挖出的弱风化岩石，要求堆积密度不小于 $16kN/m^3$。这样即可以解决部分弃渣问题，又可以填筑压脚，降低工程成本。

　　（2）压脚体设计。高程 220.0～300.0m，迎水面坡比 1∶1.73（坡角 30°），每隔 10.0～15.0m 设宽 2.0～5.0m 平台。迎水面高程 272.9m（导流期最高水位）以下设钢筋石笼护坡，以上干砌石护坡。压脚体与坡面接触处清基形成台阶状。高程 220.0m 底层钢筋石笼与河床接触面设插筋，以保证石笼的稳定性。

### 7.2.2　倾倒蠕变岩体 A 区治理措施研究

#### 7.2.2.1　开挖方案研究

倾倒蠕变岩体 A 区边坡，倾倒变形体Ⅰ、Ⅱ、Ⅲ带无明显界限，亦不存在连续的折断面，但在 $A_1$ 区存在顺坡向的 $F_{98}$、$F_{98-1}$ 断层，其上盘变形岩体构成潜在滑动体。因此，倾倒蠕变岩体 A 区开挖方案研究只需针对 $A_1$ 区。

$A_1$ 区潜在滑体的综合治理方案，根据其具体地形地质条件，结合枢纽建筑物布置，达到不危及蠕变体 B 区稳定性，有利于提高 A 区蠕变体稳定性，不留隐患，确保工程安全，尤其是进水口开挖边坡施工和运行安全即可。因此，主要研究了削坡减载和全开挖两个综合治理方案。

1. 削坡减载方案。

削坡减载方案实为部分减载方案，即结合缆机平台修建开挖。自高程 420.0m 开始挖掉边坡表层和上部的部分潜在滑体，并形成 420.0m 和 480.0m 高程两级宽平台。该方案削坡减载约 50 万 m³，削坡后开挖坡总高达 160.0～170.0m，坡比 1∶1.2～1∶1.04，与天然边坡角基本相似，但高程 480.0m 以下仍残留潜在滑体。

残留的潜在滑体，基本荷载组合下，$K_c = 1.01～1.3$；特殊荷载组合下（$a = 0.1g$），$K_c = 0.87～1.04$。有限元分析边坡材料强度贮备安全系数虽可达 1.1，但特殊荷载组合下沿 $F_{98}$ 断层面仍有贯穿性屈服区，相对切向位移值达 24mm。

削坡减载方案，虽部分改善了潜在滑体的稳定性，但安全裕度不够，尤其在地震的作用下残留的潜在滑体仍可能失稳，且减载后的开挖坡面置于全、强风化的倾倒松动带内，坡面稳定性经瑞典滑弧法验算，其安全系数仅 0.83～1.79，坡面处理难度和工程量较大。

2. 全开挖方案

"0＋9"方案进水口已伸入蠕变体 $A_1$ 区，进水口坝段轴线在"4＋5"方案基础上，向上游偏转 12°。其进水口坝后坡开挖，已在高程 382.0m 附近，将构成 $A_1$ 区潜在滑体的 $F_{98}$ 断层揭露于坡面，造成切脚之势。因此，结合缆机平台修建和电站进水口边坡，形成 382.0m、480.0m 两级大平台，将 $A_1$ 区潜在滑体基本清除。

该处理方案将 $F_{98}$ 断层上盘潜在滑体全部挖除，开挖开口线的最高高程为 570.0～620.0m，坡比 1∶1.2～1∶1.4，与天然边坡角相似。开挖坡面除 $F_{63}$、$F_{69}$ 断层，高程 430.0～480.0m 之间仍有局部地段置于倾倒松动带下部岩体上外，绝大部分已置于强风化下部、弱风化的弯曲折断带和过渡带相对较好的岩体上，后期坡面保护较简易。经 $D_{10}$、$D_{45}$、$D_8$、$D_{57}$ 等不同高程平洞查明，距开挖坡 20.0～60.0m 范围的岩体内，未发现顺坡向断层及断层相互组合构成的不稳定楔体危及坡体安全，开挖处理后的边坡稳定安全系数值达 2.08～2.3。

由于高程 382.0m 以上 $A_1$ 区潜在滑体全部清除，对高程 382.0m 以下 A 区蠕变体有明显的减载作用，经有限元计算，特殊荷载下 A 区边坡材料强度贮备安全系数可提高至 1.2。

A、B 区之间有天然冲沟分割，$A_1$ 区开挖后，在高程 450.0m 以上 A、B 之间的，B 区顶部形成局部开挖侧坡。侧坡开挖坡比 1∶1～1∶1.25，坡面走向与岩层走向夹角约

60°，坡面倾向（205°）与 B 区重力倾倒方向（254°）夹角约 50°（指向坡里）。故侧坡开挖对 B 区不构成切角危害，不影响 B 区稳定。做好侧坡坡面处理，侧坡稳定性当不成问题。

### 3. 治理方案选择

削坡减载和全开挖治理方案比较，后者稳妥可靠。所以，无论"4＋5"或"0＋9"方案，对 $A_1$ 区潜在滑体均应采用全开挖治理方案。"0＋9"方案进水口边坡开挖，在高程 382.0m 处已对构成潜在滑体的 $F_{98}$ 断层造成切割危害，因此，必须对高程 382.0m 以上潜在滑体实施全开挖治理。

#### 7.2.2.2 治理措施研究

##### 1. 开挖

经分析比较，$A_1$ 区潜在滑体采用全开挖治理方案。开挖设计结合初期坝顶高程、后期坝顶高程、缆机平台修建和进水口布置等要求，将高程 382.0m 以上潜在滑体全部挖除，形成高程 480.0m、406.5m、382.0m 三级宽平台，平台宽度分别为 20.0m、15.0～45.0m 和 10.0m，与缆机平台和初、后期上坝公路衔接。为方便施工，以及运行期边坡维护管理和监测，宽平台之间 20.0m 高差设宽 5.0m 马道。开挖坡度：除高程 382.0～406.5m 之间为 1∶1～1∶0.85、高程 580.0m 以上为 1∶1.5 外，其余单级开挖坡比均为 1∶1，综合开挖坡比为 1∶1.4 左右。

开挖坡面，除高程 520.0m 以上边坡和上游靠近 B 区侧坡为强风化下限岩体外，其余坡面均为弱风化岩体，残存蠕变岩体过渡带最大厚度约 20m。

##### 2. 防渗、排水

A 区的地下排水结合倾倒蠕变岩体 B 区、进水口开挖边坡统一考虑，地表排水包括开口线周边截（排）水沟、坡面系统排水孔、单级坡坡脚深排水孔。防渗措施包括坡面喷混凝土等。

地下排水，在高程 382.0m、425.0m、460.0m、480.0m、520.0m 布置了 5 层排水洞，上层排水洞与下层排水洞形成了连续的排水幕孔，排水洞靠坡面侧布置放射状排水孔，用于排除残存蠕变岩体内的渗水。

##### 3. 加固支护措施

潜在滑体全部挖除后，开挖边坡的主要工程问题是倾倒变形、局部块体稳定和残存蠕变岩体稳定。加固支护针对减少倾倒力、抑制岩体倾倒变形、提高残存蠕变岩体和局部块体稳定性、改善边坡应力状态进行，利用宽平台的有利条件分级加固，尽量避免或减少高程 382.0m 以上边坡荷载作用于以下进水口高陡边坡。

采取的主要加固支护措施有预应力锚索、超前钢筋桩、超前锚杆、系统锚杆、钢丝网喷混凝土、钢筋混凝土板护面等。

## 7.3　进水口反倾向层状结构岩质高边坡治理措施研究

### 7.3.1　变形控制措施研究

倾倒蠕变岩体 A 区开挖边坡和进水口边坡为典型的反倾向层状结构岩质边坡，岩层倾角 60°，层间错动发育，累计破碎带宽度为 5.0m，其中夹泥厚度约 1m，破碎带厚度为边

坡岩体厚度的 $1.5\%\sim3.2\%$，是一个已发生倾倒变形或具备发生倾倒变形条件的边坡，一旦边坡开挖，在自重力和其他应力作用下，必将产生向临空面的弯曲倾倒变形。因此，进水口边坡的治理，除前述优选开挖坡型、改善稳定条件外，首先是针对反倾向层状结构岩质边坡的变形特点，控制倾倒变形；其次是控制软弱带（包括断层、层间错动、泥化夹层及节理密集带）的压缩变形和开裂，保持上、下盘岩体的整体性；再次是稳固坡脚，改善坡脚应力条件，避免坡脚应力过于集中，尤其是高程 382.0m 以下陡坡段及坡脚相对软弱的 $T_2b^{18}$ 岩层。

#### 7.3.1.1 预应力锚索

数值仿真模拟分析表明（详见第 5 章）：预应力锚索的作用主要表现为主动施力，可以改善边坡岩体的三向应力条件，提高岩体承载力；可以补偿开挖松弛的影响，平衡重力、地应力、水荷载等倾倒作用力，限制坡面岩体倾倒变形的发生和发展；可以压缩软弱夹层与断层，消除或减小层状岩体的倾倒变形空间；可以将层状岩体串成一个被压紧的较厚的整体，增强岩体抗弯曲倾倒变形的能力。

预应力锚索采用全长黏结式。其中，长期监测锚索采用无黏结式，锚索体为钢绞线，锚固段用水泥砂浆（掺早强剂）作胶结材料。锚索设计张拉力分别采用 1000kN、2000kN、3000kN 级，其中 3000kN 级锚索为对穿锚索（内锚固为先开挖的排水洞）。锚索的方位考虑作用效果和施工工艺，俯倾角为 $0°\sim15°$，对穿锚索基本为水平布置。

锚索的长度保证穿过可能的破裂面，并依据以下分析成果确定：

（1）穿过倾倒蠕变岩体，内锚固段置于完整岩体内，有限元计算的处于弹性变形岩体内。

（2）高程 382.0m 以下，可能的破裂角 $37°\sim44.6°$，破裂面最大深度 25.0m。

（3）有限元计算分析表明，高程 382.0m 以下陡坡段断层或层间错动附近出现深 $10.0\sim20.0$m 的拉应力。

（4）离心机模型试验揭示，破裂面呈双折线型，最大深度 20.0m，坡脚处破裂面倾角 $30°$ 左右。

根据各部位具体情况，锚索内锚固段一般深入微风化—新鲜岩体中，深浅间隔布置，一般长度 $25.0\sim45.0$m。其中，对穿锚索最大长度 70.0m，锚固段长度 $4.0\sim8.0$m。

#### 7.3.1.2 超前锚杆加固措施

1. 超前锚杆加固原理

超前锚杆加固，即在边坡未开挖之前，就预先在即将开挖的坡面以下置入锚杆，使之在开挖时起到阻止因应力释放而产生卸荷松动的作用。锚杆锚入未开挖坡体前，坡体处于受力平衡状态，锚杆不受力；但坡面开挖出露后，地应力释放，坡体产生向自由面方向的变位，已实施的锚杆这时起到张拉的作用，普通砂浆锚杆成了后张法预应力锚杆。这个力由坡体变位产生，但又直接作用在边坡上，限制了边坡岩体变位的进一步发展，所以也就阻止了开挖过程中卸荷松动现象的出现。

另外，超前锚杆一般是垂直布置，对反倾向层状结构边坡，可穿过多层和多结构面，使其穿过的岩层和结构面形成整体，避免了由于卸载而引起的结构面张开和错动，保持了坡面传力的连续性，增强了反倾向层状结构边坡的抗倾倒变形能力。

## 2. 数值模拟分析

为了从理论上阐明超前锚杆的加固机理，在"八五"攻关期间，结合龙滩水电站左岸进水口高边坡治理措施研究，采用了显示拉格朗日差分分析法，对超前锚杆加固处理进行数值模拟分析。为了便于比较，在对超前锚杆加固进行数值分析的同时，也对常规锚杆加固方案进行了对比分析。

在模拟超前锚杆加固时，计算的具体过程是，在形成边坡前布置坡脚、坡腰、坡顶三种超前锚杆，再模拟开挖得到的设计开挖坡形，然后再施加其余系统锚杆进行开挖后的防护。在模拟常规锚杆加固时，其具体计算过程则为：在形成边坡地形后，一次性开挖成设计坡形，然后再将坡脚、坡腰以及坡顶锚杆当作常规锚杆和系统锚杆一起加入计算模型中。

两方案在迭代达到收敛后，各部位的累加位移矢量有许多共同特性，即边坡在自重作用下都要产生竖直向下的位移，在有锚杆存在的部位位移较小。但是，各个部位的位移矢量又存在着较大的差别。常规锚杆加固方案中，被锚杆加固部位还有微小的近于平行坡面的位移矢量存在，特别是坡脚部位，个别块体甚至还可产生较大的位移。与此相反，超前锚杆方案中被锚杆加固的部位位移矢量则近于为零。所以，对加固前已出现的卸荷松动变形，常规锚杆加固效果不如超前锚杆理想。

被锚杆锚固部位，同一块体因锚固方式不同，导致迭代收敛步数有着显著的差异。常规锚杆加固时仅需迭代 150 步左右，被指定块体的累加位移便趋于一定值，速度矢量趋于零，说明该坡体被锚固部位的变形这时已趋于稳定状态。超前锚杆加固则须经历近 1500 步的迭代才趋于收敛，被指定块体的变形速度才趋于零。然而，超前锚杆加固时被指定块体的总位移量却比常规锚杆加固时的总位移量将近少一个数量级。

上述结果实际上说明这样一个道理：超前锚杆加固处理方法，因是先加锚杆再开挖，开挖后应力释放所导致的边坡表层岩体的卸荷松动全依靠超前锚杆来阻止、限制。但是，锚杆毕竟不是一个绝对的刚性体，锚杆只能约束、限制边坡岩体的松动，而不能完全阻止其变形。换句话说，超前锚杆的作用仅是让应力释放缓慢逐渐地进行，而不是像无锚杆加固时的一次性释放。所以，岩体应力释放的结果必然使锚杆承受一定的张拉应力而使锚杆发生微小缓慢的变形（伸长、局部弯曲等）。锚杆的变形将为岩体变形提供空间，导致岩体的变形；但岩体变形终究受超前锚杆的限制，其变形只能是微小的、缓慢的，并且将一直持续到边坡岩体因开挖而导致的应力和变形调整达到稳定以后才停止。

与此相反，常规锚杆加固因是先开挖再加锚杆，边坡岩体的大部分应力释放已在加锚杆前完成，因开挖所引起的变形已得到了充分的发展，锚杆只起到约束其变形进一步发展的作用。所以，边坡表层岩体达到稳定的时间相对较短一些，但在稳定前已有相当可观的变形。

因此，从表面上看，超前锚杆加固后边坡表层岩体变形达到稳定所经历的时间比常规锚杆加固要长，但实际上只有前者才能真正有效地限制岩体较大变形的发生，防止强烈卸荷松动现象的出现。这一点对反倾向层状结构边坡治理意义重大，为后续加固措施的实施赢得了时间。

对于边坡内部的岩体，其变形也与被锚杆加固部位有相似的规律。常规锚杆加固时，整个边坡各个部位的变形达到稳定的时间差异不大，而超前锚杆加固时，边坡内部变形要比边坡表层被锚固部位提前达到稳定。两种锚杆相比较，边坡内部岩体变形程度（累加位移）基本一致，变形强弱的差异主要表现在表层。

值得指出的是，以上对加固方式和开挖的数值分析，是建立在如下假设前提下的，即开挖为一次性开挖，且常规锚杆的加固处理是在开挖后短时期内进行的（岩体松动未发生倾倒破坏之前）。事实上，在实际施工过程中，上述前提不一定能办到。首先，开挖一般是逐渐地、分步进行的；其次，开挖后便作及时加固在实际工作中也很难做到。也因为如此，才可能出现卸荷松动带转化为倾倒破坏的情况。

两种不同的加固方式所导致的引力分布特征的差异，其主要差别在于应力集中的部位不同。常规锚杆加固的边坡，其应力集中部位主要出现在坡脚；而用超前锚杆加固的边坡，应力集中区主要出现在锚杆内端。超前锚杆加固时，因应力集中可让多个锚杆内端分担，其某个部位的应力集中程度显然不如常规锚杆加固时坡脚部位的应力集中程度高。这对边坡的稳定是有利的。在对反倾向层状结构开挖边坡进行加固处理时，若采用常规锚杆加固方法，则加固的重点部位应放在坡脚；若是采用超前锚杆加固，在设计锚杆时应尽量使锚杆内端的位置分布参差不齐，以防止锚杆内端的应力集中区构成一个连通的平滑的应力集中带，加速剪切滑动面的形成。

3. 超前加固设计工艺

龙滩水电站左岸进水口高边坡超前加固措施采用超前锚杆和超前钢筋桩，是针对进水口这一典型的反倾向层状结构岩质高边坡的变形特点，基于以下两方面提出的。

（1）岩体本身具有结构强度，即自稳能力，维护和加强岩体本身的强度比把岩体当作荷载来支护更为有效和经济；

（2）反倾向层状结构边坡开挖，由于本身结构特征控制，尽管采取了控制爆破，开挖后客观上仍存在向临空方向的位移，引起岩层、结构面开裂、岩体损伤，进而为倾倒变形提供有利条件。

超前锚杆和超前钢筋桩是充分利用开挖留有马道、平台的有利条件，利用开挖清理、地质素描、验收等工作与下一级开挖爆破前中间的时间差，在平台和马道上实施超前锚杆和超前钢筋桩。加固上梯段坡脚，可防止坡面岩体二次卸荷回弹；加固马道以下坡体，可限制下梯段边坡岩体倾倒变形和裂缝产生。这种类型的锚杆一般布置在单级坡的顶、中、底部。由于超前锚杆长度较系统锚杆长，在加固设计中，对坡面上出露的较大块体和层间错动面临空侧也布置了该类型锚杆。

超前锚杆和超前钢筋桩采用自带注浆钢管、从注浆管外露孔口压力注浆的工艺，直至钻孔孔口返浆为止，注浆钢管与锚杆杆体点焊连接成整体。超前锚杆主要布置在高程382.0m以上边坡，超前钢筋桩主要布置在高程480.0m平台和高程382.0m以下陡坡段边坡，注浆采用早强水泥砂浆，2d内可达25MPa的强度。

### 7.3.1.3 分层、超前排水措施

国内外大量高边坡工程实践经验表明，防渗和排水是提高边坡稳定的一项经济而有效的工程措施。龙滩左岸高边坡稳定分析结果也表明，地下水是影响高边坡稳定的主要因素之一；减少库水和地表水入渗，排除渗水、降低渗水压力，对提高边坡的稳定性效果显

著。因此，防渗和排水是龙滩左岸进水口高边坡处理的首选工程措施。

经综合分析，高边坡区域内边坡体地下水的补、排关系和渗透性能等水文地质条件，考虑水库蓄水后坡体内地下水补、排关系的变化，结合边坡渗流计算和工程水文地质、高边坡开挖轮廓、左岸水工建筑物（主要是引水发电系统）以及左岸库区蠕变体 B 区边坡排水等资料进行综合分析，确定龙滩左岸进水口高边坡防渗、排水的主要原则是：以地下排水为主，地表截、防、排水为辅的地表与地下相结合的综合排水措施，减少渗水压力，改善高边坡稳定条件，提高边坡稳定性。

排水是边坡治理的有效增稳措施。为有效控制反倾向层状结构岩质边坡的变形，针对反倾向层状结构岩质边坡的渗透特点，采用了分层和超前排水，即边坡体内的多层排水洞在高程上应较明挖工程提前降低 40.0m。如：边坡开挖至 480.0m，高程 440.0m 的排水洞已经形成；边坡开挖开口线顶部及周边截、排水沟，在开始开挖前形成，各级马道、平台上的截、排水沟紧随支护进行。

多层排水洞室提前施工，除能有效降低边坡内水压力，进一步提高边坡稳定性外，还有以下优点：

（1）明挖、洞挖相对独立进行，施工干扰小。

（2）排水洞室的抗振动能力远高于边坡工程，且排水洞失稳的规模及影响远小于边坡工程。

（3）排水洞室先于边坡明挖，可以在明挖施工之前对地质情况有更进一步的了解（补充勘测），并随着明挖的进行可对边坡应力、位移的变化过程做较全面的监测，从而可对边坡的开挖和支护作进一步的调整。

（4）可利用已形成的排水洞室对高边坡岩体进行提（超）前加固。

排水洞的布置位置、方位，依据岩层渗透特点以及安全监测、交通和对穿锚索的需要，并结合渗流分析成果确定。

### 7.3.1.4　重视对软弱层带的处理

在开挖坡面上出露的软弱层带（包括断层、层间错动、节理密集带及软弱岩层带），为倾倒变形提供了有利的条件和空间。采用沿软弱层带刻槽回填混凝土，与软弱结构面出露临空侧布设长锚杆相结合，锚固上、下盘岩体，以提高其强度，增强软弱层带抵抗压缩变形的能力，避免断层开裂，保证坡面岩体受力和传力的连续性；也可避免坡面水的冲刷和下渗，避免结构面软化，起到"塞缝石"的作用。

### 7.3.1.5　系统锚杆

系统锚杆的作用是将层状岩体相互串成整体，提高层面结合力；并与坡面喷混凝土防护措施相结合，提高坡面节理岩体的完整性和抵抗岩体变形（倾倒）能力；加固边坡表层由原生裂隙或爆破裂隙构成的局部不稳定的随机块体、表层爆破和开挖卸荷松动带。系统锚杆的布设密度、深度根据坡面岩体的风化程度、完整性、节理裂隙发育密度、爆破开挖松弛深度，以及数值计算的应力、位移情况决定。

为确保锚杆注浆质量，入岩深度大于 5.0m 的锚杆，均采用自带注浆钢管，注浆钢管与杆体连接成整体，从注浆钢管外露孔口压力注浆的施工工艺。

#### 7.3.1.6　坡脚 $T_2b^{18}$ 固结灌浆

进水口高程 382.0m 以下陡坡段坡脚为相对软弱的 $T_2b^{18}$ 岩层，并且有 9 条引水洞穿过该岩层。二维、三维有限元分析表明，坡脚最大应力集中系数为 3，开挖后坡脚岩体条件恶化。岩体力学参数的敏感性分析也表明，坡脚相对软弱的 $T_2b^{18}$ 岩层岩体弹性模量提高1/4，该层岩体的应力提高 0.4MPa，变形量减少 0.1～0.5mm。由此可见，提高 $T_2b^{18}$ 岩层岩体完整性，可改善坡脚岩体的应力状态，减少岩体变形。因此，结合坝基固结灌浆，坝体接触坡面的 $T_2b^{18}$ 泥板岩层也同时进行中压固结灌浆，灌浆深度 10.0～15.0m，以提高坡脚岩体的完整性，改善坡脚岩体的应力条件。

#### 7.3.1.7　引水洞口锚固锁定

离心机模型试验和二维、三维有限元分析表明，坡脚是控制倾倒变形的优势部位；稳固坡脚，对控制进水口反倾向层状结构岩质边坡具有重要意义；引水洞开挖后，洞间岩柱基本呈单轴受压状态，最大应力达 17.17MPa。

为改善岩柱应力条件、稳固坡脚，在引水洞开挖前，利用高程 382.0m 以下陡坡段马道，采用超前钢筋桩先将洞口顶部、周边岩体加固；洞口周边设置了 3 排锁口长锚杆（直径 36mm、长 15.0m）。引水洞开挖采用弱爆破、多循环、超前加固、及时跟进支护的施工程序。

#### 7.3.1.8　坡面及时防护

开挖坡面采用喷混凝土，马道、平台采用现浇混凝土及时封闭。这样，可以防止表层岩体风化和地表径流冲刷，控制地表水下渗，避免岩体及软弱结构面力学指标的恶化。

### 7.3.2　排水措施研究

龙滩水电站左岸进水口高边坡防渗、排水的主要原则是：以地下排水为主，地表截、防、排水为辅的地表与地下相结合的综合排水措施，减少渗水压力，改善高边坡稳定条件，提高边坡稳定性。

#### 7.3.2.1　地表截、防、排水系统

地表截防排水系统包括：边坡开口线外围设置的周边截水沟、周边排水沟；坡面喷混凝土（或现浇混凝土）、坡面排水沟、坡面排水孔等。

（1）周边截水沟（排水沟）。为阻止高边坡开挖区以外的地表径流汇入边坡区范围，减少地下水由坡面入渗的机会，在距高边坡开口线以外 5.0～10.0m 处设置周边截水沟。其设计标准为：实测小时最大降雨量时，控制截水沟不漫流。周边截水沟由高到低就地形布置，并在地形变化处或平台处设有沉沙消力池。

（2）坡面喷混凝土防护。为防止降雨入渗及边坡表层岩体风化，结合坡面支护处理，将周边截水沟以内的开挖坡面全部喷混凝土防护。其中，边坡开口线与周边截水沟之间坡顶进行表面清理后喷混凝土护面；或视自然地面植被情况（防冲、防渗）采用植草皮防护；坡面全、强、弱风化岩体，以及库区边坡坡面均挂钢筋网后喷混凝土；坝后微风化、新鲜岩体坡面喷素混凝土护面；边坡上的马道、平台结合交通布置均全部现浇混凝土防护；高程 382.0～406.5m 之间坡面结合加固支护结构现浇钢筋混凝土护面。

（3）防渗帷幕。坝肩边坡（坝头坡），利用大坝防渗帷幕阻挡库水渗入边坡岩体内。

（4）坡面排水。坡面排水包括坡面排水孔和坡面排水沟两部分：

1）坡面排水孔的布置型式为水平上倾仰孔，设置坡面系统排水孔和单级坡脚处深排水孔两种。坡面系统排水孔，孔径 76mm，间距 3m×3m，孔深 5.0m，仰倾角 10°；单级坡脚处深排水孔，孔径 93mm，每级坡坡脚处布置 1 排，间距 2.0m，孔深 10.0～15.0m，仰倾角 10°。高程 345.0m 以下至大坝建基面之间的深排水孔，与大坝和边坡岩体接触面处的排水设施（采用排水软管）以及大坝基础廊道排水设施相接，排除坡体内较深部位的渗水。

2）坡面排水沟沿各级马道和平台纵向设置，通过周边排水沟与边坡开口线以外的周边截水沟相接。此外，沿坡面走向每隔 30.0～50.0m 左右，设置一条竖向排水沟，连接上下纵向排水沟，使无条件直接排往周边截水沟的水，经竖向排水沟排向宽马道（平台）纵向排水沟（主纵沟）后，再排往周边截水沟或上游库内、下游河道。竖向排水沟在马道或平台处设置沉沙消力池。

#### 7.3.2.2 山体地下排水系统

山体地下排水系统由排水洞和排水幕孔组成。

（1）排水洞。在高边坡区山体内共布置 8 层排水洞。排水洞距开挖坡面的水平距离为 40.0～60.0m，各排水洞高程自上至下分别是 520.0m、480.0m、440.0m、425.0m、382.0m、345.0m、300.0m、260.0m。排水洞除根据需要在某些部位用混凝土衬砌或喷护外，一般不作支护，或间隔衬砌、支护，洞底均用 10～15cm 厚混凝土抹平。在排水洞的一侧布置排水沟，通过排水沟使洞内集水迅速排往坡体外排水沟或截水沟。

（2）排水幕孔。排水幕孔与排水洞一道，组成山体排水系统。

弱风化岩体顶板附近及断裂构造带是地下水富集带，也是天然地下水位变动带。为有效导排地下水，排水幕孔按深入强风化岩体 3.0～5.0m 控制，其余岩性段内的排水孔按超过上一层排水洞底板高程 0.5m 控制。

排水洞内一般布置 1 排排水幕孔，孔径 130mm，间距 10.0～15.0m。

排水幕孔在穿过地质缺陷、强风化岩体的孔段，视需要采取孔内保护措施。保护材料为塑料花管（或透水软管）外包工业过滤布。

为增强排水洞排水效果，在排水洞侧壁、顶部设置辅助排水孔，孔径 76mm，孔深 5.0～10.0m。为保证排水孔中渗水顺畅引导至洞中排水沟，并保持洞内整洁美观和便于观测，所有排水孔孔口均安装孔口装置。

#### 7.3.3 施工程序控制

#### 7.3.3.1 开挖与加固仿真有限元分析

1. 基本情况

选取有代表性的 9 号机组轴线剖面，其开挖支护过程见图 7-1，拟定的边坡支护措施情况见表 7-19，开挖、支护及施加锚索进度见表 7-20。

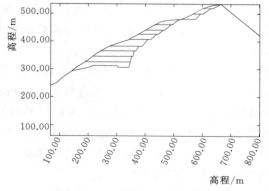

图 7-1 开挖支护过程示意图

表 7 - 19　　　　　　　　　　9 号机组轴线剖面边坡支护措施情况表

| 序号 | 开挖平台高程/m | 超前锚杆（直径@横间距-长度）/mm | 系统锚杆（直径@纵间距×横间距-长度）/mm | 预应力锚索（根数×应力@长度）/mm | 备　注 |
|---|---|---|---|---|---|
| 1 | 520.00 | $\phi32$@2000-15000 | $\phi25$@2000×2000-5000 | 1×2000kN@6000 | |
| 2 | 500.00 | $\phi32$@2000-15000 | $\phi25$@2000×2000-5000 | 1×2000kN@6000 | |
| 3 | 480.00 | $\phi32$@2000-15000 | $\phi25$@2000×2000-5000 | 1×3000kN@6000 | |
| 4 | 460.00 | $\phi32$@4000-25000 | $\phi25$@2000×2000-5000 | 1×2000kN@6000<br>1×3000kN@6000 | |
| 5 | 440.00 | $\phi32$@2000-15000 | $\phi25$@2000×2000-5000 | 1×2000kN@6000 | |
| 6 | 425.00 | $\phi32$@1500-15000 | $\phi25$@2000×2000-5000 | 1×3000kN@6000 | |
| 7 | 406.50 | $\phi32$@1500-15000 | $\phi25$@1500×1500-9000 | 1×2000kN@6000 | |
| 8 | 382.00 | $\phi32$@1500-15000 | $\phi25$@2000×2000-5000 | 2×2000kN@6000<br>1×3000kN@6000 | |
| 9 | 365.00 | 0 | $\phi25$@2000×2000-5000 | 5×2000kN@6000 | 7$\phi32$@2000-30000<br>钢筋桩 |
| 10 | 345.00 | 0 | $\phi25$@2000×2000-5000 | 5×2000kN@6000 | |
| 11 | 325.00 | 0 | $\phi25$@2000×2000-5000 | 4×2000kN@6000 | |
| 12 | 305.00 | 0 | $\phi25$@2000×2000-5000 | 0 | |

表 7 - 20　　　　　　　　9 号机组轴线剖面开挖、支护及施加锚索进度表

| 开挖步骤 | 平台高程/m | 锚杆位置（高程）/m | 预应力锚索位置（高程）/m | 开挖时间 | 锚杆时间 | 预应力锚索时间 |
|---|---|---|---|---|---|---|
| 1 | 520.00 | | | 2001-11-23 | 2001-11-20 | |
| 2 | 500.00 | >520.0 | | 2002-01-08 | 2002-01-10 | |
| 3 | 480.00 | 500.0~520.0 | | 2002-01-20 | | |
| 4 | 460.00 | 480.0~500.0 | | 2002-02-28 | 2002-02-28 | |
| 5 | 440.00 | 460.0~480.0 | 500.0 以上 | 2002-04-20 | 2002-04-19 | 2002-04-01 |
| 6 | 425.00 | 440.0~460.0 | 480.0~500.0 | 2002-05-02 | | 2002-04-30 |
| 7 | 406.50 | 425.0~440.0 | 425.0~480.0 | 2002-05-25 | 2002-06-30 | 2002-07-15 |
| 8 | 382.00 | 406.5~425.0 | 406.5~425.0 | 2002-08-31 | 2002-09-30 | 2002-10-20 |
| 9 | 365.00 | 382.0~406.5 | 382.0~406.5 | | | |
| 10 | 345.00 | 365.0~382.0 | 365.0~382.0 | | | |
| 11 | 325.00 | 345.0~365.0 | 345.0~365.0 | | | |
| 12 | 305.00 | 325.0~345.0 | 325.0~345.0 | | | |
| 13 | 305.00 | 305.0~325.0 | | | | |

　　从上表可以看出，超前锚杆及系统锚杆基本上滞后于开挖一步，高程 425.0m 以上部位的预应力锚索滞后三步。对于高程 365.0~325.0m 陡坡段，考虑了多种施加预应力锚索的方案，见表 7 - 21，并进行了比较计算。

表 7-21　　　　　　　　　　　　　　　计 算 工 况 表

| 工况编号 | 内　容 |
|---|---|
| 1 | 锚索滞后一步，进水洞在步骤 13 形成 0.6t 预应力 |
| 2 | 锚索滞后两步，进水洞在步骤 13 形成 0.6t 预应力 |
| 3 | 锚索滞后三步，进水洞在步骤 13 形成 0.6t 预应力 |
| 4 | 增加一排锚索，且锚索滞后一步，进水洞在步骤 12 形成 0.8t 预应力 |
| 5 | 进水洞在步骤 12 形成 0.6t 预应力 |

**2. 计算成果分析**

位移量比较见表 7-22、表 7-23。

表 7-22　　　　　　　　　　工况 1～工况 3 各步最大位移增量比较表

| 工况编号 | 步骤 11 位移增量/mm | | 步骤 12 位移增量/mm | | 步骤 13 位移增量/mm | | 说　明 |
|---|---|---|---|---|---|---|---|
| | X 向 | H 向 | X 向 | H 向 | X 向 | H 向 | |
| 1 | −22.00 | −12.00 | −31.00 | −10.00 | −4.50 | −2.40 | 最 小 |
| 2 | −24.00 | −12.00 | −32.00 | −12.00 | −5.00 | −2.60 | 居 中 |
| 3 | −26.00 | −14.00 | −32.00 | −16.00 | −5.50 | −3.80 | 最 大 |

表 7-23　　　　　　　　　　工况 4、工况 5 特征点位移增量对比表

| 工况编号 | 节点号 | 步骤 12 位移增量/mm | | 步骤 13 位移增量/mm | | 说　明 |
|---|---|---|---|---|---|---|
| | | X 向 | H 向 | X 向 | H 向 | |
| 4 | 1042 | −56.20 | −12.40 | −44.38 | −19.58 | 345.0m 高程处 40.0m 深度平均合位移约为 10mm 左右 |
| | 1056 | −48.60 | −11.16 | −39.78 | −18.64 | |
| 5 | 1042 | −424.64 | −276.85 | −1232.00 | −679.25 | 345.0m 高程处 40.0m 深度平均合位移约为 16mm 左右 |
| | 1056 | −272.35 | −254.74 | −784.95 | −636.79 | |

由表 7-22 可以看出，对于同一开挖步骤，工况 3 位移增量最大，工况 2 次之，工况 1 最小；位移分布也有相应的变化，如 X 向增量位移大于 10mm 的范围由工况 1～工况 3 逐渐增大，从这个角度上看，工况 1～工况 3 越来越危险。以上分析表明，在开挖支护时，施加预应力锚索的时间对边坡的变形机理和稳定性有明显影响，施加锚索时间越滞后，边坡位移越大，对边坡的加固效果也越小。

上述对比分析表明，实际施工时应严格控制开挖支护的进度，一旦开挖面形成就应尽快施锚。

工况 4 和工况 5 均为锚索滞后一步，进水洞在步骤 12 形成，但前者增加一排锚索，后者不增加锚索。根据计算结果，为了便于比较，该两种工况均取进水洞洞顶附近，即 328.0m 高程处节点（节点号为 1042、1056）的位移进行比较，见表 7-23。进水洞如在边坡开挖至高程 305.0m 前形成，开挖边坡 40.0m 范围内的位移增量较大，增加预应力锚索后有一定的改善。但从计算结果看，即使增加了预应力锚索，开挖坡面局部节点的位移仍然很大，计算时不收敛。说明开挖该步时可能有潜在危险，如施工时先开挖进水洞后开挖边坡，则应考虑对进水洞附近区域边坡和洞周围岩采取适当的加强措施。各方案步骤 12 典型锚杆应力比较见表 7-24。

表 7-24 各方案步骤 12 典型锚杆应力比较表

| 工况编号 | 锚杆应力/MPa |
|---|---|
| 1 | $\sigma=50.093\text{MPa}$；$\tau=-11.697\text{MPa}$（1782 单元，382.0m 高程） |
| 2 | $\sigma=51.495\text{MPa}$；$\tau=-12.200\text{MPa}$（1782 单元，382.0m 高程） |
| 3 | $\sigma=57.623\text{MPa}$；$\tau=-13.532\text{MPa}$（1782 单元，382.0m 高程） |
| 4 | $\sigma=54.008\text{MPa}$；$\tau=-12.904\text{MPa}$（1782 单元，382.0m 高程） |
| 5 | $\sigma=61.147\text{MPa}$；$\tau=-15.928\text{MPa}$（1782 单元，382.0m 高程） |

由表 7-24 可知，工况 1、工况 2、工况 3 的锚杆（1782 单元）应力依次增大；工况 4，即在步骤 12 开洞锚索之后一步，并增加锚索，但锚杆应力比工况 1、工况 2 均大；工况 5，即在步骤 12 开洞锚索之后一步，锚杆应力最大。以上结果说明，施加预应力锚索越滞后，锚杆应力越大；先开挖进水洞比后开挖的锚杆应力大。

由于该剖面没有专门布置锚杆应力计，取相近剖面（2—2 剖面）锚杆应力计监测结果进行比较分析。超前锚杆应力计算值与相近锚杆应力实测值对比见表 7-25。锚杆应力计最近读数时间为 2002 年 11 月 19 日，相应的开挖支护高程取 382.0m。

由表 7-25 可知，超前锚杆应力大都呈受拉状态，少数锚杆呈受压状态，最大拉应力小于 20MPa，最大压应力约为 59.30MPa，且均小于钢筋的屈服极限，说明锚杆受力尚有富裕。其中，3146、3130 单元应力较大。这是因为两单元位于强风化、弱风化交界面处，力学参数相差较大，导致计算结果出现差异。计算值与实测值比较，两者在量级上和规律上基本是一致的。

表 7-25 超前锚杆应力计算值与相近锚杆实测值对照表

| 锚杆单元号 | 高程/m | 轴向应力/MPa | 剪应力/MPa | 相近锚杆应力计编号 | 轴向监测值/MPa |
|---|---|---|---|---|---|
| 3162 | 478.00 | 2.496 | −1.250 | $AS_2^3-3$ | 1 号：14.00<br>2 号：−12.00<br>3 号：20.00 |
| 3160 | | 2.319 | −0.300 | | |
| 3157 | | 1.852 | 0.250 | | |
| 3155 | | 0.868 | 0.439 | | |
| 3152 | | 11.143 | 4.549 | | |
| 3146 | | 140.056 | −2.604 | | |
| 3130 | | 283.955 | 17.579 | | |
| 3125 | 470.00 | −59.260 | −16.818 | $AS_2^3-4$ | 1 号：1.40<br>2 号：1.75<br>3 号：0.35 |
| 3115 | | −10.981 | −1.222 | | |
| 3108 | 470.00 | −5.518 | −0.619 | $AS_2^3-4$ | 1 号：1.40<br>2 号：1.75<br>3 号：0.35 |
| 3102 | | −3.707 | −0.516 | | |
| 3093 | | −2.302 | −0.486 | | |
| 3086 | | −0.652 | −0.200 | | |
| 3077 | | 0.102 | −0.101 | | |
| 3063 | | 0.210 | −0.084 | | |

| 锚杆单元号 | 高程/m | 轴向应力/MPa | 剪应力/MPa | 相近锚杆应力计编号 | 轴向监测值/MPa |
|---|---|---|---|---|---|
| 2671 | | 2.814 | −1.434 | | |
| 2668 | | 3.066 | −1.340 | | |
| 2662 | | 3.347 | −1.232 | | |
| 2658 | 450.00 | 3.600 | −1.156 | | |
| 2654 | | 3.939 | −1.150 | | |
| 2651 | | 4.136 | −1.299 | | |
| 2647 | | 4.330 | −1.322 | | |
| 2643 | | 4.369 | −1.205 | | |
| 2577 | | −1.164 | −2.419 | | |
| 2571 | 442.00 | 5.334 | −2.374 | $AS_2^3 - 5$ | 1 号：4.00<br>2 号：1.34<br>3 号：2.84 |
| 2568 | | 5.582 | −2.048 | | |
| 2567 | | 5.872 | −1.815 | | |
| 2563 | | 5.991 | −1.530 | | |
| 2561 | 442.00 | 5.888 | −1.388 | $AS_2^3 - 5$ | 1 号：4.00<br>2 号：1.34<br>3 号：2.84 |
| 2558 | | 5.751 | −1.478 | | |
| 2548 | | 5.090 | −1.571 | | |
| 2544 | | 2.068 | −0.535 | | |
| 2539 | | 4.033 | −0.337 | | |
| 2531 | | 5.969 | −1.164 | | |
| 2528 | | 6.060 | −1.407 | | |
| 2526 | 432.00 | 6.256 | −1.644 | | |
| 2521 | | 5.372 | −1.873 | | |
| 2517 | | 5.018 | −1.794 | | |
| 2511 | | 4.816 | −1.738 | | |
| 2093 | | 13.742 | −8.249 | | |
| 2088 | | 14.698 | −5.294 | | |
| 2084 | | 15.539 | −4.446 | | |
| 2079 | 408.50 | 18.488 | −4.771 | $AS_2^3 - 9$ | 1 号：6.67<br>2 号：6.67<br>3 号：0.90 |
| 2076 | | 18.963 | −4.914 | | |
| 2071 | | 16.560 | −4.951 | | |
| 2056 | | 14.966 | 4.342 | | |
| 1925 | | 3.431 | −7.036 | | |
| 1923 | | 7.474 | −7.043 | | |
| 1919 | | 10.748 | −6.014 | | |
| 1914 | 392.00 | 13.131 | −5.545 | $AS_2^3 - 11$ | 1 号：24.03<br>2 号：40.05<br>3 号：12.02 |
| 1910 | | 14.547 | −5.157 | | |
| 1907 | | 14.507 | −6.271 | | |
| 1904 | | 15.987 | −5.880 | | |

表 7-26 为各方案屈服区比较。

表 7-26 各工况步骤 12～步骤 13 屈服区比较表

| 工况编号 | 屈 服 情 况 | 说明 |
|---|---|---|
| 1 | 大部分断层屈服，305.0～382.0m 间层面屈服区范围较大且贯通 | |
| 2 | 屈服区分布基本与工况 1 相同，但范围逐渐增大 | |
| 3 | | |
| 4 | 高程 305.0～325.0m 间部分岩块屈服；高程 305.0～382.0m 间层面、断层屈服，范围很大且贯通 | 危险 |
| 5 | 高程 305.0～325.0m 间岩块大部分屈服；高程 305.0～382.0m 间层面、断层屈服，深度范围很大且贯通 | 危险 |

从表 7-26 可知，工况 4、工况 5 屈服现象最显著，在高程 305.0～382.0m 间边坡有可能出现局部失稳。因此，对于引水洞的开挖顺序应特别注意。为了确保工程安全，开挖进水洞时，应边施工边考虑在洞边墙及附近区域边坡增加预应力锚索和锚杆等加固措施，增强其承载能力和延性。工况 1～工况 3，预应力锚索施加时间不同，对边坡应力状态影响程度不同，总体上看工况 1 较工况 2、工况 3 好。总体而言，施工时，应严格控制施工进度，预应力锚索的施加应紧跟开挖过程。

#### 7.3.3.2 开挖与加固程序控制研究

进水口高边坡明挖采用自上而下逐层开挖的施工程序。为增加边坡的稳定性，除了应采取必要的工程加固措施之外，在边坡形成之前，应完成边坡顶部的截、排、防水工程及坡顶的整修，然后逐层下挖。

根据进水口反倾向层状结构变形及稳定特点，要求每梯段边坡主要加固支护措施实施后，方能继续往下开挖。实际施工过程中，受工期、进度的制约，很难完全达到逐层开挖、逐层处理的要求。

根据龙滩水电站左岸进水口反倾向层状结构的变形特点、开挖与加固仿真分析成果，以及不同部位岩体结构、稳定状态，提出以下施工控制要求：

（1）超前锚固在平台、马道上按要求在下一级坡爆破前完成。

（2）高程 382.0m 以上边坡，开挖坡比相对较缓，单级坡面上的系统锚杆迟后 1 个步骤实施，锚索迟后 2 个步骤实施。

（3）高程 382.0m 以下陡坡段，要求单级坡面上的系统锚杆、预应力锚索完成后，才能进行下一级的开挖。

（4）开挖边坡开挖至建基面时，在坡面主要加固支护措施系统锚杆、预应力锚索和引水洞洞口锁口锚杆完成后，再进行引水洞的开挖。

图 7-2 为边坡开挖、加固施工控制程序图，图 7-3 为单级坡面加固支护控制程序图。

### 7.3.4 动态设计研究与实施

#### 7.3.4.1 动态设计思路

（1）重视开挖揭露的地质条件和监测资料的分析、判断。高边坡设计涉及勘探、地

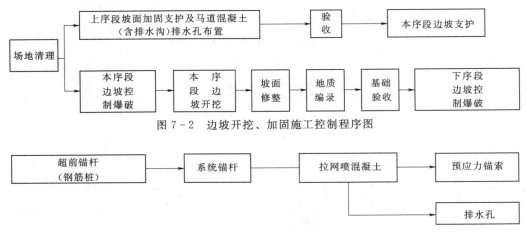

图 7-2　边坡开挖、加固施工控制程序图

图 7-3　单级坡面加固支护控制程序图

质、试验、结构、监测等多专业、多学科知识，边坡稳定影响因素多，各影响因素均具不确定性，不能确切地用数学模型来准确描述，或者说在一些方面能准确描述，而其他方面还难以准确描述。前期勘测、试验、稳定分析也不可能把所有边坡稳定问题都暴露出来，当然不能完全反映客观实际情况；施工开挖后还会暴露出许多意想不到的地质缺陷。因此，需根据开挖揭露地质条件、原型监测数据并补充稳定分析计算，以便作出较为准确的判断。

正是由于影响边坡稳定因素的复杂性和不确定性，使得按通常或前期的计算设计来进行边坡加固支护，往往与实际出入较大或根本与实际不符。因此，建立在原型监测和揭露后地质信息基础上的反馈分析以及原型监测资料分析显得非常重要。

根据施工开挖采集的原型监测信息和施工地质信息反馈，及时调整和优化、完善设计，这一动态设计的思想和方法是边坡设计必须遵循的原则，贯穿于整个高边坡工程设计和施工的全过程。

（2）重视高边坡治理的概念设计。目前高边坡设计处于工程经验多于理性的经验阶段，或者说接近于半经验、半理论阶段。因此，工程经验、类似工程经验、专家经验和智慧将成为边坡设计的重要基础。由于高边坡设计的非结构化、非参数化、非规范化的特征，决定了建立在工程经验和理论基础上的概念设计在边坡设计中处于重要位置。

（3）强调优先加固和超前加固。岩体的变形和破坏过程是首先从突破口逐次突破发展的过程，优先加固突破口和变形敏感部位是加固支护设计的重中之重。马道外边线部位、断裂构造带、软弱层带、洞口等均是优势变形突破口。对变形优势部位和优势结构面必须超前加固。

此外，在动态设计过程中要充分考虑施工因素、现场信息，强调动态设计要快速及时的反馈到施工中。

### 7.3.4.2　动态设计程序

根据龙滩水电站左岸进水口高边坡的特点、问题，以及前期勘探揭露的地质条件、前期稳定分析成果，在实际现场施工过程中要遵循以下动态设计程序，见图 7-4。

### 7.3.4.3 动态控制过程

（1）1号机组进山洞口不稳定块体的处理。1号机组进山洞口坡，高程 280.0～382.0m 之间由 $F_{138}$、$F_{58}$、$F_{26}$、$F_7$ 断层切割构成最大体积达 7.4 万 $m^3$、宽度 65.0m、厚度约 35.0m 的镶嵌状不稳定块体，考虑高程 382.0m 施工主干道路已形成，亦无空间条件挖除，前期考虑主要采用超前钢筋桩、预应力锚索加固，确保块体稳定。该部位排水洞提前开挖形成后，进一步明确了 $F_{138}$ 主滑面的产状和性状，同时也发现零星发育有倾向坡外的中缓倾裂隙性小断层。为安全考虑，避免坡表面局部小块体垮塌

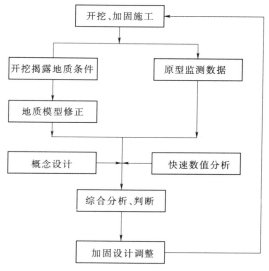

图 7-4 动态设计程序图

而影响边坡整体的稳定性，经分析，利用不同高程布置的马道，在平台上增设了多排竖直钢筋桩，并要求平台出露即实施，在下梯段开挖前完成。这一超前锚固措施，降低了下梯段爆破对表层小块体的影响，控制了裂隙性小断层的松动、变形；采用桩体自带注浆管及压力灌浆工艺，固结裂隙，维护和加强了结构面的抗剪强度，保证了表层岩体的完整性和局部小块体的稳定，为处理大块体创造了条件、争取了时间。

（2）地形地质条件。1号机组坝后坡在自然状态下为浅山谷地形，地势险峻，平均坡度 $42°～70°$，属陡坡地段。该坡出露地层为板纳组 $T_2b^{24}$、$T_2b^{25}$、$T_2b^{26～27}$ 层，砂岩与泥板岩互层，层面、节理、断层较发育，岩体完整性较差。

1号机组坝后坡断层发育，主要有 $F_{138}$（$N10°W$，$SW\angle31°$）、$F_{135}$（$N10°W$，$SW\angle50°～54°$）、$F_{56}$（$N60°～70°E$，$SE\angle80°～82°$）、$F_{26}$（$N35°～60°E$，$NW\angle76°～86°$）、$F_{27}$（$S8°W$，$SE\angle78°$）、$F_{143}$（$N40°W$，$SE\angle58°$）、$F_7$（$N88°E$，$NW\angle79°$）、$F_1$（$N85°W$，$NE\angle80°$），纵横交错，相互切割形成一系列规模不等的块体群，彼此嵌套或邻接，一旦其中某一处块体失稳，将会导致连锁反应，对边坡稳定不利。其界定1号机组坝后结构面平面分布见图 7-5。

（3）稳定分析。根据界定1号机组坝后块体的断层 $F_{138}$、$F_{26}$、$F_7$ 产状分析，楔体产状特征明显，其变形破坏模式应是以断层 $F_{138}$、$F_{26}$ 为侧滑面、断层 $F_7$ 为后缘切割面的楔体破坏，滑移剪出口位于1号机组引水洞洞脸坡，所以，1号机组块体的稳定性按楔体破坏模式进行计算分析。该块体采用的稳定计算程序为水科院陈祖煜院士等编制的 WEDGE 程序，该程序计算功能全面，成果可靠。

经分析，为保证1号机组块体在各工况下安全运行，必须对该块体增加至少 20.185 万 kN 的有效深层锚固力。

（4）加固治理措施调整。1号机组块体的加固治理措施，从开挖轮廓设计考虑，能彻底挖除较为理想，但从受地形限制与建筑物布置需要等方面考虑，此做法不现实，只能从

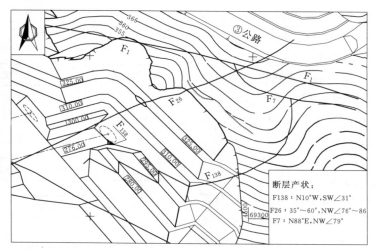

图 7-5　1 号机组坝后块体结构面平面分布图

采取合适的加固措施以增加支护力方面考虑。

边坡加固的常用手段有预应力锚索、锚固洞、抗滑桩（或抗滑键）与钢筋桩等，考虑到锚固洞与抗滑桩（或抗滑键）的施工难度、施工干扰较大，以及影响工程进度，经比较，选取预应力锚索和钢筋桩的组合加固方案。

为加固 1 号机组块体，在块体范围内布置了 10 余排 2000kN 级的预应力端头型锚索，均穿过底滑面断层 $F_{138}$；经计算，预应力锚索给块体增加的支护力达到 17.5 万 kN。另外，在高程 310.0m、325.0m 马道布置 4 排钢筋桩，每级 2 排，长度分 25m、30m 两种，同样要求穿过底滑面断层 $F_{138}$；据计算，块体范围内的钢筋桩能提供支护力 7.4 万 kN。两者合计为 24.9 万 kN，能满足 1 号机组块体的加固支护力要求。

（5）施工程序调整。根据该块体以 $F_{138}$ 为主滑面的特点，对施工程序作了如下调整：边坡开挖至高程 325.0m，325.0m 以上预应力锚索和平台上的超前钢筋桩完成后，再进行 325.0～310.0m 之间的开挖；310.0m 以上预应力锚索和平台上的超前钢筋桩完成后，进行 310.0～295.0m 之间的开挖；295.0m 以上预应力锚索和洞口锁口锚杆完成后，再开挖至高程 276.0m。

（6）治理效果。为了解、掌握 1 号机组块体的加固治理效果，特针对 1 号机组块体布置了一个典型监测断面。该断面布置的监测仪器包括多点岩石位移计、锚索测力计与锚杆应力计及水位孔等。自 1 号机组块体加固治理措施与监测设施实施到位后，通过 4 年多的监测信息采集、分析，发现 1 号机组块体运行良好，从岩石变位计 M124-2 与锚索测力计 Dp12-3 的变化过程曲线来看，数据变化逐渐趋于平稳。综合所有监测资料分析表明，1 号机组块体经加固治理后未发生明显变形，多年运行良好，可以认定 1 号机组块体的加固施工控制达到应有成效。

（7）高程 480.0～382.0m 之间、$F_{63}$ 下游侧系统锚杆长度的优化、调整。该段边坡位于坝后坡陡坡段上部，为正常岩体边坡，施工详图中系统锚杆直径为 32mm、长度为 10.0m 和 8.0m，间隔布置。根据高程 480.0m、460.0m、425.0m、382.0m 排水洞、高程

480.0～460.0m 揭露的地质条件，以及已运行监测设施的监测成果和该部位平面有限元分析成果，将直径 32mm、长度 10.0m 的锚杆调整为直径 25mm、长度 5.0m，节约工程投资约 200 万元。实施后，边坡稳定，监测数据表明该部位变形量、锚索应力在控制范围内。

（8）高程 382.0～301.0m 之间、坝头坡预应力锚索参数的优化、调整。为确保 $F_{119}$ 断层上下盘岩体的完整性，控制残存蠕变岩体的变形，布置了 2000kN 级的预应力锚索，间距基本为 4m×5m（高×宽）。开挖揭露，蠕变岩体与正常岩体交界上移。经分析，将 2000kN 级锚索调整为 1000kN 级；同时，根据排水洞揭露残存蠕变岩体深度，将锚索长度也相应作了调整，减少了 1000 万 kN·m 的锚索量。

# 7.4 研究小结

本章首先论证了龙滩边坡稳定性设计的稳定安全系数取值标准，然后针对倾倒蠕变岩体和进水口反倾向层状结构岩体高边坡的结构特点，详细研究了适合于龙滩边坡工程的治理措施。

（1）针对倾倒蠕变岩体 B 区边坡特点，采用极限平衡法进行整体稳定性、局部稳定性和分区稳定性的计算，采用有限元及动、静力离散元分析变形、破坏特征，提出了影响边坡稳定性的主要影响因素——地下水和关键部位坡脚 $B_1$ 区，采用了以排水为主、压脚为辅的工程治理方案。经工程实践检验，至 2008 年 11 月水库蓄水至 374.0m（已近正常蓄水位 375.0m），边坡监测资料反映边坡正常运行，表明采用的治理措施是成功的。采用开挖弃渣压脚增加边坡稳定性的措施，既缩短了弃渣的运距、减少弃渣场占地，又确保了工程安全，体现了环保设计的理念。这一思路和方法为今后滑坡治理提供了新的理念。

（2）倾倒蠕变岩体 A 区主要存在顺坡向的 $F_{98}$、$F_{98-1}$ 断层，上盘岩体构成潜在滑动体。针对倾倒蠕变岩体 A 区不同于 B 区边坡的地质结构特点，选择对潜在滑动体全部清除的全开挖卸载方案。工程实践证明该处理措施是成功的，它不仅解除了高程 382.0m 以上潜在 120 万 m³ 滑动体的威胁，而且对高程 382.0m 以下蠕变岩体开挖边坡、导流洞边坡和进水口开挖边坡起了到明显的卸载作用。

（3）从分析边坡岩体内优势节理发育规律着手，研究临界坡角与可靠度关系，进而分析研究不同风化程度的岩层在拟定可靠度条件下的开挖稳定坡角，确定总体的基本开挖坡型。该基本坡型的主要特点是有效降低了节理楔体在边坡上的出露频度，减少了危险楔体的数量，大幅度地降低了边坡楔体失稳的几率，达到了以较小的开挖工程量取得较高的边坡整体稳定性、减少坡面不稳定楔体的加固处理工程量的目的。工程实践表明，这一方法开创性地解决了反倾向层状结构岩质高边坡开挖坡比问题，突破了以往依靠工程经验确定开挖坡比的设计方法，使得开挖设计更紧密地结合了反倾向层状结构岩质高边坡的结构特点和节理发育规律。

（4）通过对层状反倾向岩体结构边坡实施超前锚杆和锚筋桩，控制边坡在开挖过程中的变形，有效地避免或减小了爆破开挖的影响，避免坡面沿层间结构面开裂，确保坡面岩体传力的连续性。采用自带注浆管锚杆锚固注浆工艺，有效保证了锚杆注浆饱满程度，充分发挥了锚杆的锚固作用。自带注浆管的锚杆注浆除需适当加大钻孔直径外，其优点是：克服了人为因素的影响，注浆饱满、质量有保证；注浆进度加快；利用注浆的压力，使临近钻孔的裂隙、节理充填了浆液，提高了这些软弱面的抗剪强度值（$f$、$c$）；注浆钢管作为锚杆的一部分，在获取等效锚固力的情况下，锚杆体钢筋直径可减小，减少了钢筋用量。从注浆质量物探检查情况看，一般都能达到注浆饱满度75％的合格要求。

（5）在充分研究进水口反倾向层状结构岩质高边坡的渗透规律和地下排水系统排水作用基础上，提出了在反倾向层状结构岩体高边坡稳定岩体内设置通过排水孔幕连通多层排水洞的成套综合排水设计技术。排水洞通过设置多个进出口，实现从开挖开口线以外提前实施排水，到施工期承担补充勘探，以及后期安全监测并作为锚固措施的内锚固洞的多功能作用。上下层排水洞之间设置了穿过多层岩层和软弱结构面的系统排水幕孔，排除了反倾向层状结构岩质高边坡内顺层层面间、顺层结构面的渗水，有效降低了地下水位。这一成功的反倾向层状结构岩质高边坡渗控经验，可为类似工程借鉴。

（6）通过仿真分析，针对层状反倾向岩体结构边坡的变形特点，确定了边坡施工控制程序和单级坡支护程序（超前锚杆或钢筋桩、系统锚杆、预应力锚索），并根据实际施工进度情况，采用动态设计理念及时调整边坡加固措施和施工顺序。

# 第 8 章

# 进水口高边坡治理效果评价研究

　　本章首先根据边坡工程因素、地质因素和变形因素对边坡进行工程分区，然后根据工程地质模型模拟资料以及变形趋势分析各区破坏模式，采用定量评价方法（极限平衡法和有限元法）对加固效果进行评价；在此基础上，开展了边坡加固需求度、边坡安全熵（SSE）分析方法等加固效果评价研究。基于原型监测的加固效果评价详见第 9 章。

## 8.1　边坡工程分区

　　考虑边坡工程特性、边坡岩体结构特征、边坡破坏模式等因素，将左岸边坡分为 B、A 区 2 个大区，其中 A 区又分为 $A_1$、$A_2$ 及 $A_3$ 三个亚区，见图 8-1。

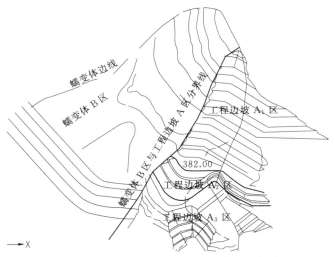

图 8-1　龙滩水电站左岸边坡分区示意图

## 8.2　蠕变体 B 区治理效果评价

　　对蠕变体 B 区边坡变形监测及工程地质条件（包括：工程地质岩组、岩体结构类型、边坡结构类型、优势面结构产状、水文地质条件及岩体风化特征和工程因素）的分析表明，蠕变体 B 区边坡主要为沿倾倒蠕变岩体与正常岩体界面滑动和倾倒变形两种破坏模式。治理效果评价主要针对这两种破坏模式，采用极限平衡法和二维数值法进行。

### 8.2.1　B 区边坡稳定安全系数

在蠕变体 B 区等距选取 4 个典型剖面。各计算剖面潜在滑面分别为 $B_2$ 区折断错滑面、$B_3$ 区折断面，以及下部剪断压脚体。采用 SARMA 法计算各剖面抗滑稳定安全系数，边坡整体稳定安全系数 $K$ 为各个剖面计算得出的安全系数 $K_i$ 按计算剖面面积 $A_i$（由于选取剖面等距，实际按面积）进行加权平均求得的，计算公式如下：

$$K = \frac{\sum K_i A_i}{\sum A_i} \tag{8-1}$$

计算基本参数（不考虑潜在滑动面的起伏差）见表 8-1 和表 8-2。

表 8-1　　　　　　　　　　　　边坡岩体及压脚体容重取值表

| 岩体状态 | 压脚体 | 残坡积层 | 全风化岩体 | 强风化岩体 | 弱风化岩体 | 微—新鲜岩体 |
|---|---|---|---|---|---|---|
| 容重/(kN/m³) | 18.0 | 21.0 | 23.0 | 25.5 | 26.5 | 26.8 |

表 8-2　　　　　　　　　　蠕变体 B 区结构面及压脚体抗剪力学参数表

| 分　区 | | $f$ | $\varphi/(°)$ | $c/\text{kPa}$ |
|---|---|---|---|---|
| $B_1$ 区滑面 | | 0.35 | 19.29 | 40 |
| $B_2$ 区折断错滑面 | $T_1 l$ | 0.4 | 21.80 | 40 |
| | $T_2 b^{1\sim14}$ | 0.45 | 24.23 | 50 |
| $B_3$ 区折断面 | $T_2 b^{15\sim39}$ | 0.65 | 33.02 | 200 |
| 层间泥化夹层及层间错动 | | 0.25 | 14.04 | 30 |
| 压脚体 | | 0.65 | 33.00 | 0 |

#### 8.2.1.1　按基本参数计算成果及分析

按基本参数的计算成果见表 8-3。

表 8-3　　　　　　　典型断面及蠕变体 B 区整体抗滑稳定安全系数表

| 工　况 | 安全系数 | | | | | |
|---|---|---|---|---|---|---|
| | Ⅰ—Ⅰ剖面 | Ⅱ—Ⅱ剖面 | Ⅲ—Ⅲ剖面 | Ⅳ—Ⅳ剖面 | 整体稳定安全系数 | 安全标准 |
| 自重 | 1.71 | 1.30 | 1.24 | 1.37 | 1.34 | 1.25 |
| 自重＋地震（0.1g） | 1.25 | 1.04 | 1.01 | 1.11 | 1.07 | 1.03 |
| 自重＋330.0m 水位 | 1.85 | 1.27 | 1.18 | 1.30 | 1.31 | 1.25 |
| 自重＋340.0m 水位 | 1.89 | 1.28 | 1.18 | 1.31 | 1.32 | 1.25 |
| 自重＋水位从 375.0m 陡降至 350.0m | 1.87 | 1.24 | 1.15 | 1.28 | 1.29 | 1.15 |
| 自重＋375.0m 水位 | 1.90 | 1.32 | 1.23 | 1.33 | 1.35 | 1.25 |
| 自重＋375.0m 水位＋地震（0.1g） | 1.152 | 1.000 | 0.969 | 1.029 | 1.02 | 1.03 |
| 自重＋400.0m 水位 | 1.91 | 1.35 | 1.23 | 1.35 | 1.37 | 1.25 |
| 自重＋400.0m 水位＋地震（0.1g） | 1.15 | 1.01 | 0.97 | 1.033 | 1.02 | 1.03 |
| 自重＋375.0m 水位＋地下水上升 3m | 1.90 | 1.30 | 1.19 | 1.31 | 1.33 | 1.25 |
| 自重＋400.0m 水位＋地下水上升 3.0m | 1.91 | 1.33 | 1.19 | 1.33 | 1.34 | 1.25 |

注　按表 8-1、表 8-2 基本力学参数计算。

分析表 8-3 成果，有以下认识：

（1）Ⅲ—Ⅲ剖面各工况下安全系数较小，往上游及下游剖面稳定安全系数普遍增高。

（2）按体积加权平均作为 B 区整体抗滑稳定安全系数，在自重及水荷载作用下，整体抗滑稳定安全系数满足规范要求。

（3）地震工况下，正常蓄水 375.0m 和 400.0m，抗滑稳定安全系数均为 1.02，接近 1.05 抗滑稳定安全标准。

#### 8.2.1.2 考虑潜在滑面（即折断错滑面、折断面）起伏差计算成果

边坡岩体沿软弱结构面破坏时的抗剪强度与滑面起伏差（或粗糙度）有直接关系。如果软弱夹层的基本摩擦角为 $\varphi_b$，其滑面起伏差为 $i$，则用于滑坡稳定分析的摩擦角为 $\varphi = \varphi_b + i$。这一理论被广泛应用于边坡稳定分析实践中。

前述 B 区潜在滑面，是由反倾向层状结构岩体在地质年代内倾倒变形、折断所致，空间形态上并非理想的平面，顺走向和倾向都有一定的起伏度。对 B 区勘探平洞和施工期排水洞折断错滑面现场量测，有以下成果：

（1）顺折断错滑面二级起伏差为 0.2～0.5m。

（2）顺走向方向的起伏差为 4～10°。

对折断面的起伏差虽未量测，但从其断续、犬牙交错分布状态，判断其起伏差要比折断错滑面高一些。

室内和现场试验所获得的 $\varphi$ 值为基本摩擦角，在实际稳定分析中应考虑结构面起伏度的影响。E. Hoek 在对小浪底工程边坡咨询报告中曾明确指出：$i$ 值取决于剪切面的长度，如果滑裂面只有 10m 长，则 $i$ 值或许为零，但当其长度为 100m 或更长时，则 $i$ 值或许达到 3°～4°，而这一变化，会对安全系数值带来明显影响。

倾倒蠕变体 B 区边坡的潜在滑面为岩层弯曲倾倒折断形成，虽无法进行全面量测，但从有限的探洞量测值和可见排水洞的折断面性状，以及潜在滑面长度远大于 500.0m 的实际情况，考虑表 8-2 中除折断面和压脚体基本参数外，其余抗剪强度参数值均为室内试验饱和不排水状态的试验值小值或小值平均值，远小于浸水状态下的试验值小值，因此，在整体稳定计算时，应考虑 2°～3°的起伏差。

考虑折断面起伏差的Ⅲ—Ⅲ剖面计算成果见表 8-4，典型剖面地震工况下的计算成果见表 8-5 和表 8-6。

**表 8-4  Ⅲ—Ⅲ剖面抗滑稳定安全系数与潜在滑面起伏差关系分析表**

| 工　况 | 安全系数 | | | | | |
|---|---|---|---|---|---|---|
| | 基本参数 | 考虑 1°起伏差 | 考虑 2°起伏差 | 考虑 3°起伏差 | 考虑 4°起伏差 | 安全标准 |
| 自重 | 1.26 | 1.30 | 1.34 | 1.38 | 1.42 | 1.25 |
| 自重＋地震（0.1g） | 1.03 | 1.06 | 1.09 | 1.12 | 1.16 | 1.03 |
| 自重＋330.0m 水位 | 1.20 | 1.24 | 1.27 | 1.33 | 1.37 | 1.25 |
| 自重＋340.0m 水位 | 1.20 | 1.24 | 1.28 | 1.31 | 1.37 | 1.25 |
| 自重＋水位从 375.0m 陡降至 350.0m | 1.17 | 1.20 | 1.24 | 1.28 | 1.32 | 1.15 |
| 自重＋375.0m 水位 | 1.23 | 1.26 | 1.29 | 1.33 | 1.38 | 1.25 |

续表

| 工 况 | 安全系数 | | | | | |
|---|---|---|---|---|---|---|
| | 基本参数 | 考虑1° 起伏差 | 考虑2° 起伏差 | 考虑3° 起伏差 | 考虑4° 起伏差 | 安全标准 |
| 自重＋375.0m 水位＋地震（0.1g） | 0.97 | 1.00 | 1.03 | 1.05 | 1.09 | 1.03 |
| 自重＋400.0m 水位 | 1.23 | 1.27 | 1.30 | 1.34 | 1.38 | 1.25 |
| 自重＋400.0m 水位＋地震（0.1g） | 0.97 | 1.00 | 1.02 | 1.05 | 1.08 | 1.03 |
| 自重＋375.0m 水位＋地下水上升3.0m | 1.20 | 1.23 | 1.27 | 1.29 | 1.34 | 1.25 |
| 自重＋400.0m 水位＋地下水上升3.0m | 1.22 | 1.25 | 1.27 | 1.30 | 1.36 | 1.25 |

表 8－5　　　典型剖面及整体稳定安全系数计算表（潜在滑面起伏差为1°）

| 工 况 | 安全系数 | | | | | |
|---|---|---|---|---|---|---|
| | Ⅰ—Ⅰ剖面 | Ⅱ—Ⅱ剖面 | Ⅲ—Ⅲ剖面 | Ⅳ—Ⅳ剖面 | 整体稳定 安全系数 | 安全标准 |
| 自重＋375.0m 水位＋地震（0.1g） | 1.19 | 1.03 | 1.00 | 1.06 | 1.05 | 1.03 |
| 自重＋400.0m 水位＋地震（0.1g） | 1.19 | 1.04 | 1.00 | 1.06 | 1.05 | 1.03 |

表 8－6　　　典型剖面及整体稳定安全系数计算表（潜在滑面起伏差为2°）

| 工 况 | 安全系数 | | | | | |
|---|---|---|---|---|---|---|
| | Ⅰ—Ⅰ剖面 | Ⅱ—Ⅱ剖面 | Ⅲ—Ⅲ剖面 | Ⅳ—Ⅳ剖面 | 整体稳定 安全系数 | 安全标准 |
| 自重＋375.0m 水位＋地震（0.1g） | 1.23 | 1.06 | 1.03 | 1.09 | 1.08 | 1.03 |
| 自重＋400.0m 水位＋地震（0.1g） | 1.23 | 1.07 | 1.02 | 1.09 | 1.08 | 1.03 |

考虑1°起伏差，地震工况下，水库蓄水 375.0m、400.0m 时，蠕变体 B 区整体稳定安全系数均为 1.05，满足规范规定。考虑 2°起伏差，地震工况下，水库蓄水 375.0m、400.0m 时，蠕变体 B 区整体稳定安全系数均为 1.08，满足规范规定。Ⅲ—Ⅲ剖面稳定安全系数在考虑3°起伏差的条件下，满足规范规定。

### 8.2.1.3 基本结论

通过以上数值计算分析，结合对 B 区潜在滑面的理解、认识，有以下基本结论：

（1）倾倒蠕变体 B 区边坡潜在滑面由层状反倾向岩体在地质年代内倾倒、弯曲、折断形成，潜在滑面呈断续、犬牙交错状，潜在滑面与一般滑坡滑动面结构和性状不同，考虑基本力学参数值为室内试验饱和不排水状态的试验值小值或小值平均值，且远小于浸水状态下的试验值小值，在以往稳定分析中，作为安全储备未考虑起伏差。在进行边坡整体稳定复核时，计入 2°～3°起伏差是合适的。从探洞量测和施工开挖排水洞中可见折断面性状，计入 2°～3°起伏差较为可靠。

（2）按基本力学参数，考虑 2°～3°起伏差，选取多个典型剖面计算抗滑稳定安全系数，按体积加权平均作为整体稳定安全系数，较好地反映了边坡整体稳定性状，稳定复核采用的方法是正确的。

（3）考虑 2°～3°起伏差，在各计算工况下，蠕变体 B 区整体稳定安全系数满足规范要求，边坡整体是稳定的。

（4）考虑边坡表层全风化岩土体及倾倒变形松动带，在蓄水过程中有可能产生局部变形现象，但不会危及整个边坡的稳定性，在水库正常运行过程中需对已布置的监测仪器加强保护及保持正常监测。

（5）从抗滑稳定复核成果分析，经压脚和排水治理后，蠕变岩体 B 区边坡稳定。

### 8.2.2 二维数值模型分析

建立蠕变体 B 区边坡的二维模型，对其破坏过程和破坏趋势作了分析，计算参数见表 8-7。

表 8-7 蠕变体 B 区二维数值模拟参数表

| 介质类型 | 密度 /(g/cm³) | 体积模量 /kPa | 剪切模量 /kPa | 凝聚力 /kPa | 内摩擦角 /(°) | 抗拉强度 /kPa | 法向刚度 /(kPa/m) | 切向刚度 /(kPa/m) |
|---|---|---|---|---|---|---|---|---|
| 全风化岩体 | 2.3 | $1.5 \times 10^5$ | $5 \times 10^4$ | 44 | 19.8 | | | |
| 强风化岩体 | 2.55 | $1.56 \times 10^6$ | $5.6 \times 10^5$ | $2.5 \times 10^2$ | 29 | $1 \times 10^2$ | | |
| 弱风岩体 | 2.65 | $4.2 \times 10^6$ | $2.1 \times 10^6$ | $6.9 \times 10^2$ | 38 | $8 \times 10^2$ | | |
| 新鲜岩体 | 2.68 | $9.7 \times 10^6$ | $5.6 \times 10^5$ | $1.28 \times 10^3$ | 49 | $1.3 \times 10^3$ | | |
| 压脚体 | 1.6 | $8 \times 10^6$ | $4 \times 10^5$ | $.1 \times 10^2$ | 40 | | | |
| 节理1 | | | | $2 \times 10^2$ | 25 | | $3 \times 10^6$ | $7 \times 10^5$ |
| 节理2 | | | | 20.0 | 19 | | $5 \times 10^5$ | $4 \times 10^3$ |
| 节理3 | | | | $1 \times 10^2$ | 33 | | $8 \times 10^6$ | $7.8 \times 10^5$ |
| 节理4 | | | | $5 \times 10^3$ | 40 | | $1 \times 10^9$ | $5 \times 10^7$ |
| 节理5 | | | | 30.0 | 20 | | $8 \times 10^4$ | $5 \times 10^3$ |

比较压脚前后的位移矢量图表明，压脚前表层滑坡体、折断错滑面以及坡顶表层是边坡变形量级较大的部位，压脚后变形趋势明显变缓，压脚有效控制了边坡表层滑坡体和折断错滑面部位的变形。

### 8.2.3 抗震稳定复核计算

#### 8.2.3.1 抗震稳定计算

前期抗震稳定计算根据龙滩水电站工程场地地震安全性评价成果进行。广东省地震局于 1986 年提出工程场地地震安全性评价成果，1987 年 6 月龙滩水电站坝型比较讨论会上，地质专家组曾指出：龙滩水电站坝区构造稳定性，宏观比同属 7 度区的小浪底、二滩、瀑布沟等水电站要好，但大坝设防地震加速度峰值却比上述工程高，建议再作分析。为此，2006 年国家地震局地质研究所对龙滩水电站工程场地地震动参数进行复核，审查意见为：复核报告结论合理，综合前期工作成果和复核报告结论，龙滩水电站抗震设计所采用的100 年超越概率 2%、基岩水平加速度峰值 0.2g 是合适的。

前期抗震稳定计算分析工作，根据上述工程场地地震安全性评价成果，蠕变岩体 B 区边坡抗震设防按场地基本烈度Ⅷ度考虑，基岩水平加速度峰值 0.1g。

2008 年"5·12"汶川大地震发生后，国家地震局地质研究所进行补充评价，并用概率地震危险性评价方法，增加 100 年 1% 超越概率。评价场地基岩水平加速度峰值，或与核电工程 SL－2 高值的确定相类似，考虑坝址周边地震地质条件可能出现的最大可信地震，由构造法并经校核得出坝址未来可能的基岩水平加速度峰值。国家地震局地质研究所《广西红水河龙滩水电站工程场地地震动参数复核报告》及《广西龙滩水电站工程场地地震安全性补充评价工作报告》提出的工程场地不同超越概率水平向加速度峰值见表 8－8。

表 8－8　　　　　　　　龙滩水电站坝址不同超越概率水平向加速度峰值表　　　　　　单位：gal

| 超越概率 | 50 年 10% | 50 年 5% | 50 年 2% | 100 年 2% | 100 年 1% |
|---|---|---|---|---|---|
| 基岩水平加速度峰值 | 63.3 | 89.5 | 127.6 | 161.1 | 199.1 |
|  | 构造法（最大可信地震）：未校正前为 124gal，校正后为 222gal | | | | |

注　1gal＝1cm/s²。

根据抗震规范的规定，蠕变岩体 B 区边坡为近坝库岸边坡（非雍水建筑物），抗震设计标准为 50 年超越概率 10% 场地基岩水平加速度峰值 0.0633g，与前期基岩水平加速度峰值 0.1g 相差较大。2006 年 9 月下闸蓄水安全鉴定时，专家组提出，B 区边坡抗震稳定安全系数控制标准 1.03，与《水电水利工程边坡设计规范》（DL/T 5353—2006）规定 Ⅱ 级边坡的最小抗震稳定安全系数 1.05 不一致，虽然选取多断面并考虑潜在滑面起伏差的作用分析成果表明：蠕变岩体 B 区边坡在设计地震（0.1g）时是稳定的，但安全裕度并不高，因此，有必要对抗震稳定进行复核。

#### 8.2.3.2　抗震稳定计算复核

选取 8.2.1.2 节中抗震稳定安全系数较小的 Ⅱ—Ⅱ 剖面、Ⅲ—Ⅲ 剖面，对设计地震（0.1g/0.06g）进行对比计算。计算成果见表 8－9。

表 8－9　　　　　　　　典型断面及蠕变体 B 区整体抗滑稳定安全系数表

| 工　况 | 安全系数 | |
|---|---|---|
|  | Ⅱ—Ⅱ 剖面 | Ⅲ—Ⅲ 剖面 |
| 自重＋375.0m 水位 | 1.32 | 1.23 |
| 自重＋375.0m 水位＋地震（0.1g/0.06g） | 1.00/1.051 | 0.969/1.086 |
| 自重＋400.0m 水位 | 1.35 | 1.23 |
| 自重＋400.0m 水位＋地震（0.1g/0.06g） | 1.01/1.068 | 0.97/1.087 |

注　按表 8－1、表 8－2 基本力学参数计算，未考虑潜在滑面起伏差。

计算成果表明：

（1）设计地震 0.06g 与 0.1g 相比，Ⅱ—Ⅱ 剖面安全系数提高 5%～6.8%，Ⅲ—Ⅲ 剖面提高约 9% 左右。

（2）抗震设计标准为 50 年超越概率 2% 场地基岩水平加速度峰值 0.06g，B 区边坡抗震稳定安全系数均到达 1.05 以上，B 区边坡在设计地震条件下是安全的。

## 8.3　进水口边坡 A 区治理效果评价

工程边坡 A 区位于蠕变体 B 区下游侧，边坡形状呈 Z 字形。

### 8.3.1 A 区边坡稳定安全系数

1. 工程边坡 $A_1$ 区

根据边坡岩体结构、边坡与岩层走向夹角关系和边坡变形机制及破坏模式，将 $A_1$ 区再分为 $A_{1-1}$、$A_{1-2}$、$A_{1-3}$ 3 个小区，分区示意图见图 8-2。

工程边坡 $A_1$ 区边坡的主要破坏模式是倾倒破坏和残存倾倒蠕变岩体的滑动。$A_{1-1}$ 区边坡由残存倾倒蠕变体滑动控制；而 $A_{1-2}$、$A_{1-3}$ 区边坡开挖后，为正常岩体，岩体质量较好，不存在顺坡向影响边坡稳定性的断层、节理和裂隙，而且边坡走向和岩层走向夹角较大，虽然是层状反倾岩质边坡，但经锚索、锚杆支护后，也不易产生倾倒破坏。

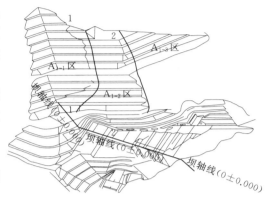

图 8-2 工程边坡 $A_1$ 区分区示意图

$A_1$ 区边坡与岩层走向夹角的统计结果见表 8-10。

表 8-10 　　　　　　　　　　　　　$A_1$ 区边坡与岩层走向关系

| 边坡类型 | 边坡走向 | 岩层走向 | 边坡与岩层走向夹角/(°) |
|---|---|---|---|
| 靠近蠕变体 A 区侧 | N65.5°W | N10°~15°W | 50.5~55.5 |
| 边坡正面侧 | N40.5°W | N10°~15°W | 25.5~30.5 |
| 边坡下游侧 | N67.52°W | N10°~15°W | 52.52~57.52 |

正面坡没有较大的影响边坡变形的结构面或不良地质特征，变形以轻微倾倒变形为主。该区边坡坡面主要为弱—微风化岩体，岩体岩性较好，不存在控制边坡变形的顺坡向结构面。边坡风化速度的特性分析表明，$A_{1-2}$ 区边坡在工程年限内不会有较大的风化深度，不会形成倾倒基面，该区边坡稳定性较好。$A_{1-3}$ 区边坡综合坡角较小，岩体质量较好，边坡稳定。

对于 $A_{1-1}$ 区，以残存蠕变岩体与正常岩体界面为滑面，用极限平衡法计算得到的该区的安全系数见表 8-11。

表 8-11 　　　　　　　　　　　　　$A_{1-1}$ 区稳定安全系数

| 工况 | 安全系数 | 备注 |
|---|---|---|
| 自重 | 1.532 | (1) 加固措施平均 5000kN/m； |
| 自重＋地震 （$a=0.1g$） | 1.285 | (2) 按实测地下水位计算水作用； (3) 残存蠕变岩体与正常岩体界面参数 $\varphi=29.680$， |
| 自重＋地震 （$a=0.1g$） | 1.1 | $c=180kPa$ |

边坡锚固支护后，实际支护力达到或超过计算要求的值；计算使用的参数来源于饱和直剪试验，从影响破碎带物质长期强度参数的因素分析可知，控制折断面和折断错滑面强度参数的含水率、矿物成分与化学成分、参数获取时的试验条件、矿物粒度成分以及水库水质特征等因素，在工程年限内，折断面及折断错滑面参数衰减后不会低于饱和直剪试验

参数，计算结果表明，该区边坡在工程年限内能保持稳定性。

2. 工程边坡 $A_2$ 区

根据边坡岩体结构、边坡与岩层走向夹角关系以及边坡变形机制和破坏模式，将该区再分为坝前坡、坝头坡、7～9 号机组坝后坡、3～6 号机组坝后坡和1～2 号机组坝后坡 5 个部分，见图 8-3。边坡与岩层走向关系见表 8-12。

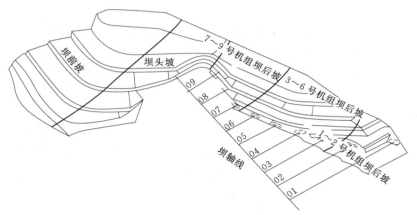

图 8-3　工程边坡 $A_2$ 区分区示意图

表 8-12　　　　　　　　　　　　$A_2$ 区边坡与岩层走向关系表

| 边坡类型 | 边坡走向 | 岩层走向 | 边坡与岩层走向夹角/(°) |
|---|---|---|---|
| 坝前坡 | N72.38°W | N10°～15°W | 57.38～62.38 |
| 坝头坡 | N74.42°W | N10°～15°W | 59.42～64.42 |
| 7～9 号机组坝后坡 | N16°W | N10°～15°W | 1～6 |
| 3～6 号机组坝后坡 | N40°～68°W | N10°～15°W | 25～58 |
| 1～2 号机组坝后坡 | N46°W | N10°～15°W | 31～36 |

坝前坡、坝头坡为滑动破坏模式；7～9 号机组边坡区主要以倾倒变形为主；3～6 号机组边坡区除轻微倾倒变形外，还存在局部块体变形；1～2 号机组边坡区主要以块体变形为主。

（1）坝前坡。用 SARMA 法，以坝前坡地质剖面为计算模型，考虑边坡加固前后、地下水位变化、边坡排水以及地震等不同工况，分析该区边坡的稳定性。计算结果见表 8-13。

表 8-13　　　　　　　　　　　　坝前坡稳定性计算结果

| 工况 | 未蓄水未加固 | | 未蓄水加固 | | 蓄水加固（地下水位） | |
|---|---|---|---|---|---|---|
| | 不考虑地震 | 地震 | 不考虑地震 | 地震 | 不考虑地震 | 地震 |
| 安全系数 | 1.64 | 1.01 | 2.37 | 1.93 | 1.85 | 1.55 |

由表可见，加固后边坡的安全系数有明显提高，蓄水后地下水位的变化对边坡的安全有较大的影响。但在边坡加固蓄水后，以饱和直剪试验低值为计算参数，地震情况下的边坡安全系数仍在 1.5 以上，说明坝前坡长期稳定性较好，边坡安全。

（2）坝头坡。以 $F_{119}$ 断层与复合节理面（倾角 30°）构成的折线滑动模式，其稳定主要有施工期控制；大坝浇筑完成后，由于大坝混凝土支撑的作用，不存在抗滑稳定问题。开挖临时边坡经加固（18000 kN/m）后的抗滑稳定安全系数见表 8-14。

表 8-14　　　　　　　　　　坝头坡抗滑稳定计算成果

| 工况 | 安全系数 | 备注 |
|---|---|---|
| 自　重 | 1.642 | （1）复合节理面计算参数 $\varphi=26.580$，$c=200$kPa； |
| 自重＋地震（$a=0.1g$） | 1.327 | （2）$F_{119}$ 断层为陡倾断层，计算中按拉裂考虑； |
| 自重＋地震（$a=0.2g$） | 1.1 | （3）加固力平均 18000 kN/m |

（3）3～7 号机组进水口坝后坡。抗滑稳定复核，以潜在滑动面下部 24°、中部滑体厚 20.0m、上部高程 382.0m 开裂深度 15.0m 的分析模型复核。其计算成果见表 8-15。

表 8-15　　　　　　　3～7 号机组进水口坝后坡抗滑稳定计算成果表

| 工况 | 安全系数 | 备注 |
|---|---|---|
| 自　重 | 1.500 | （1）复合节理面计算参数 $\varphi=29.680$，$c=180$kPa； |
| 自重＋地震（$a=0.1g$） | 1.281 | （2）拉裂缝内考虑了 7.5m 水深； |
| 自重＋地震（$a=0.2g$） | 1.102 | （3）加固力平均 20000 kN/m； |
|  |  | （4）未考虑大坝的支撑作用 |

运用多块体抗倾稳定分析计算理论和模型进行抗倾稳定性分析，选取 7 号机组轴线剖面，计算结果见表 8-16，说明边坡抗倾倒稳定性好。

表 8-16　　　　　　　　　进水口区抗倾稳定性安全系数表

| 工况 | 安全系数 | 备注 |
|---|---|---|
| 自　重 | 3.283 | （1）水作用按块体高度的 1/3 考虑； |
| 自重＋地震（$a=0.1g$） | 3.128 | （2）锚固力 15000 kN/m 计算； |
| 自重＋地震（$a=0.2g$） | 2.789 | （3）未考虑大坝的支撑作用 |

（4）1～2 号机组进水口后坡。块体加固前后的稳定性计算结果见表 8-17。

表 8-17　　　　　　　　　进水口区两不稳定块体计算结果表

| 工况 | 块体 1（$F_{138}$、$F_{56}$） | | | 块体 2（$F_{138}$、$F_7$、$F_{26}$） | | |
|---|---|---|---|---|---|---|
|  | 加固前 $K$ | 加固后 $K$ | 锚固力/万 kN | 加固前 $K$ | 加固后 $K$ | 总锚固力/万 kN |
| 自重 | 1.04 | 1.15 | 3.152 | 0.911 | 1.3 | 30.6 |
| 自重＋结构面 1/3 水深 | 0.961 | 1.15 | 5.416 | 0.829 | 1.15 | 29.1 |
| 自重＋地震（$a=0.1g$） | 0.863 | 1.15 | 9.689 | 0.743 | 1.15 | 42.3 |
| 自重＋结构面 1/2 水深＋地震（$a=0.1g$） | 0.796 | 1.15 |  |  |  |  |

块体 1、2 在加固前其安全系数基本都小于 1；加固后，边坡稳定性明显提高。实际施工中，除按稳定计算布置了预应力锚索外，在块体出露高程范围内 2 级马道（高程 310.0m、325.0m）上还分别布置了钢筋桩。该部位块体坡面最低点高程为 276.0m 浇筑

坝体时，该部位被混凝土回填至高程 310.0m。所以该区边坡的稳定主要在施工期、运行期，经加固后稳定性满足要求。

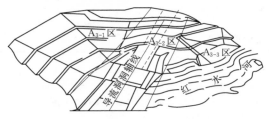

图 8-4 工程边坡 A₃ 区分区示意图

**3. 工程边坡 A₃ 区**

根据边坡岩体结构、边坡与岩层走向夹角关系，以及边坡变形机制和破坏模式，可将工程边坡 A₃ 区再分为导流洞上游区（A₃₋₁）、洞脸坡区（A₃₋₂）以及下游区（A₃₋₃）3 个亚区，见图 8-4。

（1）抗滑稳定。滑动破坏模式主要分布于导流洞上游侧坡。该区边坡主要以弱风化岩体为主，边坡断层节理发育，层间夹泥现象普遍，岩体完整性差，结构碎裂。在蠕变体底线以上，岩层倾角主要在 25°～30° 之间，而蠕变体底线以下，岩层倾角在 60°～70° 之间，说明边坡表层岩体由于历史上岩体风化、卸荷等原因已经发生了明显的倾倒变形。但是从目前的边坡岩体结构、岩体完整性、边坡与岩层走向关系以及变形特征可知，倾倒变形趋势已经很微弱，而主要以沿折断错滑面的弧形滑动变形为主。

运用极限平衡 SARMA 法计算，计算结果见表 8-18。

表 8-18　　　　　　　　　　　　　导流洞上游侧安全计算表

| 工况 | 开挖边坡 | 边坡加固后 | |
| --- | --- | --- | --- |
| | 不考虑地震 | 不考虑地震 | 考虑地震（$a=0.1g$） |
| 安全系数 | 1.771 | 2.827 | 2.401 |

从计算结果可以看出，导流洞上游侧坡总体稳定状态较好。

（2）倾倒破坏。根据边坡与岩层走向以及边坡变形特征可知，导流洞边坡区倾倒变形的范围主要出现在洞脸坡。该范围最大坡高 87.0m，边坡与岩层走向平行，倾向相反，为反向坡。据布置在该区多点位移计及钻孔资料可知，边坡表层 17.6m 范围内岩层倾角为 50°，17.6～31.8m 范围内岩层倾角为 50°～55°，边坡 31.8m 深度以上，岩层倾角为 55°。从岩层倾角变化范围可知，由于边坡坡脚缓，坡高小，边坡的倾倒变形轻微，经预应力锚索、锚杆、喷混凝土支护后，不易产生倾倒变形。

### 8.3.2　数值模拟分析

**1. 二维数值模拟计算**

（1）A₁₋₁ 区变形分析。采用三维离散元程序 3DEC，分边坡未加固、锚杆加固以及锚索、锚杆加固 3 种工况进行分析，比较加固前后的边坡位移和应力变形趋势。计算结果表明，加固控制了边坡的变形，同时也使表层岩体整体化，在折断面的控制下，变形由无序向有序发展。

（2）A₁₋₂ 区正面坡倾倒变形分析。选取正面坡断面，综合考虑边坡的开挖、加固、地应力等因素影响进行数值模拟计算。结果表明，边坡开挖卸荷后，$y$ 方向的位移回弹量总是大于 $x$ 方向的回弹量，而且 $x$、$y$ 方向基本表现出一致的回弹趋势。说明在边坡开挖、地应力释放时，边坡出现较大的回弹量，但是，边坡开挖结束、回弹终止后，边坡变形趋于平缓，边坡变形量级很小，加固支护效果较好，边坡稳定性好。

（3）A$_2$ 区坝前坡滑动变形分析。以坝前坡地质剖面建立模型，假定边坡沿蠕变体倾倒底线滑动，同时对假定滑面处 380.0m 和 325.0m 高程位置的剪切位移进行加固前后的对比分析。结果表明，边坡加固前后，蠕变体倾倒底线位置剪位移都很小，最大为 3mm，小于边坡岩层层间错动量级，说明变形不主要发生在蠕变体底线处；加固后，剪位移有了明显减少，说明加固有效控制了该区边坡的变形。

（4）A$_{3-1}$ 导流洞上游侧坡滑动变形分析。模型根据边坡的实际情况建立：蠕变体折断面以上岩层倾角为 25°～30°，折断面以下岩层倾角为 60°；物质材料主要考虑强风化、弱风化以及新鲜砂岩、泥板岩与砂岩互层体及泥板岩等。边坡加固后，整体位移矢量有了较明显的变化。同时，沿着结构面界线，折断面以上边坡的变形位移在加固后收敛最为明显；表层较破碎岩体加固后，沿着折断错滑面统一滑动的趋势增强，表层岩体整体性增强；加固后，剪出口位移明显小于加固前的位移，说明加固对折断面以上滑体的变形有了很好地控制。

加固后洞口点的垂直位移得到了有效控制，但是向坡外的变形并没有明显减小，说明加固后边坡岩体整体性增强，但整体倾倒趋势增加。

2. 三维数值模型分析

根据龙滩水电站左岸边坡实际地质情况，建立三维计算模型，见图 8-5。采用三维离散元法进行加固效果分析，并对长期变形进行预测。

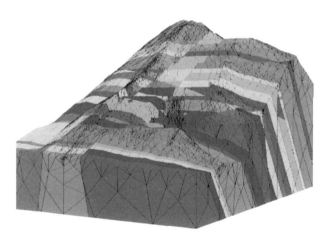

图 8-5　计算模型示意图

计算范围包括蠕变体 I 部分范围及工程边坡区整个范围。其中，引水洞主要开挖了 5～9 号机组 5 个进水口。模型宽 480.0m，长 680.0m，高 500.0m。模型总共包括块体 86701，单元 134683 个。$x$ 方向表示沿河床方向，指向下游为正；$y$ 方向表示沿铅垂向，向下为正；$z$ 方向表示向河床方向，指向山里为正。

计算模型考虑了所有地层，根据所提供的参数将相邻的、岩性相同、参数一致的地层合并为同一层；考虑了对边坡影响较大的几条断层，如 $F_{63}$、$F_{69}$、$F_1$ 及 $F_5$ 等。材料参数见表 8-19、表 8-20。

表 8-19 计 算 参 数 表

| 编号 | 风化状况 | 岩性 | 层 位 | 容重/(kN/m³) | 抗拉强度/MPa | $f$ | $c$/MPa | 变形模量/GPa | 泊松比 |
|---|---|---|---|---|---|---|---|---|---|
| 1 | 强风化 | 砂岩 | 1,5,6,14,15,17,23,25,28,38,40,41,43 | 25.5 | 0.1 | 0.75 | 0.49 | 1.75 | 0.34 |
| | | 泥板岩 | 2~4,18 | | | 0.55 | 0.29 | 0.7 | |
| | | 砂岩与泥板岩互层 | 7~13,16,19~22,24,26,27,29 | | | 0.65 | 0.39 | 1.25 | |
| 2 | 弱风化 | 砂岩 | 1,5,6,14,15,17,23,25,28,38,40,41,43 | 26.5 | 1.0 | 1.2 | 1.48 | 7.0 | 0.27 |
| | | 泥板岩 | 2~4,18 | | 0.5 | 0.8 | 0.69 | 5.0 | |
| | | 砂岩与泥板岩互层 | 7~13,16,19~22,24,26,27,29 | | 0.8 | 1.0 | 1.18 | 6.0 | |
| 3 | 微风化—新鲜 | 砂岩 | 1,5,6,14,15,17,23,25,28,38,40,41,43 | 26.8 | 1.5 | 1.5 | 2.45 | 17.5 | 0.26 |
| | | 泥板岩 | 2~4,18 | | 0.8 | 1.1 | 1.48 | 12.5 | |
| | | 砂岩与泥板岩互层 | 7~13,16,19~22,24,26,27,29 | | 1.3 | 1.35 | 1.96 | 15.5 | |
| 4 | | 断层 | | 21.0 | 0 | 0.35 | 0.05 | 0.5 | 0.34 |

表 8-20 锚索及层面节理参数

| 介质类型 | 黏聚力/kPa | 内摩擦角/(°) | 法向刚度/(kPa/m) | 切向刚度/(kPa/m) |
|---|---|---|---|---|
| 层面 | 70 | 25.0 | $7.8\times10^{7}$ | $3.85\times10^{6}$ |

注 锚杆屈服强度为290MPa,锚杆弹性模量为200GPa,砂浆的弹性模量为21GPa,砂浆的剪切模量为8.197GPa。

在进行工程边坡区边坡加固效果分析时,选择监测剖面4个不同高程的监测点进行加固前后变形量值的大小对比分析。其中,加固措施主要考虑了全坡的预应力锚索加固,总共有1157个锚索单元。

在进行加固效果分析时,边坡总共分3个大的台阶开挖,分别为480.0m以上、382.0m以上及382.0m以下。同时,每开挖一个台阶,运算迭代1000步左右后进行边坡加固,计算基本平衡再开挖下个台阶。

计算表明,加固前后边坡位移矢量及应力分布都有较明显的变化(见表8-21)。$y$方向变形主要以开挖回弹向上为主,加固后一般对正值控制在5%以内,而对变形向下的个别点的控制性很明显,主要与锚索加固、边坡表层岩体受压缩有关;边坡加固对面向河床侧的位移有很明显的控制,大部分监测点的变形控制在10%左右,有局部高程范围,如440.0~420.0m之间,由于该范围存在断层及18层泥板岩,边坡加固后,变形控制效果明显,达到15%~40%。

**表 8 - 21** 边坡加固效果对比表

| 监测点 | 高程点 /m | 加固前 y 方向变形/m | 加固后 y 方向变形/m | 加固效果 | 加固前 z 方向变形/m | 加固后 z 方向变形/m | 加固效果 |
|---|---|---|---|---|---|---|---|
| 1 | 580.0 | $-8.375 \times 10^{-3}$ | $-7.678 \times 10^{-3}$ | 8.32% | $2.510 \times 10^{-3}$ | $2.606 \times 10^{-3}$ | 3.82% |
| 2 | 560.0 | $1.347 \times 10^{-3}$ | $2.053 \times 10^{-3}$ | 52.41% | $1.238 \times 10^{-3}$ | $1.287 \times 10^{-3}$ | 3.96% |
| 3 | 540.0 | $1.376 \times 10^{-2}$ | $1.430 \times 10^{-2}$ | 3.92% | $-5.832 \times 10^{-3}$ | $-5.742 \times 10^{-3}$ | 1.54% |
| 4 | 520.0 | $1.609 \times 10^{-2}$ | $1.638 \times 10^{-2}$ | 1.80% | $-1.027 \times 10^{-2}$ | $-1.00 \times 10^{-2}$ | 2.63% |
| 5 | 500.0 | $2.020 \times 10^{-2}$ | $2.040 \times 10^{-2}$ | 0.99% | $-9.177 \times 10^{-3}$ | $-8.637 \times 10^{-3}$ | 5.88% |
| 6 | 480.0 | $2.166 \times 10^{-2}$ | $2.185 \times 10^{-2}$ | 0.88% | $-7.474 \times 10^{-3}$ | $-6.895 \times 10^{-3}$ | 7.75% |
| 7 | 478.2 | $2.257 \times 10^{-2}$ | $2.283 \times 10^{-2}$ | 1.15% | $-6.735 \times 10^{-3}$ | $-6.085 \times 10^{-3}$ | 9.65% |
| 8 | 460.0 | $2.067 \times 10^{-2}$ | $2.066 \times 10^{-2}$ | 0.05% | $-6.674 \times 10^{-3}$ | $-5.803 \times 10^{-3}$ | 13.05% |
| 9 | 444.0 | $-1.036 \times 10^{-1}$ | $-7.591 \times 10^{-2}$ | 26.73% | $-3.539 \times 10^{-2}$ | $-2.147 \times 10^{-2}$ | 39.33% |
| 10 | 421.98 | $2.675 \times 10^{-2}$ | $2.634 \times 10^{-2}$ | 1.53% | $-8.485 \times 10^{-3}$ | $-6.397 \times 10^{-3}$ | 24.61% |
| 11 | 406.5 | $2.561 \times 10^{-2}$ | $2.559 \times 10^{-2}$ | 0.08% | $-7.950 \times 10^{-3}$ | $-6.003 \times 10^{-3}$ | 24.49% |
| 12 | 377.77 | $5.275 \times 10^{-3}$ | $7.875 \times 10^{-3}$ | 49.29% | $-1.076 \times 10^{-3}$ | $-1.020 \times 10^{-3}$ | 4.28% |
| 13 | 540.0 | $9.133 \times 10^{-3}$ | $1.015 \times 10^{-2}$ | 11.14% | $-6.730 \times 10^{-3}$ | $-5.839 \times 10^{-3}$ | 13.24% |
| 14 | 520.0 | $2.542 \times 10^{-2}$ | $2.420 \times 10^{-2}$ | 4.80% | $-1.027 \times 10^{-2}$ | $-1.334 \times 10^{-2}$ | 29.89% |
| 15 | 500.0 | $2.124 \times 10^{-2}$ | $2.160 \times 10^{-2}$ | 1.69% | $-1.475 \times 10^{-2}$ | $-1.325 \times 10^{-2}$ | 10.17% |
| 16 | 480.0 | $1.789 \times 10^{-2}$ | $1.835 \times 10^{-2}$ | 2.57% | $-1.369 \times 10^{-2}$ | $-1.233 \times 10^{-2}$ | 9.93% |
| 17 | 480.0 | $1.822 \times 10^{-2}$ | $1.887 \times 10^{-2}$ | 3.57% | $-1.356 \times 10^{-2}$ | $-1.205 \times 10^{-2}$ | 11.14% |
| 18 | 460.0 | $8.834 \times 10^{-3}$ | $8.440 \times 10^{-3}$ | 4.46% | $-1.424 \times 10^{-2}$ | $-1.091 \times 10^{-2}$ | 23.38% |
| 19 | 440.0 | $1.194 \times 10^{-2}$ | $1.194 \times 10^{-2}$ | 0.00% | $-1.324 \times 10^{-2}$ | $-1.049 \times 10^{-2}$ | 20.77% |
| 20 | 426.09 | $-2.041 \times 10^{-3}$ | $5.967 \times 10^{-4}$ | 129.24% | $-2.089 \times 10^{-2}$ | $-1.515 \times 10^{-2}$ | 27.48% |
| 21 | 406.5 | $1.356 \times 10^{-2}$ | $1.427 \times 10^{-2}$ | 5.24% | $-1.368 \times 10^{-2}$ | $-1.140 \times 10^{-2}$ | 16.67% |
| 22 | 382.0 | $1.689 \times 10^{-2}$ | $1.739 \times 10^{-2}$ | 2.96% | $-2.326 \times 10^{-2}$ | $-2.106 \times 10^{-2}$ | 9.46% |
| 23 | 365.0 | $8.811 \times 10^{-3}$ | $8.986 \times 10^{-3}$ | 1.99% | $-2.528 \times 10^{-2}$ | $-2.381 \times 10^{-2}$ | 5.81% |
| 24 | 345.0 | $5.602 \times 10^{-3}$ | $5.818 \times 10^{-3}$ | 3.86% | $-2.913 \times 10^{-2}$ | $-2.779 \times 10^{-2}$ | 4.60% |
| 25 | 440.0 | $8.441 \times 10^{-3}$ | $7.994 \times 10^{-3}$ | 5.30% | $-1.408 \times 10^{-2}$ | $-1.120 \times 10^{-2}$ | 20.45% |
| 26 | 425.0 | $9.345 \times 10^{-3}$ | $9.126 \times 10^{-3}$ | 2.34% | $-1.564 \times 10^{-2}$ | $-1.305 \times 10^{-2}$ | 16.56% |
| 27 | 406.5 | $7.952 \times 10^{-3}$ | $8.528 \times 10^{-3}$ | 7.24% | $-2.030 \times 10^{-2}$ | $-1.869 \times 10^{-2}$ | 7.93% |
| 28 | 382.0 | $1.551 \times 10^{-2}$ | $1.561 \times 10^{-2}$ | 0.64% | $-3.098 \times 10^{-2}$ | $-2.858 \times 10^{-2}$ | 7.75% |
| 29 | 365.0 | $-2.894 \times 10^{-3}$ | $4.409 \times 10^{-2}$ | 115.23% | $-3.526 \times 10^{-2}$ | $-3.383 \times 10^{-2}$ | 4.06% |
| 30 | 341.81 | $-3.858 \times 10^{-3}$ | $-4.891 \times 10^{-2}$ | 87.32% | $-3.694 \times 10^{-2}$ | $-3.575 \times 10^{-2}$ | 3.22% |
| 31 | 325.0 | $-5.703 \times 10^{-3}$ | $-2.442 \times 10^{-3}$ | 57.18% | $-3.946 \times 10^{-2}$ | $-3.843 \times 10^{-2}$ | 2.61% |
| 32 | 295.0 | $7.813 \times 10^{-3}$ | $1.008 \times 10^{-2}$ | 29.02% | $-1.030 \times 10^{-2}$ | $-9.824 \times 10^{-3}$ | 4.62% |
| 33 | 382.0 | $-1.949 \times 10^{-3}$ | $1.423 \times 10^{-3}$ | 173.01% | $-2.789 \times 10^{-2}$ | $-2.600 \times 10^{-2}$ | 6.78% |
| 34 | 365.0 | $-2.395 \times 10^{-3}$ | $9.886 \times 10^{-4}$ | 141.28% | $-2.694 \times 10^{-2}$ | $-2.512 \times 10^{-2}$ | 6.76% |
| 35 | 365.0 | $-3.693 \times 10^{-3}$ | $-2.668 \times 10^{-4}$ | 92.78% | $-2.763 \times 10^{-2}$ | $-2.570 \times 10^{-2}$ | 6.99% |
| 36 | 345.0 | $8.355 \times 10^{-3}$ | $8.510 \times 10^{-3}$ | 1.86% | $-2.246 \times 10^{-2}$ | $-2.093 \times 10^{-2}$ | 6.81% |
| 37 | 345.0 | $-3.954 \times 10^{-3}$ | $-4.844 \times 10^{-4}$ | 87.75% | $-2.828 \times 10^{-2}$ | $-2.670 \times 10^{-2}$ | 5.59% |
| 38 | 324.13 | $6.992 \times 10^{-3}$ | $7.212 \times 10^{-3}$ | 3.15% | $-2.560 \times 10^{-2}$ | $-2.436 \times 10^{-2}$ | 4.84% |
| 39 | 307.09 | $1.335 \times 10^{-2}$ | $1.342 \times 10^{-2}$ | 0.52% | $-5.211 \times 10^{-2}$ | $-4.345 \times 10^{-2}$ | 16.62% |

**注** 加固效果 $= \dfrac{\text{加固前变形} - \text{加固后变形}}{\text{加固前变形}}$。

总之，从垂直和水平位移变形前后的量值来看，加固有效地限制了层状反倾岩质边坡水平及垂直方向的继续变形，为防止该类型边坡的继续倾倒和折断破坏起到了很好的作用。

## 8.4　加固需求度（DRD）评价研究

在边坡工程实践中，边坡治理常常与边坡稳定性评价密切相关。其主要方法有工程类比法、阈值评价法、可拓扑分析法、多层次模糊综合评价法、相关性评价法、数值模拟方法（如有限元法、离散元法、有限差分法），以及基于现场监测分析的评价方法等。此外，还可采用现场锚固检测实验，以及其他一些模拟锚固参数的模型实验方法来检验治理效果。

而边坡加固需求度（Degree of Reinforcement Demand，DRD），是一种衡量为避免边坡发生不允许破坏而需要加固的程度指标。边坡加固需求度法是一种以工程地质综合集成方法论（EGMS）为指导思想，对来自理论分析、专家经验和监测等方面的信息进行综合集成的研究方法。通过 DRD 研究，可以在不同时段内对边坡各个部位的稳定程度和原有加固措施的效果做出评价，并在此基础上做出边坡对加固的需求程度，从而决定是否需要进一步加固。

### 8.4.1　DRD 需求度评价的基本步骤

采用 DRD 指标进行需求度评价的基本步骤如下：

（1）为确定边坡不同部位的 DRD 值，需要按一定的规则对边坡进行分区，各分区的编号可分别为 1，2，…，$j$，…，$m$。

（2）为了反映出 DRD 随时间的变化，把所研究的时间段划分为 $p$ 个等长时段，其中第 $k$ 个时段可表示为 $l_k$（$k=1$，2，…，$p$）。

（3）选择 $n$ 个主要影响因素来进行 DRD 评价的研究，其中各因素对 DRD 的影响，请专家判断，并赋以一个无量纲的数值。

（4）由上述（1）～（3），可以获得对应于时段 $l_k$ 的影响因素矩阵，即一个 $m \times n$ 阶的矩阵 $[A]_k$。

（5）将代表各分区的位移测值变换成位移比的形式，设 $l_k$ 时段内的各分区位移监测值为 $\delta_{jk}$，则该时段内对应于第 $j$ 分区的监测位移比 $e_{jk}$ 可定义为

$$e_{jk} = \delta_{jk} \bigg/ \sum_{j=1}^{m} \delta_{jk}, j = 1,2,\cdots,m; k = 1,2,\cdots,p \tag{8-2}$$

则可构成对应于时段 $l_k$ 的 $n \times m$ 阶位移比矩阵 $[E]_k$。

（6）通过 $[A]_k$ 和 $[E]_k$ 的相乘得到 **$m$** 阶方阵 $[R]_k$，其中主对角线上的元素 $r_{jj,k}$ 即为时段 $l_k$ 内第 $j$ 个分区的加固需求度。

设某一时段 $l_k$ 内加固需求度矩阵为 $[D]_k$，其表述矩阵如下：

$$[R]_k = [A]_k[E]_k \tag{8-3}$$

$$[D]_k = \mathrm{diag}(\lambda_{1k}, \lambda_{2k}, \cdots, \lambda_{jk}, \cdots, \lambda_{mk}) \tag{8-4}$$

其中，$\lambda_{jk} = r_{jj,k}, j = 1,2,\cdots,m; k = 1,2,\cdots,p$。

矩阵 $[D]_k$ 主对角线上的 $m$ 个元素分别表示了在时段 $l_k$ 中同个边坡分区的加固需求度 DRD 指标。为了便于分析，式（8-4）和式（8-5）分别定义了边坡在 $l_k$ 中的总加固需求

度 $D_{G,k}$ 和平均加固需求度 $D_{M,k}$。

$$D_{G,k} = \sum_{j=1}^{m} \lambda_{jk} \tag{8-5}$$

$$D_{M,k} = \frac{1}{m} \sum_{j=1}^{m} \lambda_{jk} \tag{8-6}$$

### 8.4.2 左岸 $A_1$ 区边坡 DRD 评价

#### 8.4.2.1 $A_1$ 区边坡分区及监测时段划分

$A_1$ 区边坡布置了岩石变位计、钻孔倾斜仪等多种监测仪器。为了便于采用 DRD 指标进行评价，采用三点式岩石变位计的监测数据进行计算。根据 $B_1$ 区的地层、断层及监测布置情况，将 $A_1$ 边坡分为 1～6 分区；每个分区内各选一个三点式岩石变位计，对 2002 年 7 月 10 日至 2003 年 10 月 9 日边坡加固施工较为集中的这一时间段进行 DRD 评价，并将这一时段划分为 3 个长度都为 5 个月的时段，即 $l_1$，$l_2$ 和 $l_3$。

#### 8.4.2.2 时段 $l_1$ 的矩阵分析及各区 DRD 值的确定

根据龙滩水电站左岸 $A_1$ 区边坡的现场调查及 DRD 评价方法的赋值标准，分别就 8 个影响因素在时段 $l_1$（2002 年 7 月 10 日至 2002 年 12 月 9 日）内对 6 个分区的影响程度进行了赋值，见表 8-22～表 8-25。

表 8-22 对 $A_1$ 区各分区内岩石坚硬程度的赋值 $A_{Rc}$

| 分区编号 | 1 | 2 | 3 | 4 | 5 | 6 |
|---|---|---|---|---|---|---|
| 岩石坚硬程度 | 极软弱 | 较软弱 | 中等坚硬 | 中等坚硬 | 坚硬 | 坚硬 |
| $A_{Rc}$ | 16 | 12 | 8 | 8 | 4 | 4 |

表 8-23 对 $A_1$ 区各分区内断层、岩体结构的赋值 $A_F$ 和 $A_S$

| 分区编号 | 1 | 2 | 3 | 4 | 5 | 6 |
|---|---|---|---|---|---|---|
| $A_F$ | 10 | 16 | 10 | 16 | 1 | 1 |
| $A_S$ | 16 | 8 | 8 | 8 | 4 | 4 |

表 8-24 对 $A_1$ 区各分区内风化类型的赋值 $A_W$

| 分区编号 | 1 | 2 | 3 | 4 | 5 | 6 |
|---|---|---|---|---|---|---|
| 表层风化类型 | 全风化 | 强风化 | 强风化 | 强风化 | 弱风化 | 弱风化 |
| 赋值 $a$ | 22 | 18 | 18 | 18 | 8 | 8 |
| 5.0m 深处风化类型 | 强风化 | 强风化 | 弱风化 | 弱风化 | 弱风化 | 弱风化 |
| 赋值 $b$ | 18 | 18 | 8 | 8 | 8 | 8 |
| $A_W = (a+b)/2$ | 20 | 18 | 13 | 13 | 8 | 8 |

表 8-25 对 $A_1$ 区各分区内地下水、边坡面倾角、相对坡高比和开裂的赋值 $A_{GW}$、$A_a$、$A_e$ 和 $A_c$

| 分区编号 | 1 | 2 | 3 | 4 | 5 | 6 |
|---|---|---|---|---|---|---|
| $A_{GW}$ | 1 | 4 | 1 | 4 | 1 | 4 |
| $A_a$ | 3 | 6 | 3 | 6 | 3 | 3 |
| $A_e$ | 12 | 6 | 12 | 6 | 12 | 6 |
| $A_c$ | 6 | 3 | 1 | 3 | 1 | 1 |

对 6 个分区中有关 8 个影响因素的经验赋值，可形成对应于时段 $l_1$ 的影响因素矩阵 $[A]_1$。

$$A = \begin{pmatrix} 16 & 10 & 16 & 20 & 1 & 3 & 12 & 6 \\ 12 & 16 & 8 & 18 & 4 & 6 & 6 & 3 \\ 8 & 10 & 8 & 13 & 1 & 3 & 12 & 1 \\ 8 & 16 & 8 & 13 & 4 & 6 & 6 & 3 \\ 4 & 1 & 4 & 8 & 1 & 3 & 12 & 1 \\ 4 & 1 & 4 & 8 & 4 & 3 & 6 & 1 \end{pmatrix}$$

由 3 个时间段 $l_1 \sim l_3$ 的监测数据可以得到 6 个分区在各时段内的位移比 $e_{jk}$，见表 8-26，进而可以建立时间段 $l_1$ 的位移比矩阵 $[E]_1$。

$$E = \begin{pmatrix} 0.94 & 0.01 & 0.01 & 0.01 & 0.02 & 0.01 \\ 0.94 & 0.01 & 0.01 & 0.01 & 0.02 & 0.01 \\ 0.94 & 0.01 & 0.01 & 0.01 & 0.02 & 0.01 \\ 0.94 & 0.01 & 0.01 & 0.01 & 0.02 & 0.01 \\ 0.94 & 0.01 & 0.01 & 0.01 & 0.02 & 0.01 \\ 0.94 & 0.01 & 0.01 & 0.01 & 0.02 & 0.01 \\ 0.94 & 0.01 & 0.01 & 0.01 & 0.02 & 0.01 \\ 0.94 & 0.01 & 0.01 & 0.01 & 0.02 & 0.01 \end{pmatrix}$$

**表 8-26**          $A_1$ 区各分区在时段 $l_1 \sim l_3$ 内的位移比 $e_{jk}$

| | 分区编号 | 1 | 2 | 3 | 4 | 5 | 6 | $\sum\limits_{j=1}^{m} \delta_{jk}$ |
|---|---|---|---|---|---|---|---|---|
| | 测点编号 | $M_{增}^4 - 1$ | $M_3^4 - 3$ | $M_1^4 - 1$ | $M_1^4 - 4$ | $M_2^4 - 1$ | $M_2^4 - 3$ | |
| $l_1$ | $\delta_{j1}/\text{mm}$ | 10.35 | 0.14 | 0.09 | 0.11 | 0.18 | 0.11 | 10.98 |
| | $e_{j1}$ | 0.94 | 0.01 | 0.01 | 0.01 | 0.02 | 0.01 | — |
| $l_2$ | $\delta_{j2}/\text{mm}$ | 1.79 | 0.26 | 0.06 | 4.25 | 0.15 | 0.08 | 6.59 |
| | $e_{j2}$ | 0.27 | 0.04 | 0.01 | 0.64 | 0.02 | 0.01 | — |
| $l_3$ | $\delta_{j3}/\text{mm}$ | 1.43 | 0.54 | 0.14 | 0.19 | 0.08 | 0.71 | 3.09 |
| | $e_{j3}$ | 0.46 | 0.17 | 0.05 | 0.06 | 0.03 | 0.23 | — |

将矩阵 $[A]_1$ 和 $[E]_1$ 代入式（8-3）中，可以得到一个对应于时间段 $l_1$ 的 6 阶方阵 $[R]_1$。按照式（8-3）的定义建立对角阵 $[D]_1$，则 $[D]_1$ 主对角线上从左上至右下依次排列的元素分别为分区 1~6 在时段 $l_1$ 中的 DRD 值，再结合 6 个分区的岩体破碎程度、断层情况等地质条件，给出了各分区的加固需求程度，见表 8-27。

**表 8-27**          $A_1$ 区各分区 $l_1$ 时段加固需求度对比表

| 分区编号 | 1 | 2 | 3 | 4 | 5 | 6 |
|---|---|---|---|---|---|---|
| 岩体破碎程度 | 十分破碎 | 较破碎 | 破碎 | 破碎 | 较完整 | 较完整 |
| 断层 | $F_{69}$、$F_{144}$、$F_{147}$ | $F_{63}$、$F_{69}$ | $F_{63}$ | $F_{63}$ | 无 | 无 |
| DRD 值 | 79.18 | 0.93 | 0.46 | 0.64 | 0.56 | 0.31 |
| 加固需求 | 特别需要 | 一般需要 | 基本不需要 | 基本不需要 | 基本不需要 | 基本不需要 |

从表 8-27 可以看出：①各分区的 DRD 值与现场调查结果基本相符；②1 区 DRD 值极大，说明这一区域迫切需要加固。2002 年 5 月，1 区边坡高程 580.0m 坡面发生裂缝，

2002 年 10 月在该位置附近增加了两根设计锚固力为 2000kN 的锚索。DRD 评价与设计方的加固设计、实施方案也基本上一致。

### 8.4.2.3 时段 $l_2$、$l_3$ 的矩阵分析及各区 DRD 值的确定

在时段 $l_2$（2002 年 12 月 10 日至 2003 年 5 月 9 日）内，由于 $A_1$ 区边坡大部分锚索已经张拉完毕开始发挥作用，根据加固后的赋值标准对各分区的岩体坚硬程度 $A_{Rc}$、断层情况 $A_F$、岩体结构 $A_S$、风化情况 $A_W$ 进行相应修正，见表 8-28，而其他影响因素赋值可保持不变，计算得到各分区在时段 $l_2$ 中的 DRD 值，见表 8-29。

表 8-28　　　　　　　$A_1$ 区各分区 $l_1$ 时段 $A_{Rc}$、$A_F$、$A_S$、$A_W$ 加固后赋值修正表

| 分区编号 | 1 | 2 | 3 | 4 | 5 | 6 |
|---|---|---|---|---|---|---|
| $A_{Rc}$ | 13 | 9 | 6 | 6 | 3 | 3 |
| $A_F$ | 7 | 10 | 7 | 10 | 1 | 1 |
| $A_S$ | 12 | 5 | 5 | 5 | 4 | 4 |
| $A_W$ | 19 | 14 | 14 | 13 | 7 | 7 |

在时段 $l_3$（2002 年 5 月 10 日至 10 月 9 日）内，由于各分区没有进行新的开挖或加固，所以认为 $l_3$ 时段各分区的影响因素赋值与 $l_2$ 时段相同，计算得到各分区在时段 $l_3$ 中的 DRD 值，见表 8-29。

表 8-29　　　　　　　$A_1$ 区各分区在时段 $l_1 \sim l_3$ 的加固需求度表

| 分区编号 | | 1 | 2 | 3 | 4 | 5 | 6 | $R_{G,k}$ | $R_{M,k}$ |
|---|---|---|---|---|---|---|---|---|---|
| DRD 值 | $l_1$ | 79.18 | 0.93 | 0.46 | 0.64 | 0.56 | 0.31 | 82.08 | 13.68 |
| | $l_2$ | 19.01 | 2.25 | 0.45 | 34.83 | 0.73 | 0.35 | 57.61 | 9.60 |
| | $l_3$ | 32.40 | 9.96 | 2.22 | 3.32 | 0.83 | 6.66 | 55.39 | 9.23 |

### 8.4.2.4 $A_1$ 区边坡各分区加固需求度的对比分析

图 8-6 对时段 $l_1 \sim l_3$ 内 $A_1$ 区边坡各分区的加固需求度进行了比较，由此可得出以下几点结论：

（1）在时段 $l_1$ 内，具有较高 DRD 值的部位主要集中在分区 $A_1$，即 $A_1$ 区 600.0m 高程坡段，说明这个区域为重点加固区。时段 $l_1$ 的总加固需求度 $R_{G,1} = 82.08$，约为后两时段 $R_{G,k}$ 值的 1.5 倍，说明在边坡初始开挖阶段需要进行大规模的支护。其他 5 个分区的 DRD 值与分区 1 相比都很小，其原因是这些部位地质条件稍好于分区 1，并且 2、4、6 等分区还未受到边坡开挖的影响。

（2）从时段 $l_1$ 进入时段 $l_2$ 之后，由于对重点加固部位增加了力度较大的加固措施，情况有了较大的变化：分区 $B_{1-1}$ 的 DRD 值下降最快，由原来的 79.18 下降到 19.01，降幅达到 75.95%，排名由原来的

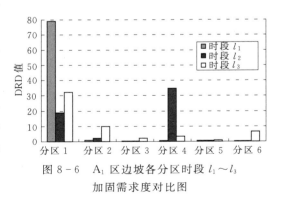

图 8-6　$A_1$ 区边坡各分区时段 $l_1 \sim l_3$ 加固需求度对比图

第一位下降到第二位，说明该部位的加固设计方案基本达到了预期要求；$B_{1-4}$ 区的 DRD 值由原来的 0.64 上升到 34.83，这与该部位本身地质条件和边坡的大规模开挖有关。

（3）时段 $l_2$ 内 $A_1$ 区边坡进行了大规模的锚索张拉加固。进入时段 $l_3$ 后，所有锚索都已张拉完毕，并逐步发挥作用。到时段 $l_3$ 终止日（2003 年 10 月 10 日）为止，各分区加固需求度的新格局为：分区 1＞分区 2＞分区 6＞分区 4＞分区 3＞分区 5；总体加固需求度 $R_{G,3}=55.39$，相比时段 $l_1$ 有大幅下降，说明 $A_1$ 区边坡整体的加固措施效果较好。

综上所述，截至 2003 年 10 月 10 日，$A_1$ 区开挖边坡基本趋于稳定，DRD 值整体不大。但在一些地质条件较差的区域，如分区 2、分区 4，由于位于继续开挖区域（进水口边坡）上部，会受到边坡开挖的影响，并且在时段 $l_3$ 内 DRD 值相对较高，因此仍需要加强对这些部位的监测。

### 8.4.3 左岸边坡 DRD 评价研究

#### 8.4.3.1 左岸边坡分区及监测时段划分

左岸边坡布置了多种监测仪器，为了便于利用 DRD 指标进行评价，采用整个边坡的地表监测数据（三个方向的地表变形矢量和）进行计算。根据边坡的地层、断层及监测布置情况，将左岸整个边坡分为 1～15 分区，每个分区内各选一个地表变形监测点，见图 8-7、表 8-30。

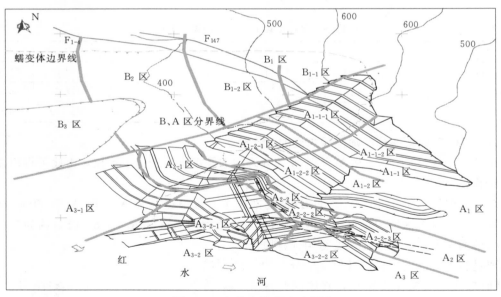

图 8-7 左岸边坡分区示意图

表 8-30　　　　　　　　左岸边坡各分区编号及地表监测点号对应表

| 分区编号 | 1 | 2 | 3 | 4 | 5 | 6 | 7 | 8 |
|---|---|---|---|---|---|---|---|---|
| 地表监测点号 | 60003 | 48003 | 38004 | 34004 | 56005 | 56006 | 42007 | 42010 |
| 分区编号 | 9 | 10 | 11 | 12 | 13 | 14 | 15 | |
| 地表监测点号 | 34008 | 34012 | 34016 | 34016-7 | 30007 | 30010 | 30014 | |

对 2002 年 1 月至 2004 年 12 月三年间边坡开挖、加固施工较为集中的这一时间段进行 DRD 评价，并将这一时段划分为 6 个长度都为半年的时段，即 $l_1 \sim l_6$。

### 8.4.3.2  左岸边坡各分区矩阵分析及其 DRD 值的确定

根据龙滩水电站左岸边坡的现场调查及 DRD 评价方法的赋值标准，分别就 8 个影响因素在 6 个时段（2001 年 1 月至 2004 年 12 月）内对 15 个分区的影响程度进行了赋值，见表 8-31～表 8-35（其中时段 $l_6$ 与时段 $l_5$ 影响因素赋值相同，故未标出）。

表 8-31　　时段 $l_1$（2002 年 1 月至 2004 年 6 月）左岸边坡各分区影响因素赋值

| 分区编号 | 1 | 2 | 3 | 4 | 5 | 6 | 7 | 8 | 9 | 10 | 11 | 12 | 13 | 14 | 15 |
|---|---|---|---|---|---|---|---|---|---|---|---|---|---|---|---|
| $A_{Rc}$ | 16 | 12 | 12 | 8 | 12 | 4 | 12 | 4 | 12 | 8 | 8 | 8 | 12 | 12 | 8 |
| $A_F$ | 16 | 8 | 8 | 16 | 10 | 3 | 16 | 3 | 1 | 16 | 8 | 8 | 10 | 8 | 1 |
| $A_S$ | 21 | 21 | 15 | 15 | 8 | 4 | 12 | 4 | 8 | 8 | 8 | 18 | 12 | 8 | 4 |
| $A_W$ | 19 | 19 | 17 | 17 | 17 | 4 | 10 | 4 | 18 | 8 | 4 | 8 | 8 | 4 | 4 |
| $A_{GW}$ | 1 | 1 | 4 | 6 | 1 | 1 | 4 | 4 | 4 | 4 | 4 | 4 | 6 | 6 | 6 |
| $A_a$ | 3 | 3 | 3 | 3 | 3 | 3 | 6 | 6 | 6 | 12 | 12 | 12 | 6 | 6 | 6 |
| $A_e$ | 12 | 6 | 3 | 1 | 12 | 12 | 6 | 6 | 3 | 3 | 3 | 3 | 1 | 1 | 1 |
| $A_c$ | 6 | 6 | 6 | 3 | 6 | 3 | 6 | 3 | 3 | 3 | 3 | 3 | 3 | 3 | 1 |

表 8-32　　时段 $l_2$（2002 年 7—12 月）左岸边坡各分区影响因素赋值

| 分区编号 | 1 | 2 | 3 | 4 | 5 | 6 | 7 | 8 | 9 | 10 | 11 | 12 | 13 | 14 | 15 |
|---|---|---|---|---|---|---|---|---|---|---|---|---|---|---|---|
| $A_{Rc}$ | 15 | 10 | 10 | 8 | 10 | 4 | 10 | 4 | 12 | 8 | 8 | 8 | 12 | 12 | 8 |
| $A_F$ | 15 | 7 | 7 | 15 | 10 | 3 | 15 | 3 | 1 | 16 | 8 | 8 | 10 | 8 | 1 |
| $A_S$ | 15 | 15 | 13 | 13 | 8 | 4 | 12 | 4 | 8 | 8 | 8 | 18 | 12 | 8 | 4 |
| $A_W$ | 17 | 17 | 14 | 14 | 17 | 4 | 10 | 4 | 18 | 8 | 4 | 8 | 8 | 4 | 4 |
| $A_{GW}$ | 1 | 1 | 4 | 6 | 1 | 1 | 4 | 4 | 4 | 4 | 4 | 4 | 6 | 6 | 6 |
| $A_a$ | 3 | 3 | 3 | 3 | 3 | 3 | 6 | 6 | 6 | 12 | 12 | 12 | 6 | 6 | 6 |
| $A_e$ | 12 | 6 | 3 | 1 | 12 | 12 | 6 | 6 | 3 | 3 | 3 | 3 | 1 | 1 | 1 |
| $A_c$ | 6 | 6 | 6 | 3 | 6 | 3 | 6 | 3 | 3 | 3 | 3 | 3 | 3 | 3 | 1 |

表 8-33　　时段 $l_3$（2003 年 1—6 月）左岸边坡各分区影响因素赋值

| 分区编号 | 1 | 2 | 3 | 4 | 5 | 6 | 7 | 8 | 9 | 10 | 11 | 12 | 13 | 14 | 15 |
|---|---|---|---|---|---|---|---|---|---|---|---|---|---|---|---|
| $A_{Rc}$ | 15 | 10 | 10 | 8 | 8 | 4 | 8 | 4 | 10 | 8 | 8 | 8 | 12 | 12 | 8 |
| $A_F$ | 15 | 7 | 7 | 15 | 10 | 3 | 10 | 3 | 1 | 16 | 8 | 8 | 10 | 8 | 1 |
| $A_S$ | 15 | 15 | 13 | 13 | 8 | 4 | 10 | 4 | 8 | 8 | 8 | 18 | 12 | 8 | 4 |
| $A_W$ | 17 | 17 | 14 | 14 | 14 | 4 | 10 | 4 | 18 | 8 | 4 | 8 | 8 | 4 | 4 |
| $A_{GW}$ | 1 | 1 | 4 | 6 | 1 | 1 | 4 | 4 | 4 | 4 | 4 | 4 | 6 | 6 | 6 |
| $A_a$ | 3 | 3 | 3 | 3 | 3 | 3 | 6 | 6 | 6 | 12 | 12 | 12 | 6 | 6 | 6 |
| $A_e$ | 12 | 6 | 3 | 1 | 12 | 12 | 6 | 6 | 3 | 3 | 3 | 3 | 1 | 1 | 1 |
| $A_c$ | 6 | 6 | 6 | 3 | 6 | 3 | 6 | 3 | 3 | 3 | 3 | 3 | 3 | 3 | 1 |

247

表 8 - 34　　　　　时段 $l_4$（2003 年 7—12 月）左岸边坡各分区影响因素赋值

| 分区编号 | 1 | 2 | 3 | 4 | 5 | 6 | 7 | 8 | 9 | 10 | 11 | 12 | 13 | 14 | 15 |
|---|---|---|---|---|---|---|---|---|---|---|---|---|---|---|---|
| $A_{Rc}$ | 15 | 10 | 10 | 8 | 8 | 4 | 8 | 4 | 9 | 6 | 6 | 6 | 10 | 10 | 6 |
| $A_F$ | 15 | 7 | 7 | 15 | 10 | 3 | 10 | 3 | 1 | 12 | 6 | 6 | 8 | 8 | 1 |
| $A_S$ | 15 | 15 | 13 | 13 | 8 | 4 | 10 | 4 | 7 | 7 | 7 | 16 | 10 | 6 | 4 |
| $A_W$ | 17 | 17 | 14 | 14 | 14 | 4 | 10 | 4 | 14 | 7 | 3 | 7 | 7 | 3 | 3 |
| $A_{GW}$ | 1 | 1 | 4 | 6 | 1 | 1 | 4 | 4 | 4 | 4 | 4 | 4 | 6 | 6 | 6 |
| $A_a$ | 3 | 3 | 3 | 3 | 3 | 3 | 6 | 6 | 6 | 12 | 12 | 12 | 6 | 6 | 6 |
| $A_e$ | 12 | 6 | 3 | 1 | 12 | 12 | 6 | 6 | 3 | 3 | 3 | 3 | 1 | 1 | 1 |
| $A_c$ | 6 | 6 | 3 | 3 | 6 | 3 | 6 | 3 | 3 | 3 | 3 | 3 | 3 | 3 | 1 |

表 8 - 35　　　　　时段 $l_5$（2004 年 1—6 月）左岸边坡各分区影响因素赋值

| 分区编号 | 1 | 2 | 3 | 4 | 5 | 6 | 7 | 8 | 9 | 10 | 11 | 12 | 13 | 14 | 15 |
|---|---|---|---|---|---|---|---|---|---|---|---|---|---|---|---|
| $A_{Rc}$ | 15 | 10 | 10 | 8 | 8 | 4 | 8 | 4 | 9 | 6 | 6 | 6 | 8 | 8 | 4 |
| $A_F$ | 15 | 7 | 7 | 15 | 10 | 3 | 10 | 3 | 1 | 12 | 6 | 6 | 6 | 6 | 1 |
| $A_S$ | 15 | 15 | 13 | 13 | 8 | 4 | 10 | 4 | 7 | 7 | 7 | 14 | 8 | 4 | 3 |
| $A_W$ | 17 | 17 | 14 | 14 | 14 | 4 | 10 | 4 | 14 | 7 | 3 | 7 | 5 | ·2 | 2 |
| $A_{GW}$ | 1 | 1 | 4 | 6 | 1 | 1 | 4 | 4 | 4 | 4 | 4 | 4 | 6 | 6 | 6 |
| $A_a$ | 3 | 3 | 3 | 3 | 3 | 3 | 6 | 6 | 6 | 12 | 12 | 12 | 6 | 6 | 6 |
| $A_e$ | 12 | 6 | 3 | 1 | 12 | 12 | 6 | 6 | 3 | 3 | 3 | 3 | 1 | 1 | 1 |
| $A_c$ | 6 | 6 | 6 | 3 | 6 | 3 | 6 | 3 | 3 | 3 | 3 | 3 | 3 | 3 | 1 |

　　根据对 15 个分区中有关 8 个影响因素的经验赋值可形成对应于各个时段的影响因素矩阵 $[A]$。

$$A = \begin{pmatrix} 16 & 10 & 16 & 20 & 1 & 3 & 12 & 6 \\ 12 & 16 & 8 & 18 & 4 & 6 & 6 & 3 \\ 8 & 10 & 8 & 13 & 1 & 3 & 12 & 1 \\ 8 & 16 & 8 & 13 & 4 & 6 & 6 & 3 \\ 4 & 1 & 4 & 8 & 1 & 3 & 12 & 1 \\ 4 & 1 & 4 & 8 & 4 & 3 & 6 & 1 \end{pmatrix}$$

　　由 6 个时段 $l_1 \sim l_6$ 的监测数据可以得到 15 个分区在各时段内的位移比 $e_{jk}$，见表 8 - 36，进而可以建立各个时段的位移比矩阵 $[E]$。

表 8 - 36　　　　　　　左岸边坡各分区在时段 $l_1 \sim l_6$ 内的位移比 $e_{jk}$

| 分区编号 | 测点编号 | $l_1$ | | $l_2$ | | $l_3$ | | $l_4$ | | $l_5$ | | $l_6$ | |
|---|---|---|---|---|---|---|---|---|---|---|---|---|---|
| | | $\delta_{j1}/mm$ | $e_{j1}$ | $\delta_{j2}/mm$ | $e_{j2}$ | $\delta_{j3}/mm$ | $e_{j3}$ | $\delta_{j4}/mm$ | $e_{j4}$ | $\delta_{j5}/mm$ | $e_{j5}$ | $\delta_{j6}/mm$ | $e_{j6}$ |
| 1 | 60003 | 4.57 | 0.25 | 14.67 | 0.30 | 1.86 | 0.17 | 4.20 | 0.07 | 2.67 | 0.04 | 8.83 | 0.15 |
| 2 | 48003 | 0 | 0 | 1.86 | 0.04 | 1.72 | 0.16 | 7.38 | 0.11 | 5.46 | 0.08 | 0.74 | 0.01 |
| 3 | 38004 | 0 | 0 | 16.77 | 0.34 | 0.73 | 0.07 | 3.77 | 0.06 | 1.67 | 0.03 | 0.43 | 0.01 |
| 4 | 34004 | 0 | 0 | 1.91 | 0.04 | 2.27 | 0.21 | 1.07 | 0.02 | 4.67 | 0.07 | 3.10 | 0.05 |
| 5 | 56005 | 6.51 | 0.35 | 9.01 | 0.18 | 0.16 | 0.02 | 6.11 | 0.09 | 8.48 | 0.13 | 1.60 | 0.03 |
| 6 | 56006 | 7.46 | 0.40 | 5.24 | 0.11 | 0.96 | 0.09 | 5.11 | 0.08 | 1.66 | 0.03 | 9.25 | 0.16 |

| 分区编号 | 测点编号 | $l_1$ | | $l_2$ | | $l_3$ | | $l_4$ | | $l_5$ | | $l_6$ | |
|---|---|---|---|---|---|---|---|---|---|---|---|---|---|
| | | $\delta_{j1}/mm$ | $e_{j1}$ | $\delta_{j2}/mm$ | $e_{j2}$ | $\delta_{j3}/mm$ | $e_{j3}$ | $\delta_{j4}/mm$ | $e_{j4}$ | $\delta_{j5}/mm$ | $e_{j5}$ | $\delta_{j6}/mm$ | $e_{j6}$ |
| 7 | 42007 | 0 | 0 | 0 | 0 | 2.14 | 0.20 | 3.07 | 0.05 | 4.86 | 0.07 | 2.35 | 0.04 |
| 8 | 42010 | 0 | 0 | 0 | 0 | 0 | 0 | 0 | 0 | 5.94 | 0.09 | 5.55 | 0.10 |
| 9 | 34008 | 0 | 0 | 0 | 0 | 0.94 | 0.09 | 2.44 | 0.04 | 3.10 | 0.05 | 0.07 | 0 |
| 10 | 34012 | 0 | 0 | 0 | 0 | 0 | 0 | 5.71 | 0.09 | 0.02 | 0 | 5.24 | 0.09 |
| 11 | 34016 | 0 | 0 | 0 | 0 | 0 | 0 | 6.71 | 0.10 | 2.06 | 0.03 | 5.18 | 0.09 |
| 12 | 34016 – 7 | 0 | 0 | 0 | 0 | 0 | 0 | 6.29 | 0.10 | 4.61 | 0.07 | 3.37 | 0.06 |
| 13 | 30007 | 0 | 0 | 0 | 0 | 0 | 0 | 4.36 | 0.07 | 2.06 | 0.03 | 1.03 | 0.02 |
| 14 | 30010 | 0 | 0 | 0 | 0 | 0 | 0 | 8.29 | 0.13 | 1.98 | 0.03 | 4.81 | 0.08 |
| 15 | 30014 | 0 | 0 | 0 | 0 | 0 | 0 | 0 | 0 | 16.35 | 0.25 | 5.92 | 0.10 |
| $\sum\limits_{j=1}^{m}\delta_{jk}$ | | 18.54 | — | 49.46 | — | 10.78 | — | 64.51 | — | 65.59 | — | 57.47 | — |

计算得到分区 1～15 在时段 $l_1$～$l_6$ 中的 DRD 值，结合 15 个分区的岩体破碎程度、断层情况等地质条件给出各分区的加固需求程度，见表 8 - 37 及图 8 - 8。

表 8 - 37　　　　　　左岸边坡各分区 $l_1$～$l_6$ 时段加固需求度对比表

| 分区编号 | $l_1$ | | $l_2$ | | $l_3$ | | $l_4$ | | $l_5$ | | $l_6$ | |
|---|---|---|---|---|---|---|---|---|---|---|---|---|
| | DRD 值 | 加固需求 | DRD 值 | 加固需求 | DRD 值 | 加固需求 | DRD 值 | 加固需求 | DRD 值 | 加固需求 | DRD 值 | 加固需求 |
| 1 | 23.16 | 特别需要 | 24.91 | 特别需要 | 14.47 | 较需要 | 5.47 | 一般需要 | 3.42 | 一般需要 | 12.91 | 较需要 |
| 2 | 0 | 不需要 | 2.44 | 不需要 | 10.37 | 较需要 | 7.43 | 一般需要 | 5.41 | 一般需要 | 0.83 | 不需要 |
| 3 | 0 | 不需要 | 20.34 | 特别需要 | 4.09 | 一般需要 | 3.51 | 一般需要 | 1.53 | 不需要 | 0.45 | 不需要 |
| 4 | 0 | 不需要 | 2.43 | 不需要 | 13.25 | 较需要 | 1.05 | 不需要 | 4.49 | 一般需要 | 3.40 | 一般需要 |
| 5 | 24.23 | 特别需要 | 12.21 | 较需要 | 0.94 | 不需要 | 5.88 | 一般需要 | 8.02 | 一般需要 | 1.72 | 不需要 |
| 6 | 13.69 | 较需要 | 3.60 | 一般需要 | 3.01 | 一般需要 | 2.69 | 不需要 | 0.86 | 不需要 | 5.47 | 一般需要 |
| 7 | 0 | 不需要 | 0 | 不需要 | 11.91 | 较需要 | 2.85 | 不需要 | 4.44 | 一般需要 | 2.46 | 不需要 |
| 8 | 0 | 不需要 | 0 | 不需要 | 0 | 不需要 | 0 | 不需要 | 3.08 | 一般需要 | 3.28 | 一般需要 |
| 9 | 0 | 不需要 | 0 | 不需要 | 4.64 | 一般需要 | 1.78 | 不需要 | 2.22 | 不需要 | 0.06 | 不需要 |
| 10 | 0 | 不需要 | 0 | 不需要 | 0 | 不需要 | 4.78 | 一般需要 | 0.02 | 不需要 | 4.92 | 一般需要 |
| 11 | 0 | 不需要 | 0 | 不需要 | 0 | 不需要 | 4.58 | 一般需要 | 1.38 | 不需要 | 3.97 | 一般需要 |
| 12 | 0 | 不需要 | 0 | 不需要 | 0 | 不需要 | 5.56 | 一般需要 | 3.87 | 一般需要 | 3.22 | 一般需要 |
| 13 | 0 | 不需要 | 0 | 不需要 | 0 | 不需要 | 3.45 | 一般需要 | 1.35 | 不需要 | 0.77 | 不需要 |
| 14 | 0 | 不需要 | 0 | 不需要 | 0 | 不需要 | 5.52 | 一般需要 | 1.09 | 不需要 | 3.01 | 一般需要 |
| 15 | 0 | 不需要 | 0 | 不需要 | 0 | 不需要 | 0 | 不需要 | 5.98 | 一般需要 | 2.47 | 不需要 |

## 8.4.3.3　左岸边坡 DRD 分析

图 8 - 35 反映了对应 6 个时段 $l_1$～$l_6$ 左岸边坡各分区的加固需求度，从中可以看出：

（1）在时段 $l_1$（2002 年 1—6 月），具有较高 DRD 值的部位主要集中在分区 1、5、6，主要集中在蠕变体 B 区的上部及 $A_1$ 区开挖边坡的上部，尤其是分区 5 即 $A_1$ 区 600.0m 高程坡段加固需求度最大。这一时段内，边坡开挖主要集中在高程 480.0m 以上，大规模的

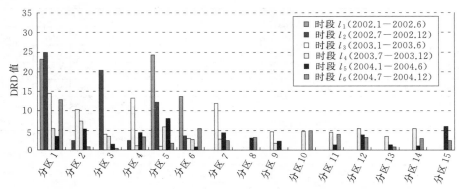

图 8-8 左岸边坡各分区对应于时段 $l_1 \sim l_6$ 加固需求度对比图

开挖使边坡地表变形增大，这一时段总加固需求度 $R_{G,1}=61.07$，约为 $l_6$ 时段 $R_{G,k}$ 值的 1.2 倍，说明边坡初始开挖阶段需要进行大规模的支护。此外，其他部位由于地表监测还未获得数据，位移变形记为 0，因此 DRD 值反映的只是有监测数据的点需要加固的程度，不代表全坡需要加固的程度。

（2）在时段 $l_2$（2002 年 7—12 月），B 区地表监测点都开始有监测数据，DRD 值较大的部位为分区 1、3、5。其中，分区 1、3 位于 B 区，DRD 值均超过 20，属于特别需要加固的部位，变形较大主要是由于排水洞 PSD7 及 PSD5 支洞施工、公路切脚等造成，同时与该位置岩体结构与质量有关。而 $A_1$ 区开挖边坡分区 5、6 由于在时段 $l_2$ 陆续进行锚索加固，DRD 值有大幅度下降，降幅达到 50% 左右。

（3）在时段 $l_3$（2003 年 1—6 月），由于 $A_1$ 区边坡大部分锚索已经张拉完毕，开始发挥作用，大部分区域 DRD 值都有所下降，降幅较大的为 1、3、5、6 分区，降幅均超过 50%。有 3 个区域 DRD 值有所增大。其中，B 区为 2、4 分区，$A_1$ 区为 7 分区，与该部位本身地质条件和边坡的大规模开挖有关。

（4）在时段 $l_4$（2003 年 7—12 月），边坡各区域都已有地表监测数据，相比前 3 个时段，此时进行边坡加固需求度评价更为客观。这一时段全坡开挖基本结束，总加固需求度 $R_{G,1}=54.55$，相比前 3 个时段下降 20% 左右，说明整个边坡在开挖后的加固措施初有成效。其中，DRD 值大于 5，具有一般加固需求的区域有分区 1、5、12、14。

（5）在时段 $l_5$（2004 年 1—6 月），DRD 值整体不大，最大为 5 区，相比时段 $l_4$ 有所增加，仍为一般加固需求。此外，DRD 值大于 5，具有一般加固需求的区域还有 2、15 分区。

（6）在时段 $l_5$（2004 年 1—6 月），DRD 值与时段 $l_5$ 相比又略有下降，整体保持较低水平。需要注意的区域有：B 区的 1 分区，DRD 值为 12.91；$A_1$ 区的 6 分区及进水口的 10 分区，为一般加固需求区域。

综上所述，截至 2004 年 12 月，龙滩水电站左岸边坡变形基本趋于稳定，DRD 值整体不大，加固措施有效，但在一些地质条件较差的区域，如 B 区的 1 分区、$A_1$ 区的 6 分区及进水口的 10 分区，需要加强监测，进而决定是否需要进一步加固。

## 8.5 边坡安全熵（SSE）分析

不同的边坡工程，由于所处地质条件、构造条件及环境条件的不同，其发生破坏的机制及破坏类型则各不相同，因而在评价边坡加固效果时，应根据其边坡特性选择合适的评价方法，在分析目前边坡稳定性分析方法的基础上，采用边坡安全熵分析方法进行加固效果评价研究。

### 8.5.1 边坡安全熵（SSE）的分析原理

熵的概念源于热力学，是一种多目标决策的有效方法，是系统不确定性的一个度量，由 Shannon 于 1948 年提出，之后被广泛应用于自然科学和社会科学等许多领域，如信息科学、管理科学等。同时，熵是物理化学的重要概念之一，是判断一切热力学过程方向和限度的判据。

边坡安全熵（Slope Safety Entropy，SSE）分析方法主要是由关系矩阵与信息熵综合提出来的，是边坡信息熵系数归一量化协调后的值。

1. 关系矩阵原理

关系矩阵是通过将影响系统行为的主要因素置于主对角线节点，两因素间的相互影响和作用置于次对角线节点构造而成，见图 8-9。

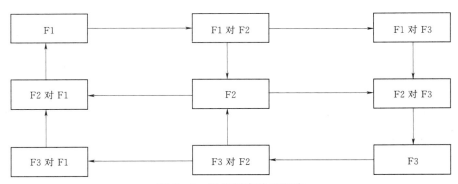

图 8-9 影响因素关系矩阵

边坡变形破坏的演化过程是动态的。其变形是由边坡工程因素、环境因素以及地质因素等多因素相互作用构成的系统。关系矩阵提供了定性描述这类系统的方法框架。在综合研究边坡区域地质背景、环境条件以及工程施工等因素的基础上，可选择主要影响边坡稳定性的因素作为评价依据建立关系矩阵，并分析因素间的相互影响程度，就可对各因素的影响因子进行计算。

定量评价构成关系矩阵的各因素在系统中的地位的一般方法是：给矩阵元素赋一定的数值来定量反映关系矩阵中的各动态过程。对于不同的评价系统，赋值方法视对待评价系统的认识水平和评价目的而异。区域性边坡稳定性系统的定量评价，采用 J. A. Hudson 提出的专家-半定量取值方法（见表 8-38）。该方法根据相互作用的强度分级给矩阵元素赋于从 0～4 的不同整数值，因其具有敏感性高且易于实施的优点，已在多种系统的关系矩阵法评价中得到应用，被普遍证明能够定量解释系统行为，同时也与区域性评价时占有资料水平和评价目的相宜。矩阵行上每一元素值表示一因素对另一因素的影响，行上各元素码值合计值表示该因素对系统的总影响，谓之"因"；矩阵列上各码值表示其他因素对该因素的影响，列上码值合计值表示系统对该因素的影响，谓之"果"。通过对比每一因素的因果值，可以确定各因素在系统中的相对重要程度，数值越高表明该因素对系统的整体行为贡献越显著。因为关系矩阵对各因素敏感性易于分析的优点，因而与信息熵结合提出了边坡稳定性综合评价方法。

表 8 - 38　　　　　　　　　　　关系矩阵的专家-半定量取值法

| 码　值 | 意　义 |
|---|---|
| 0 | 无相互作用 |
| 1 | 弱相互作用 |
| 2 | 中等相互作用 |
| 3 | 强烈相互作用 |
| 4 | 极强烈相互作用 |

2. 信息熵

信息熵是熵理论在社会科学中得到应用和发展的结晶，信息论的创始人 Shannon 从概率出发，定义了信息熵。将一个信息源中某种信号出现的概率定义为 $p_i$，则含几种信号的信息源提供的总信息为 $-\sum p_i \ln p_i$，并定义信息熵为：$H = -c\sum p_i \ln p_i$，其中 $c$ 为比例常数。

在边坡系统中，可以把某一边坡看作一个提供多源信息的信息熵，其中 $p_i$ 为影响边坡稳定性因素的敏感值，其数值可由关系矩阵计算结果提供。这样既解决了多边坡同一因素不同权重的问题，又具有快速可靠分析的特征。

## 8.5.2　边坡稳定性分析应用

基于上述分析，可设影响边坡稳定性的因素为 $x$（$x_1$，$x_2$，…，$x_m$），其中每一因素 $x_i$ 的对应影响指数为 $p_i$，其数值可通过关系矩阵获得。即

$$p_i = \frac{\sum x_{i行} + \sum x_{i例}}{\sum_{i=1}^{m}(x_{i行} + x_{i例})} \qquad (8-7)$$

其中，$x_i$ 为位于主对角线上的边坡某一影响因素，公式中分母为边坡系统总因果值，分子为某一因素的因果值之和。

在求得 $p_i$ 之后，可根据信息熵公式求得边坡信息熵：

$$S = -k\sum p_i \ln p_i \qquad (8-8)$$

式中：$k = 1/\ln m$，是比例常数；$m$ 为系统中状态数（影响因素的个数）。

基于上述步骤可以得出边坡的信息熵，然后通过归一化及系数的量化协调求出边坡安全熵即可进行边坡稳定性评估。其流程见图 8 - 10。

边坡信息熵是边坡系统状态的反映。当边坡安全系数较高、稳定性好时，边坡内部变

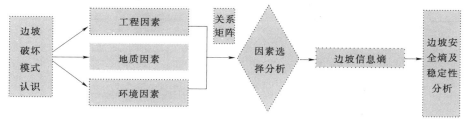

图 8-10 稳定性分析流程图

形是无序的，这时边坡信息熵高；而当边坡变形有序，且朝着一个方向继续时，边坡稳定性差，这时处于熵减状态，边坡信息熵低。另外，边坡信息熵由于没有确定的区间，就给稳定性状态的分析带来了困难，为了从熵值能直接进行边坡稳定性的状态分析，就必须对所得结果进行归一化及系数的量化协调，使得计算结果在 0～1 之间，且使各值之间的分值相差明显便于分析。本方法提出的分级方案见表 8-39。

表 8-39 　　　　　　　　　　　　　　　边坡稳定性分级

| 稳定性系数 | 稳定性分级 |
| --- | --- |
| 0.0～0.2 | 整体不稳定 |
| 0.2～0.4 | 潜在整体不稳定 |
| 0.4～0.6 | 存在局部不稳定特征 |
| 0.6～0.8 | 稳定性好，有潜在局部不稳定特征 |
| 0.8～1.0 | 很稳定 |

表 8-39 边坡稳定性分级方案中，以 0.2 为一等份进行分级，总共分为 5 级。其中，安全熵系数在 0～0.2 之间时，边坡表现出整体不稳定特征；在 0.2～0.4 之间时，边坡表现为整体潜在不稳定；在 0.4～0.6 之间时，表现为边坡局部存在不稳定特征；在 0.6～0.8 之间时则表现为边坡整体稳定性好，但仍然可能存在局部潜在不稳定特征；在 0.8～1 之间时，边坡变形紊乱、无序，很稳定。

运用安全熵边坡稳定性综合评价方法对左岸边坡整体稳定性进行了综合分析，把整个边坡分为 4 个亚区，即蠕变体 B 区、工程边坡 382.0m 以上 $A_1$ 区、进水口边坡 $A_2$ 区以及导流洞边坡 $A_3$ 区，考虑了降雨、施工、地下水位、岩性、岩体结构、边坡高度、边坡坡度、边坡支护以及边坡与岩层走向关系等 9 种影响边坡稳定性的因素，通过关系矩阵及熵值计算公式计算得到的结果见表 8-40 和表 8-41。

表 8-40 　　　　　　　　　　　　　　　熵值计算参数

| 熵参数 | 因素 | 降雨 | 施工 | 地下水位 | 岩性 | 岩体结构 | 边坡高度 | 边坡坡度 | 边坡支护 | 边坡与岩层走向关系 |
| --- | --- | --- | --- | --- | --- | --- | --- | --- | --- | --- |
| $p_i$ | 蠕变体 B 区 | 0.0556 | 0.175 | 0.143 | 0.0556 | 0.206 | 0.087 | 0.095 | 0.151 | 0.032 |
| | $A_1$ 区 | 0.0689 | 0.121 | 0.086 | 0.098 | 0.195 | 0.109 | 0.103 | 0.149 | 0.15 |
| | $A_2$ 区 | 0.051 | 0.145 | 0.078 | 0.145 | 0.166 | 0.132 | 0.125 | 0.126 | 0.051 |
| | $A_3$ 区 | 0.048 | 0.134 | 0.097 | 0.081 | 0.167 | 0.151 | 0.102 | 0.134 | 0.075 |

续表

| 熵参数 | 因素 | 降雨 | 施工 | 地下水位 | 岩性 | 岩体结构 | 边坡高度 | 边坡坡度 | 边坡支护 | 边坡与岩层走向关系 |
|---|---|---|---|---|---|---|---|---|---|---|
| $\ln p_i$ | 蠕变体B区 | −2.889 | −1.743 | −1.945 | −2.889 | −1.579 | −2.442 | −2.354 | −1.89 | −3.442 |
| | $A_1$ 区 | −2.675 | −2.115 | −2.451 | −2.326 | −1.635 | −2.216 | −2.273 | −1.904 | −1.895 |
| | $A_2$ 区 | −2.976 | −1.931 | −2.551 | −1.931 | −1.796 | −2.025 | −2.079 | −2.071 | −2.976 |
| | $A_3$ 区 | −3.028 | −2.007 | −2.335 | −2.518 | −1.792 | −1.894 | −2.283 | −2.007 | −2.586 |

比例常数 $k=1/\ln 9=0.455$，根据熵计算公式 $S=-k\sum p_i\ln p_i$ 可得表 8-41 的结果。

表 8-41　　　　　　　　　　　边坡熵值及稳定性分级

| 结果及分级 | 边坡分区 | 蠕变体B区 | $A_1$ 区 | $A_2$ 区 | $A_3$ 区 |
|---|---|---|---|---|---|
| $S$ | | 0.938 | 0.974 | 0.978 | 0.968 |
| 安全熵 | | 0.38 | 0.74 | 0.78 | 0.68 |
| 边坡分级 | | 潜在整体不稳定 | 稳定性好 | 稳定性好 | 稳定性好 |

从表 8-41 的计算结果可知，除了蠕变体 B 区存在潜在不稳定特征外，工程边坡区边坡的整体稳定性较好。

## 8.6　研究小结

综合应用极限平衡分析、二维和三维数值模拟计算、加固需求度和边坡安全熵等方法对边坡加固效果进行了评价，得到以下主要结论：

（1）各种分析方法表明，边坡采用排水、压脚和锚固等措施可以明显提高边坡安全系数，加固后边坡稳定安全系数可满足设计要求。

（2）三维离散元分析结果表明，加固可使边坡水平方向的变形减少 5%～10%，且在 420.0～440.0m 实际监测变形量值较大的部位最大变形减少值达到 40% 左右，说明采用现有锚索加固等措施可有效控制边坡变形。

（3）采用加固需求度评价方法，对左岸边坡的加固效果进行了评价。该方法以工程地质力学综合集成方法论（EGMS）为指导思想，将边坡变形影响因素、变形监测资料以及专家经验等方面的信息进行综合集成，分析得出了截至 2004 年 12 月龙滩水电站左岸边坡变形基本趋于稳定、DRD 值整体不大、加固措施有效的结论。但在一些地质条件较差的区域，如 B 区的 1 分区、$A_1$ 区的 6 分区及进水口的 10 分区，仍有一定的 DRD 值，需要加强监测。

（4）运用安全熵边坡稳定性综合评价方法对左岸边坡整体稳定性和边坡加固效果进行了综合分析，结果表明，除了蠕变体 B 区存在潜在不稳定特征外，工程边坡区边坡的整体稳定性较好。

# 第9章

# 边坡安全监测技术及监测成果分析

## 9.1 边坡安全监测系统组成与布置

边坡安全监测是通过原位量测边坡岩体变形、支护结构应力以及环境量的变化，从而分析边坡的变形趋势和稳定状态。边坡工程是一个开放的、动态变化的复杂系统，由于其地质结构的复杂性及影响因素的多样性，其稳定性也受多因素的制约。前期研究中，很难完全弄清影响边坡稳定的众多内外因素及其相互关系，对施工和运行过程中边坡变形破坏的预测只能是初步的，与实际表现出来的种种变形破坏现象不一定完全相符。针对这一特点，在实际的边坡工程安全监测实施中，监测及监测资料实时分析就显得尤为重要。

### 9.1.1 边坡安全监测系统组成

龙滩水电站工程左岸地下厂房进水口布置区，紧靠已发生弯曲倾倒变形的自然边坡，其倾倒蠕变岩体的垂直深度约 30～76m，体积约 1288 万 m³。进水口边坡开挖后，形成长约 400m、最大组合坡高达 420.0m、坡面面积达 18 万 m²、轮廓复杂的反倾向层状结构岩质高边坡；加之导流洞进口边坡的开挖，组合坡高达 420.0m。如何有效监控左岸进水口布置区自然边坡和开挖边坡在施工期和运行期的稳定性，保障工程安全，是左岸高边坡稳定性研究的重要内容。

在工程设计研究中，安全监测系统主要结合左岸边坡的规模、地质条件、岩体结构特征、变形破坏形式与稳定性、工程措施以及工程位置的重要性等因素进行综合考虑，按照"重点突出，兼顾全面，统一规划，分期实施"的总原则进行设计。监测仪器的布置力求目的明确、实用可靠、少而精、多层次。根据左岸自然边坡和人工高边坡的特点，监测系统由地表位移（变形）监测、内部岩体位移监测、渗流监测、锚固结构荷载监测、环境量监测等 5 部分组成，见表 9-1，其中以变形监测为主。

表 9-1 　　　　　　　　　　左岸边坡监测系统组成

| 序　号 | 监测项目与内容 | | 主要仪器、设备 |
|---|---|---|---|
| 1 | 地表监测 | 水平位移 | 全站仪 |
| | | 垂直位移 | 水准仪 |
| | | 岩体开裂、闭合 | 测缝计 |
| 2 | 内部岩体监测 | 地下岩体位移 | 多点位移计 |
| | | | 钻孔测斜仪 |

续表

| 序　号 | 监测项目与内容 | | 主要仪器、设备 |
|---|---|---|---|
| 3 | 渗流监测 | 地下水位、渗流量 | 地下水位长观孔、量水堰 |
| 4 | 锚固结构 | 应力、荷载 | 锚杆应力计 |
| | | | 锚索测力计 |
| 5 | 环境监测 | 温度、降雨量、河（库）水位 | 雨量计 |
| | | | 温度计 |
| | | | 水位计 |

### 9.1.2　边坡安全监测系统布置

龙滩水电站工程左岸边坡按部位主要分为倾倒蠕变岩体（B区）边坡、进水口边坡高程382.0m以上开挖边坡、进水口边坡高程382.0m以下边坡、导流洞进口边坡（高程311.0m以下）等4部分。左岸边坡地表位移监测布置了10条与河床方向平行的地表水平位移和垂直位移监测线路，高程分别为630.0m、600.0m、560.0m、520.0m、480.0m、420.0m、380.0m、340.0m、300.0m、255.0m。主要用来监测进水口边坡和倾倒蠕变岩体边坡的地表三向位移。地表位移监测共布置水平位移和垂直位移共用标131个，水准基点66个。

地表水平位移观测采用徕卡 TCA2003 全站仪，标称精度为：测边 1mm＋1ppm，测角 0.5″，用三边交会、部分用边角交会法按二等测边、测角精度要求观测。垂直位移观测采用 DINI12 数码水准仪，按二等水准测量精度施测，平差后的测点高程中误差为 ±0.1～±0.2mm，单位权中误差为 0.287mm/km；基准点位于远离开挖区的自然坡上，每条测线的上下游侧均布置一组基点（3点），不受开挖影响。

边坡岩体表面裂缝开合度监测采用单向或三向测缝计，布置于坡体裂缝两侧。

边坡内部岩体监测按选择的典型断面布置，见图9-1。监测项目包括内部岩体位移、支护荷载、地下水位与渗流量。

在倾倒蠕变体B区边坡，顺河流方向典型布置两个断面，共布置4点式位移计11套、钻孔测斜仪7孔、地下水位长观孔4孔。

进水口边坡以高程382.0m平台为界分上下两部分。其中，高程382.0m以上为蠕变体A区工程边坡，共布置三个监测断面：1—1 断面位于高程382.0～600.0m残留蠕变体的正面边坡；2—2 断面位于高程382.0～560.0m正常岩体的正面边坡；3—3 断面位于高程382.0～480.0m残留蠕变体的上游侧坡。总共布置有4～5点式位移计16套，3点式锚杆应力计41组，钻孔测斜仪10孔，地下水位长观孔8孔，锚索测力计24台，表面三向位移计2组。

进水口382.0m高程以下边坡，包括左岸进水口坝段及挡水坝段周围边坡，主要有坝前坡、坝头坡和坝后坡，共布置10个监测断面。其中，4—4 断面布置于坝前高程311.0～382.0m上游侧坡，5—5 断面布置于坝前坡高程301.0～382.0m，两断面主要监测残余蠕变体在施工、蓄水运行后的稳定状况；6—6 剖面布置于坝头坡高程305.0～382.0m，主要监测直立坡的稳定性；7—7 断面布置于8～9号机组引水洞进水口之间；8—8 断面布置于7号机组坝后扭坡；9—9 断面布置于3～5号机组引水洞进水口之间；10—10 断面布置于高程301.0m平台下游、坝轴线上游侧坡、坝基与围堰之间（高程245.0～301.0m）；11—11 断面布置位于1号机组进水口坝段坝后侧坡；12—12 断面布置于1号机组进水口坝段坝后坡 $F_{138}$

图 9-1　左岸边坡内部岩体监测断面布置图

等结构面构成的楔形体部位；施工过程中，根据开挖揭露的地质条件，在 5～6 号机组引水洞进水口之间新增一个监测断面（增 1—增 1）。该部位共布置有 4 点式位移计 28 套，3 点式锚杆应力计 77 组，钻孔测斜仪 4 孔，地下水位长观孔 6 孔，锚索测力计 31 台。

　　导流洞进口边坡位于进水口平台、高程 311.0m 以下，布置监测断面 3 个，顺导流洞轴线方向（洞脸坡）布置导 1—导 1，上游侧坡布置导 2—导 2，下游侧坡布置导 3—导 3。在导流洞进口边坡，共布置有 4 点式位移计 6 套，3 点式锚杆应力计 28 组，锚索测力计 7 台。

　　在左岸边坡各层排水洞（25 个支洞）内分别布置了静力水准仪 66 台、三向位移计 29 套、收敛监测断面 7 个、量水堰 26 台，进行位移与渗流量监测。

　　左岸边坡监测系统施工自 2001 年 10 月开工，紧跟边坡施工进度埋设仪器，并按要求开展施工期安全监测。2004 年 12 月，完成左岸边坡监测系统施工，至此，转入施工后期和运行期安全监测。目前，左岸边坡安全监测系统运行状况良好。

## 9.2　边坡安全监测信息系统功能要求及开发

### 9.2.1　边坡安全监测信息系统功能要求

　　龙滩水电站工程左岸高边坡建立了较完善的安全监测硬件系统，可以及时获得边坡岩体变形及应力变化信息。由于监测数据的收集工作周期长，监测手段多样，采集的数据和辅助分析信息浩如烟海，从而给综合分析和管理监测数据带来困难。为了克服这一难题，在监测工作的前期，建立了监测信息系统。该系统的建立，对于监测数据的有效管理、监测信息的综合分析，以及边坡稳定状态的准确评价，起到了重要作用。

监测信息系统在目前较为先进的 GIS 软件 Autodesk Map2004 平台上开发，对龙滩水电站左岸边坡的监测信息及相关信息进行可视化表达分析，主要表达各个开挖边坡地质构造（地层、岩性、断层）、监测仪器（岩石变位计、钻孔倾斜仪、锚杆应力计、锚索测力计、地下水位常观孔等）、重点监测剖面（进水口边坡的1—1剖面、2—2剖面、3—3剖面、蠕变体 B 区的1—1剖面、2—2剖面等）。在上述表达内容中，可以分别查询到地质信息、监测仪器布置和监测数据、监测曲线等。信息的表达方式包括文本、曲线、图纸、照片、数据表等。

根据左岸边坡安全监测需求，龙滩左岸边坡监测信息系统主要由两个主模块组成，即重点剖面可视化模块和监测分析模块，同时包括信息查询、数据库维护、图纸管理、监测曲线打印等子模块。图9-2为龙滩水电站左岸边坡监测信息系统总体功能框图。

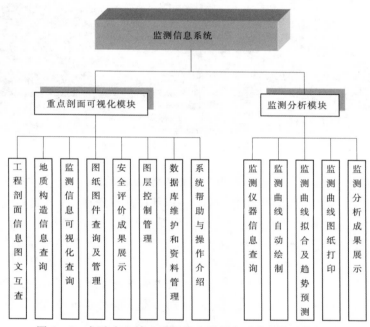

图9-2 龙滩水电站左岸边坡监测信息系统总体功能框图

### 9.2.2 边坡安全监测信息系统开发

系统开发工具主要为 Autodesk Map2004、Visual Basic、VBA 及 Lisp 语言。Autodesk Map2004 能同时满足海量 AutoCAD 图形编辑管理与图文互查功能，它可以有效地传递地理信息。Microsoft Visual Basic 提供了开发 Microsoft Windows 应用程序的最迅速、最简捷的方法，使用交互式方法开发应用程序。VBA 作为内嵌在 Office 97 中的一种编程语言，易学好用、功能强大；Lisp 语言可以很好地解决系统函数定义、函数调用，并可让用户充分定义自己的适用函数。

系统开发中，重点剖面可视化模块开发主要包括：基础图纸和数据的整理、图纸配准、数据源和工程工作集成空间环境、对象属性数据的添加、对象与外部数据库记录的链接、检索功能的实现。监测数据分析模块开发主要包括：基础数据准备、监测曲线的绘制、曲线趋势的预测、数据库维护、辅助界面的开发等。系统开发中着重研究了 SQL、ODBC 及 ADO 的数据库技术、基于 AutoCAD 图形的可视化查询技术、监测曲线拟合相关算法。

龙滩左岸边坡监测信息系统构成主要包括系统主界面、监测图纸展示、图层控制、图纸管理、综合信息查询、数据库维护、监测曲线绘制及趋势预测、项目分析报告展示、系统启动及关闭界面、系统帮助界面等内容。信息系统分析流程及主界面见图9-3、图9-4。

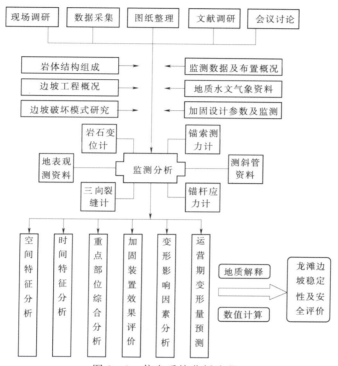

图9-3 信息系统分析流程

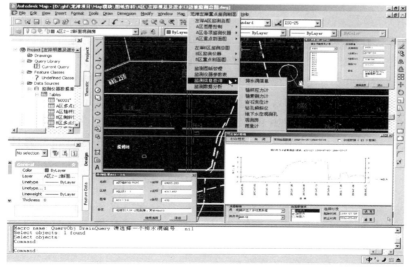

图9-4 信息系统主界面

## 9.3 边坡安全监测资料分析

### 9.3.1 倾倒蠕变岩体边坡

#### 9.3.1.1 地表位移监测

在蠕变体 B 区边坡地表共布置有地表位移监测点 33 个。经过施工期和运行期累计近 6 年的监测，倾倒蠕变岩体边坡地表位移主要有以下特点：

（1）地表位移以水平向为主。除 340-01（前三位代表高程，后两位为编号，下同）、560-01、420-02 点外，其他所有外观点的累计水平位移均大于垂直位移，例如测点 520-02，其位移过程曲线见图 9-5。

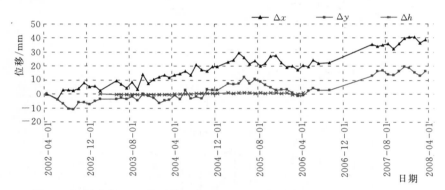

图 9-5 蠕变体 B 区非开挖区高程 520.0m 外观点 520-02 位移过程线图

（$x$ 向河床为正，$y$ 向下游为正，$h$ 向下沉为正）

测点 340-01 垂直位移相对水平位移大，主要受 3 号公路的施工和运行影响，340-01 测点 2005 年 4 月因新建拌和楼取消；测点 560-01 垂直位移主要发生在 2002 年 9 月 13 日前，达 45.7mm，高程 520.0m 的排水洞（PSD8-2）于 2001 年 11 月 17 日发生塌方冒顶，对该测点影响较大；测点 420-02 位于 3 号公路内侧坡，受公路的施工和运行影响较大。

（2）水平位移值较大的点主要分布在高程 520.0m 以上。截至 2008 年 3 月，高程 520.0m 以上的点除 600-01 点外累计水平位移均大于 30mm，累计平均变化速率为 0.02～0.05mm/d。变化最大点为 560-01，累计最大合位移为 109.34mm，位移过程曲线见图 9-6，目前该测点位移变化已很小。高程 520.0mm 以下，除位于公路两侧的 480-01、420-02、380-03、380-04、340-01 测点外，累计水平位移均小于 30mm，累计平均变化速率为 0.003～0.028mm/d。

（3）水平位移矢量方向以向河床方向或河床偏上游方向为主。除 520-02 点、420-02 点、380-04 点、340-03 点和 340-04 点外，其余各测点水平位移方向均主要表现为向河床方向或河床偏上游方向。520-02 测点、420-02 测点位于 3 号公路内侧，受公路排水沟和其他施工影响，表现为向内侧下沉；380-04 位于 13 号公路外侧，表现为向河床偏下游方向；340-03 点位于 13 号公路外侧，主要表现为向下游；340-04 点位于 13 号公路外侧，主要表现为向上游。

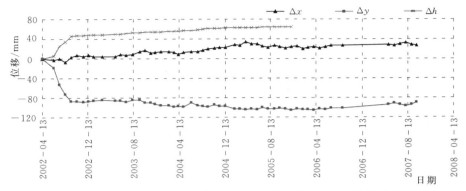

图 9 - 6　蠕变体 B 区非开挖区高程 560.0m 外观点 560 - 01 位移过程线图

（4）边坡岩体变形受公路、排水洞施工影响比较大。变形最大的 3 个点 560 - 01、560 - 02、560 - 03 均与排水洞施工有关，560 - 01 测点受排水洞 PSD8 - 2 塌方冒顶影响较大（2001 年 11 月 17 日发生），560 - 02、560 - 03 测点受高程 520.0m 排水洞 PSD8 - 3 的两次塌方影响较大（2001 年 10 月 16 日、2001 年 11 月 22 日）。变形异常的测点，如 480 - 01、420 - 02、380 - 03、380 - 04 测点及高程 340.0m 的观测点等均与公路施工和运行影响有关。高程 520.0m 以上的多数外观点前期受施工影响表现为位移陡升，之后呈波浪形平缓或呈波浪形上升；高程 520.0m 以下的多数测点，自安装后位移变化平缓或呈波浪形上升趋势。

（5）水库蓄水后，目前地表位移变化普遍较小。所有测点目前累计位移平均变化速率较前期明显减小，高程 520.0m 以上测点目前累计位移平均变化速率 0.014～0.075mm/d，单次变化速率 0.04～0.16mm/d；高程 520.0m 以下测点则分别为 0.003～0.056mm/d、0.01～0.05mm/d。值得注意的是，高程 520.0m 以上边坡地表仍以缓慢的速率向河床方向位移，表明了岩体的蠕变特性。

### 9.3.1.2　多点位移计监测

蠕变体 B 区边坡共埋设 4 点式位移计 11 套，多点位移计位移时空变化统计见表 9 - 2，变形较大的多点位移计位移过程曲线见图 9 - 7 和图 9 - 8。

表 9 - 2　　　　　　　　　　蠕变体 B 区多点位移计位移时空变化统计表

| 仪器编号 | 位置 | 最大值/mm | 日期 | 变化较快位移段 | | | | 平缓位移段 | | |
|---|---|---|---|---|---|---|---|---|---|---|
| | | | | 时间段 | 位移值/mm | 占最大值比例 | 平均速率/(mm/d) | 时间段 | 位移增量/mm | 平均速率/(mm/d) |
| $M_1^4 - 5$ | 孔口 | 72.16 | 2007 - 10 - 28 | 2002 - 08 - 30 前 | 47.49 | 65.81% | 0.26 | 2002 - 08 - 30 后 | 24.20 | 0.0119 |
| | ① | 41.89 | 2007 - 10 - 10 | 2002 - 08 - 30 前 | 27.55 | 65.77% | 0.15 | 2002 - 08 - 30 后 | 12.15 | 0.0060 |
| $M_1^4 - 4$ | 孔口 | 15.73 | 2008 - 01 - 17 | 2002 - 12 - 26 前 | 9.67 | 61.48% | 0.0322 | 2002 - 12 - 26 后 | 6.02 | 0.0032 |
| | ① | 11.66 | 2008 - 02 - 18 | 2002 - 12 - 26 前 | 7.43 | 63.72% | 0.0248 | 2002 - 12 - 26 后 | 4.18 | 0.0022 |
| | ② | 15.42 | 2008 - 02 - 18 | 2002 - 12 - 26 前 | 9.66 | 62.65% | 0.0322 | 2002 - 12 - 26 后 | 5.71 | 0.0030 |
| $M_2^4 - 6$ | 孔口 | 56.85 | 2008 - 01 - 17 | 2003 - 01 - 03 前 | 36.45 | 64.11% | 0.1013 | 2003 - 01 - 03 后 | 20.30 | 0.0107 |
| | ① | 46.47 | 2005 - 03 - 27 | 2003 - 01 - 03 前 | 34.09 | 73.36% | 0.0947 | 2003 - 01 - 03 后 | 12.37 | 0.0149 |
| | ② | 52.59 | 2008 - 02 - 18 | 2003 - 01 - 03 前 | 34.54 | 65.68% | 0.0959 | 2003 - 01 - 03 后 | 18.05 | 0.0095 |
| | ③ | 24.62 | 2006 - 09 - 17 | 2003 - 01 - 03 前 | 20.35 | 82.66% | 0.0565 | 2003 - 01 - 03 后 | 4.23 | 0.0022 |

续表

| 仪器编号 | 位置 | 最大值/mm | 日期 | 变化较快位移段 | | | | 平缓位移段 | | |
|---|---|---|---|---|---|---|---|---|---|---|
| | | | | 时间段 | 位移值/mm | 占最大值比例 | 平均速率/(mm/d) | 时间段 | 位移增量/mm | 平均速率/(mm/d) |
| $M_2^4-5$ | 孔口 | 21.96 | 2007-01-01 | 2002-09-19前 | 9.99 | 45.49% | 0.050 | 2002-09-19后 | 12.09 | 0.0060 |
| | ① | 20.39 | 2007-01-01 | 2002-09-19前 | 9.70 | 47.57% | 0.0485 | 2002-09-19后 | 9.9 | 0.0049 |
| | ② | 2.79 | 2002-08-24 | 2002-09-19前 | 2.73 | 97.85% | 0.0137 | 2002-09-19后 | -0.15 | -0.0001 |
| | ③ | 6.08 | 2006-08-13 | 2002-09-19前 | 3.05 | 50.16% | 0.0152 | 2002-09-19后 | 0.44 | 0.0002 |

注　1. 位移量级一直很小，变化平缓。

　　2. 目前速率小于 0.01mm/d。

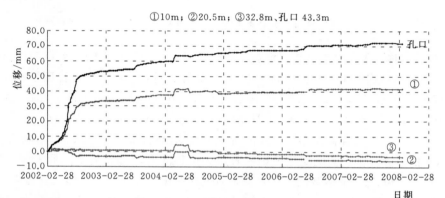

图 9-7　蠕变体 B 区高程 571.85m 多点位移计 $M_1^4-5$ 位移过程曲线图

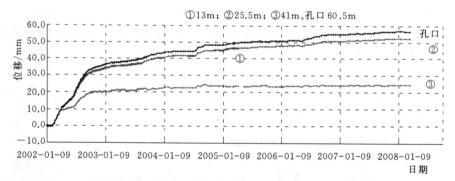

图 9-8　蠕变体 B 区高程 575.00m 多点位移计 $M_2^4-6$ 位移过程曲线图

从多点位移计的监测数据可以看出：

（1）边坡明显变形发生在地表高程 520.0m 以上。截至 2008 年 3 月 17 日，高程 520.0m 以上，孔口累计位移量在 11.66～72.16mm；而高程 520.0m 以下，孔口累计最大位移量均在 4mm 以内，大部分为 1～2mm 左右。

（2）边坡内部变形主要发生在岩土体物理力学性质较差的浅表层。蠕变体 B 区上游区（1—1 剖面）主要发生在蠕变岩体折断面附近，下游区（2—2 剖面）主要发生在倾倒松动带或强风化岩体中。如 $M_1^4-5$ 孔位移明显突变点发生在孔深 10.0～20.5m 之间、$M_1^4-4$

孔发生在孔深 25.1～40.5m 之间，而根据钻孔和排水洞资料推测，该部位是蠕变岩体折断带通过区域。

（3）边坡岩体位移主要发生在开挖施工期间。资料统计表明，2002 年底至 2003 年 1 月，该时段位移占最大累计位移的 45.49%～97.85%，这期间刚好是边坡上部公路开挖和下部回填压脚施工时段。目前边坡岩体位移变化很小，变化速率均小于 0.01mm/d。

（4）边坡岩体位移受排水洞开挖、公路边坡开挖、进水口边坡开挖和 B 区压脚体的施工影响较大。2001 年 10 月 27 日，高程 520.0m 的排水洞 PSD8-2 开挖时洞深 13.0～19.0m 发生塌方冒顶，塌落高度约 15.0～20.0m；2001 年 10 月 16 日，PSD8-3（D$_{56}$ 探洞）洞深 11.0～19.0m 扩挖时发生塌方冒顶，塌落高度约 15m；2001 年 11—12 月，PSD8-3 洞深 58.0～63.0m（有 F$_{144}$、F$_{147}$ 断层）洞室扩挖时发生两次顶拱塌方，塌落高度约 30m，体积约 500m$^3$；对 M$_1^4$-5、M$_1^4$-4 孔、M$_2^4$-5 孔、M$_2^4$-6 孔测点位移影响很大。另外 M$_2^4$-6、M$_2^4$-5 孔紧邻进水口开挖边坡，边坡开挖对测点位移影响明显。2002 年 8 月前，各层排水洞处于开挖或支护中，施工对测点位移影响也很大。蠕变体 B 区压脚从 2002 年初开始施工，至 2003 年 1 月后，随着压脚工程的逐步完工，蠕变体 B 区非开挖区岩体内部位移得到控制。

#### 9.3.1.3 测斜孔监测

蠕变体 B 区测斜孔位移特征统计见表 9-3。

表 9-3 **蠕变体 B 区测斜孔位移特征统计表**

| 仪器编号 | 高程/m | 最大累计位移 | | | | | | | | | | |
| --- | --- | --- | --- | --- | --- | --- | --- | --- | --- | --- | --- | --- |
| | | A 槽 | | | | B 槽 | | | | 合位移 | | |
| | | 深度/m | 大小/mm | 方向 | 错动带深度/m | 深度/m | 大小/mm | 方向 | 错动带深度/m | 深度/m | 大小/mm | 错动带深度/m |
| I$_1$-3 | 464.78 | 孔口 | 16.80 | 向河床 | 不明显 | 孔口 | −27.86 | 向上游 | 不明显 | 孔口 | 28.11 | 不明显 |
| I$_1$-2 | 400.96 | 48 | 11.42 | 向河床 | 不明显 | 2 | 18.80 | 向下游 | 不明显 | 2 | 21.46 | 不明显 |
| I$_1$-1 | 301.61 | 12.5 | −13.41 | 向山里 | 12.5 | 孔口 | −20.98 | 向上游 | 12.5 | 孔口 | 21.89 | 12.5 |
| | | 18.5 | 14.68 | 向河床 | 18.5 | | | | 18.5 | | | 18.5 |
| I$_2$-4 | 573.07 | 孔口 | 24.82 | 向河床 | 45.0 | 孔口 | 65.06 | 向下游 | 53.0 | 孔口 | 66.11 | 53.0 |
| I$_2$-3 | 427.89 | 孔口 | 24.71 | 向河床 | 不明显 | 3.5 | −25.54 | 向上游 | 不明显 | 孔口 | 31.67 | 不明显 |
| I$_2$-2 | 390.09 | 孔口 | −42.68 | 向山里 | 不明显 | 孔口 | 32.09 | 向下游 | 不明显 | 孔口 | 45.65 | 不明显 |
| I$_2$-1 | 324.35 | 孔口 | 16.98 | 向河床 | 不明显 | 1.5 | 25.41 | 向下游 | 不明显 | 1.5 | 25.67 | 43.5 |

**注** 1. 测试日期：2002 年 3 月 20 日至 2008 年 3 月 12 日。

2. A 槽向河床方向为正，B 槽向下游方向为正。

从测斜孔位移监测数据可见：

（1）蠕变体 B 区位移主要发生在高程 520.0m 以上，最大孔口累计位移达 66.11mm，表现为向上游偏河床方向，如图 9-9 所示。高程 520.0m 以下变形较小，最大累计位移在 21.46～45.65mm 之间。1—1 剖面（上游区）孔口位移主要表现为向河床方向，2—2 剖面（下游区）位移主要表现为下游偏河床方向。

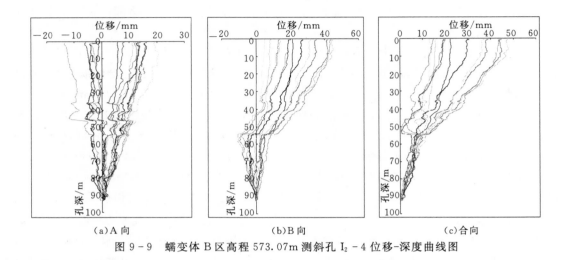

图 9-9 蠕变体 B 区高程 573.07m 测斜孔 $I_2$-4 位移-深度曲线图

（2）边坡在地表高程 520.0m 以上（如 $I_2$-4 测孔，图 9-9）和地表高程 325.0m 以下（如 $I_1$-1，图 9-10），可见错动层，位移有突变点；其余部位的各测孔（$I_1$-3、$I_1$-2、$I_2$-3、$I_2$-2 等测孔）位移变化比较均一，无明显突变点。$I_2$-4 测孔在孔内 53.0m 处可见一明显错动带，主要由于该处位于倾倒松动带（Ⅰ带）强风化岩体中，且可能为层错 $F_{12}$、断层 $F_{147}$ 或 $F_{144}$ 通过处；$I_1$-1 测孔在孔深 6.5～18.5m 间可见明显相对错动层，见图 9-10。这是由于该部位处于强风化的罗楼组地层中，岩性相对软弱，抗风化能力差，且泥化夹层较发育。

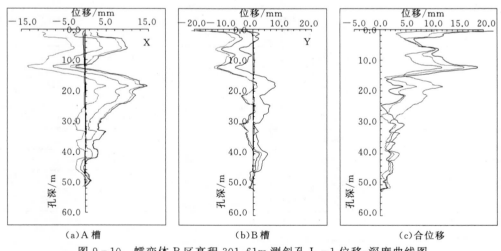

图 9-10 蠕变体 B 区高程 301.61m 测斜孔 $I_1$-1 位移-深度曲线图

#### 9.3.1.4 地下水位长观孔监测

蠕变体 B 区地下水位长观孔共 4 孔，布置在 2—2 剖面上，编号分别为 $OH_2$-1、$OH_2$-2、$OH_2$-3、$OH_2$-4，孔口高程分别为 324.97m、391.84m、476.07m、573.07m。

$OH_2$-1 孔，自然状态地下水位埋深约 39～49m，位于弱-强风化岩体中，受降雨和河水位影响明显；在下闸蓄水后，随着库水位升高而淹没在水中。OH$_2$-1孔水位的变化如图9-12所示。OH$_2$-2孔，在下闸蓄水前水位变幅较小，约3～4m左右；水库蓄水后，地下水位随之上升，最大幅度上升28m左右。OH$_2$-2孔水位的变化，如图9-11和图9-12所示。

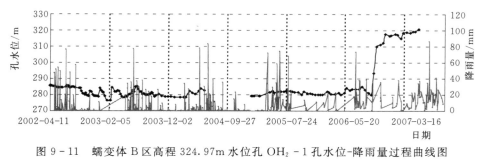

图9-11　蠕变体B区高程324.97m水位孔OH$_2$-1孔水位-降雨量过程曲线图

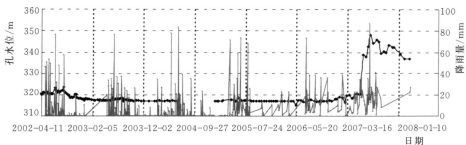

图9-12　蠕变体B区非开挖区高程391.84m水位孔OH$_2$-2孔水位-降雨量过程曲线图

OH$_2$-3、OH$_2$-4孔，由于测孔布置高程较高，下闸蓄水前水位变幅较小，在排水洞及排水孔形成后，地下水位普遍下降；下闸蓄水后，地下水位变化不大。

### 9.3.1.5　综合分析

蠕变体B区变形稳定主要受内部地质条件的控制和外部环境因素影响。前者决定了边坡岩体的变形破坏模式，后者影响着边坡变形稳定趋势。蠕变体B区安全监测资料基本反映了该边坡的变形状态及环境因素对边坡变形稳定的影响。

蠕变体B区为反倾向边坡，坡脚为抗风化能力相对较弱的罗楼组地层，边坡浅层岩体经过长期地质历史作用已发生弯曲、倾倒、折断，并形成连续的折断错滑面。自然边坡变形破坏主要为倾倒变形、滑移破坏或二者组合形式。监测结果表明，施工阶段，边坡在高程520.0m以上位移较大，内部岩体发生过明显的错动（滑移）变形；水库蓄水后一段时期，边坡岩体位移仍在缓慢变化。监测资料反映的岩体变形状态与分析预测结果基本一致。

影响蠕变体B区的外部环境因素主要有降雨、地下水位和工程活动。其中，工程活动包括公路开挖、排水洞施工、压脚体施工、进水口边坡开挖与支护等。

由于边坡治理中采取了先行排水措施，边坡内外排水系统形成较早。由图9-13可看出，2002年、2003年、2004年、2005年4个汛期，多点位移计监测位移均无明显的突变，降雨对边坡内部变形的影响较小。地表位移监测也表明，高程520.0m以上地表位移（变形）主要发生在2002年9月前，2003年、2004年、2005年汛期并无明显的位移突变

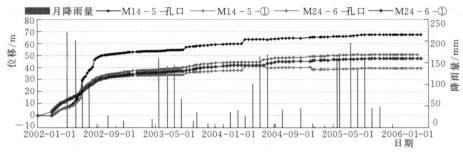

图 9-13　蠕变体 B 区边坡内部变形与降雨量关系曲线图

点，可见降雨对边坡地表变形的影响也不太明显。

蠕变体 B 区布置了 4 个地下水长观孔（OH$_2$-1～OH$_2$-4），自然状态下地下水位埋深分别为 39.0～49.0m、65.0～75.0m、60.0～66.0m、80.0～85.0m，且地下水位变动幅度总体较小。2006 年 10 月开始，水库蓄水后，边坡地下水位相应抬升，此过程中边坡岩体位移有明显的变化，说明地下水位的变化对边坡位移有一定的影响。但是，在已进行的监测期内，边坡位移变化大的时段，地下水位并没有明显的突变。因此，施工期和水库蓄水期，地下水位变化对边坡的变形稳定影响还是有限的。值得注意的是，目前尚未经历水库水位骤降工况，这种不利工况对边坡变形稳定的影响，在运行期监测中应重点关注。

从边坡地表位移和内部岩体变形监测结果来看，蠕变体 B 区受工程活动的影响最大。各测点所监测到的较大位移和发生时段，都对应于邻近有施工活动，如排水洞开挖、公路边坡开挖、进水口边坡开挖和压脚体施工等。

工程上采取排水和压脚措施后，边坡岩体位移变化从 2002 年 9 月开始逐渐减小。由于地表排水和地下排水系统运行良好，降雨对于岩体位移的影响很小。高程 520.0m 以上坡体中地下水位埋深较大，地下水位变幅小，地下水位波动对于岩体位移的影响也很小。影响边坡变形的主要因素是弯曲倾倒岩体的蠕变特征和人类工程活动。受强风化岩体和岩体折断面控制，高程 520.0m 以上边坡出现了较大位移，且位移仍以较小的速率增加，因此，应继续加强强风化线和岩体折断面附近的位移监测。

### 9.3.2　进水口高程 382.0m 以上边坡

#### 9.3.2.1　地表位移监测

进水口高程 382.0m 以上边坡共布置有地表位移监测点 33 个，先后经历了施工期监测、水库蓄水期监测和其后近两年的监测。进水口高程 382.0m 以上边坡地表位移时空变化较大测点统计表见表 9-4。

表 9-4 监测资料表明，地表位移主要表现为如下特点：

（1）边坡地表位移主要以水平向位移为主。进水口边坡高程 382.0m 以上外观点的累计水平位移均大于垂直位移。

（2）累计水平位移矢量值较大的点主要分布在高程 520.0m 以上。截至 2008 年 3 月，高程 520.0m 以上的点累计水平位移均大于 40mm，监测的最大位移发生在 600-04 点，达 126.7mm（2006 年 2 月 1 日），见图 9-14。高程 520.0m 以下的各测点累计水平位移均小于 40mm。

**表 9-4** 进水口高程 382.0m 以上边坡地表位移时空变化较大测点统计表

| 点号 | 位移陡升段 | | | | | | 位移平缓段 | | | | | 目前速率 |
| | 时段 | $\Delta x$增量/mm | $\Delta y$增量/mm | 合位移 | | | 时段 | $\Delta x$增量/mm | $\Delta y$增量/mm | 合位移 | | 累计平均速率/(mm/d) |
| | | | | 大小/mm | 占累计合位移百分比 | 平均速率/(mm/d) | | | | 大小/mm | 平均速率/(mm/d) | |
|---|---|---|---|---|---|---|---|---|---|---|---|---|
| 630-02 | 2002-09-13前 | 27.8 | −64.1 | 69.9 | 72.14% | 0.25 | 2002-09-13后 | 39.9 | −5.2 | 27 | 0.0135 | 0.0426 |
| 600-07 | | 40.1 | −38.2 | 55.4 | 63.90% | 0.20 | | 28.4 | −14.9 | 31.3 | 0.0157 | 0.0381 |
| 600-06 | | 40 | −54.2 | 67.4 | 63.23% | 0.24 | | 42.7 | −13.1 | 39.2 | 0.0196 | 0.0469 |
| 600-05 | | 36.1 | −53.3 | 64.4 | 61.33% | 0.23 | | 26.2 | −13.2 | 40.6 | 0.0203 | 0.0462 |
| 600-04 | | 24.3 | −75.2 | 79.0 | 65.18% | 0.29 | | 46.7 | −23 | 42.2 | 0.0211 | 0.0533 |

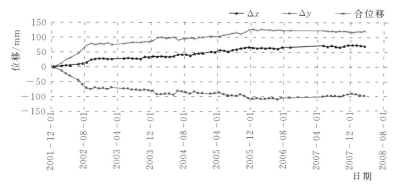

图 9-14 进水口边坡高程 600.0m 外观点 600-04 位移过程曲线图

（3）累计水平位移矢量方向表现为一定的时段性。截至 2002 年 3 月 13 日，高程 480.0m 开挖结束时，上游侧坡及其非开挖区高程 560.0m 以上边坡地表水平位移方向与自然坡倾向一致，正面坡的水平位移指向上游方向；至 2002 年 9 月 13 日，位移变化开始趋于平缓，上游侧坡和正面坡水平位移均有转向开挖边坡倾向（临空）的趋势，与边坡倾向的夹角明显减小；至 2004 年 1 月 5 日，高程 245.0m 以上边坡开挖结束时，水平位移与边坡倾向的夹角进一步减小，部分表现为与开挖边坡倾向一致或偏向下游。目前，边坡地表水平位移以指向开挖边坡倾向或偏下游为主。

（4）高程 600.0m 以上各测点主要位移（位移陡升段）发生在 2002 年 9 月 13 日前（自建点开始），该时段位移量占累计监测位移的 61.33%～72.14%，之后位移变化明显减小，平均位移变化速率 0.0135～0.0211mm/d。

（5）所有测点目前累计位移平均变化速率较前期明显减小，单次变化速率均表现为波动变化。高程 520.0m 以上测点位移变化速率为 0.01～0.05mm/d，单次变化速率为 0.01～0.09mm/d；高程 520.0m 以下测点位移变化速率均小于 0.02mm/d，单次变化速率范围和高程 520.0m 以上测点相差不大。目前，地表位移以向边坡临空方向为主，整体上仍在缓慢增加。

#### 9.3.2.2 多点位移计监测

进水口边坡高程 382.0m 以上共布置安装多点位移计 16 套。多点位移计监测位移时空变化统计见表 9-5。

**表 9 - 5　　　　　进水口边坡高程 382.0m 以上多点位移计位移时空变化统计表**

| 仪器编号 | 位置 | 最大值/mm | 出现日期 | 主要位移段 | | | | 平缓位移段 | | |
|---|---|---|---|---|---|---|---|---|---|---|
| | | | | 时间段 | 位移值/mm | 占最大百分比 | 平均速率/(mm/d) | 时间段 | 位移增量/mm | 平均速率/(mm/d) |
| $M_{增}^4-1$ | 孔口 | 52.08 | 2005-03-10 | 2001-11-26—2002-09-15 | 41.92 | 80.49% | 0.1431 | 2002-09-15—2006-07-10 | 9.94 | 0.0071 |
| | ① | 48.17 | 2004-04-19 | 2001-11-26—2002-09-15 | 37.72 | 78.31% | 0.1287 | 2002-09-15—2006-07-10 | 10.24 | 0.0073 |
| | ② | 49.03 | 2005-01-27 | 2001-11-26—2002-09-15 | 38.67 | 78.87% | 0.1320 | 2002-09-15—2005-04-10 | 9.99 | 0.0107 |
| | ③ | 28.12 | 2004-02-04 | 2001-11-26—2002-09-15 | 18.03 | 64.12% | 0.0615 | 2002-09-15—2006-04-29 | 9.86 | 0.0075 |
| $M_{增}^4-2$ | 孔口 | 55.08 | 2008-01-17 | 2001-12-10—2002-09-15 | 43.84 | 79.59% | 0.1571 | 2002-09-15—2008-03-17 | 10.80 | 0.0054 |
| | ① | 53.36 | 2008-01-17 | 2001-12-10—2002-09-15 | 43.95 | 82.37% | 0.1575 | 2002-09-15—2008-03-17 | 8.94 | 0.0044 |
| | ② | 8.84 | 2004-02-19 | 2001-12-10—2002-09-15 | 6.19 | 70.02% | 0.0221 | 2002-09-15—2005-04-10 | 0.81 | 0.0009 |
| | ③ | 8.08 | 2008-01-17 | 2001-12-10—2002-09-15 | 4.10 | 50.74% | 0.0147 | 2002-09-15—2008-03-17 | 3.51 | 0.0017 |

注　1. 位移量级始终很小，变化平缓。

　　2. 目前速率小于 0.01mm/d。

从表 9-5 多点位移计的监测数据可以看出：

（1）进水口开挖边坡高程 600.0m 变形位移相对较大。布置在进水口边坡高程 600.0m 左右的两套多点位移计 $M_{增}^4-1$ 与 $M_{增}^4-2$ 的测值变化较大，累计最大位移 8.08～55.08mm，见图 9-15 和图 9-16。边坡岩体变形主要发生在岩体物理力学性质较差的浅表层，处于倾倒蠕变岩体或全强风化岩体中。边坡较大位移主要发生在 2002 年 8 月、9 月前。2002 年 9 月后，随着边坡开挖面下移，且高程 570.0～600.0m 边坡进行了锚索加固，$M_{增}^4-1$ 和 $M_{增}^4-2$ 测孔位移明显减小，之后趋于稳定。2003 年 9 月，由于排水洞 PSD8-3 原塌顶部位灌浆回填，$M_{增}^4-1$ 测孔位移发生一次突变，15d 内位移增加 4mm，随后测值趋于稳定。

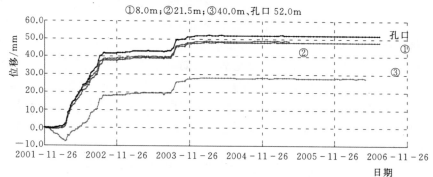

图 9-15　进水口边坡高程 600.46m 多点位移计 $M_{增}^4-1$ 位移过程曲线图

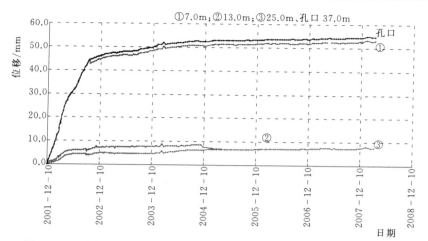

图 9 - 16　进水口边坡高程 600.43m 多点位移计 $M^4_{增}-2$ 位移过程曲线图

目前所有测点位移基本趋于稳定，变化速率很小，小于 0.01mm/d。

（2）进水口边坡高程 382.0～560.0m 整体位移量级较小。通过 2001 年 11 月至 2008 年 3 月的观测，向河床方向最大累计位移均小于 3.0mm，至 2008 年 3 月，平均变化速率小于 0.01mm/d；反向坡负向（主要表现为压缩变形）最大位移均小于 4.5mm，绝大多数小于 2mm，平均变化速率均小于 0.01mm/d。该段边坡位移总体表现为，残留蠕变体的上游测坡（3—3 剖面）大于残留蠕变体的正面坡（1—1 剖面），且后者大于正常岩体的正面坡（2—2 剖面）。

### 9.3.2.3　表面三向测缝计监测

在高程 630.0m、580.0m 坡面上分别安装了三向测缝计 $J^3_{增}-1$、$J^3_{增}-2$，以监测岩体开裂情况，其中 $J^3_{增}-1$ 监测资料较少。三向测缝计特征值统计见表 9 - 6。

表 9 - 6　　　　　　　　　　　　　　三向测缝计特征值统计表

| 仪器编号 | 高程/m | 相对变形方向 | 最大值/mm | 出现日期 | 最小值/mm | 出现日期 | 总变幅/mm | 变化速率/(mm/d) |
|---|---|---|---|---|---|---|---|---|
| $J^3_{增}-1$ | 597.45 | 垂直方向 | −2.36 | 2002 - 09 - 15 | 0.00 | 2002 - 05 - 10 | 2.36 | −0.015 |
| | | 上下游方向 | −3.09 | 2002 - 06 - 27 | 1.54 | 2002 - 09 - 15 | 4.63 | 0.009 |
| | | 河床方向 | −6.93 | 2002 - 09 - 07 | 2.95 | 2002 - 06 - 13 | 9.87 | −0.043 |
| $J^3_{增}-2$ | 628.98 | 垂直方向 | −3.46 | 2003 - 01 - 15 | 0.00 | 2002 - 05 - 10 | 3.46 | −0.002 |
| | | 上下游方向 | −6.44 | 2007 - 10 - 28 | 0.00 | 2002 - 05 - 10 | 6.44 | −0.001 |
| | | 河床方向 | 5.53 | 2006 - 11 - 28 | −1.75 | 2002 - 06 - 27 | 7.28 | 0.003 |

**注**　位移向下游为正，位移向河床为正，位移下沉为正，反之为负。

$J^3_{增}-2$ 安装后，变形呈递增趋势，主要表现为向河床方向的拉裂变形，最大变形达 5.53mm，后期变形渐趋平缓，变形速率小于 0.01mm/d。目前位移处于稳定状态，见图 9-17。总体上看，边坡岩体开裂只是局部的、瞬时的，由于采取了相应的工程措施，岩体局部开裂变形得到了有效控制。

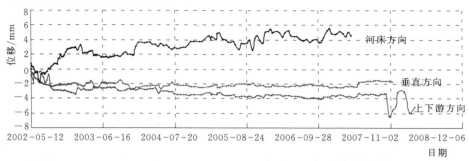

图 9-17　进水口边坡高程 628.98m 测缝计 $J_{墙}^3$-2 位移过程曲线图

#### 9.3.2.4　测斜孔监测

进水口高程 382.0m 以上边坡在 3 个监测剖面上共布置了 9 个测斜孔。截至 2008 年 3 月，测斜孔监测位移特征值统计见表 9-7。从监测结果可以看出：

（1）高程 382.0m 以上边坡岩体不同深度相对水平位移普遍较小，最大累计位移为 8.13～19.49mm。较大的累计位移发生在高程 600.70m 的 $I_{增}$-1 孔和高程 520.38m 的 $I_1$-2 孔，位移方向指向上游坡体。

（2）高程 560.0m 以上边坡岩体相对水平位移朝上游方向，以下则向下游方向。高程 520.0～560.0m 边坡岩体主要表现为向河床方向位移，其下主要表现为向山里（压缩变形）方向。总体上，边坡岩体位移受开挖扰动影响较大，整体上与边坡开挖卸荷一致。

（3）高程 460.0m 以上边坡侧斜孔中，可见位移突变点；高程 460.0m 以下各测孔，位移变化比较均一，无明显突变点。其中，相对位移最大的为高程 600.0m 的 $I_{增}$-1 孔孔深 13m 左右处（蠕变岩体折断面），位移达 17mm 左右，见图 9-18。其他错动层相对位移较小，均小于 2mm。

表 9-7　　　　　　进水口高程 382.0m 以上开挖边坡测斜孔位移特征统计表

| 仪器编号 | 高程/m | 最大累积位移 | | | | | | | | | | |
|---|---|---|---|---|---|---|---|---|---|---|---|---|
| | | A 槽 | | | | B 槽 | | | | 合位移 | | |
| | | 深度/m | 大小/mm | 方向 | 错动带深度/m | 深度/m | 大小/mm | 方向 | 错动带深度/m | 深度/m | 大小/mm | 错动带深度/m |
| $I_{增}$-1 | 600.70 | 1 | -7.41 | 向山里 | 13 | 孔口 | 17.89 | 向上游 | 13 | 孔口 | 18.18 | 13 |
| $I_1$-1 | 560.35 | 25 | 7.43 | 向河床 | 不明显 | 孔口 | 7.43 | 向上游 | 不明显 | 孔口 | 8.13 | 不明显 |
| $I_1$-2 | 520.38 | 孔口 | 13.87 | 向河床 | 16 | 1 | -19.35 | 向下游 | 不明显 | 1 | 19.49 | 不明显 |
| $I_1$-3 | 480.24 | 孔口 | -14.58 | 向山里 | 15.5 | 孔口 | -10.64 | 向下游 | 15.5 | 孔口 | 14.77 | 15.5 |
| $I_1$-4 | 440.15 | 孔口 | -9.97 | 向山里 | 不明显 | 孔口 | -13.59 | 向下游 | 不明显 | 1 | 15.57 | 不明显 |
| $I_1$-5 | 425.69 | 孔口 | -12.42 | 向山里 | 不明显 | 孔口 | -10.05 | 向下游 | 不明显 | 孔口 | 14.54 | 不明显 |
| $I_3$-1 | 460.15 | 孔口 | -8.7 | 向山里 | 16 | 孔口 | 8.25 | 向下游 | 15\18.5 | 孔口 | 11.17 | 15.5/18.5 |
| $I_3$-3 | 382.86 | 孔口 | -10.83 | 向山里 | 不明显 | 孔口 | 9.67 | 向下游 | 不明显 | 孔口 | 10.92 | 不明显 |

**注**　A 槽向河床方向为正，B 槽向下游方向为正。

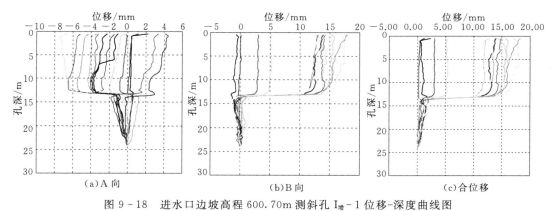

图 9-18　进水口边坡高程 600.70m 测斜孔 $I_增$-1 位移-深度曲线图

### 9.3.2.5　锚杆应力计监测

左岸进水口高程 382.0m 以上边坡内安装锚杆应力计 41 组，部分锚杆应力计监测特征值统计见表 9-8。

表 9-8　　　　　进水口高程 382.0m 以上边坡锚杆应力计特征值统计

| 仪器编号 | 高程/m | 安装日期 | 位置编号 | 最大值/MPa | 日期 | 最小值/MPa | 日期 | 变化速率/(MPa/d) |
|---|---|---|---|---|---|---|---|---|
| $AS_1^3$-16 | 415.00 | 2002-05-21 | 1 | -156.26 | 2005-05-17 | 32.67 | 2004-10-05 | 0.16 |
| | | | 2 | -11.43 | 2006-04-14 | 7.38 | 2004-11-19 | 0.01 |
| | | | 3 | -99.79 | 2006-03-26 | 3.08 | 2004-11-02 | 0.1 |
| $AS_1^3$-11 | 393.15 | 2002-08-31 | 1 | 147.88 | 2006-03-26 | 0 | 2002-08-31 | 0.16 |
| | | | 2 | 53.47 | 2002-06-20 | 0 | 2002-08-31 | 0.13 |
| | | | 3 | 30.98 | 2006-03-26 | 1 | 2002-08-31 | 0.03 |
| $AS_3^3$-6 | 415.00 | 2002-06-14 | 1 | 144.17 | 2006-03-26 | 0 | 2002-06-20 | 0.15 |
| | | | 2 | 26.53 | 2006-04-14 | -1.41 | 2002-06-20 | 0.03 |
| | | | 3 | 39.67 | 2005-03-10 | -0.39 | 2002-06-20 | 0.04 |
| $AS_1^3$-1 | 560.60 | 2001-10-23 | 1 | 6.26 | 2002-02-25 | -5.35 | 2003-10-03 | 0.01 |
| | | | 2 | -4.51 | 2005-06-12 | -0.99 | 2005-12-13 | 0 |
| | | | 3 | -3.5 | 2005-01-27 | -2.99 | 2005-05-04 | 0 |
| $AS_1^3$-4 | 510.00 | 2001-12-11 | 1 | 98.11 | 2002-05-03 | 0 | 2001-12-13 | 0.07 |
| | | | 2 | 124.15 | 2002-05-16 | 0 | 2001-12-13 | 0.12 |
| | | | 3 | 121.26 | 2003-07-04 | 0 | 2001-12-13 | 0.11 |
| $AS_1^3$-5 | 490.60 | 2002-01-12 | 1 | 27.72 | 2005-01-27 | 0 | 2002-01-13 | 0.02 |
| | | | 2 | 68.34 | 2002-04-11 | 0 | 2002-01-13 | 0.06 |
| | | | 3 | 60.13 | 2002-05-16 | 0 | 2002-01-13 | 0.05 |
| $AS_1^3$-10 | 425.00 | 2002-08-03 | 1 | 307.22 | 2006-01-22 | 0 | 2002-08-03 | 0.32 |
| | | | 2 | 132.76 | 2006-03-26 | -0.01 | 2002-08-09 | 0.13 |
| | | | 3 | 38.6 | 2005-10-21 | 0 | 2002-08-03 | 0.04 |

**注**　拉应力为正，压应力为负；数据截至 2006 年 4 月。

残留蠕变岩体的上游侧坡 $AS_3^3-1\sim AS_3^3-4$（高程 479.25～450.60m）的拉压应力均小于 40.0MPa。$AS_3^3-6$ 的 1 号测点应力最大，为 145.44MPa；受施工影响，2003 年 9 月 5 日应力发生较大突变（124MPa），之后基本稳定。$AS_3^3-7$（高程 415.0m）的 2 号测点，安装初期应力变化较小，受施工影响于 2003 年 2 月应力发生突变，突变值为约 55MPa 的压应力，之后应力一直以较小的量级变化。$AS_3^3-8\sim AS_3^3-10$ 安装前期应力呈波动上升、后期呈波动下降趋势，应力量级较小，在 20.00MPa 以内变化。

残留蠕变岩体正面坡锚杆应力计应力小于 60MPa 的有 11 组。监测资料表明：这 11 组中有 8 组为压应力，锚杆处于受压状态，但压应力均小于 160MPa。监测到的锚杆最大拉应力值出现高程 392.5m 的 $AS_1^3-10$ 锚杆应力计（见图 9-19），1 号测点（孔深 3.7m）应力最大，安装以来应力一直呈递增趋势，施工期最大应力为 275.0MPa，最大变化速率为 3.43MPa/d，运行期累计最大应力达 307.22MPa；2 号、3 号测点应力均在 100MPa 以下。该部位处于强、弱风化岩体分界附近，上部有 3.0～5.0m 为蠕变岩体，开挖后应力调整，边坡容易向外变形，从而引起锚杆承受较大拉应力，但从 2004 年初起应力变化速率明显减缓，目前应力变化速率约为 0.01MPa/d。

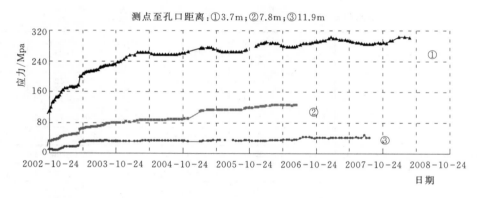

图 9-19　进水口边坡高程 392.50m 锚杆应力计 $AS_1^3-10$ 位移过程曲线图

正常岩体正面坡安装了 13 组锚杆应力计，该剖面所有锚杆应力计安装后应力普遍较小，除个别点外，拉应力一般小于 70.0MPa，压应力小于 30.0MPa，且后期应力变化不大。

### 9.3.2.6　锚索测力计监测

左岸进水口高程 382.0m 以上边坡内安装锚索测力计 24 台，锚索测力计锚固力特征值统计见表 9-9。从分布部位和类型分析，岩体质量较差部位锚索锚固力损失较大，完整岩体部位锚固力损失较小；300t 锚索由于采用对穿型锚固端，锚固力损失相对较小，而 200t 锚索均为端头锚，锚固力损失相对较大。锚索测力计监测结果表明，多数锚索表现为锚固力损失，24 台中有 15 台表现为锚固力损失，损失率 3.42%～31.48%；超锁定值的有 9 台，超过幅度仅 0.03%～5.58%。锚固力损失率最大的为锚索测力计 $D_1^p-5$，安装以来其锚固力最大损失率达 31.48%。造成锚固力损失的原因有很多，主要是施工影响和锚固端松弛。

**表9-9** **进水口高程382.0m以上边坡锚索测力计锚固力特征值统计**

| 仪器编号 | 安装高程/m | 设计吨位/kN | 锁定值/kN | 安装日期 | 稳定值/kN | 日　期 | 损失率百分比/% |
|---|---|---|---|---|---|---|---|
| $D^P_{增}-1$ | 593.20 | 2000 | 1958.09 | 2002-10-27 | 1752.11 | 2003-09-05 | 10.52 |
| $D^P_{增}-2$ | 573.20 | 2000 | 1916.32 | 2002-10-27 | 2008-07 | 2006-07-10 | -4.79 |
| $D^P_1-1$ | 541.60 | 2000 | 2072.29 | 2002-09-24 | 1906.44 | 2003-06-12 | 8.00 |
| $D^P_1-2$ | 521.50 | 3000 | 3275.02 | 2002-09-02 | 3095.28 | 2005-11-26 | 5.49 |
| $D^P_1-3$ | 501.50 | 2000 | 2084.69 | 2002-09-20 | 1972.56 | 2003-05-29 | 5.38 |
| $D^P_1-4$ | 481.25 | 3000 | 3454.36 | 2002-09-15 | 3639.67 | 2005-05-27 | -5.36 |
| $D^P_1-5$ | 475.06 | 2000 | 2104.80 | 2002-08-08 | 1442.20 | 2006-07-10 | 31.48 |
| $D^P_1-6$ | 461.50 | 2000 | 3403.70 | 2002-08-10 | 3426.91 | 2006-04-14 | -0.68 |
| $D^P_1-7$ | 441.70 | 2000 | 2126.99 | 2002-09-17 | 2158.94 | 2007-12-12 | -1.50 |
| $D^P_1-8$ | 426.50 | 3000 | 3245.69 | 2002-11-17 | 2930.81 | 2004-11-19 | 9.70 |
| $D^P_1-9$ | 401.20 | 2000 | 1971.45 | 2002-10-26 | 2065.09 | 2006-04-14 | -4.75 |
| $D^P_1-10$ | 392.20 | 2000 | 2016.01 | 2002-10-26 | 2128.59 | 2008-03-17 | -5.58 |
| $D^P_1-11$ | 383.70 | 3000 | 3280.20 | 2002-10-15 | 3026.68 | 2004-08-19 | 7.73 |
| $D^P_2-4$ | 46150 | 3000 | 3211.79 | 2002-08-11 | 2600.87 | 2003-12-18 | 19.02 |
| $D^P_2-5$ | 441.70 | 2000 | 2008.18 | 2002-09-17 | 1901.48 | 2002-12-26 | 5.31 |
| $D^P_2-6$ | 426.00 | 3000 | 3251.97 | 2002-09-12 | 3140.9 | 2005-01-27 | 3.42 |
| $D^P_2-7$ | 408.20 | 2000 | 1885.92 | 2002-11-17 | 1757.2 | 2002-12-20 | 6.83 |
| $D^P_2-8$ | 392.50 | 2000 | 2043.83 | 2002-11-03 | 2089.68 | 2008-01-17 | -2.24 |
| $D^P_2-9$ | 383.80 | 3000 | 3250.43 | 2002-10-18 | 3251.54 | 2006-10-15 | -0.03 |
| $D^P_3-0$ | 481.50 | 2000 | 2038.03 | 2002-09-20 | 1817.90 | 2005-11-26 | 10.80 |
| $D^P_3-1$ | 460.30 | 2000 | 2087.76 | 2002-10-30 | 1817.99 | 2005-05-17 | 12.92 |
| $D^P_3-2$ | 441.10 | 2000 | 2160.81 | 2002-09-20 | 1993.4 | 2003-03-06 | 7.75 |
| $D^P_3-4$ | 401.50 | 2000 | 2079.40 | 2002-11-26 | 1822.1 | 2002-12-26 | 12.37 |
| $D^P_3-5$ | 383.20 | 2000 | 1920.42 | 2002-10-29 | 2009-97 | 2007-08-13 | -4.66 |

**注** 锚固力损失为正,超锁定值为负。

从锚索测力计的监测数据来看,除 $D^P_1-2$、$D^P_1-11$、$D^P_3-1$ 锚固力表现为持续降低外,其他锚索测力计监测的锚固力均表现为先降低、后逐渐增加。至2008年3月,虽然大多数锚索测力计测得的锚固力仍低于锁定值,但整体处于缓慢上升趋势,见图9-20和图9-21。这说明锚索发挥了控制岩体变形的作用。

### 9.3.2.7　地下水位长观孔监测

从整体来看,进水口高程382.0m以上边坡8个地下水位孔在施工期水位变化较大,最大变幅达45.0m(OH₁-4孔)。地下水位的变化主要受施工用水、地表水补给、降雨等影响。随着边坡施工、地面排水系统和排水洞的完成,地下水位变幅变小,仅随着降雨量的变化小幅震动,见图9-22。由于该边坡位置较高,在下闸蓄水阶段,地下水位变化亦较小。

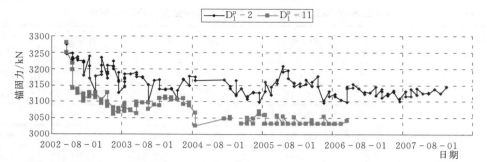

图 9-20 进水口高程 382.0m 以上边坡锚索测力计 $D_1^p-2$、$D_1^p-11$ 锚固力过程曲线图

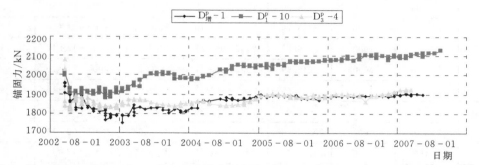

图 9-21 进水口高程 382.0m 以上边坡锚索测力计 $D_增^p-1$、$D_1^p-10$、$D_3^p-4$ 锚固力过程曲线图

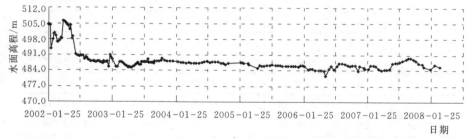

图 9-22 进水口边坡高程 540.15m 的 $OH_1-2$ 孔水位过程曲线图

#### 9.3.2.8 综合分析

进水口高程 382.0m 以上边坡布置了地表位移、边坡内部岩体变形、支护结构应力（荷载）、地下水位监测和降雨量监测。综合来看，各项监测成果可以相互校验；对比分析表明，其成果有较好的对应性关系。边坡地表位移和内部岩体变形规律是一致的，相近部位在量值上能够基本一致；锚杆应力和锚索荷载变化与边坡岩体的变形状态基本吻合，能够较好地解释支护结构的受力机理和锚固效果；降雨、地下水位等因素对边坡岩体变形稳定影响明显。监测结果表明，控制这些因素影响的措施是有效的。

该边坡按岩体性质和监测结果反映的变形稳定特征大体上可分两部分，即高程 560.0m 以上边坡和高程 382.00～560.0m 边坡。

（1）高程 560.0m 以上边坡。高程 560.0m 以上边坡于 2001 年 7 月开始开挖，随着开挖进展，边坡岩体产生明显的位移。如，位于高程 600.0m 上游侧坡的多点位移计 $M_增^4-2$

和下游正面坡的 $M_{增}^4-1$，安装后位移呈递增趋势，地表位移监测成果也表明了同样趋势，位移主要发生在 2002 年 9 月前。在此时段，边坡岩体发生较大位移，主要是开挖卸荷引起，同时受地下水位和降雨的影响。2002 年 10 月，在该位置增加了两排 2000kN 的预应力锚索，边坡锚索加固施工结束后，岩体位移迅速得到控制，位移速率明显变小。在此过程中，监测资料表明，浅表层的加固锚杆由于岩体变形而受拉，预应力锚索施加后，岩体产生压缩变形，锚杆上的拉应力减小。从地质条件分析，高程 560.0m 以上坡段变形量值相对较大与该部位岩体质量有关，倾倒蠕变体折断面以上岩体破碎、风化严重、完整性差，容易产生较大变形。监测成果综合分析表明，预应力锚索和锚杆对该坡段岩体变形起到了抑制作用，锚固效果较好。经加固处理后，该坡段岩体变形速率明显减小，目前边坡整体处于稳定状态。

（2）高程 382.0～560.0m 边坡段。高程 382.0～560.0m 边坡段按岩体性质可分三个区：高程 382.0m 以上进水口上游侧坡基本为全风化岩体（为蠕变体 I 带）；高程 382.0m 以上 $F_{63}$ 北盘的正面坡基本上为强风化岩体；高程 382.0m 以上 $F_{63}$ 南盘（下游侧）进水口开挖坡主要是岩体相对完整的弱-微风化岩质坡。

地表变形监测成果显示，变形以水平位移为主，位移量值较小，一般在 6～30mm，位移速率在 0.01～0.04mm/d 之间，位移矢量指向下游略偏临空面，或垂直 $F_{63}$、$F_{69}$ 断层走向；目前位移量变化极小，变形已基本稳定。

上游侧坡（全强风化蠕变岩体）。5 支 4 点式岩石多点位移计观测成果显示：除坡脚位置局部出现 5～9mm 的压缩变形（高程 382.760m 的 $M_3^4-4$）外，其他部位位移基本维持在 3mm 以下，速率较小。2 支钻孔倾斜仪（高程 460.0m 和 382.0m）观测成果也显示：测孔位移较小，最大孔口累计位移约 5～10mm，未见明显突变或错动面。锚索（杆）施加后，锚索应力及锚杆应力都略有上升，如锚索应力计 $D_3^p-5$（高程 383.2m）的锚固力 2003 年 5 月为 1974.8kN，2003 年 9 月增加至 2055.9kN。2003 年 9 月后，多点位移计监测的岩体位移明显减小，与之相对应的锚索、锚杆的监测应力也开始略有减小。目前，边坡岩体位移变化很小，降雨和地下水影响不大，边坡处于稳定状态。

蠕变岩体正面坡。除 $M_1^4-5$ 测孔 2 号测点位移量较大（为 12mm 左右）外，进水口边坡 1—1 断面的 $M_1^4-1$～$M_1^4-5$ 测孔各测点位移变化值均较小，位移速率小于 0.01mm/d。4 支钻孔倾斜仪（高程 560.0m、520.0m、440.0m、425.0m）观测成果也显示：测孔位移较小，最大孔口累计位移约 8～15mm，未见明显突变或错动面。该区域岩体变形较复杂，大部分监测成果表现为向山里的位移（压缩变形），主要原因是测孔附近有 $F_{63}$、$F_{28}$ 及 $F_{32}$ 断层通过，浅部监测点位于蠕变体折断面附近，加之 2003 年 5—10 月之间是降雨较多，边坡浅表层容易发生沉降变形。另外，锚索预应力的施加也会使岩体产生压缩变形，如 $M_1^4-4$ 孔 1 号测点和 $M_1^4-3$ 3 号测点的压缩突变主要是由于 2002 年 6 月该位置锚索施工后发生的。从支护受力状态看，锚索测力计结果与岩体变形相对应，如锚索测力计 $D_1^p-8$（高程 426.5m）于 2002 年 11 月 1 日安装后，锁定锚固力为 3245.7MPa，锚固力呈缓慢下降状态，至 2003 年 8 月下降至 3019.9MPa，后锚固力保持平稳。锚杆应力计监测成果显示，局部出现应力过大，如 $AS_1^3-10$（高程 440.0m，水平方向）1 号测点 2002 年 8 月至 2004 年 3 月应力从 0.17MPa 增至 264.97MPa，增长速率为 0.45MPa/d；$AS_1^3-15$（高程

425.0m，铅直方向）2002年6月应力从2.32MPa突然升至112.3MPa，这主要是受局部施工开挖影响。高程420.0～475.0m边坡的其他锚杆应力不大，均小于50MPa。综合来看，加固后的边坡，岩体变形得到控制，降雨和地下水位的影响已不明显，边坡处于稳定状态。

正常岩体正面坡。从布置在正常岩体内的4支岩石多点位移计观测成果看，各测孔（$M_2^4-1$～$M_2^4-4$）位移量级均小（2mm左右）。另外，支护受力监测结果也表明，锚杆应力较小，锚索锚固力变化不大。目前，该段边坡岩体稳定性较好。

### 9.3.3 进水口高程382.0m以下边坡及导流洞进口边坡

#### 9.3.3.1 地表位移监测

进水口高程382.0m以下边坡及导流洞进口边坡共布置地表位移监测点31个，各部位地表水平变形特征值统计见表9-10。

表9-10　　　　　　　　　　　　边坡地表水平变形特征统计表

| 部位 | 测点号 | 观测日期 | 累计天数/d | $\Delta x$/mm | $\Delta y$/mm | 水平合位移 | | | 边坡倾向/(°) |
| --- | --- | --- | --- | --- | --- | --- | --- | --- | --- |
| | | | | | | 大小/mm | 方位角/(°) | 平均变化速率/(mm/d) | |
| 坝前坡 | 380-08 | 2006-04-01 | 992 | -2.6 | 2.3 | 3.5 | 41.5 | 0.0035 | 237 |
| | 380-10 | 2008-03-01 | 1692 | 13.8 | 9.7 | 16.9 | 145.1 | 0.0100 | 188 |
| | 340-10 | 2007-11-01 | 1571 | 24.1 | 0.3 | 24.1 | 179.3 | 0.0153 | 180 |
| | 340-09 | 2008-03-01 | 1692 | 22.0 | -4.9 | 22.5 | 192.6 | 0.0133 | 188 |
| | 340-08 | 2007-12-01 | 1729 | 14.3 | -10.8 | 17.9 | 217.0 | 0.0104 | 218 |
| | 340-07 | 2008-03-01 | 1820 | 16.1 | 30.7 | 34.7 | 117.7 | 0.0190 | 246 |
| | 340-06 | 2007-07-01 | 1576 | 14.5 | -0.3 | 14.5 | 181.3 | 0.0092 | 259 |
| | 300-10-1 | 2006-07-01 | 957 | 14.0 | 9.9 | 17.2 | 144.8 | 0.0180 | 116 |
| 坝头坡 | 340-11 | 2005-03-01 | 596 | 10.9 | 8.5 | 13.8 | 142 | 0.0232 | — |
| 7～9号机组坝后坡 | 380-11-1 | 2005-07-01 | 846 | 3.3 | 5.3 | 6.3 | 121.9 | 0.0074 | 254 |
| | 380-11-2 | 2004-12-16 | 649 | 16.8 | -4.3 | 17.3 | 194.4 | 0.0267 | 229.5 |
| | 340-12 | 2005-11-01 | 841 | 5.9 | -5.8 | 8.2 | 224.5 | 0.0098 | 254 |
| | 340-13 | 2005-03-01 | 596 | 6.9 | -9.2 | 11.5 | 233.1 | 0.0193 | 254 |
| | 340-14 | 2005-11-01 | 841 | 13.2 | -0.5 | 13.2 | 182.2 | 0.0157 | 229.5 |
| | 340-15 | 2005-03-01 | 596 | 1.6 | -22.2 | 22.3 | 265.9 | 0.0373 | 229.5 |
| 3～6号机组坝后坡 | 380-11-4 | 2006-03-01 | 961 | 24.7 | -6.5 | 25.5 | 194.7 | 0.0266 | 229.5 |
| | 340-16 | 2007-12-01 | 1601 | 8.8 | -15.3 | 17.6 | 240.2 | 0.0110 | 229.5 |
| | 340-16-2 | 2008-03-01 | 1389 | 30.9 | -10.4 | 32.6 | 198.5 | 0.0235 | 202.5 |
| | 340-16-3 | 2008-03-01 | 1692 | 22.2 | -25.5 | 33.8 | 229.1 | 0.0200 | 202.5 |
| | 300-11 | 2005-06-01 | 385 | 23.7 | -9.5 | 25.5 | 201.8 | 0.0663 | 202.5 |

续表

| 部位 | 测点号 | 观测日期 | 累计天数/d | $\Delta x$/mm | $\Delta y$/mm | 水平合位移 | | | 边坡倾向/(°) |
| --- | --- | --- | --- | --- | --- | --- | --- | --- | --- |
| | | | | | | 大小/mm | 方位角/(°) | 平均变化速率/(mm/d) | |
| 1、2号机组坝后坡 | 380-11-7 | 2008-03-01 | 1692 | 64.1 | 2.2 | 64.1 | 178.0 | 0.0379 | 169 |
| | 380-11-6 | 2008-03-01 | 1692 | 15.9 | 9.8 | 18.7 | 148.3 | 0.0110 | 203 |
| | 340-16-4 | 2008-03-01 | 1389 | 26.5 | -6.7 | 27.3 | 194.1 | 0.0196 | 203 |
| | 340-16-5 | 2008-03-01 | 1566 | 18.8 | -3.8 | 19.2 | 191.5 | 0.0122 | 215 |
| | 340-16-6 | 2008-03-01 | 1389 | 16.3 | -28.5 | 32.8 | 240.2 | 0.0236 | 215 |
| | 340-16-7 | 2008-03-01 | 1566 | 27.0 | -18.3 | 32.7 | 214.2 | 0.0209 | 215 |
| | 300-12 | 2007-07-01 | 1322 | 30.2 | -14.3 | 33.4 | 205.4 | 0.0253 | 224 |
| | 300-13 | 2007-07-01 | 1322 | 25.7 | -22.95 | 34.5 | 221.8 | 0.0261 | 224 |
| 导流洞进口边坡 | 300-08 | 2006-07-01 | 957 | -1.5 | 53.5 | 53.5 | 88 | 0.056 | — |
| | 300-09 | 2006-07-01 | 957 | 2.4 | 11.6 | 11.9 | 102 | 0.012 | — |
| | 300-10 | 2005-03-01 | 470 | -19.5 | 15.6 | 25.0 | 141 | 0.053 | — |

注 $\Delta x$ 向河床为正，$\Delta y$ 向下游为正，反之为负。

受坝基开挖影响，坝前坡地表位移矢量主要指向下游坝基基坑方向。随着边坡施工的完成，地表位移变化趋于平缓。从 2006 年下半年下闸蓄水开始，位于高程 340.0m 的 340-06、340-07、340-08、340-09、340-10 测点位移增大，2007 年 3 月后位移变化趋缓，至 2008 年 3 月，累计最大位移为 34.7mm（340-07 测点）；位于高程 380.0m 的 380-08、380-10 测点变形受蓄水影响不大。

坝头坡外观点主要有 340-11。该测点由于施工影响，2005 年 3 月后被破坏，无监测数据。至 2005 年 3 月 1 日，合位移 13.8mm，方向 142°，指向大坝基坑方向。

坝后坡地表变形以水平位移为主，垂直位移很小，水平位移矢量主要指向大坝基坑。由于坝肩和 7~9 号机组坝后陡坡段主要为微—弱风化位岩体，位移量值相对较小，至 2005 年 11 月 1 日（以后无观测数据），位移量一般在 6.3~22.3mm 之间，位移速率 0.01~0.03mm/d，大部分变形已基本收敛。1~6 号机组坝后坡受坡型（体型复杂）和 $F_1$ 等断层及岩体完整性相对较差（坡面以弱、强风化岩体为主）影响，位移一般在 17.6~34.5mm 之间，位移速率 0.01~0.06mm/d，但 380-11-7 观测点位于全风化土体中，至 2008 年 3 月 1 日累计位移达 64.1mm，平均位移速率 0.04mm/d。2006 年 9 月下闸蓄水后，高程 380.0m 的测点位移没有明显变化，而高程 340.0m 以下的测点在开始蓄水后位移增大趋势明显，2007 年 5 月后位移变形趋于平缓。

导流洞进口边坡外观点较少，仅有 300-08、300-09、300-10 水平合位移大小 11.9~53.5mm，累计平均位移速率在 0.01~0.05 mm/d 左右，呈小幅波动变化。由于导流洞进口呈 U 形开挖，边坡形态复杂，坡面岩体位移变形规律性不强。

### 9.3.3.2 多点位移计监测

进水口高程 382.0m 以下边坡及导流洞进口边坡共布置多点位移计 41 套。测点位移变化较大的多点位移计位移时空变化统计见表 9-11。

表 9 - 11　　　　　　　　　　变化较大的多点位移计位移时空变化统计表

| 仪器编号 | 高程/m | 最大值/mm | 发生时间 | 主要位移段 | | | 目前变化速率/(mm/d) |
| --- | --- | --- | --- | --- | --- | --- | --- |
| | | | | 时间段 | 占最大位移百分比/% | 累计平均变化速率/(mm/d) | |
| $M_5^4-1$ | 365.65 | −14.86 | 2003 - 09 - 17 | 2003 - 08 - 08—2003 - 09 - 05 | 69.37～99.70 | −0.52～0.20 | |
| $M_6^4-1$ | 366.55 | 6.31 | 2008 - 03 - 17 | 2003 - 04 - 17—2005 - 06 - 24 | 90.24～93.11 | 0.004～0.007 | |
| $M_7^4-2$ | 335.05 | 16.54 | 2005 - 03 - 27 | 2003 - 06 - 21—2003 - 12 - 18 | 58.35～67.58 | 0.02～0.06 | |
| $M_7^4-3$ | 319.3 | 13.90 | 2006 - 10 - 15 | 2003 - 08 - 29—2005 - 02 - 14 | 99.2～100 | 0.009～0.026 | |
| $M_8^4-1$ | 366.15 | 5.88 | 2007 - 07 - 14 | 2003 - 08 - 29—2005 - 09 - 10 | 89.18～92.62 | 0.003～0.007 | 小于0.01 |
| $M_8^4-2$ | 325.50 | 39.11 | 2005 - 05 - 27 | 2003 - 06 - 19—2003 - 12 - 27 | 61.13～73.4 | 0.031～0.150 | |
| $M_9^4-3$ | 325.35 | 12.95 | 2008 - 03 - 17 | 2003 - 06 - 12—2004 - 12 - 05 | 84.75～100 | 0.007～0.02 | |
| $M_{12}^4-5$ | 260.65 | 5.67 | 2004 - 12 - 27 | 2004 - 04 - 20—2004 - 08 - 19 | 67.35～86.56 | 0.025～0.034 | |
| $M_{增1}^4-2$ | 345.5 | 9.71 | 2008 - 02 - 18 | 2003 - 07 - 18—2005 - 01 - 27 | 78.23～93.64 | 0.006～0.014 | |
| $M_{增1}^4-3$ | 325.5 | 23.19 | 2005 - 10 - 21 | 2003 - 08 - 22—2005 - 01 - 27 | 73.91～93.3 | 0.006～0.041 | |

坝前坡（4—4断面、5－5断面）最大位移发生在高程325.5m，最大累计位移4.05mm，其他部位位移均小于2mm，累计平均位移变化速率在0.001mm/d左右范围内变化，累计位移量与变化速率都很小。

坝头坡（6—6断面）多点位移计监测的位移量不大，多小于6mm，浅部位移略大于深部；高程365.0m以下最大累计位移小于3mm，累计平均位移变化速率小于0.01mm/d，边坡稳定。相对位移较大的为高程366.55m的$M_6^4-1$孔口测点，最大累计位移6.31mm，主要位移发生在2003年7月4日至2004年2月19日时段。该时段岩体变形占累计量的60%左右，平均位移变化速率为0.015mm/d，之前和之后变化速率很小。目前变化速率小于0.01mm/d，边坡稳定。

坝后坡整体变形特点为：1～5号机组坝后坡变形较小，5～9号机组坝后陡坡变形较大。1～5号机组坝后坡布置了4个监测断面，从多点位移计监测数据来看，该部位岩体整体位移量较小，累计位移一般在6mm以内，累计平均位移速率很小；高程325.35m的$M_9^4-3$测孔位移最大，达12.95mm，累计位移的90%发生在2004年12月前，主要与该部位的坝基和引水洞施工有关，之后位移变化平缓，平均位移变化速率降至0.002mm/d以下。5～6号机组坝后坡段的位移主要发生在浅部约8m以外的岩体中，如$M_{增1}^4-3$浅表累计最大位移达到18.32～23.19mm，而深部累计最大位移为4.36～7.77mm，岩体变形主要发生在2005年1月前，占累计最大变形量的73.91%～93.64%，此后发生的位移较小，目前变形很小。

8～9号机组坝后陡坡段的变形主要发生在浅部约6.0m以外的岩体中，最大累计位移2.08～16.54mm。7号机组坝后坡段上部岩体变形较小，最大累计位移−1.08～5.88mm；下部岩体岩体变形较大，最大累计位移8.57～39.11mm。7～9号机组坝后陡坡段的变形主要发生在2003年年底至2004年初以前，该时段累计位移约占全部位移量的60%～70%左右，主要受下部边坡和坝基开挖影响；后期位移速率小于0.01mm/d，目前岩体已趋于稳定。

导流洞进口边坡多点位移计监测的位移量均很小。洞脸坡（导$_1$—导$_1$剖面）的总位移小于4.47mm，变化速率小于0.001mm/d；上游侧坡（导$_2$—导$_2$剖面）各测点位移在2.22mm以内。导流洞进口边坡的多点位移计安装时间较晚，加之边坡所处高程较低，实际位移和监测到的位移均较小。

#### 9.3.3.3 锚杆应力计监测

高程382.0m以下进水口边坡及导流洞进口边坡安装锚杆应力计105组，锚杆应力计监测值见表9-12。

表9-12 高程382.0m以下进水口边坡及导流洞进口边坡锚杆应力特征值表

| 仪器号 | 高程/m | 最大值/MPa | | | 稳定值/MPa | | |
|---|---|---|---|---|---|---|---|
| | | 1号测点 | 2号测点 | 3号测点 | 1号测点 | 2号测点 | 3号测点 |
| $AS^3_{增1}-1$ | 323.00 | 10.17 | 9.60 | 47.66 | −73.76 | −14.54 | 24.57 |
| $AS^3_{增1}-2$ | 318.00 | 80.52 | 4.11 | 365.12 | −14.50 | −29.91 | 333.10 |
| $AS^3_{增1}-3$ | 301.00 | 86.56 | 92.93 | 11.92 | 67.85 | 64.70 | 2.28 |
| $AS^3_4-4$ | 345.00 | 72.45 | 54.14 | 3.66 | 65.98 | 3.90 | −21.01 |
| $AS^3_5-5$ | 337.15 | 2.63 | 0.28 | 7.58 | −12.39 | −84.33 | −11.91 |
| $AS^3_6-2$ | 365.20 | 4.71 | 116.14 | 1.20 | −15.10 | 112.84 | −5.59 |
| $AS^3_6-4$ | 344.50 | 45.18 | 355.84 | 9.73 | 17.67 | 319.46 | 1.30 |
| $AS^3_6-5$ | 331.00 | 105.03 | 121.10 | 215.62 | 105.03 | 120.61 | 213.39 |
| $AS^3_7-2$ | 367.20 | 50.74 | 70.34 | 214.33 | 50.60 | 70.34 | 214.21 |
| $AS^3_8-4$ | 345.25 | 73.49 | 106.71 | 212.69 | 73.10 | 102.27 | 208.31 |
| $AS^3_8-6$ | 325.25 | 159.55 | 87.71 | 284.06 | 150.33 | 58.00 | 283.65 |
| $AS^3_8-7$ | 324.05 | 73.96 | 123.08 | 187.41 | −20.09 | 65.59 | 113.79 |
| $AS^3_8-8$ | 300.05 | 191.71 | 199.31 | 193.63 | 191.62 | 199.31 | 160.02 |
| $AS^3_9-3$ | 355.00 | 2.01 | 5.72 | 11.92 | −57.27 | −52.82 | 6.74 |
| $AS^3_9-6$ | 325.15 | 128.18 | 173.44 | 18.47 | 119.01 | 170.31 | 7.91 |
| $AS^3_{10}-5$ | 277.65 | 201.56 | 80.06 | 4.76 | 163.17 | 69.76 | 2.10 |
| $AS^3_{11}-2$ | 324.15 | 41.53 | 0.00 | 0.31 | −46.67 | −100.61 | −116.97 |
| $AS^3_{12}-2$ | 327.00 | 0.00 | 0.60 | 0.49 | −79.29 | −21.15 | −7.20 |

坝前上游侧坡高程311.0~382.0m（4—4断面）部分仪器被破坏，其中高程345.65m的$AS^3_4-4$监测最大应力72.45MPa，其他部位应力均小于50MPa。10—10断面高程277.65m（$AS^3_{10}-5$）在2004年2月4日出现最大应力201.56MPa（开挖引起局部岩体过大变形造成），随后应力值减小，至2005年8月10日应力值为163.17MPa。

坝头坡（6—6剖面）布置锚杆应力计7组，部分监测仪器由于施工原因被破坏或停测。从获得的监测数据看，高程 365.2m$AS_6^3$-2 监测的最大拉应力为 116.14MPa（2005年 3 月 10 日），其他测点应力均小于 35MPa。$AS_6^3$-2 的锚杆应力主要发生在 2004 年 2 月前，之后应力略有减小，并趋稳定。直立坡高程 344.5m 以下的锚杆应力计（$AS_6^3$-4～$AS_6^3$-7），除 $AS_6^3$-6 应力相对较小外，其余应力均相对较大，$AS_6^3$-4（高程 344.5m）的最大拉应力达 355.84MPa。从应力过程曲线，如图 9-23，2004 年 5 月 4—19 日突变值达41.2MPa，变化速率 2.15MPa/d；$AS_6^3$-7（高程 312.0m）的 3 号测点最大应力达381.49MPa（2004 年 6 月 19 日）。坝头坡高程 365.0m 以下锚杆应力以拉应力为主，较大应力主要出现在直立坡，其原因是受下部开挖影响。

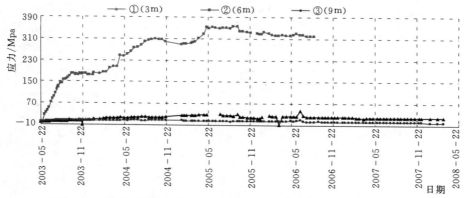

图 9-23　进水口边坡高程 344.5m 锚杆应力计 $AS_6^3$-4 应力过程曲线图

7～9 号机组坝后坡锚杆应力多表现为安装初期应力递增较快，之后应力变化较小，位于高程 367.2m 的 $AS_7^3$-2 监测应力相对较大（210.57MPa）。3～6 号机组坝后坡锚杆应力普遍较小，高程 335.0m 以上（$AS_9^3$-1～$AS_9^3$-5）以压应力为主，但压应力小于90MPa；高程 335.0m 以下（$AS_{增1}^3$-2、$AS_{增1}^3$-3、$AS_9^3$-6～$AS_9^3$-8）以拉应力为主，其中$AS_{增1}^3$-2 的拉应力最大，达 365.12MPa（2004 年 3 月 19 日），目前应力值为 333.10MPa。1、2 号机组坝后坡锚杆应力均较小，表现为高程 303.0m 以上（$AS_{11}^3$-1～$AS_{11}^3$-5、$AS_{12}^3$-1～$AS_{12}^3$-6）以压应力为主，以下（$AS_{11}^3$-6～$AS_{11}^3$-9、$AS_{12}^3$-7～$AS_{12}^3$-16）以拉应力为主。总体上，坝后坡下部较上部变形大，锚杆应力变化与开挖卸荷密切相关，开挖支护完成后，应力基本无变化，并趋于稳定。

导流洞进口边坡三个监测断面锚杆的最大拉应力分别小于 133.92MPa、30MPa、104.55MPa，后期锚杆应力变化较小。

### 9.3.3.4　锚索测力计监测

进水口高程 382.0m 以下边坡及导流洞进口边坡锚索测力计锚固力特征值见表 9-13。

锚固荷载基本稳定时，多数锚索表现为锚固力损失，监测到的损失百分比为 1.19%～19.81%；40.5% 的锚索测力计表现为锚固力增加，增幅为 0.58%～13.66%。58% 的锚索测力计监测的最大锚固力超过锁定值，超幅达 0.02%～13.66%。总体上看，预应力锚索锚固力变化不大。

表 9 - 13　　　　　　　　　　　锚索测力计锚固力特征值统计表

| 仪器编号 | 高程/m | 设计值/kN | 锁定值/kN | 最大值/kN | 超锁定百分比/% | 监测期值/kN | 超锁定百分比/% |
|---|---|---|---|---|---|---|---|
| $D_4^P - 3$ | 325.0 | 2000 | 2025.8 | 2000.5 | −1.25 | 1872.4 | −7.57 |
| $D_5^P - 2$ | 345.0 | 2000 | 1992 | 1962.4 | −1.49 | 1954.7 | −1.87 |
| $D_5^P - 3$ | 326.5 | 2000 | 2084.6 | 2019.6 | −3.12 | 1779 | −14.66 |
| $D_6^P - 1$ | 377.0 | 2000 | 2145.7 | 2114.6 | −1.45 | 2088.5 | −2.67 |
| $D_6^P - 2$ | 366.5 | 2000 | 2020.4 | 1923.2 | −4.81 | 1783.3 | −11.74 |
| $D_7^P - 1$ | 366.0 | 2000 | 2075.7 | 2241 | 7.96 | 2237.1 | 7.78 |
| $D_7^P - 2$ | 335.5 | 2000 | 1978.3 | 2099.8 | 6.14 | 2068.4 | 4.55 |
| $D_8^P - 1$ | 365.5 | 2000 | 2015 | 2103.7 | 4.40 | 2084.2 | 3.43 |
| $D_8^P - 2$ | 346.5 | 3000 | 3303.1 | 3582.5 | 8.46 | 3482.8 | 5.44 |
| $D_8^P - 3$ | 326.5 | 2000 | 1999.5 | 2135.9 | 6.82 | 2039.8 | 2.02 |
| $D_8^P - 4$ | 321.5 | 2000 | 1958 | 2036 | 3.98 | 1742.3 | −11.02 |
| $D_9^P - 1$ | 366.5 | 2000 | 2011.1 | 2036.5 | 1.26 | 2022.8 | 0.58 |
| $D_9^P - 2$ | 346.5 | 2000 | 2017.3 | 1959.5 | −2.87 | 1617.6 | −19.81 |
| $D_9^P - 3$ | 326.5 | 2000 | 2027.2 | 2255.7 | 11.27 | 2232.5 | 10.13 |
| $D_9^P - 4$ | 322.0 | 2000 | 1870.9 | 2009 | 7.38 | 2005.9 | 7.22 |
| $D_{10}^P - 1$ | 260.2 | 1000 | 1026.1 | 1050.2 | 2.35 | 1013.9 | −1.19 |
| $D_{10}^P - 2$ | 243.0 | 1000 | 1081.5 | 1078.3 | −0.30 | 1040.2 | −3.82 |
| $D_{11}^P - 1$ | 327.0 | 2000 | 2138.6 | 2158.1 | 0.91 | 2158.1 | 0.91 |
| $D_{11}^P - 2$ | 322.0 | 2000 | 1976.3 | 2078.4 | 5.17 | 2066.8 | 4.58 |
| $D_{11}^P - 3$ | 312.0 | 2000 | 1921.4 | 1992.2 | 3.68 | 1970.5 | 2.56 |
| $D_{11}^P - 4$ | 302.0 | 2000 | 1996.2 | 2090.1 | 4.70 | 2080.1 | 4.20 |
| $D_{12}^P - 2$ | 322.0 | 2000 | 2008.5 | 2062.3 | 2.68 | 1943.1 | −3.26 |
| $D_{12}^P - 3$ | 312.0 | 2000 | 2074 | 2050.2 | −1.15 | 2045.4 | −1.38 |
| $D_{12}^P - 4$ | 302.0 | 2000 | 1957.5 | 1902.8 | −2.79 | 1876.8 | −4.12 |
| $D_{12}^P - 5$ | 292.0 | 2000 | 1993.3 | 1960.9 | −1.63 | 1954.8 | −1.93 |
| $D_{12}^P - 6$ | 281.65 | 2000 | 1909.6 | 1811.8 | −5.12 | 1799.9 | −5.74 |
| $D_{12}^P - 7$ | 269.15 | 2000 | 1995.2 | 1915.5 | −3.99 | 1871 | −6.22 |
| $D_{12}^P - 8$ | 257.0 | 2000 | 2077.3 | 2072.9 | −0.21 | 1867.1 | −10.12 |
| $D_{12}^P - 9$ | 247.0 | 2000 | 1890 | 1980.5 | 4.79 | 1755 | −7.14 |
| $D_{增1}^P - 1$ | 311.0 | 1000 | 973.7 | 1106.7 | 13.66 | 1106.7 | 13.66 |
| $D_{增1}^P - 2$ | 306.0 | 1000 | 974.9 | 1096.4 | 12.46 | 1066.3 | 9.38 |
| 导 $D_1^P - 1$ | 296.5 | 1000 | 1238.4 | 1251.35 | 1.05 | 1208.4 | −2.42 |
| 导 $D_1^P - 2$ | 281.5 | 2000 | 2094 | 2094.5 | 0.02 | 2012.2 | −3.91 |
| 导 $D_1^P - 3$ | 266.5 | 2000 | 1949.2 | 1931.46 | −0.91 | 1608.7 | −17.47 |
| 导 $D_1^P - 4$ | 257.0 | 2000 | 2000.1 | 1990.19 | −0.50 | 1942.6 | −2.87 |
| 导 $D_1^P - 5$ | 247.5 | 2000 | 2099.9 | 2180.62 | 3.84 | 1919.1 | −8.61 |
| 导 $D_3^P - 1$ | 240.0 | 2000 | 1994.9 | 2079.44 | 4.24 | 2066.8 | 3.60 |
| 导 $D_3^P - 2$ | 220.0 | 2000 | 2084.5 | 2060.91 | −1.13 | 1949.5 | −6.48 |

坝头坡安装 2 台锚索测力计，锚索锚固力安装初期均有损失，$D_6^P$ - 2 锚固力损失最大为 15.44％，后期锚固力缓慢上升，但均未达到初始锁定值。

7～9 号机组坝后坡 6 组锚索测力计安装后，经历短暂的锚固力损失，其后呈缓慢上升趋势，最大均表现为超锁定值，超幅达 3.99％～8.46％。$D_8^P$ - 2 最大锚固力 3582.5kN，超锁定值 8.46％，说明该部位变形相对较大，目前锚固力仍在小幅波动。

3～6 号机组坝后坡 6 组锚索测力计，除 $D_9^P$ - 2 外，均经历了短期的锚固力损失、其后锚固力持续增加的过程，最大超锁定值 1.27％～13.66％，监测期锚固力仍在缓慢增加。5 号机组坝后坡为斜交反向坡，锚索测力计（增 1—增 1 剖面）自安装后呈递增趋势，$D_{增1}^P$ - 1 最大超锁定值 13.66％。2005 年 5 月后锚固力基本稳定（2005 年 8 月 27 日后无数据）。1、2 号机组坝后坡 12 组锚索测力计中，11—11 断面的 4 组锚索测力计目前均处于超锁定状态，最大超锁定值 0.91％～4.71％；12—12 断面的 8 组锚索测力计目前均处于锚固力损失状态，最大损失值达 7.06％～12.55％。

导流洞进口边坡共安装 7 台锚索测力计，锚索锚固力安装初期均有损失，其中 $D_{导1}^P$ - 3 锚固力损失达 17.47％，后期锚固力小幅增大，但基本上未超过锁定值，表明边坡后期变形较小。

#### 9.3.3.5 综合分析

坝前坡总的变形和位移量级较小，多点位移计监测最大累计位移 4.05mm，地表最大水平累计位移 34.7mm；锚杆最大拉压应力监测期均小于 100MPa，锚索多表现为锚固力损失。2005 年 4 月后边坡岩体变形已基本稳定。坝头坡多点位移计监测位移多小于 4mm，锚杆最大拉应力多小于 50MPa，锚索锚固力均未达到设计值。导流洞进口边坡实测位移较小，锚杆最大拉应力均小于 133.92MPa，锚索均未达到设计值，说明后期边坡岩体变形不大。总体上，监测成果的规律性较好。

坝后坡 3～7 号机组进口段变形比较大，其余部位变形较小。7 号机组坝后坡高程 335.0m 处边坡受断层影响，在下部边坡和坝基开挖过程中产生了相对较大的变形，锚索锚固力和锚杆应力也同步增大；开挖结束后，变形和锚索锚固力、锚杆应力均变化不大，2005 年 5 月后变形趋于稳定。3～6 号机组坝后坡高程 325.0m 处受断层 $F_1$ 影响，最大监测位移达 10.40～12.95mm，随着开挖结束和大坝混凝土浇筑高程的上升，变形趋于稳定，锚杆应力有所减小。

进水口高程 382.0m 以下边坡及导流洞进口边坡，在蓄水过程中下部岩体受地下水的影响较明显，边坡位移出现小幅突变，但随后又趋于稳定。由于地下排水系统形成较早，降雨对边坡的变形影响不大。

## 9.4 基于安全监测的边坡稳定性评价

### 9.4.1 倾倒蠕变岩体边坡

边坡地表位移监测结果表明：倾倒蠕变岩体（B 区）边坡在高程 520.0m 以上出现了较大的地表位移，以水平位移为主，累计位移多大于 30mm，平均位移变化速率为 0.02～0.05mm/d，其中高程 560.0m 最大累计位移 109.34mm，累计平均位移变化速率 0.075mm/d；

高程 520.0 以下位移相对较小，累计平均变化速率为 0.003～0.028mm/d。位移矢量方向主要指向河床方向。监测期所有测点位移变化速率较前期明显减小，但高程 520.0m 以上边坡地表仍以缓慢的速率向河床方向移动。

边坡内部变形主要发生在岩土体物理力学性质较差的部位。上游侧岩体变形主要发生在蠕变岩体折断面附近，多点位移计监测的最大位移为 72.16mm；下游侧主要发生在倾倒松动带或强风化岩体中，监测的最大位移为 56.85mm。内部岩体变形主要发生在 2002年 7 月至 2003 年 1 月前（位移陡升时段），之后位移变化速率较小，监测期内部岩体变形速率很小。

地下水位在洪、枯水期变幅较小，一般 3.0～9.0m 左右，且高程较高的部位地下水位一般在蠕变岩体折断面以下。与施工前比较，在排水洞及排水孔形成后，地下水位普遍下降了 5.0m 左右。下闸蓄水后，高程 400.0m 以上的地下水位没有变化；其下受水库水位上升影响较大。但在水库水位上升过程中，边坡岩体位移未见明显变化。

监测资料综合分析表明：影响倾倒蠕变岩体（B 区）边坡位移的主要因素是工程活动，监测的主要位移均发生在工程施工阶段，边坡排水和压脚施工完成后，位移变化明显减小。工程运行期，由于地表排水和地下排水系统运行良好，降雨对边坡岩体位移影响较小；高程 400.0m 以上坡体地下水位变幅小，不会对边坡岩体变形稳定造成影响。

总体上，倾倒蠕变岩体（B 区）边坡是稳定的；高程 520.0m 以上边坡仍在缓慢位移，是岩体蠕变特性的体现。在运行期，应继续加强强风化线以上和岩体折断面附近的位移监测，并特别注意水库水位骤降时的边坡变形稳定监测。

### 9.4.2　进水口边坡及导流洞进口边坡

进水口高程 560.0m 以上边坡，地表位移监测最大累积水平位移 126.7mm；多点位移计最大累积位移 55.08mm；测斜孔最大累积位移 18.2mm，是整个进水口边坡中变形最大的部位。但边坡岩体变形主要发生在 2002 年 9 月前，即边坡开挖施工阶段；2002 年 10 月后，即边坡开挖下移和增加锚索加固处理后，该坡段岩体变形速率明显减小，目前地表位移平均变化速率 0.01～0.05mm/d。

进水口高程 382.0～560.0m 边坡段，高程 520.0m 以上残留蠕变体的地表变形相对较大，地表最大累计水平位移多大于 40.0mm，高程 520.0m 以下残留蠕变体边坡和下游正常岩体边坡地表变形较小，地表最大累积水平位移一般小于 40.0mm；多点位移计监测的最大累计位移多小于 3.0mm，变化速率小于 0.01mm/d；测斜孔最大累积位移 19.49mm。边坡主要变形发生在 2003 年 6 月以前，为边坡开挖和加固施工期间。目前，边坡位移变形很小，且锚索锚固力和锚杆应力已趋平稳。

高程 382.0m 以下进水口边坡及导流洞进口边坡，坝前坡、坝头坡、塌滑处理后的导流洞进口边坡变形小，监测的地表位移多小于 25mm，多点位移计最大位移多小于 6mm，目前变形速率均小于 0.01mm/d。高程 382.0m 以下坝后坡，在边坡走向的拐弯处、7 号机组扭坡段处和 3～6 号机组坝后坡变形较大，其余部位变形较小。7 号机组扭坡段多点位移计最大位移达 39.11mm，对应部位锚索测力计最大超锁定值 6.82%，锚杆应力计最大应力值达 284.06MPa，位移、锚固力、应力变化趋势完全相同。但变形主要发生在 2003年 12 月前，即下部边坡和坝基开挖时；2005 年 5 月后变形很小，目前变化速率在

0.01mm/d 范围内。3～6 号机组坝后坡多点位移计最大位移达 12.95mm，对应部位锚索测力计锚固力超锁定值 11.27%，锚杆应力计最大应力达 173.44MPa，随着开挖的停止和大坝混凝土浇筑高程的上升，变形速率减小，锚杆应力平缓下降。

监测结果表明：在施工期，边坡岩体变形状态较复杂，主要变形由于开挖卸荷引起；锚杆、锚索施加后，岩体变形得以控制，其后期变形均较小。边坡岩体变形监测成果与支护结构应力（荷载）监测成果对应关系较好，总体变化规律一致。

水库蓄水过程对边坡岩体变形有一定影响，但岩体位移变化不大。经过运行期近两年的监测，边坡岩体位移增幅较小，加之地下水位变化不大，降雨影响不明显，边坡整体处于稳定状态。

## 9.5　研究小结

本章主要介绍了龙滩水电站工程左岸边坡安全监测技术，包括监测系统的布置、监测方法和手段、监测信息可视化系统开发；同时，对倾倒蠕变岩体边坡施工期和水库蓄水后的监测资料进行了较详细地分析，并在此基础上对边坡稳定性进行了评价。

安全监测是大型边坡稳定分析和控制的重要手段。龙滩工程左岸进水口边坡区从施工开始即建立了较完善的安全监测系统，有效监控了边坡的变形稳定状态及其环境因素的影响效应，对于保障边坡施工安全、优化边坡工程设计起到了重要作用。

左岸进水口边坡区包括倾倒蠕变岩体（B 区）边坡、进水口边坡及导流洞进口边坡，安全监测系统由地表位移（变形）监测、内部岩体位移监测、渗流监测、锚固结构荷载监测、环境量监测等组成。根据边坡分区特征，布置监测断面 17 个，地表位移监测网点 130 个，共安装监测仪器设备 570 多台套，监测点约 1700 个。所采用的监测仪器均经过多个工程考验，且技术处于国内外领先水平。与监测硬件系统相配套，在 GIS 软件 Autodesk Map2004 平台上开发了边坡监测信息系统，可以全面系统地管理分析各类监测信息，为监测资料的及时分析反馈和工程决策提供了有力的技术支持。

安全监测系统的建立和运行，及时捕获了边坡工程的动态信息。通过监测资料的收集整理，准确地掌握了边坡岩体的变形稳定状态和发展趋势，了解了影响边坡变形稳定的主要因素及其效应，明确了支护结构的受力状态和作用。监测成果的应用，进一步完善和优化了边坡工程设计，及时调整了施工措施，确保了边坡工程安全。

通过边坡施工期、水库蓄水期和工程运行初期监测资料的积累，分析了不同环境条件下的边坡岩体性态变化，评价了边坡岩体加固治理效果，预测了边坡的长期稳定性。

龙滩水电站工程左岸进水口边坡安全监测系统，结合了反倾向层状岩质边坡的岩体结构特征、变形破坏模式、工程布置与边坡分区特点，按照"重点突出，兼顾全面，统一规划，分期实施"的总原则进行设计，采用了当今国内外先进的监控手段，对边坡工程实施了全方位、全过程监测。其监测手段之完善、规模之大，在国内外同类工程中尚属罕见。安全监测系统，为保证龙滩工程进水口边坡顺利施工和安全、提升该边坡工程的治理设计水平，发挥了极其重要的作用。

# 参 考 文 献

［1］ 潘家铮. 建筑物的抗滑稳定和滑坡分析 ［M］. 北京：水利出版社，1980.

［2］ 崔政权，李宁. 边坡工程——理论与实践最新发展 ［M］. 北京：中国水利水电出版社，1999.

［3］ 张有天，周维垣. 岩石高边坡的变形与稳定 ［M］. 北京：中国水利水电出版社，2005.

［4］ 陈胜宏. 高坝复杂岩石地基及岩石高边坡稳定分析 ［M］. 北京：中国水利水电出版社，2001.

［5］ 陈胜宏. 计算岩体力学与工程 ［M］. 北京：中国水利水电出版社，2006.

［6］ 陈祖煜，汪小刚，杨健，等. 岩质边坡稳定分析—原理、方法、程序 ［M］. 北京：中国水利水电出版社，2005.

［7］ E. Hoek，J. W. Bray. 岩石边坡工程 ［M］. 卢世宗，等译. 北京：冶金出版社，1983.

［8］ 邹丽春，王国进，汤献良，等. 复杂高边坡整治理论与工程实践 ［M］. 北京：中国水利水电出版社，2006.

［9］ 罗义生，林秀山，等. 泄水建筑物进水口设计 ［M］. 北京：中国水利水电出版社，2004.

［10］ 李天斌，王兰生. 岩质工程高边坡稳定性及其控制 ［M］. 北京：科学出版社，2008.

［11］ 杨志法，齐俊修，刘大安，等. 岩土工程监测技术及监测系统问题 ［M］. 北京：海洋出版社，2004.

［12］ 杨志法，张路青，尚彦挥，等. 边坡加固需求度（DRD）评价方法及应用 ［J］. 工程地质学报，2004（1）：12-20.

［13］ 孙玉科，杨志法. 中国露天矿边坡 ［M］. 北京：地震出版社，1999.